CD포함

APPLIED ELECTROMAGNETICS
Using QuickField™ and MATLAB®

James R. Claycomb

MATLAB® 과 퀵필드™ (QuickField)를 이용한

응용 전자기학

최진영 역

도서출판 아진

A-JIN

APPLIED ELECTROMAGNETICS

Using QuickField™ and MATLAB®

James R. Claycomb

"내가 가는 길을 그가 아시나니 그가 나를 단련하신 후에는 내가 순금 같이 되어 나오리라 (욥23 : 10)"

This edition of **APPLIED ELECTROMAGNETICS** ***Using QuickField™ and MATLAB®*** by ***James R. Claycomb*** is published by arrangement with JONES AND BARTLETT PUBLISHERS.

Translated Edition ISBN : 9788957612910
Translated by A-jin Publishing Co.
Printed in Korea

목 차

들어가며

이 책 "MATLAB®과 퀵필트(Quick Field)를 이용한 응용 전자기학"은 컴퓨터를 이용하는 전기학, 자기학, 다중물리학(multiphysics)을 소개하는 수준의 교재로 만들어졌다. 이 책은 물리와 공학의 상위 그룹의 학부생들 그리고 대학원생들을 대상으로 하고 있다. 전형적인 소개 수준의 물리학 코스에 퀵필드와 MATLAB®을 이용하는 많은 연습문제와 예제를 보이고 있다. 대학원 수준의 독자는 유한 요소법 또는 퍼텐셜 이론을 모르더라도 전기장과 자장, 전기력과 자력의 분포를 가시화 할 수 있게 된다.

퀵필드(QuickField)는 윈도우 운영체제에서 실행되는 유한 요소법(Finite Element Method, FEM) 소프트웨어로 전기학, 직류와 교류의 전도, 정자기학, 교류와 과도 자기학, 정상상태 및 과도 열 전달 그리고 응력 해석과 같은 형태의 문제를 풀이할 수 있다. 모델은 'point-and-click' 기능을 이용해서 만들 수 있으며 물성과 경계조건을 지정할 수 있다. 자동 그물눈(mesh) 생성과 후처리 공정은 빠르며 사용하기 편리하다. 이 교재의 대부분의 문제들은 모델을 만들었다면 몇 초 안에 결과가 표시된다.

이 교재에는 이 책에 나오는 모든 문제를 풀어 볼 수 있는 학생판 소프트웨어가 들어 있는 CD와 함께 제공된다. 추가적인 예제는 소프트웨어에 포함되어 있다. 학생판 소프트웨어는 Tera Analysis의 홈페이지인 www.quickfield.com에서도 받을 수 있다. 이 웹 사이트에서는 사용자 설명서를 받을 수 있으며 설명 비디오들도 볼 수 있다.

이 책과 웹사이트에 있는 예제들에는 전기적인 자극을 받는 생체 조직에 흐르는 전류의 계산, 초전도 자장의 차폐, 자기 부상, 전기장 안에 있는 충전된 전하의 동작을 실험하는 것과 같은 전자기를 이용한 비 파괴 검사를 포함하고 있다. 전자기와 열 해석과 같은 결합된 스트레스를 포함하는 다중 물리학 응용도 포함한다.

전자기학 이론을 수강하는 학생들은 일반적으로 미분 방정식의 풀이, 경계 값 문제 풀이와 같은 해석적 기법에 중점을 두게 된다. 불행히도 학생들은 전자기 장의 거동에 대해서는 극히 일부만 이해하고서 학기를 끝내게 된다. 컴퓨터 모델링은 전기장과 자기장 그리고 전류의 흐름을 가시화 해 주기 때문에 복잡한 해석적 표현을 조작하는 것으로는 얻을 수 없는 직관적이고 정성적인 이해를 가능하게 해 줌으로써 전자기 장의 거동을 이해하는데 부족했던 부분을 보충해 주게 된다.

이 장에서 사용되는 해석적 방법들은 변수 분리, 등각 사상, 그리고 라플라스 변환 등이 있다. 수치 유한 차분과 몬테 카를로(Monte Carlo) 법의 MATLAB® 예제도 다루게 된다. 수치 해를 이론과 비교하는 것은 수치 해석법에 대한 확신과 컴퓨터를 이용한 결과에 대한 신뢰성, 이론적인 근사 방법의 적용성에 대한 신뢰성을 확립하는데 도움을 준다.

이 책에는 컴퓨터를 이용해서 풀이하는 수많은 문제를 포함하고 있다. 이 문제들은 퀵필드와 MATLAB®을 이용해서 가우스의 법칙과 앙페르의 법칙과 같은 기본적인 전자기학의 개념을 설명할 수 있는 문제 들이다. 연습문제는 독자들이 다른 매개변수, 차원 물성, 그리고 초기 조건들을 선택해 볼 수 있도록 준비되었다. 독자들의 편의를 위해서 물리 물성들과 공학 물성의 특성 차원들, 그리고 생체 세포와 사람의 몸에 대한 생물학 물성들을 부록 4 와 5 에 표로 정리해 두었다.

1 장은 수학적 예비지식들과 MATLAB®과 같이 소개하고 하고 있으며, MATLAB® 사용을 위한 예제들은 부록 1 에서 좀 찾을 수 있다. 1 장의 벡터 해석은 MATLAB®으로 내적과 외적을 계산하는 예제를 다루고 있다. 다양한 좌표계에 대한 발산, 회전, 기울기 그리고 라플라시안을 설명하고 있다. 1 장에서 소개된 라플라스 변환은 전이 자기학, 열 해석, 응력 해석 그리고 전기회로 모델링에서 사용된다.

2 장에서 라플라스 방정식(Laplace Equation)과 푸아송 방정식(Poisson's Equation)의 해석적 계산법과 수치 계산법에 대해서 다루고 있다. 퀵필드를 빨리 사용하고 싶은 독자들은 3 장 "퀵필드 살펴보기"로 넘어가도 된다. 이 장에서는 간단한 정전기학과 정자기학 문제를 퀵필드를 이용해서 모사하는 각 단계를 보이고 있으며 전기장과 자기장을 플로팅하는 방법, 등고선 그래프를 그리는 방법, 적분값을 계산하는 방법을 보인다.

4 장에서 10 장까지는 정전기학, 정자기학, 시간 조화 자기학, 과도 자기학, 초전도체, 교류와 직류의 전류 흐름을 다룬다. 11 장과 12 장은 열과 응력 해석 그리고 열전달, 응력 그리고 전자기학이 결합된 다중 물리 예제를 다룬다. 응용의 예로 열과 응력 해석이 결합된 스페이스 캡슐의 대기권 재진입 모사, 그리고 연료 전지에서 전류가 흐를 때의 온도 분포의 모델링을 다룬다.

이 책은 13 장 수동 회로를 마지막으로 끝내게 된다. 퀵필드에는 CAD 를 기반으로 하는 전자회로 모사기(simulator)를 포함하고 있으며 이 모사기는 교류 또는 전이 시간 의존

회로를 모사할 수 있다. 응용의 예로서 필터 회로들, 전기적 자극에 대한 뉴런(neuron)과 세포의 거동을 전자 회로 모델링을 다룬다.

1. 수학적 기본 지식들

이 장에서 다루는 내용들

- **벡터 해석**
- **벡터 미분**
- **스칼라 라플라시안**
- **벡터 라플라시안**
- **적분 정리**
- **적분 변환**
- **디락 델타 함수**
- **특수 함수들**

1.1 벡터 해석

스칼라 물리량은 단위를 가지는 수치로 표현한다. 일반적으로 수치는 우리가 선택한 단위계에 따라서 변하게 된다. 질량, 온도, 시간은 스칼라 양에 속한다. 두 개의 스칼라는 같은 단위를 가질 때 서로 더하거나 뺄 수 있다. 예를 들어 온도와 시간과 같이 다른 단위를 가지는 스칼라를 더하는 것은 의미가 없는 일이다. 다른 단위를 가지는 스칼라는 서로 곱하거나 나눠서 새로운 스칼라를 만들 수 있는데, 예를 들자면 질량을 부피로 나눈 평균 밀도 같은 것이 있다.

벡터 물리량은 수치와 단위 그리고 지정된 방향으로 표현한다. 벡터 물리량의 예로서 전기장, 자기장 그리고 공간에서 방향을 가지는 힘(force)을 들 수 있다. 벡터들은 인쇄 매체에서는 **A** 와 같이 굵은 글꼴로 적어서 구분하며 노트나 칠판에 기록할 때에는 $\vec{A}$ 와 같이 화살표를 이용해서 구분한다.

벡터의 덧셈

3차원 벡터 $\mathbf{A}$ 는 직각 좌표(Cartesian coordinates)에서 다음과 같이 나타낼 수 있다.

$$\mathbf{A} = A_x\mathbf{i} + A_y\mathbf{j} + A_z\mathbf{k} \tag{1.1}$$

여기서 $\mathbf{i}$, $\mathbf{j}$, $\mathbf{k}$ 는 각각 x, y, z 방향의 단위 벡터이며, A_x, A_y, A_z 는 $\mathbf{A}$ 의 각 축에 해당하는 크기 성분이다. 벡터 $\mathbf{B}$ 가 $\mathbf{B} = B_x\mathbf{i} + B_y\mathbf{j} + B_z\mathbf{k}$ 와 같이 주어졌을 때 두 벡터의 합 또는 차이 $\mathbf{A} \pm \mathbf{B}$ 는 다음과 같이 나타낼 수 있다.

$$\mathbf{A} \pm \mathbf{B} = (A_x \pm B_x)\mathbf{i} + (A_y \pm B_y)\mathbf{j} + (A_z \pm B_z)\mathbf{k} \tag{1.2}$$

벡터의 덧셈은 교환 법칙이 성립한다.

$$\mathbf{A} + \mathbf{B} = \mathbf{B} + \mathbf{A} \tag{1.3}$$

MATLAB®에서 벡터는 행열(matrix)의 형태로 표현한다.

```
x=[1 2 3]  % specifies the row vector x
y=[2 3 4]  % specifies the row vector y
x'         % gives the column vector with x entries above
y'         % gives the column vector with y entries above
x+y         % gives the sum of vectors x and y specified above
```

벡터 $\mathbf{A}$ 의 크기(또는 길이)는 각 벡터 요소들을 자승한 합의 제곱근이다.

$$|\mathbf{A}| = \sqrt{A_x^2 + A_y^2 + A_z^2} \tag{1.4}$$

내적(Dot product)

내적(dot product)은 두 벡터 $\mathbf{A}$ 와 $\mathbf{B}$ 의 곱의 결과가 두 벡터의 크기와 그 벡터가 이루는 각도 θ 에 따라서 만들어지는 스칼라의 양으로 얻어지므로 스칼라 곱으로도 알려져 있다.

$$\mathbf{A}\cdot\mathbf{B} = |\mathbf{A}|\cdot|\mathbf{B}|\cos(\theta) \tag{1.5}$$

직교하는 벡터들의 내적은 0 이며 두 벡터가 평행할 때 그 값이 최대가 된다. 그리고 내적은 단위 벡터를 이용해서 다음과 같이 나타낼 수 있다.

$$\mathbf{A}\cdot\mathbf{B} = (A_x\mathbf{i} + A_y\mathbf{j} + A_z\mathbf{k})\cdot(B_x\mathbf{i} + B_y\mathbf{j} + B_z\mathbf{k}) \tag{1.6}$$

여기서 $\mathbf{i}\cdot\mathbf{i} = \mathbf{j}\cdot\mathbf{j} = \mathbf{k}\cdot\mathbf{k} = 1$ 이며 $\mathbf{i}\cdot\mathbf{j} = \mathbf{i}\cdot\mathbf{k} = \mathbf{j}\cdot\mathbf{k} = 0$ 이므로 다음과 같은 식을 얻을 수 있다.

$$\mathbf{A}\cdot\mathbf{B} = A_xB_x + A_yB_y + A_zB_z \tag{1.7}$$

벡터의 크기는 내적의 제곱근으로 표현된다.

$$|\mathbf{A}| = \sqrt{\mathbf{A}\cdot\mathbf{A}} \tag{1.8}$$

내적은 교환 법칙이 성립한다.

$$\mathbf{A}\cdot\mathbf{B} = \mathbf{B}\cdot\mathbf{A} \tag{1.9}$$

내적은 분배 법칙을 적용할 수 있다.

$$\mathbf{A}\cdot(\mathbf{B}+\mathbf{C}) = \mathbf{A}\cdot\mathbf{B} + \mathbf{A}\cdot\mathbf{C} \tag{1.10}$$

MATLAB®에서 내적은 다음과 같이 계산한다.

```
x=[1 2 3]    % specifies the row vector x
y=[2 3 4]    % specifies the row vector y
z=[3 4 5]    % specifies the row vector y
sqrt(x*x')   % gives the magnitude of the vector x
x*y'         % gives the dot product between vectors x and y
dot(x,y)     % also give the dot product bt
x*(y+z)'     % gives the dot product between x and (y+z)
x*y+x*z      % also gives the dot product between x and (y+z)
dot(x, y+z)  % also gives the dot product between x and (y+z)
```

외적(Cross Product)

두 벡터 $\mathbf{A}$ 와 $\mathbf{B}$ 의 외적(cross product)은 벡터 곱(vector product)이라고도 하며 두 벡터의 크기와 방향에 의해서 결정되는 새로운 벡터를 곱의 결과로 얻는다. 외적의 크기는 다음과 같이 계산한다.

$$|\mathbf{A} \times \mathbf{B}| = |\mathbf{A}| \cdot |\mathbf{B}| \sin(\theta) \tag{1.11}$$

평행한 벡터들의 외적은 0 이며 직교할 때 최대값을 가진다. 단위 벡터를 이용해서 외적은 행렬식(determinant)을 계산하는 방식으로 다음과 같이 구할 수 있다.

$$\mathbf{A} \times \mathbf{B} = \begin{vmatrix} \mathbf{i} & \mathbf{j} & \mathbf{k} \\ A_x & A_y & A_z \\ B_x & B_y & B_z \end{vmatrix} = (A_y B_z - B_y A_z)\mathbf{i} - (A_x B_z - B_x A_z)\mathbf{j} + (A_x B_y - B_x A_y)\mathbf{k} \tag{1.12}$$

$\mathbf{A} \times \mathbf{B}$ 로 만들어진 벡터는 두 벡터 $\mathbf{A}$ 와 $\mathbf{B}$ 가 직교하면 $\mathbf{A} \cdot (\mathbf{A} \times \mathbf{B}) = \mathbf{B} \cdot (\mathbf{A} \times \mathbf{B}) = 0$ 이다. 식 (1.12)의 마지막 두 행의 위치를 바꿔보면 $\mathbf{A} \times \mathbf{B} = -\mathbf{B} \times \mathbf{A}$ 임을 알 수 있다. MATLAB®에서 외적은 다음과 같이 계산한다.

```
x=[1 2 3]  % specifies the row vector x
y=[2 3 4]  % specifies the row vector y
z=[3 4 5]  % specifies the row vector y
cross(x,cross(y,z))  % gives the triple cross product
           % between x, y and z
```

벡터 삼중곱

세 개의 벡터 $\mathbf{A}$, $\mathbf{B}$, $\mathbf{C}$ 의 외적은 벡터 해석에서 종종 만나게 되는데, 다음과 같이 계산한다.

$$\mathbf{A} \times \mathbf{B} \times \mathbf{C} = \mathbf{B}(\mathbf{A} \cdot \mathbf{C}) - \mathbf{C}(\mathbf{A} \cdot \mathbf{B}) \tag{1.13}$$

이 식을 쉽게 외우기 위해서 “BAC CAB” 규칙 이라고도 부른다.

1.2 벡터의 도함수

스칼라 필드의 기울기(Gradient of Scalar Field)

기울기(Gradient) 또는 델(del) 연산자는 다음과 같이 정의되는 방향 도함수(directional derivative)이다.

$$\nabla = \frac{\partial}{\partial x}\mathbf{i} + \frac{\partial}{\partial y}\mathbf{j} + \frac{\partial}{\partial z}\mathbf{k} \tag{1.14}$$

스칼라 필드 $S(x,y,z)$가 주어졌을 때, 스칼라 필드의 기울기는 벡터량이다.

$$\nabla S = \frac{\partial S}{\partial x}\mathbf{i} + \frac{\partial S}{\partial y}\mathbf{j} + \frac{\partial S}{\partial z}\mathbf{k} \tag{1.15}$$

직교 곡선 좌표에서 스칼라 필드$S(u_1,u_2,u_3)$의 기울기는 다음과 같다.

$$\nabla S = \frac{1}{g_{11}^{1/2}}\frac{\partial S}{\partial u_1}\mathbf{e}_1 + \frac{1}{g_{22}^{1/2}}\frac{\partial S}{\partial u_2}\mathbf{e}_2 + \frac{1}{g_{33}^{1/2}}\frac{\partial S}{\partial u_3}\mathbf{e}_3 \tag{1.16}$$

단위 벡터 $(\mathbf{e}_1,\mathbf{e}_2,\mathbf{e}_3)$는 좌표의 각 축들을 가리킨다. 선소(line element)는 다음과 같이 표현된다.

$$ds^2 = dx^2 + dy^2 + dz^2 = g_{11}du_1^2 + g_{22}du_2^2 + g_{33}du_3^2 \tag{1.17}$$

계량 계수(metric coefficient)는 직교 좌표와 다음과 같은 관계이다.

$$g_{ii} = \left(\frac{\partial x}{\partial u_i}\right)^2 + \left(\frac{\partial y}{\partial u_i}\right)^2 + \left(\frac{\partial z}{\partial u_i}\right)^2 \tag{1.18}$$

그러므로 직각 좌표에서는 $g_{11} = g_{22} = g_{33} = 1$ 이다.

MATLAB®에서 스칼라 필드의 기울기는 다음과 같이 수치적으로 계산한다.

```
% gradient of a 1-D scalar field F
```

```
Fx = gradient(F)
% gradient of a 2-D scalar field F
[Gx, Gy] = gradient(G)
% gradient of a 2-D scalar field F
[Hx, Hy, Hz] = gradient(H)
```

벡터 필드의 발산(Divergence of a Vector Field)

벡터 필드 $\mathbf{V}$ 가 $\mathbf{V}(x,y,z) = V_x(x,y,z)\mathbf{i} + V_y(x,y,z)\mathbf{j} + V_z(x,y,z)\mathbf{k}$ 와 같이 주어질 때, 벡터 필드의 발산(divergence)은 델(del) 연산자와 벡터 필드 $\mathbf{V}$ 의 스칼라 곱으로 정의된다.

$$\nabla \cdot \mathbf{V} = \left(\frac{\partial}{\partial x}\mathbf{i} + \frac{\partial}{\partial y}\mathbf{j} + \frac{\partial}{\partial z}\mathbf{k} \right) \cdot \left(V_x\mathbf{i} + V_y\mathbf{j} + V_z\mathbf{k} \right) \tag{1.19}$$

정리하면 다음의 식을 얻을 수 있다.

$$\nabla \cdot \mathbf{V} = \left(\frac{\partial V_x}{\partial x}\mathbf{i} + \frac{\partial V_y}{\partial y}\mathbf{j} + \frac{\partial V_z}{\partial z}\mathbf{k} \right) \tag{1.20}$$

직교 곡선 좌표에서(orthogonal curviliniear coordinate)에서 벡터 $\mathbf{V}(u_1, u_2, u_3)$ 의 발산은 다음과 같다.

$$\nabla \cdot \mathbf{V} = \frac{1}{g^{1/2}} \left\{ \frac{\partial}{\partial u_1}\left[\left(\frac{g}{g_{11}} \right)^{1/2} V_1 \right] + \frac{\partial}{\partial u_2}\left[\left(\frac{g}{g_{22}} \right)^{1/2} V_2 \right] + \frac{\partial}{\partial u_3}\left[\left(\frac{g}{g_{33}} \right)^{1/2} V_3 \right] \right\} \tag{1.21}$$

여기서 $g = \begin{vmatrix} g_{11} & g_{12} & g_{13} \\ g_{21} & g_{22} & g_{23} \\ g_{31} & g_{32} & g_{33} \end{vmatrix} = g_{11}g_{22}g_{33}$ 이다.

벡터 필드의 발산은 MATLAB 에서 다음과 같은 방식들을 통해서 수치적으로 계산할 수 있다.

```
% divergence of a 3-D vector field
```

```
div = divergence(X, Y, Z, U, V, W)
% U, V, and W are each 3-D numeric arrays corresponding to
% x, y and z-field component
% divergence of a 3-D vector field is also given by
div = divergence (U, V, W)
% where [X Y Z] =meshgrid(1:n,1:m,1:p) and [m,n,p]=size(U)
% divergence of a 2-D vector field
div =divergence(X, Y, U, V)
% divergence of a 2-D vector field is also given by
div = divergence (U, V)
%where [X Y] = meshgrid(1:n, 1:m) and [m,n] = size(U)
```

벡터 필드의 회전(Curl of Vector Field)

벡터 필드의 회전(curl)은 델(del) 연산자와 벡터 필드 **V** 의 벡터 곱으로 정의 된다.

$$\nabla \times \mathbf{V} = \left(\frac{\partial}{\partial x}\mathbf{i} + \frac{\partial}{\partial y}\mathbf{j} + \frac{\partial}{\partial z}\mathbf{k} \right) \times \left(V_x \mathbf{i} + V_y \mathbf{j} + V_z \mathbf{k} \right) \tag{1.22}$$

행렬식을 구하는 방식으로 다음과 같이 나타낼 수 있다.

$$\nabla \times \mathbf{V} = \begin{vmatrix} \mathbf{i} & \mathbf{j} & \mathbf{k} \\ \dfrac{\partial}{\partial x} & \dfrac{\partial}{\partial y} & \dfrac{\partial}{\partial z} \\ V_x & V_y & V_z \end{vmatrix} = \left(\frac{\partial V_z}{\partial y} + \frac{\partial V_y}{\partial z} \right)\mathbf{i} - \left(\frac{\partial V_z}{\partial x} - \frac{\partial V_x}{\partial z} \right)\mathbf{j} + \left(\frac{\partial V_y}{\partial x} - \frac{\partial V_x}{\partial y} \right)\mathbf{k} \tag{1.23}$$

곡선 좌표에서 회전은 다음과 같이 행렬식 형태로 표시할 수 있다.

$$\nabla \times \mathbf{V} = \begin{vmatrix} \mathbf{e}_1 (g_{11}/g)^{1/2} & \mathbf{e}_2 (g_{22}/g)^{1/2} & \mathbf{e}_3 (g_{33}/g)^{1/2} \\ \dfrac{\partial}{\partial u_1} & \dfrac{\partial}{\partial u_2} & \dfrac{\partial}{\partial u_3} \\ g_{11}^{1/2} V_1 & g_{22}^{1/2} V_2 & g_{33}^{1/2} V_3 \end{vmatrix} \tag{1.24}$$

MATLAB®에서 벡터 필드의 회전은 다음과 같은 방법들을 이용해서 수치적으로 계산할 수 있다.

```
% curl of a 3-D vector field
```

```
[curlx , curly, curlz, cav] = curl(X, Y, Z, U, V, W)
% U, V, and W are each 3-D numeric arrays corresponding to
% x, y and z-field component
% curl of a 3-D vector field is also given by
[curlx, curly, curlz, cav] = curl (U, V, W)
% where [X Y Z] =meshgrid(1:n, 1:m, 1:p) and [m, n, p] = size(U)
% curl of a 2-D vector field
[curlx, curly, cav] = curl(X, Y, U, V)
% curl of a 2-D vector field is also given by
[curlx, curly, cav] = divergence (U, V)
% where [X Y] = meshgrid(1:n, 1:m) and [m,n] = size(U)
```

1.3 스칼라 라플라시안(Scalar Laplacian)

스칼라 필드의 라플라시안은 델 연산자와 스칼라 필드의 발산과의 스칼라 곱 $\nabla\cdot\nabla S(x,y,z)$로 정의된다. 곡선 좌표의 스칼라 라플라시안은 다음과 같이 표현된다.

$$\nabla^2 S = \frac{1}{g^{1/2}}\left\{\frac{\partial}{\partial u_1}\left(\frac{g^{1/2}}{g_{11}}\frac{\partial S}{\partial u_1}\right)+\frac{\partial}{\partial u_2}\left(\frac{g^{1/2}}{g_{22}}\frac{\partial S}{\partial u_2}\right)+\frac{\partial}{\partial u_3}\left(\frac{g^{1/2}}{g_{33}}\frac{\partial S}{\partial u_3}\right)\right\} \tag{1.25}$$

직각 좌표

직각 좌표(Cartesian coordinate)의 스칼라 라플라시안은 다음과 같이 간단히 나타내기도 한다.

$$\nabla^2 S = \left(\frac{\partial}{\partial x}\mathbf{i}+\frac{\partial}{\partial y}\mathbf{j}+\frac{\partial}{\partial z}\mathbf{k}\right)\cdot\left(\frac{\partial S}{\partial x}\mathbf{i}+\frac{\partial S}{\partial y}\mathbf{j}+\frac{\partial S}{\partial z}\mathbf{k}\right)=\frac{\partial^2 S}{\partial x^2}+\frac{\partial^2 S}{\partial y^2}+\frac{\partial^2 S}{\partial z^2} \tag{1.26}$$

스칼라 필드의 라플라시안은 MATLAB 에서 다음과 같이 수치적으로 계산할 수 있다.

```
% Laplacian of a 2-D scalar field U
L = del2(U)    % returns Laplacian/4
% Laplacian of a N-D scalar field U
-L = del2(U)   % returns Laplacian/N where N is ndims(U)
```

이제 몇몇 직교 좌표에 대한 스칼라 라플라시안을 살펴보자.

원기둥 좌표(cylindrical coordinates)

원기둥 좌표(r, z, θ)와 직각 좌표는 다음의 상관관계를 가진다.

$$\begin{aligned} x &= r\cos\phi \\ y &= r\sin\phi \\ z &= z \end{aligned} \tag{1.27}$$

여기서 $r \ge 0$, $0 \le \phi \le 2\pi$, $-\infty < z < \infty$ 이다. 좌표의 표면은 일정한 r 을 가지는 둥근 원기둥 반평면(half-planes)이고, z 축에 평행하며 평면(plane)은 z 축에 직교한다.

$$\begin{aligned} x^2 + y^2 &= r^2 \\ \tan\phi &= \frac{y}{x} \\ z &= z \end{aligned} \tag{1.28}$$

라플라시안 $\nabla^2 S(r, z, \phi)$는 다음과 같이 나타낸다

$$\frac{1}{r}\frac{\partial}{\partial r}\left(r\frac{\partial S}{\partial r}\right) + \frac{\partial^2 S}{\partial z^2} + \frac{1}{r^2}\frac{\partial^2 S}{\partial \phi^2} \tag{1.29}$$

쌍원주 좌표(Bicylindrical Coordinates)

쌍원주 좌표(r, z, θ)와 직각 좌표는 다음의 상관관계를 가진다.

$$\begin{aligned} x &= \frac{a\sinh\alpha}{\cosh\alpha - \cos\beta} \\ y &= \frac{a\sin\beta}{\cosh\alpha - \cos\beta} \\ z &= z \end{aligned} \tag{1.30}$$

여기서 $-\infty < \alpha < \infty$, $0 \le \beta \le 2\pi$, $-\infty < z < \infty$ 이다. 좌표의 표면은 z 축에 평행한 둥근 원기둥이고 z 축에 직교하는 면은 다음과 같이 표현된다.

$$x^2 + (y - a\cot\beta)^2 = a^2\csc\beta$$
$$(x - a\coth\alpha)^2 + y^2 = a\,\mathrm{csc\,h}^2\alpha \qquad (1.31)$$
$$z = z$$

그림 1.1 에 MATLAB®을 이용하여 쌍원주 좌표를 $x-y$ 평면에 투영한 것과 M-file 코드를 보인다.

쌍원주 좌표에서의 라플라시안 $\nabla^2 S(\alpha,\beta,z)$은 다음과 같이 나타낸다.

$$\frac{(\cosh\alpha - \cos\beta)^2}{a^2}\left[\frac{\partial^2 S}{\partial\alpha^2} + \frac{\partial^2 S}{\partial\beta^2}\right] + \frac{\partial^2 S}{\partial z} \qquad (1.32)$$

타원주 좌표 (Elliptic Cylindrical Coordinate)

타원주 좌표 (α,β,z)와 직각 좌표는 다음의 상관관계를 가진다.

$$x = a\cosh\alpha\cos\beta$$
$$y = a\sinh\alpha\sin\beta \qquad (1.33)$$
$$z = z$$

여기서 $0 \le \alpha$, $0 \le \beta \le 2\pi$, $-\infty < z < \infty$ 이다. 좌표의 표면은 α 가 상수인 곡선이고 β 가 상수인 쌍곡(hyperbolic)의 원기둥이며, z 축에 수직인 면에서 같은 초점 선(focal line, confocal)을 공유한다.

$$\left(\frac{x}{a\cosh\alpha}\right)^2 + \left(\frac{y}{a\sinh\alpha}\right)^2 = 1$$
$$\left(\frac{x}{a\cos\beta}\right)^2 - \left(\frac{y}{a\sin\beta}\right)^2 = 1 \qquad (1.34)$$
$$z = z$$

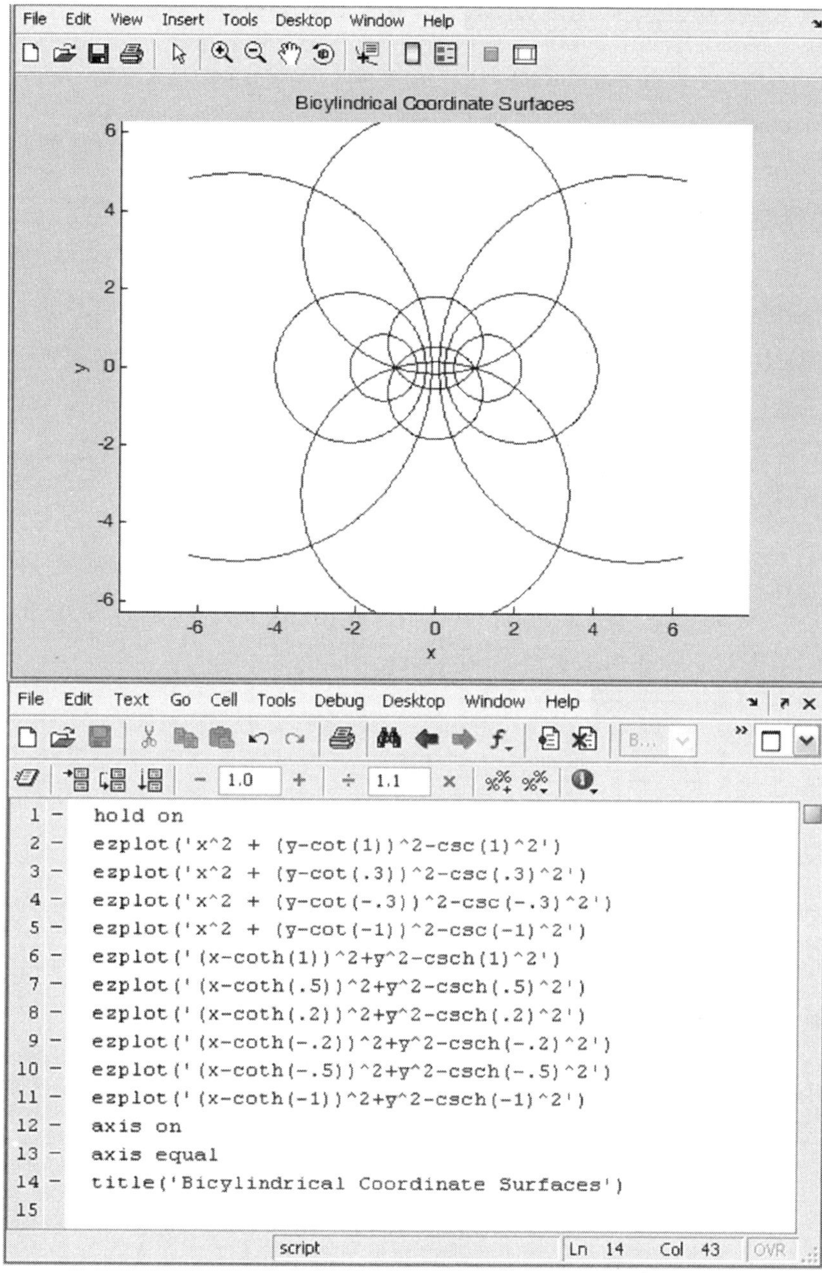

그림 1.1 쌍원주 좌표 곡면의 투영을 MATLAB®을 이용해서 투영한 결과와 소스 M-파일을 같이 보인다(심볼릭 툴박스가 필요하다).

타원주 좌표의 라플라시안 $\nabla^2 S(\alpha,\beta,z)$은 다음과 같이 나타낸다.

$$\frac{1}{a^2(\sinh^2\alpha+\sin^2\beta)}\left[\frac{\partial^2 S}{\partial\alpha^2}+\frac{\partial^2 S}{\partial\beta^2}\right]+\frac{\partial^2 S}{\partial z^2} \tag{1.35}$$

CD-ROM 에 많은 칼라 이미지가 들어 있으니 참고하기 바란다.

구면 좌표(Spherical coordinate)

구면 좌표 (r,θ,ϕ)와 직각 좌표는 다음의 상관관계를 가진다.

$$\begin{aligned} x &= r\sin\theta\cos\phi \\ y &= r\sin\theta\sin\phi \\ z &= r\cos\theta \end{aligned} \tag{1.36}$$

여기서 $r\ge 0$, $0\le\theta\le\pi$, $0\le\phi\le 2\pi$ 이다. 좌표의 표면은 일정한 r의 구체이며, 일정한 θ의 원뿔, 일정한 ϕ의 반면은 z 축에 평행하다.

$$\begin{aligned} x^2+y^2+z^2 &= r^2 \\ \tan\theta &= \frac{\sqrt{x^2+y^2}}{z} \\ \tan\phi &= \frac{y}{x} \end{aligned} \tag{1.37}$$

라플라시안 $\nabla^2 S(r,\theta,\phi)$은 다음과 같이 나타낸다.

$$\frac{1}{r^2}\frac{\partial}{\partial r}\left(r^2\frac{\partial S}{\partial r}\right)+\frac{1}{r^2\sin^2\theta}\frac{\partial}{\partial\theta}\left(\sin\theta\frac{\partial S}{\partial}\right)+\frac{1}{r^2\sin^2\theta}\frac{\partial^2 S}{\partial\phi^2} \tag{1.38}$$

편구면 좌표(Oblate Spheroidal Coordinates)

편구면 좌표 (ξ,η,ϕ)와 직각 좌표는 다음의 상관관계를 가진다.

$$x = a\cosh\xi\cos\eta\cos\phi$$
$$y = a\cosh\xi\cos\eta\sin\phi \tag{1.39}$$
$$z = a\sinh\xi\sin\eta$$

여기서 $\xi \geq 0$, $0 \leq \eta \leq \pi$, $0 \leq \phi < 2\pi$ 이다. 좌표의 표면은 ξ가 일정한 편구면이고, z축 둘레로 회전하는 η가 일정한 한 장의 쌍곡면이며, ϕ가 일정한 반면은 z-축에 평행하다.

$$\left(\frac{x}{a\cosh\xi}\right)^2 + \left(\frac{y}{a\cosh\xi}\right)^2 + \left(\frac{z}{a\sinh\xi}\right)^2 = 1$$
$$\left(\frac{x}{a\sin\eta}\right)^2 + \left(\frac{y}{a\sin\eta}\right)^2 - \left(\frac{z}{a\cos\eta}\right)^2 = 1 \tag{1.40}$$
$$\tan\phi = \frac{y}{x}$$

그림 1.2 에 MATLAB 을 이용해서 편구면 좌표 표면을 x-y 평면에 투영한 것을 플로팅한 것과 그 M-파일 코드를 보인다.

편구면 좌표의 라플라시안 $\nabla^2 S(r,\theta,\phi)$은 다음과 같이 나타낸다.

$$\frac{1}{a^2(\sinh^2\xi + \sin^2\eta)}\left[\frac{1}{\cosh\xi}\frac{\partial}{\partial\xi}\left(\cosh\xi\frac{\partial S}{\partial\xi}\right) + \frac{1}{\cos\eta}\frac{\partial}{\partial\eta}\left(\cos\eta\frac{\partial S}{\partial\eta}\right)\right] + \frac{1}{a^2\cosh^2\xi\cos^2\eta}\frac{\partial^2 S}{\partial\phi^2} \tag{1.41}$$

장구면 좌표(Prolate Spheroidal Coordinates)

장구면 좌표 (ξ,η,ϕ)와 직각 좌표는 다음의 상관관계를 가진다.

$$x = a\sinh\xi\sin\eta\cos\phi$$
$$y = a\sinh\xi\sin\eta\sin\phi \tag{1.42}$$
$$z = a\cosh\xi\cos\eta$$

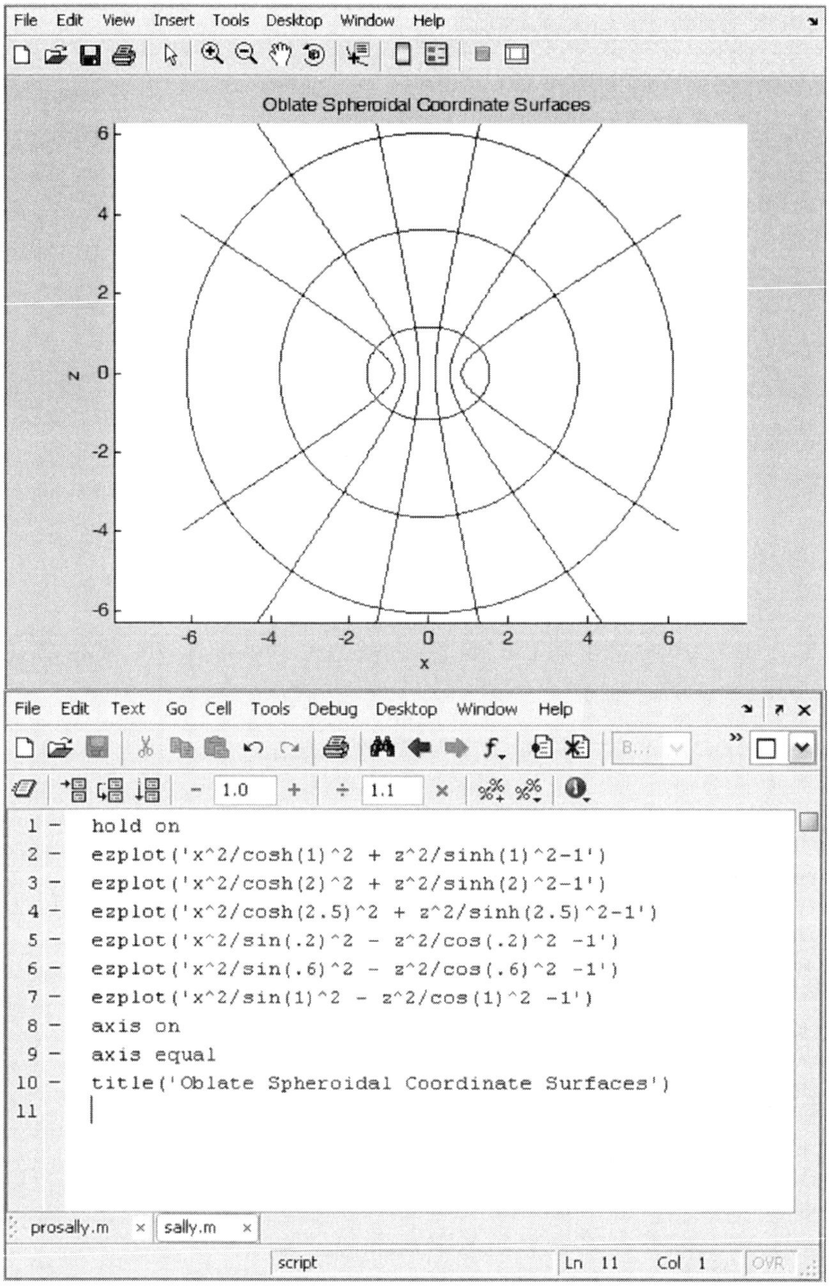

그림 1.2 MATLAB®을 이용해서 편구 좌표 표면을 x-z 평면으로 투영한 것을 플로팅한 것과 M-file 코드를 보인다(심볼릭 툴박스가 필요하다)

여기서 $\xi \geq 0$, $0 \leq \eta \leq \pi$, $0 \leq \phi < 2\pi$ 이다.

장구면 좌표 좌표의 표면은 ξ 가 일정한 장구(長球)이고, z 축 둘레로 회전하는 η 가 일정한 두 장의 쌍곡면이며, ϕ 가 일정한 반면은 z-축에 평행하다.

$$\begin{aligned} &\left(\frac{x}{a\sinh\xi}\right)^2 + \left(\frac{y}{a\sinh\xi}\right)^2 + \left(\frac{z}{a\cosh\xi}\right)^2 = 1 \\ &-\left(\frac{x}{a\sin\eta}\right)^2 - \left(\frac{y}{a\sin\eta}\right)^2 + \left(\frac{z}{a\cos\eta}\right)^2 = 1 \\ &\tan\phi = \frac{y}{x} \end{aligned} \tag{1.43}$$

그림 1.3 에 장구면 좌표 곡면을 x-z 평면으로의 투영을 MATLAB 을 이용해서 플로팅한 것과 M-file 코드를 보인다.

장구면 좌표의 라플라시안 $\nabla^2 S(\xi,\eta,\phi)$은 다음과 같이 나타낸다.

$$\begin{aligned} &\frac{1}{a^2(\sinh^2\xi + \sin^2\eta)}\left[\frac{1}{\sinh\xi}\frac{\partial}{\partial\xi}\left(\sinh\xi\frac{\partial S}{\partial\xi}\right) + \frac{1}{\sin\eta}\frac{\partial}{\partial\eta}\left(\sin\eta\frac{\partial S}{\partial\eta}\right)\right] \\ &+\frac{1}{a^2\sinh^2\xi\sin^2\eta}\frac{\partial^2 S}{\partial\phi^2} \end{aligned} \tag{1.44}$$

환상 좌표(Toroidal Coordinates)

환상 좌표 (α,β,ϕ)와 직각 좌표는 다음의 상관관계를 가진다.

$$\begin{aligned} x &= \frac{a\sinh\alpha\cos\phi}{\cosh\alpha - \cos\beta} \\ y &= \frac{a\sinh\alpha\sin\phi}{\cosh\alpha - \cos\beta} \\ z &= \frac{a\sin\beta}{\cosh\alpha - \cos\beta} \end{aligned} \tag{1.45}$$

여기서 $\alpha \geq 0$, $-\pi \leq \beta < \pi$, $0 \leq \phi < 2\pi$ 이다. 좌표의 표면들은 α 가 일정한 환상형(toroidal)이며, β 가 일정한 구형의 사발 형태고, ϕ 가 일정한 반면은 z 축에 평행하다.

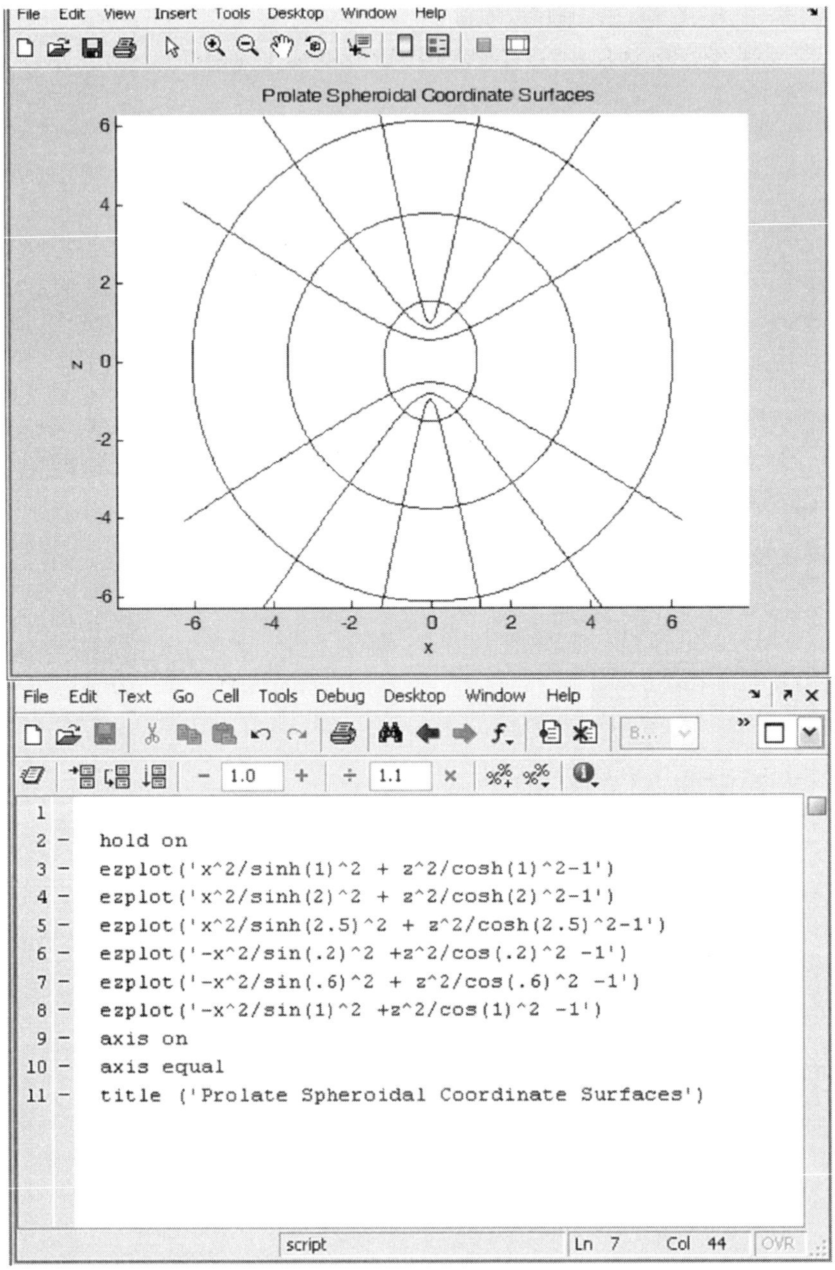

그림 1.3 MATLAB®을 이용해서 장구 좌표 표면을 투영한 것을 플로팅한 것과 M-file 코드를 보인다(심볼릭 툴박스가 필요하다)

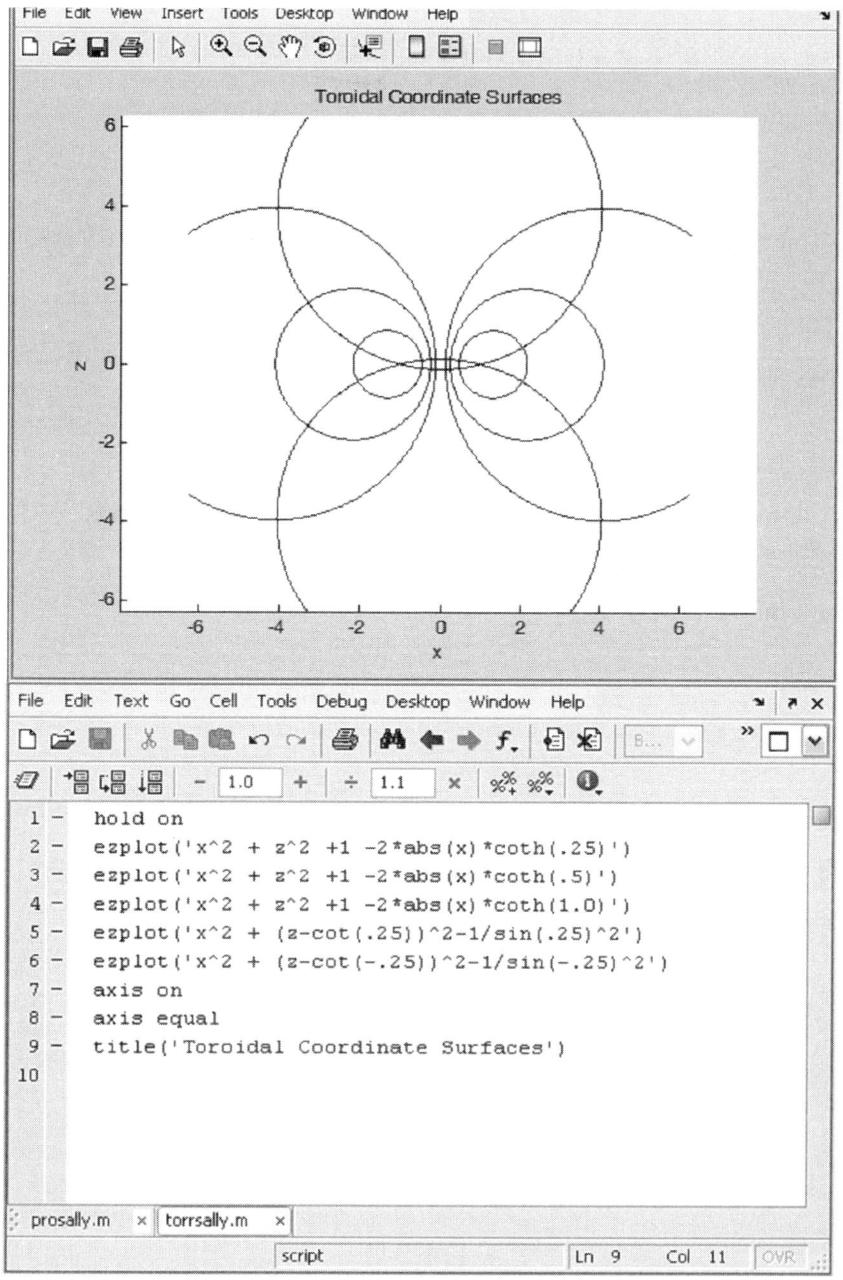

그림 1.4 MATLAB®을 이용해서 환상 좌표 표면을 투영한 것을 플로팅한 것과 M-file 코드를 보인다(심볼릭 툴박스가 필요하다)

$$x^2 + y^2 + z^2 + a^2 = 2a\sqrt{x^2 + y^2}\coth\alpha$$

$$x^2 + y^2 + (z - a\cot\beta)^2 = \left(\frac{a}{\sin\beta}\right)^2 \tag{1.46}$$

$$\tan\phi = \frac{y}{x}$$

그림 1.4 는 환상 좌표 곡면을 x-z 표면으로의 투영을 MATLAB 을 이용해서 플로팅 한 것과 M-file 을 보인다.

라플라시안 $\nabla^2 S(\alpha, \beta, \phi)$은 다음과 같이 나타낸다.

$$\frac{(\cosh\alpha - \cos\beta)^3}{a^2\sinh\alpha}\left[\frac{\partial}{\partial\alpha}\left(\frac{\sinh\alpha}{\cosh\alpha - \cos\beta}\frac{\partial S}{\partial\alpha}\right) + \frac{\partial}{\partial\beta}\left(\frac{\sinh\alpha}{\cosh\alpha - \cos\beta}\frac{\partial S}{\partial\beta}\right)\right] + \frac{(\cosh\alpha - \cos\beta)^2}{a^2\sinh^2\alpha}\frac{\partial^2 S}{\partial\phi^2} \tag{1.47}$$

1.4 벡터 라플라시안

벡터량의 라플라시안은 직각 좌표계에서 스칼라 대응 요소와 같은 형태를 가진다. 곡면 좌표에서 벡터 라플라시안은 상대적으로 복잡하다. 식 (1.13)을 사용하면 이중 외적을 발산의 기울기에서 라플라시안을 빼는 형태로 나타낼 수 있다.

$$\nabla \times \nabla \times \mathbf{V} = \nabla(\nabla \cdot \mathbf{V}) - \nabla^2\mathbf{V} \tag{1.48}$$

라플라시안은 다음과 같이 나타낼 수 있다.

$$\nabla^2\mathbf{V} = \nabla(\nabla \cdot \mathbf{V}) - \nabla \times \nabla \times \mathbf{V} \tag{1.49}$$

곡선좌표에서는

$$\nabla^2\mathbf{A} = \mathbf{e}_1\left\{\frac{1}{g_{11}^{1/2}}\frac{\partial\gamma}{\partial u_1} + \left(\frac{g_{11}}{g}\right)^{1/2}\left[\frac{\partial\Gamma_2}{\partial u_3} - \frac{\partial\Gamma_3}{\partial u_2}\right]\right\}$$
$$+ \mathbf{e}_2\left\{\frac{1}{g_{22}^{1/2}}\frac{\partial\gamma}{\partial u_2} + \left(\frac{g_{22}}{g}\right)^{1/2}\left[\frac{\partial\Gamma_3}{\partial u_1} - \frac{\partial\Gamma_1}{\partial u_3}\right]\right\} \tag{1.50}$$
$$+ \mathbf{e}_3\left\{\frac{1}{g_{33}^{1/2}}\frac{\partial\gamma}{\partial u_3} + \left(\frac{g_{33}}{g}\right)^{1/2}\left[\frac{\partial\Gamma_1}{\partial u_2} - \frac{\partial\Gamma_2}{\partial u_1}\right]\right\}$$

여기서 크리스토펠 기호(Christoffel symbol)들은 다음과 같고,

$$\Gamma_1 = \frac{g_{11}}{g^{1/2}}\left\{\frac{\partial}{\partial u_2}\left(g_{33}^{1/2}V_3\right) - \frac{\partial}{\partial u_3}\left(g_{22}^{1/2}V_2\right)\right\} \tag{1.51}$$

$$\Gamma_2 = \frac{g_{22}}{g^{1/2}}\left\{\frac{\partial}{\partial u_3}\left(g_{11}^{1/2}V_1\right) - \frac{\partial}{\partial u_1}\left(g_{22}^{1/2}V_3\right)\right\} \tag{1.52}$$

$$\Gamma_3 = \frac{g_{33}}{g^{1/2}}\left\{\frac{\partial}{\partial u_1}\left(g_{22}^{1/2}V_2\right) - \frac{\partial}{\partial u_2}\left(g_{11}^{1/2}V_1\right)\right\} \tag{1.53}$$

인자 γ 는 식 (1.21)을 이용한 $\mathbf{V}$ 의 발산이다.

1.5 적분 정리들

발산 정리(Divergence Theorem)

가우스(Gauss) 발산 정리는 부피가 v 인 경계를 가지는 어떠한 표면에 대해서도 벡터 장 $\mathbf{E}$ 의 발산의 부피 적분과 벡터 장 $\mathbf{E}$ 의 표면에 대해서 수직 성분과의 내적을 다음과 같이 정리한다.

$$\iiint_{\text{vol}} \nabla\cdot\mathbf{E}dv = \iint_{\text{surf}} \mathbf{E}\cdot\mathbf{n}da \tag{1.54}$$

스토크의 정리(Stoke's Theorem)

스토크의 정리는 닫힌 경로 Γ 에 대한 벡터 장 $\mathbf{E}$ 의 선적분과 등고선으로 경계 지워진 어떠한 덮는 표면에 대한 면적분을 다음과 같이 정리한다.

$$\iint_{\text{surf}} \mathbf{E}\cdot\mathbf{n}\,da = \oint_{\Gamma} \mathbf{E}\cdot d\ell \tag{1.55}$$

기울기의 정리(Gradient Theorem)

스칼라 함수의 기울기의 선적분은 다음과 같이 계산한다.

$$\int_{\mathbf{a}}^{\mathbf{b}} \nabla f \cdot d\ell = f(\mathbf{b}) - f(\mathbf{a}) \tag{1.56}$$

여기서 적분은 양 끝점의 값들에 의해서 결정된다는 것을 알 수 있다.

1.6 적분 변환(Integral Transforms)

라플라스 변환(Laplace Transform)

함수 $f(t)$ 의 라플라스 변환은 다음과 같은 적분의 형태로 정의된다.

$$F(s) = \int_0^{\infty} e^{-st} f(t)\,dt \tag{1.57}$$

이 적분은 $F(s) = L[f(t)]$ 라고 표기한다. 함수들의 합의 라플라스 변환은 다음과 같은 선형성을 가지고 있다.

$$L[c_1 f_1(t) + c_2 f_2(t)] = c_1 F_1(s) + c_2 F_2(s) \tag{1.58}$$

여기서 c_1 과 c_1 는 상수이다. 라플라스 변환은 다음과 같은 특성을 가지고 있다.

축척(scale)의 변경성

$$\mathcal{L}[f(at)] = \frac{1}{a}F\left(\frac{s}{a}\right) \tag{1.59}$$

이동성

$$\mathcal{L}\left[e^{at} f(t)\right] = F(s-a) \tag{1.60}$$

제 2 이동성

$$\mathcal{L}[f(t-a)] = e^{-as}F(s) \tag{1.61}$$

미분의 변환

$$\mathcal{L}[f'(t)] = sF(s) - f(0) \tag{1.62}$$

이차 미분의 변환

$$\mathcal{L}[f''(t)] = s^2F(s) - sf(0) - f'(0) \tag{1.63}$$

주기 함수의 변환

$$\mathcal{L}[f(t)] = \frac{1}{1-e^{-sz}} \int_0^z e^{-st} f(t)dt \tag{1.64}$$

MATLAB®에서 함수 $f(t)$ 의 라플라스 변환은 다음과 같은 방식으로 계산할 수 있다.

```
syms a s t
laplace(f)    % returns f(s) given f(t)
% the default variables of laplace are t and s
laplace(1)   % returns 1/s
laplace(t)   % returns 1/s^2
laplace(exp(a*t))   % returns 1/(s-a)
laplace(sin(a*t))   % returns a/(s^2+a^2)
laplace(cos(a*t))   % returns s/(s^2+a^2)
```

라플라스 역변환

라플라스 역변환은 경로 적분(contour integral)을 이용해서 계산할 수 있다.

$$L^{-1}[F(s)] = \frac{1}{2\pi i}\int_{\gamma - i\infty}^{\gamma + i\infty} e^{st}F(s)ds = f(t) \tag{1.65}$$

라플라스 역변환은 선형성을 가진다.

$$L^{-1}[c_1F_1(s) + c_2F_2(s)] = c_1 f_1(t) + c_2 f_2(t) \tag{1.66}$$

여기서 c_1과 c_2는 상수이다. 라플라스 변환은 다음과 같은 특성을 가지고 있다.

축척(scale)의 변경성

$$\frac{1}{a}L^{-1}\left[F\left(\frac{s}{a}\right)\right] = f(at) \tag{1.67}$$

이동성

$$L^{-1}[F(s-a)] = e^{at}f(t) \tag{1.68}$$

제 2 이동성

$$L^{-1}[e^{-as}F(s)] = f(t-a) \tag{1.69}$$

미분의 역변환

$$L^{-1}[F'(s)] = -tf(t) \tag{1.70}$$

이차 미분의 역변환

$$L^{-1}[F''(s)] = -(t)^2 f(t) \tag{1.71}$$

n 차 미분의 역변환

$$\mathcal{L}^{-1}\left[F^{(n)}(s)\right] = -(t)^n f(t) \tag{1.72}$$

합성 성질(Convolution property)

$$\mathcal{L}^{-1}\left[F(s)G(s)\right] = \int_0^t f(u)g(t-u)du \tag{1.73}$$

여기서 합성 적분은 $f * g(t)$ 처럼 표기하기도 하는데, $f * g = g * f$ 이다.
MATLAB®에서 함수 $f(t)$ 의 라플라스 변환은 다음과 같은 방식으로 계산할 수 있다.

```
syms a s t
iaplace(f)              % returns f(s) given f(t)
% the default variables of laplace are t and s
ilaplace(1/s)           % returns 1
ilaplace(1/s^2)          % returns t
ilaplace(1/(s-a))       % returns exp(a*t)
ilaplace(a/(s^2+a^2))   % returns sin(a*t)
laplace(s/(s^2+a^2))    % rturns cos(a*t)
```

푸리에 변환(Fourier Transform)

함수 $f(t)$ 의 푸리에 변환은 다음과 같은 적분의 형태로 정의된다.

$$F(\omega) = \frac{1}{\sqrt{2\pi}} \int_{-\infty}^{\infty} f(t)e^{-i\omega t}dt \tag{1.74}$$

함수 $f(t)$ 의 푸리에 변환은 MATALB 에서 기본 변수를 x 와 ω 를 이용해서 다음의 문법을 따라서 계산할 수 있다.

```
fourier(f)       % returns F(w) given f(x)
fourier(f,v)     % returns F(v) given f(x)
fourier(x,u,v)   % returns F(v) given f(u)
```

만일 푸리에 변환된 식을 알고 있다면 함수 $f(t)$ 는 다음과 같이 정의된 역변환을 이용해서 구할 수 있으며 MATLAB 에서는 다음의 방식으로 구할 수 있다.

$$f(t) = \frac{1}{\sqrt{2\pi}} \int_{-\infty}^{\infty} F(\omega) e^{i\omega t} dt \tag{1.75}$$

```
ifourier(F)       % returns f(x) given F(w)
ifourier(f,v)     % returns f(x) given F(v)
ifourier(x,u,v) % returns f(u) given F(v)
```

고속 푸리에 변환

이산 푸리에 변환(Discrete Fourier Transform, DFT)은 MATLAB 에 있는 고속 푸리에 변환(Fast Fourier transform, FFT)을 이용해서 구할 수 있다. $x = f(t)$ 로 주어진 시계열(time series)의 FFT 는 MATLAB 에서 기본 변수들 x 와 ω 를 이용해서 다음과 같이 구할 수 있다.

```
y=fft(x)  % returns the Fast Fourier transform of time series x
y=fft(x,n) % returns the n-point FFT. If n is greater that the
      % if n is greater than the number of points in x
      % then x is padded with zeros to length n
```

1.7 디락 델타 함수(Dirac Delta Fucntion)

디락 델타 함수는 다음과 같이 정의되는 비 해석적 함수이다.

$$\delta(x) = \begin{cases} 0, & x \neq 0 \\ \infty, & x = 0 \end{cases} \tag{1.76}$$

MATLAB®에서 디락 델타 함수는 다음과 같이 사용한다.

```
direc(x)    % returns the Direc delta function of x
```

델타 함수(delta function)은 Heaviside 계단 함수(Heaviside step function)의 도함수로 나타낼 수 있다.

$$\delta(x)=\frac{d\theta(x)}{dx},\ \text{where}\ \ \theta(x)=\begin{cases}1, & x>0\\ 0, & x\le 0\end{cases} \tag{1.77}$$

MATLAB®에서 Heaviside 함수와 그 미분은 다음과 같이 계산한다.

```
heaviside(x)             % returns the Heaviside function of x
diff(heaviside(x),x)     % returns the dirac(x)
```

델타 함수는 우(even)함수 이므로 다음과 같은 특성을 가진다.

$$\delta(-x)=\delta(x) \tag{1.78}$$

$$\delta(kx)=\frac{1}{|k|}\delta(x) \tag{1.79}$$

델타 함수의 적분 특성은 다음과 같이 단위 면적(unit area)이다

$$\int_{-\infty}^{\infty}\delta(x)dx=1 \tag{1.80}$$

만일 델타 함수가 적분의 극한에 존재한다면 다음과 같으며

$$\int_{-\infty}^{0}\delta(x)dx=\int_{0}^{\infty}\delta(x)dx=\frac{1}{2} \tag{1.81}$$

또는 좀 더 일반적인 형태로 나타내면 다음과 같다.

$$\int_{-\infty}^{0}\delta(x-c)dx=\begin{cases}1 & c\in(a,b)\\ 0 & c\notin[a,b]\\ \frac{1}{2} & c\in\{a,b\}\end{cases} \tag{1.82}$$

디락 델타 함수에 대한 적분은 MATLAB 에서 다음과 같은 과정을 거쳐 구할 수 있다.

```
int(direc(x),-inf,inf)    % returns 1
int(direc(x), 0,inf)    % returns 1
            % result must be multiplied by 1/2
int(direc(x), 1,inf)    % returns 1
            % result must be multiplied by 1/2
int(direc(x), 2,inf)    % returns 0
```

델타 함수가 곱해진 함수의 적분은 다음과 같이 계산한다.

$$\int_{-\infty}^{\infty} f(x)\delta(x)dx = f(0) \tag{1.83}$$

$$\int_{-\infty}^{\infty} f(x)\delta(x-a)dx = f(a) \tag{1.84}$$

$$\int_{-\infty}^{\infty} f(x)\delta'(x-a)dx = -f'(a) \tag{1.85}$$

MATLAB®에서 델타 함수가 곱해진 함수의 적분은 다음과 같은 방식으로 계산한다.

```
int(sin(x)*direc(x-a), -inf, inf)    % returns sin(a)
int(besselj(x)*direc(x-pi), 0,inf)   % returns besselj(pi)
int(dirac(x)*sin(x)/x, 0, inf)       % returns 1
```

삼차원에서는 디락 델타 함수는 일차원 델타 함수들의 곱으로 나타낼 수 있다.

$$\delta^3(\mathbf{r}) = \delta(x)\delta(y)\delta(z) \tag{1.86}$$

삼차원 델타 함수는 일차원 델타 함수와 비슷한 특성들을 가진다.

$$\iiint\limits_{\text{all space}} \delta^3(\mathbf{r})dv = 1 \tag{1.87}$$

$$\iiint\limits_{\text{all space}} f(\mathbf{r})\delta^3(\mathbf{r}-\mathbf{r}')dv = f(\mathbf{r}') \tag{1.88}$$

그림 1.5 는 삼차원에서의 변위 벡터 $\mathbf{r}-\mathbf{r}'$ 를 보이고 있다. 델타 함수는 발산과 라플라시안으로 표현될 수 있다.

$$\nabla\cdot\frac{\mathbf{r}-\mathbf{r}'}{|\mathbf{r}-\mathbf{r}'|^3} = 4\pi\delta^3(\mathbf{r}-\mathbf{r}') \tag{1.89}$$

여기서 발산은 프라임 기호가 없는 좌표에 대한 것이이다. 다음과 같은 식의 발산을 구하면

$$\nabla\cdot\frac{1}{|\mathbf{r}-\mathbf{r}'|} = -\frac{\mathbf{r}-\mathbf{r}'}{|\mathbf{r}-\mathbf{r}'|^3} \tag{1.90}$$

다음의 식을 얻을 수 있다.

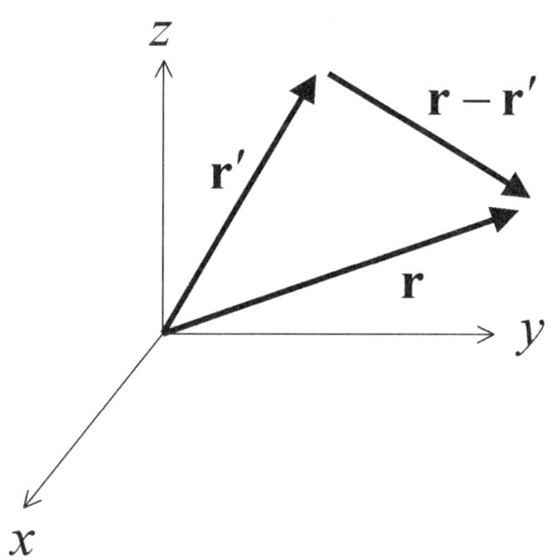

그림 1.5 3차원에서의 변위 벡터 $\mathbf{r}-\mathbf{r}'$

$$\nabla \cdot \frac{1}{|\mathbf{r}-\mathbf{r}'|} = -4\pi\delta^3(\mathbf{r}-\mathbf{r}') \tag{1.91}$$

1.8 특수 함수들

베셀 함수(Bessel Functions)

베셀 미분 방정식(Bessel's differential equations)은 다음과 같이 주어지며

$$\frac{d^2y}{dx^2} + \frac{1}{x}\frac{dy}{dx} + \left(1 - \frac{n^2}{x^2}\right)y = 0 \tag{1.92}$$

해는 다음과 같다.

$$y(x) = c_1 J_n(x) + c_2 Y_n(x) \tag{1.93}$$

여기서 $J_n(x)$ 는 베셀 함수 이고 $Y_n(x)$ 은 제 2 종 베셀 함수이다. 한켈 함수(Hankel function) $H_1^{(1)}(x) = J_n(x) + iY_n(x)$ 와 $H_1^{(2)}(x) = J_n(x) - iY_n(x)$ 는 베셀 미분 방정식의 선형 독립 해가 된다.

다음의 MATLAB 코드는 베셀 미분 방정식(Bessel's differential equations)을 풀이하는 과정을 보인다.

```
Dsolve('D2y + D1/yx + (1+n^2/x^2)*y=0','x')
Pretty(ans)   %enhances the output format
```

MATLAB 에서 베셀 함수와 한켈 함수들은 다음의 방식으로 계산할 수 있다.

```
besselj(x) % Bessel function
bessely(x) % Bessel function
besselh(x) % Hankel function
```

변형된 베셀 함수

아래의 미분 방정식은

$$\frac{d^2y}{dx^2}+\frac{1}{x}\frac{dy}{dx}-\left(1+\frac{n^2}{x^2}\right)y=0 \tag{1.94}$$

다음의 해를 가진다.

$$y(x)=c_1I_n(x)+c_2K_n(x) \tag{1.95}$$

여기서 $I_n(x)$는 변형된 베셀 함수이며 $K_n(x)$은 변형된 2 종 베셀 함수이다. MATLAB®에서 변형된 베셀과 함수는 다음의 방식으로 계산할 수 있다.

```
besseli(x)     % modified Bessel function
besselk(x)     % modified Bessel function of the second kind
```

에어리(Airy) 함수

Airy 의 미분 방정식은 다음과 같이 주어지며

$$\frac{d^2y}{dx^2}-xy=0 \tag{1.96}$$

해는 다음과 같다.

$$y(x)=c_1Ai(x)+c_2Bi(x) \tag{1.97}$$

여기서 $Ai(x)$와 $Bi(x)$는 각각 제 1 종 Airy 함수, 제 2 종 Airy 함수 이다. Airy 의 미분 방정식은 다음의 MATLAB 코드를 이용해서 풀이할 수 있다.

MATLAB®에서 Airy 함수는 다음의 방식으로 계산할 수 있다.

```
airy(x)    % airy function of the first kind
airy(0,x)  % same as airy(x)
```

```
airy(1,x)  % the derivative of airy(x) w.r.t. x
airy(2,x)  % the airy function  of the second kind
airy(3,x)  % the derivative of airy(2, x) w.r.t. x
```

참고 문헌

H. M. Schey. (2005). Div, Grad, Curl, and All That: An Informal Text on Vector Calculus, 4th edition, W. W. Norton and Company, New York.

D. J. Griffiths. (1999). Introduction to Electrodynamics, 3rd edition, Prentice-Hall.

P. Moon and D. E. Spencer. (2003). *Field Theory Handbook, 2nd edition*, John T. Zubal, Inc.

연습문제

1.1 벡터 $\mathbf{A}=2\mathbf{i}+\mathbf{j}-3\mathbf{k}$, $\mathbf{B}=3\mathbf{i}-2\mathbf{j}+\mathbf{k}$, $\mathbf{C}=\mathbf{i}+2\mathbf{j}+\mathbf{k}$가 주어졌을 때, MATLAB을 이용해서 다음을 계산하여라.

(a) $\mathbf{A}-2\mathbf{B}+\mathbf{C}$

(b) $\mathbf{A}$와 $\mathbf{C}$ 사이의 각도

(c) $|\mathbf{A}+\mathbf{C}|$의 크기

(d) 내적 $\mathbf{A}\cdot(\mathbf{B}+\mathbf{C})$

(e) 외적 $\mathbf{A}\times(\mathbf{B}+\mathbf{C})$

(f) 벡터곱 $\mathbf{A}\cdot(\mathbf{B}\times\mathbf{C})$

(g) 삼중곱 $\mathbf{A}\times\mathbf{B}\times\mathbf{C}$

1.2 원기둥 좌표(r,z,ϕ)에서 축대칭 일 때 스칼라 필드 $S(r,z)$의 기울기를 계산하여라.

1.3 원기둥 좌표(r,z,ϕ)에서 축대칭 일 때 벡터 필드 $\mathbf{A}=A_\phi(r,z)\hat{\phi}$의 발산과 회전을 계산하여라.

1.4 쌍원주 좌표(α,β,z)에서 면대칭 일 때 스칼라 필드 $S(\alpha,\beta)$의 기울기를 계산하여라.

1.5 쌍원주 좌표(α,β,z)에서 면대칭 일 때 벡터 필드 $\mathbf{A}=A_z(\alpha,\beta)\hat{\mathbf{z}}$의 발산과 회전을 계산하여라.

1.6 타원주 좌표(α,β,z)에서 면대칭 일 때 스칼라 필드 $S(\alpha,\beta)$의 기울기를 계산하여라.

1.7 타원주 좌표(α,β,z)에서 면대칭 일 때 벡터 필드 $\mathbf{A}=A_z(r,\theta)\hat{\mathbf{z}}$의 발산과 회전을 계산하여라.

1.8 구면 좌표(r,θ,ϕ)에서 축대칭 일 때 스칼라 필드 $S(r,z)$의 기울기를 계산하여라.

1.9 구면 좌표(r,θ,ϕ)에서 축대칭 일 때 벡터 필드 $\mathbf{A}=A_\phi(\alpha,\beta)\hat{\phi}$의 발산과 회전을 계산하여라.

1.10 편구면 좌표(ξ,η,ϕ)에서 축대칭 일 때 스칼라 필드 $S(\xi,\eta)$의 기울기를 계산하여라.

1.11 편구면 좌표(ξ,η,ϕ)에서 축대칭 일 때 벡터 필드 $\mathbf{A}=A_\phi(\xi,\eta)\hat{\phi}$의 발산과 회전을 계산하여라.

1.12 장구면 좌표(ξ,η,ϕ)에서 축대칭 일 때 스칼라 필드 $S(\xi,\eta)$의 기울기를 계산하여라.

1.13 장구면 좌표(ξ,η,ϕ) 에서 축대칭 일 때 벡터 필드 $\mathbf{A}=A_\phi(\xi,\eta)\hat{\phi}$ 의 발산과 회전을 계산하여라.

1.14 환상 좌표(α,β,ϕ) 에서 축대칭 일 때 스칼라 필드 $S(\alpha,\beta)$ 의 기울기를 계산하여라.

1.15 환상 좌표(α,β,ϕ) 에서 축대칭 일 때 벡터 필드 $\mathbf{A}=A_\phi(\alpha,\beta)\hat{\phi}$ 의 발산과 회전을 계산하여라.

1.16 원주 좌표에서 축대칭 일 때 필드 $\mathbf{A}=A_\phi(r,\phi)\hat{\phi}$ 의 벡터 라플라시안을 계산하여라.

1.17 쌍원주 좌표에서 면대칭 일 때 필드 $\mathbf{A}=A_z(\alpha,\beta)\hat{\mathbf{z}}$ 의 벡터 라플라시안을 계산하여라.

1.18 타원주 좌표에서 면대칭 일 때 필드 $\mathbf{A}=A_z(\alpha,\beta)\hat{\mathbf{z}}$ 의 벡터 라플라시안을 계산하여라.

1.19 구면 좌표에서 축대칭 일 때 필드 $\mathbf{A}=A_\phi(r,\theta)\hat{\phi}$ 의 벡터 라플라시안을 계산하여라.

1.20 편구면 좌표(ξ,η,ϕ) 에서 축대칭 일 때 필드 $\mathbf{A}=A_\phi(\xi,\eta)\hat{\phi}$ 의 벡터 라플라시안을 계산하여라.

1.21 장구면 좌표(ξ,η,ϕ) 에서 축대칭 일 때 필드 $\mathbf{A}=A_\phi(\xi,\eta)\hat{\phi}$ 의 벡터 라플라시안을 계산하여라.

1.22 환상 좌표(α,β,ϕ) 에서 축대칭 일 때 필드 $\mathbf{A}=A_\phi(\xi,\eta)\hat{\phi}$ 의 벡터 라플라시안을 계산하여라.

1.23 부분적분을 이용해서 다음을 증명하여라

$$x\frac{d}{dx}\delta(x)=-\delta(x)$$

1.24 디락 델타 함수를 포함하는 다음의 적분을 계산하여라.

(a) $\int_{-\infty}^{\infty} \exp(i\pi \sin ax)\delta\left(x - \frac{\pi}{2a}\right)dx$

(b) $\int_{0}^{2\pi} \ln\cosh\left(\frac{x-1}{x+1}\right)(x-\pi)dx$

(c) $\int_{-\infty}^{\infty} \sin(x)\delta'(x-a)dx$

1.25 MATLAB®을 이용해서 다음의 라플라스 변환을 구하여라

(a) $L[\sin(\omega t)]$

(b) $L[\sinh(\omega t)]$

(c) $L[e^{-\lambda t}\sin(\omega t)]$

1.26 MATLAB®을 이용해서 다음의 라플라스 역변환을 구하여라

(a) $L^{-1}\left[\frac{1}{\sqrt{s-a}+b}\right]$

(b) $L^{-1}\left[\frac{1}{\sqrt{s}(s-a)}\right]$

(c) $L^{-1}\left[\frac{1-e^{-a\sqrt{s}}}{s}\right]$

1.27 MATLAB®을 이용해서 다음의 라플라스 역변환을 구하여라

(a) $L^{-1}\left[\frac{1}{\sqrt{s^2+a^2}}\right]$

(b) $L^{-1}\left[\frac{s^2}{(s^2+a^2)^{3/2}}\right]$

(c) $L^{-1}\left[\frac{e^{-a/s}}{s}\right]$

위의 라플라스 역변환은 베셀 함수를 이용해서 표현될 것이다.

1.28 포물형 원기둥 좌표(Parabolic cylindrical coordinates)는 x 축에 대해서 대칭인 같은

초점선을 공유하는 곡면을 표현한다. 직교 좌표로 표시하면 다음과 같다.

$$x = \frac{1}{2}\left(u^2 - v^2\right)$$
$$y = uv$$
$$z = z$$

MATLAB®을 이용해서 포물형 원기둥 표면을 x-y 평면에 투영해 보아라. 라플라시안이 다음과 같다는 것을 증명하여라.

$$\nabla^2 S = \frac{1}{u^2 + v^2}\left(\frac{\partial^2 S}{\partial u^2} + \frac{\partial^2 S}{\partial v^2}\right) + \frac{\partial^2 S}{\partial z^2}$$

1.29 포물면 원기둥 좌표(Paraboloidal cylindrical coordinates)

$$y = uv \sin\phi$$
$$x = uv \sin\phi$$
$$z = \frac{1}{2}\left(u^2 - v^2\right)$$

MATLAB®을 이용해서 포물면 원기둥 표면을 x-y 평면에 투영해 보아라. 라플라시안은 다음과 같다는 것을 보여라.

$$\nabla^2 S = \frac{1}{u\left(u^2 + v^2\right)}\frac{\partial}{\partial u}\left(u\frac{\partial S}{\partial u}\right) + \frac{1}{v\left(u^2 + v^2\right)}\frac{\partial}{\partial v}\left(v\frac{\partial S}{\partial v}\right) + \frac{1}{u^2 v^2}\frac{\partial^2 S}{\partial \phi^2}$$

2. 라플라스 방정식의 해법

이 장에서 다루는 내용들

- **변수 분리(Separation of Variable)**
- **등각 사상(Conformal Mapping)**
- **유한 차분법(Finite Difference Methods)**
- **몬테 카를로 법(Monte Carlo Methods)**
- **유한 요소 법(Finite Element Method)**

2.1 변수 분리

직교 좌표(Cartesian Coordinate)

직교 좌표에서 라플라스 방정식 $\nabla^2 S(x,y,z)=0$ 는 다음과 같이 표현 된다.

$$\frac{\partial^2 S}{\partial x^2}+\frac{\partial^2 S}{\partial y^2}+\frac{\partial^2 S}{\partial z^2}=0 \tag{2.1}$$

여기서 $-\infty<x<\infty$, $-\infty<y<\infty$, $-\infty<z<\infty$ 이다. 변수 분리법을 사용하기 위해서 해는 곱의 형태를 가진다고 가정한다.

$$S(x,y,z)=X(x)Y(y)Z(z) \tag{2.2}$$

이 형태의 S 를 식 2.1 에 대입하고 S 로 나누면 다음의 식을 얻을 수 있다.

$$\frac{1}{X}\frac{\partial^2 S}{\partial x^2}+\frac{1}{Y}\frac{\partial^2 S}{\partial y^2}+\frac{1}{Z}\frac{\partial^2 S}{\partial z^2}=0 \tag{2.3}$$

위의 방정식이 각 변수들이 독립적으로 변하는 모든 x, y, z 에 대해서 각 항들의 합이 0 이 되기 위해서는 각 항들이 상수가 되어야 하므로 다음의 식들이 성립하고

$$\frac{1}{X}\frac{\partial^2 S}{\partial x^2}=\alpha^2 \quad \frac{1}{Y}\frac{\partial^2 S}{\partial y^2}=\beta^2 \quad \frac{1}{Z}\frac{\partial^2 S}{\partial z^2}=-\gamma^2 \tag{2.4}$$

여기서 $\alpha^2+\beta^2=\gamma^2$ 이다. 이 미분 방정식에 대한 해는 사인, 코사인 그리고 지수함수들의 선형조합으로 나타낼 수 있기 때문에 다음과 같은 곱의 해의 형태를 가지며 상수들은 경계조건들을 이용해서 구할 수 있다.

$$S(x,y,z)=\begin{Bmatrix}\sin(\alpha x)\\ \cos(\alpha x)\end{Bmatrix}\begin{Bmatrix}\sin(\beta y)\\ \cos(\beta y)\end{Bmatrix}\begin{Bmatrix}\exp(\gamma z)\\ \exp(-\gamma z)\end{Bmatrix} \tag{2.5}$$

변수 분리법을 단위 사각형의 3 개의 변은 $S=0$ 이고, 나머지 한 변은 $S=1$ 인 경우에 적용해 보자. z 에는 의존하지 않으므로 $\alpha^2=-\beta^2$ 이고, 식 (2.5)는 다음과 같이 된다.

$$S(x,y)=\{A\sin(\alpha x)+B\cos(\alpha x)\}\{C\sinh(\alpha y)+D\cosh(\alpha y)\} \tag{2.6}$$

경계조건 $S(0,y)=S(1,y)=0$ 을 적용하면 $\alpha=n\pi$ 인 경우에 대해서 사인함수의 값은 0 이며, 상수의 이름을 새로 붙이고 해를 합의 형태로 나타내면 다음과 같다.

$$S(x,y)=\sum_{n=0}^{\infty}(A_n\cosh(n\pi y)+B_n\sinh(n\pi y))\sin(n\pi x) \tag{2.7}$$

$S(x,1)=0$ 인 조건을 이용해서 $B_n=-A_n\cosh(n\pi)/\sinh(n\pi)$ 를 구한 뒤 정리하면 다음의 식을 얻을 수 있다.

$$S(x,y)=\sum_{n=0}^{\infty}A_n\left(\cosh(n\pi y)-\frac{\cosh(n\pi)}{\sinh(n\pi)}\sinh(n\pi y)\right)\sin(n\pi x) \tag{2.8}$$

마지막으로 A_n 은 경계 조건 $S(x,1)=1$ 을 이용해서 다음과 같이 구한다.

$$1=\sum_{n=0}^{\infty} A_n \sin(n\pi x) \tag{2.9}$$

식의 양 변에 $\sin(n'\pi x)$ 를 곱하고 적분하면 다음의 식을 얻을 수 있다.

$$\int_0^1 \sin(n'\pi x)dx = \int_0^1 \sum_{n=0}^{\infty} \sin(n\pi x)\sin(n'\pi x)dx \tag{2.10}$$

직교성과 항등식 $\sin^2(n\pi)=(1-\cos 2n\pi)/2$ 을 이용하면 다음이 식을 얻을 수 있는데,

$$\frac{(1-\cos(n\pi))}{n\pi}=\frac{A_2}{2} \tag{2.11}$$

여기서 n 이 짝수인 경우 A_n 은 0 이므로 n 이 홀수인 경우만 더하면 되므로 다음의 식을 얻을 수 있다.

$$S(x,y)=\frac{4}{\pi}\sum_{n=1,3,5,\ldots}^{\infty}\frac{1}{n}\left(\cosh(n\pi y)-\frac{\cosh(n\pi)}{\sinh(n\pi)}\sinh(n\pi y)\right)\sin(n\pi x) \tag{2.12}$$

다음의 MATLAB® 프로그램은 식 (2.12)를 계산하고 그 해를 단위 사각형 위에 플로팅한다.

```
% set up a 20x20 spatial grid
imax=20;
jmax=20;

% set the upper limit if the sum
nmax=201;
% initiali ze the S array
S=zeros(imax,jmax);
% spatial loop over the grid
for i=1:imax
   for j=1:jmax
x=(i-1)/(imax-1);
   y=(j-1)/(jmax-1);
% spatial loop over the grid
for n=1:2:nmax
```

```
      G1=4*sin(n*pi*x)/(n*pi);
      G2=cosh(n*pi*y)-sinh(n*pi*y)*(cosh(n*pi)/sinh(n*pi));
      S(i,j)=S(i,j)+ G1*G2;
   end
   end
   end
   % plot the results
   mesh(S)
```

다음에 나오는 좌표에서는 축 대칭인 경우는 ϕ 방향으로는 변화가 없으며, 면 대칭인 경우는 z 방향으로는 변화가 없는 라플라스 방정식을 살펴 볼 것이다. 이 결과들은 이후 퀵필드를 이용해서 얻은 결과와 비교할 때 유용할 것이다.

원기둥 좌표

축 대칭인 원기둥 좌표에서 라플라스 방정식 $\nabla^2 S(r,z)=0$ 는 다음과 같이 나타낼 수 있다.

$$\frac{1}{r}\frac{\partial}{\partial r}\left(r\frac{\partial S}{\partial r}\right)+\frac{\partial S}{\partial z^2}=0 \tag{2.13}$$

여기서 $r \geq 0$, $-\infty < z < \infty$ 이다. $S(r,z)=R(r)Z(z)$ 의 관계식과 함께 분리 변수 k^2 를 대입하면 다음의 미분방정식을 얻을 수 있다.

$$\frac{1}{r}\frac{\partial}{\partial r}\left(r\frac{\partial R}{\partial r}\right)=-k^2 R \qquad \frac{\partial^2 Z}{\partial z^2}=k^2 Z \tag{2.14}$$

해는 다음과 같은 형태를 가진다.

$$S(r,z)=\begin{Bmatrix} J_0(kr) \\ N_0(kr) \end{Bmatrix}\begin{Bmatrix} \exp(kz) \\ \exp(-kz) \end{Bmatrix} \tag{2.15}$$

여기서 $J_0(kr)$ 과 $N_0(kr)$ 은 0 차 베셀 함수이다. z 방향에 대해서 변화가 없는 원기둥 좌표의 라플라스 방정식 $\nabla^2 S(r,\phi)=0$ 은 다음과 같이 표현된다.

$$\frac{1}{r}\frac{\partial}{\partial r}\left(r\frac{\partial S}{\partial r}\right)+\frac{1}{r^2}\frac{\partial^2 S}{\partial \phi^2}=0 \tag{2.16}$$

여기서 $r \geq 0$, $0 < \phi \leq 2\pi$ 이다. $S(r,z)=R(r)\Phi(\phi)$ 를 대입하면

$$S(r,\phi)=\begin{Bmatrix} r^n \\ r^{-n} \end{Bmatrix}\begin{Bmatrix} \cos(n\phi) \\ \sin(n\phi) \end{Bmatrix} \tag{2.17}$$

쌍원주 좌표계(Bicylinderical coordinates)

쌍원주 좌표에서 라플라시안 $\nabla^2 S(\alpha,\beta)$ 은 다음과 같이 나타낼 수 있다.

$$\frac{\partial^2 S}{\partial \alpha^2}+\frac{\partial^2 S}{\partial \beta^2}=0 \tag{2.18}$$

여기서 $-\infty < \alpha < \infty$, $0 \leq \beta \leq 2\pi$ 이다. $S(\alpha,\beta)=\Lambda(\alpha)\Omega(\beta)$ 를 분리상수 p^2 와 함께 대입하면 다음의 식을 얻을 수 있다.

$$S(\alpha,\beta)=\begin{Bmatrix} \exp(p\alpha) \\ \exp(-p\alpha) \end{Bmatrix}\begin{Bmatrix} \sin(p\beta) \\ \cos(p\beta) \end{Bmatrix} \tag{2.19}$$

타원주 좌표(Elliptic Cylindrical Coordinate)

타원주 좌표에서 라플라스 방정식 $\nabla^2 S(\alpha,\beta)=0$ 은 다음과 같이 나타낼 수 있는데,

$$\frac{\partial^2 S}{\partial \alpha^2}+\frac{\partial^2 S}{\partial \beta^2}=0 \tag{2.20}$$

여기서 $0 \leq \alpha$, $0 \leq \beta \leq 2\pi$ 이다. $S(\alpha,\beta)=\Lambda(\alpha)\Omega(\beta)$ 에 분리 상수 p^2 을 이용해서 대입하며 다음의 식을 얻을 수 있다.

$$S(\alpha,\beta)=\begin{Bmatrix}\exp(p\alpha)\\ \exp(-p\alpha)\end{Bmatrix}\begin{Bmatrix}\sin(p\beta)\\ \cos(p\beta)\end{Bmatrix} \tag{2.21}$$

구면 좌표(Spherical Coordinates)

축 대칭인 구면 좌표에서 라플라스 방정식 $\nabla^2 S(r,\theta)=0$ 은 다음과 같이 나타낼 수 있다.

$$\frac{\partial}{\partial r}\left(r^2\frac{\partial S}{\partial r}\right)+\frac{1}{\sin\theta}\frac{\partial}{\partial\theta}\left(\sin\theta\frac{\partial S}{\partial\theta}\right)=0 \tag{2.22}$$

분리 상수 $\ell(\ell+1)$ 과 함께 $S(r,\theta)=R(r)\Theta(\theta)$ 을 대입하면 다음의 식을 얻을 수 있다.

$$S(r,\theta)=\begin{Bmatrix}r^{\ell}\\ r^{-(\ell+1)}\end{Bmatrix}\begin{Bmatrix}P_\ell(\cos\theta)\\ Q_\ell(\cos\theta)\end{Bmatrix} \tag{2.23}$$

여기서 P_ℓ 과 Q_ℓ 은 각각 제 1 종, 제 2 종 르장드르(Legendre) 함수이다.

식 (2.22)에 대한 구형 대칭의 예로서, 경계조건 $S(R,\theta)=V_0$ 와 $S(r\to\infty,\theta)=0$ 의 조건을 가지는 반지름 R 인 구형 표면을 고려해 보자. θ 에 대해 종속되지 않으므로 $\ell=0$ 이라 할 수 있으므로 식 (2.23)은 다음과 같아진다.

$$S(r)=A+\frac{B}{r} \tag{2.24}$$

무한에서의 경계 조건을 이용하면 $A=0$ 을 구한다. $r=R$ 일 때의 경계조건을 이용하면 $B=RV_0$ 를 얻을 수 있으며 다음의 해를 얻는다.

$$S(r)=\frac{V_0R}{r} \tag{2.25}$$

식 (2.22)의 반지름 방향에 관한 부분을 0 으로 두고서 두 번 적분을 하면 같은 결과를 얻을 수 있다.

장구면 좌표(Prolate Spheroidal Coordinates)

축 대칭인 장구면 좌표에서의 라플라스 방정식 $\nabla^2 S(\xi,\eta)$ 은 다음과 같이 나타낼 수 있다.

$$\frac{1}{\sinh\xi}\frac{\partial}{\partial\xi}\left(\sinh\xi\frac{\partial S}{\partial\xi}\right)+\frac{1}{\sin\eta}\frac{\partial}{\partial\eta}\left(\sin\eta\frac{\partial S}{\partial\eta}\right)=0 \tag{2.26}$$

여기서 $\xi \ge 0$, $0 \le \eta \le \pi$ 이다. 분리 상수 $\ell(\ell+1)$ 와 함께 $S(\xi,\eta)=Y(\xi)\Theta(\eta)$ 를 대입하면 다음의 식을 얻을 수 있다.

$$S(\xi,\eta)=\begin{Bmatrix}P_\ell(\cosh\xi)\\Q_\ell(\cosh\xi)\end{Bmatrix}\begin{Bmatrix}P_\ell(\cos\eta)\\Q_\ell(\cos\eta)\end{Bmatrix} \tag{2.27}$$

이제 퍼텐셜이 V_0 인 축구공 형태의 장구 표면 $\xi=\xi_0$ 을 고려해 보자. η 에 대한 종속성이 없으므로 식 (2.27)은 다음과 같이 된다.

$$S(\xi)=AP_0(\cosh\xi)+BQ_0(\cosh\xi) \tag{2.28}$$

여기서 $P_0(x)=1$ 이다. 경계 조건 $S(\xi\to\infty)=0$ 와 $S(\xi\to\xi_0)=V_0$ 를 적용하면 다음의 식을 얻을 수 있다.

$$S(\xi)=V_0\frac{Q_0(\cosh\xi)}{Q_0(\cosh\xi_0)} \tag{2.29}$$

이 식은 다음의 식과 같다.

$$S(\xi)=V_0\frac{\ln\tanh\left(\frac{\xi}{2}\right)}{\ln\tanh\left(\frac{\xi_0}{2}\right)} \tag{2.30}$$

이 식은 또한 식 (2.26)의 첫 번째 항을 0 으로 하고 적분을 두 번 취하면 얻을 수 있다. 이 간단한 결과를 좀 더 강화시켜서 식 (2.26)의 두 번째 항을 0 으로 하고 적분을 두 번 취해서 회전하는 쌍곡선 형태의 두 개의 반대 극성을 가지는 전극들 간의 전위를 찾는데 이용할 수 있다. 하지만 이 과정은 ξ 가 변화하기 때문에 전극들 사이의 영역에 대한 해를 얻을 수 없다.

$$S(\xi,\eta)=\sum_{\ell=0}^{\infty}P_\ell(\cosh\xi)\{A_\ell P_\ell(\cos\eta)+B_\ell Q_\ell(\cos\eta)\} \tag{2.31}$$

여기서 $Q_\ell(\cosh\xi)$ 는 $\xi=0$ 에서 발산하므로 버린다. 상수 A_ℓ 과 B_ℓ 는 $\eta=\eta_0$ 일 때의 경계조건들과 $P_\ell(\cosh\eta)$ 와 $Q_\ell(\cosh\eta)$ 의 직교성을 이용해서 결정할 수 있다.

편구면 좌표(Oblate Spheroidal Coordinate)

축 대칭인 편구면 좌표에서의 라플라스 방정식 $\nabla^2 S(\xi,\eta)=0$ 은 다음과 같이 나타낼 수 있다.

$$\frac{1}{\cosh\xi}\frac{\partial}{\partial\xi}\left(\cosh\xi\frac{\partial S}{\partial\xi}\right)+\frac{1}{\cos\eta}\frac{\partial}{\partial\eta}\left(\cos\eta\frac{\partial S}{\partial\eta}\right)=0 \tag{2.32}$$

여기서 $\xi\ge 0$, $0\le\eta\le\pi$ 이다. 분리 상수 $\ell(\ell+1)$ 와 함께 $S(\xi,\eta)=Y(\xi)\Theta(\eta)$ 를 대입하면 다음의 식을 얻을 수 있다.

$$S(\xi,\eta)=\begin{Bmatrix}P_\ell(i\sinh\xi)\\ Q_\ell(i\sinh\xi)\end{Bmatrix}\begin{Bmatrix}P_\ell(\cos\eta)\\ Q_\ell(\cos\eta)\end{Bmatrix} \tag{2.33}$$

환상 좌표(Toroidal Coordinate)

환상 좌표에서 라플라시안 $\nabla^2 S(\alpha,\beta)$은 다음과 같이 나타낼 수 있다.

$$\frac{\partial}{\partial\alpha}\left(\frac{\sinh\alpha}{\cosh\alpha-\cos\beta}\frac{\partial S}{\partial\alpha}\right)+\frac{\partial}{\partial\beta}\left(\frac{\sinh\alpha}{\cosh\alpha-\cos\beta}\frac{\partial S}{\partial\beta}\right)=0 \tag{2.34}$$

여기서 $\alpha\ge 0$, $-\pi\le\beta<\pi$ 이다. 분리 상수 ν^2 와 함께 $S(\alpha,\beta)=Y(\alpha)\Theta(\beta)$ 를 대입하면 다음의 식을 얻을 수 있다.

$$S(\alpha,\beta)=\begin{Bmatrix}P_{\nu-1/2}(\cosh\alpha)\\ Q_{\nu-1/2}(\cosh\alpha)\end{Bmatrix}\begin{Bmatrix}\cos\nu\beta\\ \sin\nu\beta\end{Bmatrix} \tag{2.35}$$

2.2 등각사상(Conformal Mapping)

등각 사상은 이차원의 라플라스 방정식에 대한 해를 얻을 수 있게 해 주는 복소 변수 함수의 특성을 이용한다. 어떤 복소변수(complex variable) $z = x + iy$ 가 주어졌을 때, 변수에 대한 함수 $f(z)$ 를 실수부와 허수부의 합으로 나타낼 수 있다.

$$f(z) = u(x, y) + iv(x, y) \tag{2.36}$$

여기서 $u = \mathrm{Re}(f)$, $v = \mathrm{Im}(f)$ 이다. 만일 $f'(z) \neq 0$ 이라면 변환된 함수 $w = f(z)$ 는 그 영역에 대해서 등각(conformal)이다. 만일 $f(z)$ 가 복소수 영역에 대해서 해석적(analytic)이라면 u, v 는 다음과 같은 코시-리만(Cauchy-Rieman) 방정식을 만족한다.

$$\begin{aligned} \frac{\partial u}{\partial x} &= \frac{\partial v}{\partial y} \\ \frac{\partial v}{\partial x} &= -\frac{\partial u}{\partial y} \end{aligned} \tag{2.37}$$

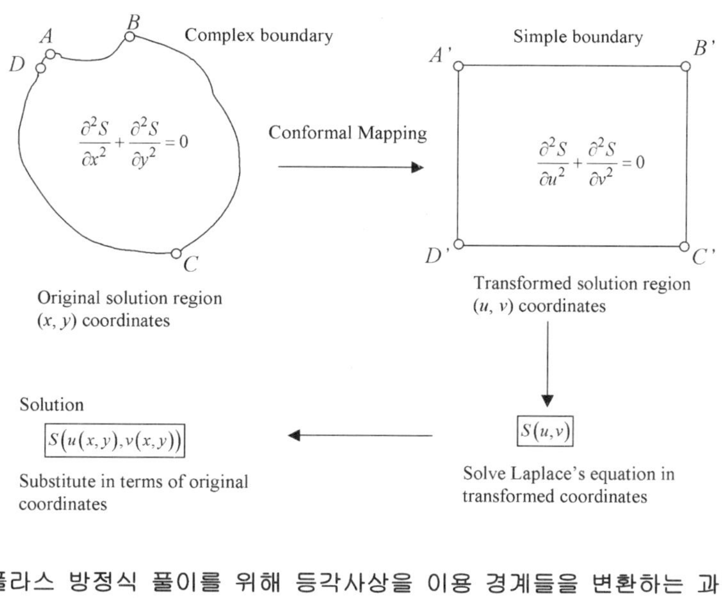

그림 2.1 라플라스 방정식 풀이를 위해 등각사상을 이용 경계들을 변환하는 과정.

이것은 u 와 v 가 다음의 라플라스 방정식을 만족한다는 것이다.

$$\frac{\partial^2}{\partial x^2}\begin{pmatrix} u \\ v \end{pmatrix} + \frac{\partial^2}{\partial y^2}\begin{pmatrix} u \\ v \end{pmatrix} = 0 \tag{2.38}$$

또한 상수 u 에 대한 등고선들이 상수 v 에 대한 등고선들과 직교한다. 이 특성은 자기학 문제들에 있어서 등전위(equipotential)와 전기장 선들(electric field lines)을 찾는 것을 도와준다. 만일 라플라스 방정식과 지정한 경계 조건을 같이 만족하는 함수를 찾았다면, 유일성의 정리는 지정한 경계 조건을 가지는 그 영역에 대해서 라플라스 방정식의 유일한 해를 찾았다는 것을 알 수 있다.

만일 스칼라 함수 $S(x,y)$ 가 x-y 평면에서 라플라스 방정식을 만족한다면 다음과 같이 정리된다.

$$\frac{\partial^2 S}{\partial x^2} + \frac{\partial^2 S}{\partial y^2} = 0 \tag{2.39}$$

z-평면의 한 영역을 w-평면의 한 영역으로 사상(mapping)하는 어떤 변환은 새로운 좌표 u 와 v 의 항들로 표현한 라플라스 방정식들의 형태를 유지한다.

$$\frac{\partial^2 S}{\partial u^2} + \frac{\partial^2 S}{\partial v^2} = 0 \tag{2.40}$$

이 방법은 그림 2.1 에 개념적으로 보인 것 처럼 원래의 복잡한 경계를 간단한 것으로 변환시킬 수 있다. 만일 (2.40)에서 $S(u,v)$ 를 구했다면 $S(x,y)$ 는 $S(u(x,y),v(x,y))$ 와 같이 대입해서 구할 수 있다.

한 예로서 $w = f(z) = z^2$ 처럼 정의되는 변환을 고려해 보자. 이 변환은 z 평면의 제 1 사분면을 w 평면 중 상단부로 사상한다. 원래의 z 좌표의 항들을 이용해서 w 요소들은 다음과 같이 나타낼 수 있다.

$$\begin{aligned} u &= \mathrm{Re}(w) = x^2 - y^2 \\ v &= \mathrm{Im}(w) = 2xy \end{aligned} \tag{2.41}$$

여기서 각 함수는 라플라스 방정식을 만족한다.

다음의 MATLAB® 코드는 함수들의 직교성(orthogonality)을 설명하기 위해서 같은 영역에서 식 (2.41)로 주어지는 u와 v의 등고선 플롯을 생성한다

```
x=-2:0.05:2;
y=-2:0.05:2;
[X,Y]=meshgrid(x,y);
u=x.^2-y.^2;
v=X.*Y;
contour(X,Y,u,'k-');
hold on
contour(X,Y,v,'k:');
hold off
axis equal
```

행렬의 연산을 할 때 점 연산자(dot operator)의 위치를 잘 보기 바란다. MALAB 의 복소수 연산을 이용해서 같은 등고선을 플로팅하는 코드를 다음에 보인다.

```
x=-2:0.05:2;
y=-2:0.05:2;
[X,Y]=meshgrid(x,y);
z=X+iY;
z1=z.^2;
u=real(z1);
v=imag(z1);
contour(X,Y,u,'k-');
hold on
contour(X,Y,v,'k:');
hold off
axis equal
```

위의 코드로 생성한 결과물을 그림 2.2 에 보인다. 라플라스 방정식을 만족하는 복소 퍼텐셜(complex potential)의 또 다른 예제로는 $S(z)=\mu/z$ 로 표현되는 쌍극자(dipole)가 있다. 다음의 코드는 모멘트 $\mu=1$ 일 때의 쌍극자 장(dipole field)을 나타낸다.

```
x=-2:0.01:2;
y=-2:0.01:2;
[X,Y]=meshgrid(x,y);
z=X+iY;
```

```
z1=z.\1; %note the left-hand division here
u=real(z1);
v=imag(z1);
contour(X,Y,u,'k-');
hold on
contour(X,Y,v,'k:');
hold off
axis equal
```

w- 또는 z-평면 에서의 복소 영역은 종종 x 또는 u 축 또는 단위 원 위의 반공간(half-plane)으로 변환된다. 부록 3 에 등각사상에 대해 표로 정리해 두었다. 푸아송(Poisson)의 적분 식은 라플라스 방정식의 해를 찾기 위해서 종종 사용된다. 만일 스칼라 장이 x 축을 따라서 $S(x,0)=G(x')$ 로 표현된다면 다음과 같은 식을 얻을 수 있다.

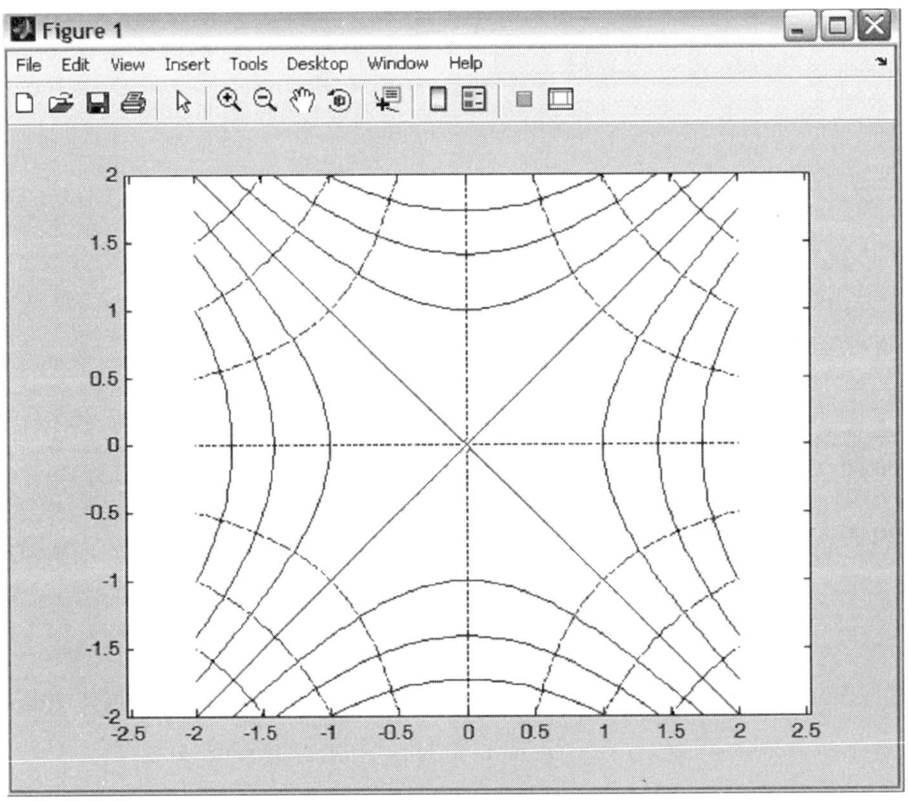

그림 2.2 복소 퍼텐셜 z^2 의 실수부와 허수부의 등고선 지도

$$S(x,y)=\frac{1}{\pi}\int_{-\infty}^{\infty}\frac{yG(x')dx'}{y^2+(x-x')^2} \tag{2.42}$$

단위 원에 대한 푸아송의 식은 $S(1,\theta)=F(\theta')$ 인 경계 조건을 가지는 단위 원 내부의 스칼라 장을 구할 수 있다

$$S(r,\theta)=\frac{1}{2\pi}\int_{0}^{2\pi}\frac{(1-r^2)F(\theta')d\theta'}{1-2r\cos(\theta-\theta')+r^2} \tag{2.43}$$

다음과 같이 주어지는 Schwarz-Christoffel 변환은 w 평면에서 내각이 α_j 인 다면체(polygon)를 z 평면의 x 축으로 사상한다.

$$\frac{dw}{dz}=A(z-x_1)^{\alpha_1/\pi-1}(z-x_2)^{\alpha_2/\pi-1}\ldots(z-x_n)^{\alpha_n/\pi-1} \tag{2.44}$$

이 식을 적분하면 다음의 식을 얻을 수 있는데, A 와 B 는 상수이다.

$$w=A\int(z-x_1)^{\alpha_1/\pi-1}(z-x_2)^{\alpha_2/\pi-1}\ldots(z-x_n)^{\alpha_n/\pi-1}dz+B \tag{2.45}$$

2.3 유한 차분법(Finite Difference Methods)

이 절과 이 다음의 절에서는 라플라스 방정식과 푸아송(Poisson) 방정식의 해를 수치적으로 구하는 방법에 대해서 알아 볼 것이다. 유한 차분법(finite difference method)은 정전기학과 정자기학에서 만날 수 있는 전위 문제의 해를 구하는 가장 간단한 수치 해법이다. 2 차 도함수에 대한 중앙 차분 근사(central difference approximation)는 다음과 같다.

$$\frac{\partial^2 S}{\partial x^2}=\frac{S_{i+1,j}-2S_{i,j}+S_{i-1,j}}{\Delta x^2}+O(\Delta x^2) \tag{2.46}$$

$$\frac{\partial^2 S}{\partial y^2} = \frac{S_{i,j+1} - 2S_{i,j} + S_{i,j-1}}{\Delta y^2} + O(\Delta y^2) \tag{2.47}$$

여기서 (i, j) 는 각각 x 와 y 축의 지표(index)들을 의미한다. 만일 $\Delta x = \Delta y = \Delta$ 라면 이차원의 이산 형태의 라플라시안은 다음과 같이 나타낼 수 있다.

$$\frac{\partial^2 S}{\partial x^2} + \frac{\partial^2 S}{\partial y^2} = \frac{S_{i+1,j} + S_{i-1,j} + S_{i,j+1} + S_{i,j-1} - 4S_{i,j}}{\Delta x^2} \tag{2.48}$$

라플라스 방정식은 $S_{i,j}$ 를 가장 인접한 주위의 값들의 평균값으로 계산한다는 것을 의미한다.

$$S_{i,j} = \frac{S_{i+1,j} + S_{i-1,j} + S_{i,j+1} + S_{i,j-1}}{4} \tag{2.49}$$

경계조건들은 해의 영역의 변들에 적용되며 각 변에서의 $S_{i,j}$ 값들은 다음과 같다.

$$\text{left edge:} \quad S_{1,j} = \frac{2S_{2,j} + S_{1,j+1} + S_{1,j-1}}{4} \tag{2.50}$$

$$\text{right edge:} \quad S_{i\max,j} = \frac{2S_{i\max-1,j} + S_{i\max,j+1} + S_{i\max,j-1}}{4} \tag{2.51}$$

$$\text{top edge:} \quad S_{i,j\max} = \frac{S_{i+1,j\max} + S_{i-1,j\max} + 2S_{i,j\max-1}}{4} \tag{2.52}$$

$$\text{bottom edge:} \quad S_{i,1} = \frac{S_{i+1,1} + S_{i-1,1} + 2S_{i,2}}{4} \tag{2.53}$$

모퉁이의 격자의 점들은 인접한 두 격자의 값들의 평균으로 구해진다. 예를 들어 좌측 하단의 모퉁이는 $S_{1,1} = (S_{1,2} + S_{2,1})/2$ 와 같이 구하게 된다.

그림 2.3 은 유한 차분법으로 $S_{i,j}$ 를 계산하기 위한 계산 단위(computational molecule)를 보이고 있다. 예를 들어 그림 2.4 에 보인 것과 같은 정사각형의 중심의 스칼라 필드를

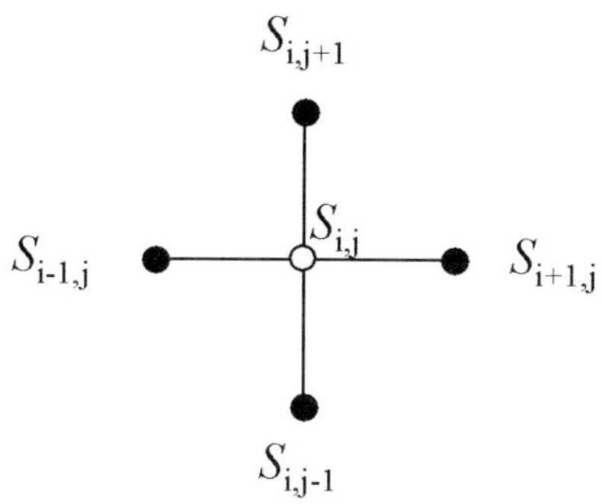

그림 2.3 이차원 직교 좌표의 유한 차분 계산 단위

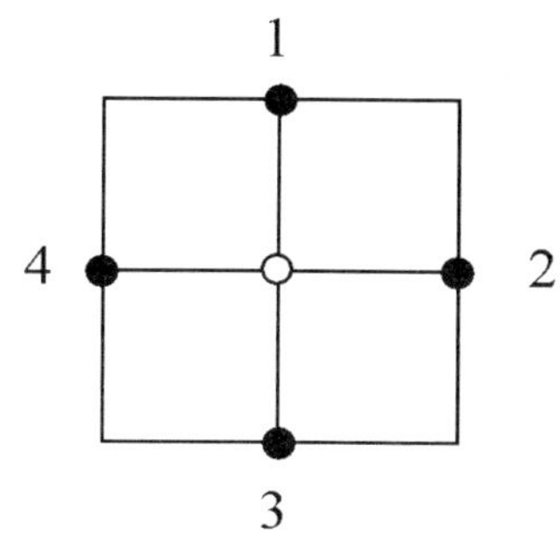

그림 2.4 사각형 경계를 가지는 유한 차분 그물망

유한 차분법을 이용해서 구하는 것을 생각해 보자. 계산 단위를 이용하면 스칼라 필드는 $(1+2+3+4)/4=5/2$ 와 같이 계산할 수 있다. 조금 더 복잡한 예로서 그림 2.5 와 같은 L 자 형태의 영역을 정사각형의 격자로 이산화 시켜 놓은 것을 보자. 유한 차분 방정식들을 풀이 하기 위해서 경계의 $S_{i,j}$ 의 값들을 지정하고 내부 점들은 전부 0 으로 해야 한다. 식 (2.49) 또는 SOR(successive over relaxation)과 같은 과정(procedure)을 적용하면 높은 정확도와 안정성을 얻을 수 있으며

$$S_{i,j}^{k+1}=S_{i,j}^{k}+\frac{\omega}{4}(S_{i+1,j}^{k}+S_{i-1,j}^{k}+S_{i,j-1}^{k}+S_{i,j}^{k}-4s_{i,j}^{k}) \qquad (2.54)$$

이 식에서 매개변수 ω 의 최적 값은 1 에서 2 사이의 값이다.

다음의 MATLAB® 코드는 3 변이 $S=0$ 이고 나머지 한 변이 $S=1$ 인 경계 조건을 가지는 사각 영역에 대한 스칼라 장 S 에 대한 라플라스 방정식을 유한 차분법을 이용해서 풀이하는 것이다.

```
% set the number of grid points and iteration number
imax=20;
imax=20;
nmax=1000;

% initialize the grid
S=zeros(imax,jmax)
```

```
  % specify the boundary conditions on the top and bottom sides
  for i = 1:imax
     S(i,1)=0;
   S(i,jmax)=1;
end

  % specify the boundary conditions on the right and left sides
  for j = 2:jmax-1
     S(1,j)=0;
   S(imax,j)=0;
end

% perform the finite difference calculation
for n = 1:nmax
   for  i=1:imax-1
      for  j=2:jmax-1
      S(i,j)=(S(i+1,j)+S(i-1,j)+S(i,j+1)+ S(i,j-1))/4;
      end
   end
end

% create a surface plot of the scalar field
mesh(S)
```

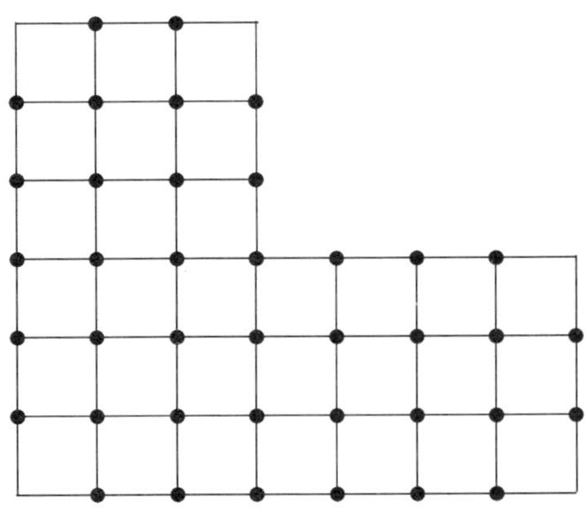

그림 2.5 L자 형태 영역의 유한 차분 이산화

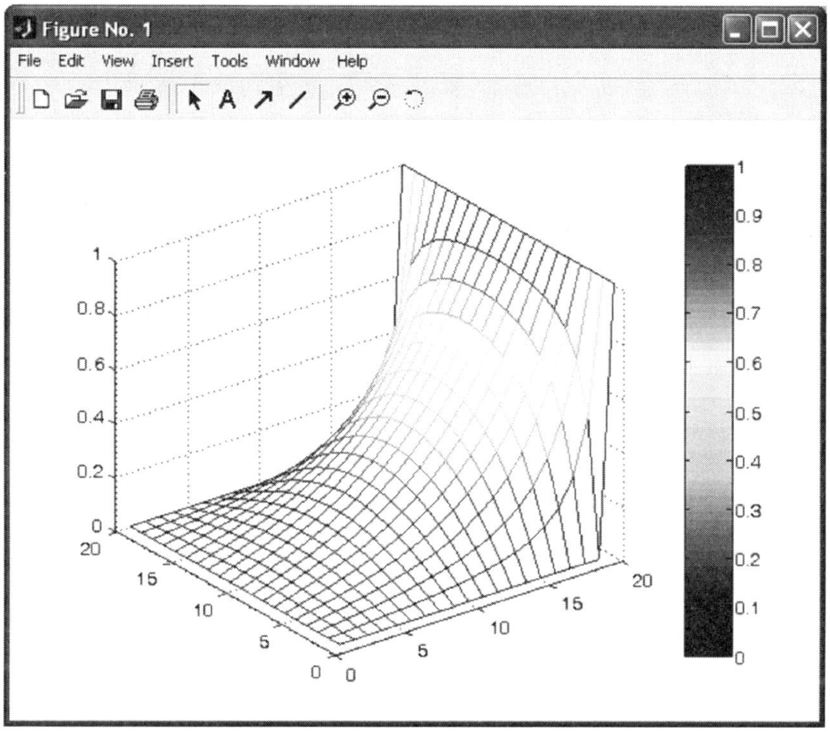

그림 2.6 각 네 변에 디리클레 경계 조건을 적용한 스칼라 장의 유한 요소 계산

그림 2.6 은 이 코드를 이용한 결과를 보이고 있다. 반복 횟수의 최대값은 충분히 크게 설정해 두어야 원하는 정밀도를 얻을 수 있다. 바깥의 n 번째 루프에서 어떤 점의 변화의 최대 값이 지정한 문턱(threshold)값 이하가 될 때까지 이 유한 차분 루프를 반복하는 것으로도 원하는 정밀도를 얻을 수 있다.

푸아송 방정식 $\nabla^2 S = -\rho$ 에 대해서 유한 차분법을 이용해서 구한 해는

$$S_{i,j} = \frac{S_{i+1,j} + S_{i-1,j} + S_{i,j+1} + S_{i,j-1} + \Delta^2 \rho_{i,j}}{4} \tag{2.55}$$

푸아송 방정식을 풀이하기 위해서 다음과 같은 SOR(Successive Over Relaxation) 방식을 적용할 수 도 있다.

$$S_{i,j}^{k+1} = S_{i,j}^{k} + \frac{\omega}{4}\left(S_{i+1,j}^{k} + S_{i-1,j}^{k} + S_{i,j+1}^{k} + S_{i,j-1}^{k} - 4S_{i,j}^{k} + \Delta^2 \rho_{i,j}\right) \tag{2.56}$$

2.4 몬테 카를로법(Monte Carlo Method)

경계조건이 주어진 풀이 영역에서 라플라스 방정식을 만족하는 스칼라 필드를 계산하는데 몬테 카를로법(Monte Carlo Method)을 사용할 수 있다. $S_{i,j}$ 에 대한 유한 차분 근사는 다음과 같이 구할 수 있다.

$$p_1 S_{i+1,j} + p_2 S_{i-1,j} + p_3 S_{i,j+1} + p_4 S_{i,j-1} \tag{2.57}$$

여기서 상수들 p_n 은 전부 1/4 이다. 유한 차분 방정식을 직접 풀이하는 대신 어떤 지점 (i, j) 의 스칼라 필드를 다음과 같은 동일한 이동 확률들을 가지는 임의의 이동을 반복 계산해서 근사할 수 있다.

$$\begin{array}{ll} \text{probability of stepping right :} & (i+1, j) \to p_1 \\ \text{probability of stepping left :} & (i-1, j) \to p_2 \\ \text{probability of stepping up :} & (i, j+1) \to p_3 \\ \text{probability of stepping down :} & (i, j-1) \to p_4 \end{array} \tag{2.58}$$

주어진 임의의 이동(walk)은 풀이 영역의 디리클레 경계에 도달하면 종료 된다. 임의의 이동들은 p_n 이 경계에서는 1/2 이며 경계에서 멀어지면 1/4 인 노이만 경계에서는 종료되지 않는다. 이동이 디리클레 경계에서 종료 되었을 때, S 의 값을 기록하고 또다른 임의의 이동을 (i, j) 에서 시작한다. 만일 N 번의 임의의 이동을 했을 때 m 개의 경계들 중 한 지점에서 끝났다면 $S_{i,j}$ 의 값은 다음과 같이 근사된다.

$$S_{i,j} = \frac{n_1}{N} S_1 + \frac{n_2}{N} S_2 + \cdots + \frac{n_m}{N} S_m \tag{2.59}$$

여기서 n_1 , n_2 … n_m 은 각 경계에 도달한 횟수이다. 참고로 어떤 경계에 근접한 지점에서 임의의 이동을 시작하였다면 그 경계에 좀 더 많이 도달하게 되고 S 의 값이 근처의 경계의 값과 비슷해진다.

몬테 카를로법을 푸아송 방정식에 적용한다면 $S_{i,j}$ 는 다음과 같아 진다.

$$p_1 S_{i+1,j} + p_2 S_{i-1,j} + p_3 S_{i,j+1} + p_4 S_{i,j-1} + \frac{\Delta^2}{4}\rho_{i,j} \tag{2.60}$$

나아가기 확률들(stepping probabilities)은 $\Delta^2 \rho_{i,j}/4$ 라는 값이 각 단계 모든 임의의 이동에서 축적된다는 것 이외에는 이전과 같다.

$$S_{i,j} = \frac{n_1}{N}S_1 + \frac{n_2}{N}S_2 + \cdots + \frac{n_m}{N}S_m + \frac{1}{N}\sum_{\text{all}\, i,j\, \text{visited}} \frac{\Delta^2}{4}\rho_{i,j} \tag{2.61}$$

한 예로서, 만일 $\rho_{i,j}$ 가 격자 좌표 (50,50) 이외에는 0 이 아니며, 만일 무작위로 100 번 이동할 때 이 지점을 66 번 지나갔다면 다음과 같이 표현된다.

$$\frac{1}{N}\sum_{\text{all}\, i,j\, \text{visited}} \frac{\Delta^2}{4}\rho_{i,j} = \frac{1}{100}\times 66 \times \frac{\Delta^2}{4}\rho_{50,50} \tag{2.62}$$

몬테 카를로법은 종종 격자들을 무작위로 돌아다니는 취한 이동(drunken walk) 또는 와인 순례(tour-de-wino)와 비교 된다. 푸아송 방정식을 풀이 하는데 있어서 이동자(walker)가 격자들을 돌아 다니면 신발에 '흙(mud)'들이 계속 묻게 된다.

몬테 카를로법은 다른 좌표계에도 적용된다. 축대칭인 원기둥 좌표에서 $\nabla^2 S(r,z)$ 는 다음과 같이 이산화 된다.

$$\begin{aligned}&\frac{1}{r}\frac{\partial S}{\partial r} + \frac{\partial^2 S}{\partial r^2} + \frac{\partial^2 S}{\partial z^2} \\ &\rightarrow \frac{1}{i\Delta r}\frac{S_{i,j} - S_{i-1,j}}{\Delta r} + \frac{S_{i+1,j} - 2S_{i,j} + S_{i-1,j}}{\Delta r^2} + \frac{S_{i,j+1} - 2S_{i,j} + S_{i,j-1}}{\Delta z^2}\end{aligned} \tag{2.63}$$

위의 식을 0 이라 두고 $S_{i,j}$ 에 대해서 정리하면 다음을 얻을 수 있다.

$$\underbrace{\frac{i-1}{2i+2i(\frac{\Delta r}{\Delta z})^2-1}}_{p_1}S_{i-1,j}+\underbrace{\frac{i}{2i+2i(\frac{\Delta r}{\Delta z})^2-1}}_{p_2}S_{i+1,j}$$
$$+\underbrace{\frac{i}{2i+2i(\frac{\Delta z}{\Delta r})^2-(\frac{\Delta z}{\Delta r})^2}}_{p_3}S_{i,j-1}+\underbrace{\frac{i}{2i+2i(\frac{\Delta r}{\Delta z})^2-(\frac{\Delta z}{\Delta r})^2}}_{p_4}S_{i,j+1} \quad (2.64)$$

직교 좌표에서 했던 것과는 달리 나아가기 확률들은 더 이상 같지 않다. 하지만 $p_1+p_2+p_3+p_4=1$ 이어야 한다는 것을 알 수 있다.

몬테 카를로법의 단점은 다른 수치해석 기법에 비해서 계산 시간이 너무 많이 걸린다는 것이다. 이 방법의 한가지 뛰어난 장점은 S 의 계산을 전체 풀이 영역에 대한 스칼라필드를 계산하지 않고 하나 또는 몇몇 점에 대한 계산을 할 수 있다는 것이다. 다른 장점들은 프로그램을 작성하기 쉽고, 삼차원으로 간단히 확장되며, 다른 좌표에 쉽게 적용된다는 것이다.

다음의 MATLAB® 코드는 사각형의 밑면, 오른쪽 면, 윗면, 왼쪽 면의 경계조건이 S=1, 2, 3, 4 일 때 이 사각형 중심의 스칼라 장을 계산한다.

```
imax=101;    % number of x grid divisions
jmax=101;    % number of y grid divisions

nmax=100000;  % number of random walks

% boundary conditions
% assign boundary conditions
bottom_bc=1;
right_bc=2;
top_bc=3;
left_bc=4;

S=0; % initialize the scalar potential

for n=1:nmax
% begin the random walk at the center of the grid
i=51;
j=51;
```

```
%perform random walk until a boundary is reached
while (i~=1)&&(j~=1)&&(i~=imax)&&(j~=jmax)
   r=rand;
   if r<0.25
      i=i+1;                          %step right
   elseif (r>=0.25)&&(r<0.5)
      i=i-1;                          %step left
   elseif (r>=0.5)&&(r<0.75)
      j=j+1;                          %step up
   else
      j=j-1;                          %step down
end
end

% random walker reaches a side

if (j==1)&&(i~=1)&&(i~=imax)
   S=S+bottom_bc;
elseif (j==jmax)&&(i~=1)&&(i~=imax)
   S=S+top_bc;
elseif (i==1)&&(j~=1)&&(j~=jmax)
   S=S+left_bc;
elseif (i==imax)&&(j~=1)&&(j~=jmax)
   S=S+right_bc;
end
end

S=S/nmax      %divide by the total number of random walk
```

여기서 사각형 중심의 S 값은 네 면의 평균값, 즉 $1+2+3+4/5=2.5$ 이다. 이 프로그램을 3 번 실행했을 때의 결과는 2.4957, 2.4963, 2.5027 이었다. 몬테 카를로 추정법을 이용할 때에는 결과를 제출할 때 에러 바(error bar) 또는 표준 편차를 포함해야 한다. 큰 풀이 영역에서는 몇몇 지점에 대한 표준 편차를 제시해야 한다.

이 과정에서 이동자가 경계에 도달하기 전까지는 모서리에 도달 할 수 없으므로 모서리의 경계조건을 지정할 필요는 없다. 하지만 노이만 경계 조건들을 완료하기 위해서 경계에 도달 할 수 있다. 임의의 이동자가 격자의 한 면에서 맞은 편으로 임의의 이동을 하는 경우에는 주기적 경계 조건들을 지정할 수 있다.

몬테 카를로 방법은 정전기학에서 스칼라 퍼텐셜, 정자기학에서 자기 스칼라 퍼텐셜과 자기 벡터 퍼텐셜, 열 전달 문제에서의 온도의 분포를 구하는데 사용할 수 있다. 이차원 x-

y 대칭인 정전기학에서 만일 이동자가 두 개의 유전체 ε_1, ε_1 의 경계에 위치하고 있다면 ε_1 으로 나아가는 확률은 $\varepsilon_1/2(\varepsilon_1+\varepsilon_2)$ 이다. ε_2 로 나아가는 확률은 $\varepsilon_2/2(\varepsilon_1+\varepsilon_2)$ 이며 경계면에 접하는 방향으로 나아가는 확률은 각 방향으로 1/4 이다. 이차원 x-y 대칭인 정자기학에서 한 입자가 두 유전체의 경계에 위치하고 있다면 μ_1 으로 나아가는 확률은 $\mu_1/2(\mu_1+\mu_2)$ 이고, μ_2 로 나아가는 확률은 $\mu_2/2(\mu_1+\mu_2)$ 이고, 경계면에 접하는 방향으로 나아가는 확률은 각 방향으로 1/4 이다. 이 나아가는 확률들은 다른 좌표계에 있는 매질 간에도 사용할 수 있다. (4 장과 5 장의 끝에 나오는 문제들을 보기 바란다.)
정전기학, 정자기학, 그리고 열전달 문제 풀이에 다른 몬테 카를로 기법들을 적용할 수 있다. 한 예는 탈출법(Exodus method)으로, 많은 수의 이동자가 한 격자 점에서 시작해서 경계들을 향해서 확산되어 가는 것이다. 탈출법에서는 난수 발생기를 사용하지 않는다. 만일 4000 개의 이동자가 한 격자에서 시작하면 그 다음 단계에서 이웃하는 격자들은 1000 개의 이동자가 있게 된다. 이동자들은 어떤 분율, 예를 들면 99.99%가 경계에 도달할 때 까지 계속 흩어지게 된다. 이 때 식 (2.59)에 따라서 시작한 격자 점의 스칼라 필드를 계산하게 된다.

2.5 유한 요소법

유한요소법(FEM, finite element method)은 복잡한 형태를 가지며 균일하지 않은 물성을 가지는 영역에서의 장을 계산하는데 있어서 좀 더 강력한 도구이다. 이 절에서는 FEM 에 대한 개요와 함께 음의 기울기가 전기장인 전기 퍼텐셜 U 가 되는 스칼라 필드를 예로 살펴 볼 것이다.
유한 차분법이 각 격자의 위치의 스칼라 장을 풀이하는 반면, FEM 은 공간 영역에 대한 연속적인 퍼텐셜의 분포를 구한다. 우선 풀이 영역은 요소의 노드의 수에 따라 그 모양이 결정되는 일차원, 이차원, 삼차원의 유한 요소로 나눈다. 퀵필드에서는 유한 요소법의 요소(element)로 그림 2.7 에 보인 것 같은 3 개의 노드가 있는 삼각형의 유한요소를 사용한다. 이차원 직교 좌표에서 요소 내부의 전기 스칼라 퍼텐셜 U_e 는 다음과 같이 근사된다.

$$U_e(x,y)=a+bx+cy \tag{2.65}$$

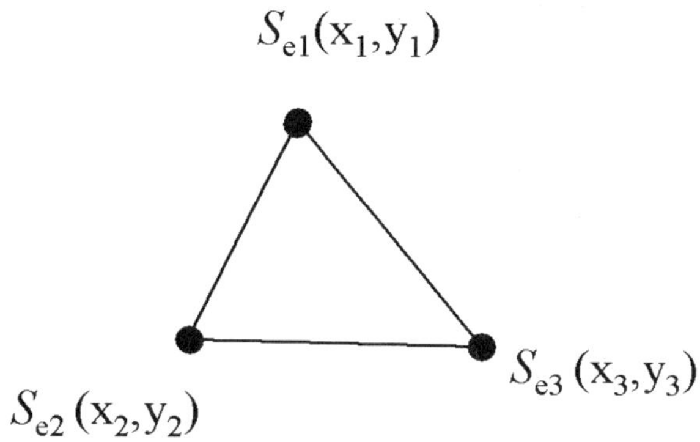

그림 2.7 세 개의 노드로 이루어진 삼각형 유한 요소

그러므로 요소 내부의 균일 전기장은 다음과 같이 정의 된다.

$$\mathbf{E}_e = -\nabla U_e(x,y) = -(b\hat{\mathbf{i}} + c\hat{\mathbf{j}}) \tag{2.66}$$

축대칭인 원기둥 좌표에서 내부의 전기 스칼라 퍼텐셜 U_e 는 다음과 같이 근사 된다.

$$U_e(r,y) = a + br + cz \tag{2.67}$$

이에 해당하는 요소 내부의 균일 전기장은 다음과 같이 정의 된다.

$$\mathbf{E}_e = -\nabla U_e(r,z) = -(b\hat{\mathbf{r}} + c\hat{\mathbf{z}}) \tag{2.68}$$

그림 2.7 에서 상수 (a,b,c) 들은 식 (2.65)를 3 개의 노드(node)에 대해서 적용한 식을 다음과 같이 정리해서 얻을 수 있다.

$$\begin{pmatrix} U_{e1} \\ U_{e2} \\ U_{e3} \end{pmatrix} = \begin{pmatrix} 1 & x_1 & y_1 \\ 1 & x_2 & y_2 \\ 1 & x_3 & y_3 \end{pmatrix} \begin{pmatrix} a \\ b \\ c \end{pmatrix} \tag{2.69}$$

역행열을 이용해서 상수를 구할 수 있다.

$$\begin{pmatrix} a \\ b \\ c \end{pmatrix} = \begin{pmatrix} 1 & x_1 & y_1 \\ 1 & x_2 & y_2 \\ 1 & x_3 & y_3 \end{pmatrix}^{-1} \begin{pmatrix} U_{e1} \\ U_{e2} \\ U_{e3} \end{pmatrix} \tag{2.70}$$

좌표에 따른 형태 함수(shape function) $\alpha_i(x, y)$을 구성할 수 있으며 요소 내부의 점들에 대한 퍼텐셜은 다음과 같이 구할 수 있다.

$$U_e(x, y) = \sum_{i=1}^{3} \alpha_i(x, y) U_{ei} \tag{2.71}$$

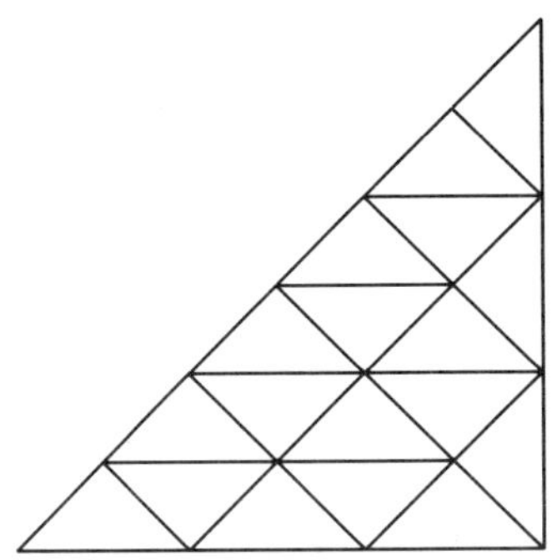

그림 2.8 18개의 삼각형 유한 요소로 나눠진 삼각형 풀이 영역

그림 2.8 과 같은 풀이 영역의 퍼텐셜을 계산하기 위해서는 경계조건으로 명시되지 않은 각 노드에 대한 퍼텐셜을 구해야 한다. 각 요소에 대한 에너지 함수(energy functional)을 구성하면 각 노드의 퍼텐셜을 구할 수 있다.

$$W_e = \frac{\varepsilon}{2}(U_{e1} \quad U_{e2} \quad U_{e3}) \begin{bmatrix} c_{11} & c_{12} & c_{13} \\ c_{21} & c_{22} & c_{23} \\ c_{31} & c_{32} & c_{33} \end{bmatrix} \begin{pmatrix} U_{e1} \\ U_{e2} \\ U_{e3} \end{pmatrix} \tag{2.72}$$

풀이 영역의 전체 에너지는 삼각형 요소 각각이 전체 에너지에 미치는 기여도(contribution)를 결합하면 구할 수 있다.

$$W_{\text{total}} = \frac{\varepsilon}{2}(U_1 \quad U_2 \quad \cdots \quad U_n)\begin{bmatrix} C_{11} & C_{12} & & C_{1n} \\ C_{21} & C_{22} & & \vdots \\ & & \ddots & \\ C_{n1} & C_{n2} & \cdots & C_{nn} \end{bmatrix}\begin{pmatrix} U_1 \\ U_2 \\ \vdots \\ U_n \end{pmatrix} \tag{2.73}$$

여기서 n 은 전체 노드의 개수이다. 식 (2.73)은 행렬 표기법을 이용하면 다음과 같이 나타낼 수 있다.

$$W_{\text{total}} = \frac{\varepsilon}{2}\mathbf{U}^{-1}\mathbf{CU} \tag{2.74}$$

여기서 $\mathbf{C}$ 는 전역 상수 행렬이다. 그런데 라플라스 방정식 혹은 푸아송 방정식을 만족하는 퍼텐셜은 풀이 영역에 포함된 전체 에너지를 최소화한다는 것으로 밝혀졌다. 전체 에너지가 최소화 되는 것은 전체 에너지를 각 노드에 대해서 편미분을 취한 값이 0 이 될 때이다.

$$\frac{\partial W_{\text{total}}}{\partial U_{\text{i}}} = 0 \tag{2.75}$$

이 식을 사용하면 각 퍼텐셜 값을 구하기 위해서 n 개의 대수식을 얻게 되다. 식 (2.75)를 풀기 위해서는 띠행렬(band matrix)을 구성하고 반복적으로 풀어야 한다. 퀵필드에서는 풀이 과정에 행렬의 각 요소들을 메모리에 저장하지 않아도 되는 효율이 알고리즘을 사용하여 풀이하고 있어서 대부분의 컴퓨터에서 문제의 답을 1 분 이내에 구할 수 있다.

참고 문헌

David J. Griffiths. (1999). *Introduction to Electrodynamics 3rd edition*, Prentice-Hall, Inc., New Jersey. Chapter 2: Electrostatics.

Mathew N. O. Sadiku. (2000). *Numerical Techniques in Electromagnetics 2nd edition*, CRC Press. (Note that the first edition of this text features FORTRAN code with C++ in the second edition)

Dean G. Duffy. (2003). *Advanced Engineering Mathematics with MATLAB 2nd edition*, Chapman & Hall/CRC Press.

Stanly J. Farlow. (1993). *Partial Differential Equations for Scientist and Engineers*, Dover Publications, Inc., New York.

Murray R. Spiegel. (1964). *Shaum's Outline of Complex Variables*, McGraw-Hill

연습문제

2.1 경계 조건들로 $S(0,y)=S(1,y)=0$, $S(x,0)=1$과 $(x,1)$인 경계에서 $\partial S/\partial n=0$의 조건을 가지는 단위길이의 정사각형 영역의 스칼라 필드 S에 대한 라플라스 방정식을 풀이 하여라.

2.2 경계 값들이 $S(R_1)=1$, $S(R_1)=2$인 반지름이 R_1과 R_2인 두 개의 원기둥 표면 사이의 스칼라 필드 S에 대한 라플라스 방정식을 풀이하여라.

2.3 푸아송 방정식 $\nabla^2 S(r,z)=f(r,z)$이 축 대칭인 원기둥 좌표에서 다음의 형태를 가진다는 것을 보여라.

$$\frac{1}{r}\frac{\partial}{\partial r}\left(r\frac{\partial S}{\partial r}\right)+\frac{\partial^2 S}{\partial r^2}=f(r,z)$$

2.4 푸아송 방정식 $\nabla^2 S(\alpha,\beta)=f(\alpha,\beta)$이 축 대칭인 쌍원주 좌표에서 다음의 형태를 가진다는 것을 보여라.

$$\frac{\partial^2 S}{\partial \alpha^2}+\frac{\partial^2 S}{\partial \beta^2}=\frac{a^2}{(\cosh\alpha-\cosh\beta)^2}f(\alpha,\beta)$$

2.5 푸아송 방정식 $\nabla^2 S(\alpha,\beta)=f(\alpha,\beta)$이 축 대칭인 타원주 좌표에서 다음의 형태를 가진다는 것을 보여라.

$$\frac{\partial^2 S}{\partial \alpha^2}+\frac{\partial^2 S}{\partial \beta^2}=a^2(\sinh^2\alpha+\sin^2\beta)f(\alpha,\beta)$$

2.6 푸아송 방정식 $\nabla^2 S(r,\theta)=f(r,\theta)$ 이 축 대칭인 구면 좌표에서 다음의 형태를 가진다는 것을 보여라.

$$\frac{1}{r^2}\frac{\partial}{\partial r}\left(r^2\frac{\partial S}{\partial r}\right)+\frac{1}{r^2\sin\theta}\frac{\partial}{\partial\theta}\left(\sin\theta\frac{\partial S}{\partial\theta}\right)=f(r,\theta)$$

2.7 푸아송 방정식 $\nabla^2 S(\xi,\eta)=f(\xi,\eta)$ 이 축 대칭인 편구면 좌표에서 다음의 형태를 가진다는 것을 보여라.

$$\frac{1}{\cosh\xi}\frac{\partial}{\partial\xi}\left(\cosh\xi\frac{\partial}{\partial\xi}\right)+\frac{1}{\cosh\eta}\frac{\partial}{\partial\eta}\left(\cos\eta\frac{\partial}{\partial\eta}\right)$$
$$=a^2(\sinh^2\xi+\sin^2\eta)f(\xi,\eta)$$

2.8 푸아송 방정식 $\nabla^2 S(\xi,\eta)=f(\xi,\eta)$ 이 축 대칭인 장구면 좌표에서 다음의 형태를 가진다는 것을 보여라.

$$\frac{1}{\sinh\xi}\frac{\partial}{\partial\xi}\left(\sinh\xi\frac{\partial}{\partial\xi}\right)+\frac{1}{\sin\eta}\frac{\partial}{\partial\eta}\left(\sin\eta\frac{\partial}{\partial\eta}\right)$$
$$=a^2(\sinh^2\xi+\sin^2\eta)f(\xi,\eta)$$

2.9 푸아송 방정식 $\nabla^2 S(\alpha,\beta)=f(\alpha,\beta)$ 이 축 대칭인 환상 좌표에서 다음의 형태를 가진다는 것을 보여라.

$$\frac{\partial}{\partial\alpha}\left(\frac{\sinh\alpha}{\cosh\alpha-\cos\beta}\frac{\partial S}{\partial\alpha}\right)+\frac{\partial}{\partial\beta}\left(\frac{\sinh\alpha}{\cosh\alpha-\cos\beta}\frac{\partial S}{\partial\beta}\right)$$
$$=\frac{a^2\sinh\alpha}{(\cosh\alpha-\cos\beta)^3}f(\alpha,\beta)$$

2.10 편구 표면이 일정한 전위 V_0 를 유지하고 있다. 구면 외부의 스칼라 필드에 대한 식을 구하여라.

2.11 MATLAB®을 이용해서 다음에 해당하는 복소 전위들의 실수부와 허수부 등고선 플롯을 만들어라.

(a) 일정한 흐름

$\Omega(z)=V_0e^{-i\delta}z$

(b) $z=a$ 지점의 소스(source)

$\Omega(z)=k\ln(z-a)$

(c) $z=a$ 지점의 싱크(sink)

$\Omega(z)=-k\ln(z-a)$

(d) 소스와 싱크의 중첩

$$\Omega(z)=-k\ln\frac{z+a}{z-a}$$

2.12 직교 좌표계의 제 1 사분면의 경계가 $x \geq 0$ 에 대해서는 $S(x,0)=1$, $y \geq 0$ 에 대해서는 $S(0,y)=0$ 을 유지한다. 제 1 사분면의 $S(x,y)$ 를 푸아송의 적분 공식을 이용해서 상위 반면으로 등각 사상하여라.

2.13 다음과 같은 좌표에서의 라플라스 방정식의 해를 몬테 카를로 나아가기 확률을 이용해서 작성하여라.

(a) 축 대칭인 원기둥 좌표
(b) 면 대칭인 쌍원주 좌표
(c) 면 대칭인 편원주 좌표
(d) 축 대칭인 구면 좌표
(e) 축 대칭인 편구면 좌표
(f) 축 대칭인 장구면 좌표
(g) 축 대칭인 환상 좌표

2.14 위의 좌표계들에 대해서 축대칭 혹은 면 대칭이 없는 경우, 몬테 카를로 나아가기 확률을 구하여라.

2.15 삼차원 직교 좌표에서 라플라스 방정식의 몬테 카를로 해를 구하는 MATLAB 프로그램을 작성하여라. 정육면체의 한 면은 $S=1$ 로, 나머지 다섯 면은 $S=0$ 일 때, 이 정육면체 중심의 스칼라 필드를 계산하여라.

2.16 삼차원 원기둥 좌표에서 라플라스 방정식의 몬테 카를로 해를 구하는 MATLAB 프로그램을 작성하여라. 원기둥의 양 끝 평면은 $S=0$, 원기둥의 곡면은 $S(R,\phi)=\cos(\phi)$ 일 때, 이 원기둥 중심의 스칼라 필드를 계산하여라.

3. 퀵필드 살펴보기

이 장에서 다루는 내용들

- 퀵필드란 무엇인가?
- 퀵필드의 기본 구성
- 문제의 유형과 특성의 지정
- 모델의 생성
- 문제 풀이와 후처리
- 정전기학 시뮬레이션
- 정자기학 시뮬레이션

3.1 퀵필드(Quick Field)란 무엇인가?

퀵필드는 2 차원의 x-y 대칭 또는 축 대칭의 구조를 가지는 다양한 전자기학, 열전달, 응력 해석을 할 수 있는 유한 요소법(Finite Element Method)의 캐드(CAD) 모델링 소프트웨어이다. 퀵필드가 다룰 수 있는 분야는 정전기학(Electroststics), 정자기학(Magnetostastics), 전이 자기학(Transient Magnetics), 교류 자기학(AC Magnetics), 직류 전도(DC Conduction), 교류 전도(AC Conduction), 과도 및 정상상태 열 해석(Transient and Steady State Thermal Analysis), 응력 해석(Stress Analysis) 그리고 전기 회로(Electric Circuits)가 있다. 다중물리(Multiphysics)를 다룰 수 있기 때문에 열, 응력, 정전기학, 정자기학, 시간조화 자기학(Time-harmonic Magnetic), 교류 및 직류 전도 등이 다양하게 결합된 경우에도 해석이 가능하다. 퀵필드에서 해석 가능한 문제의 유형들을 표 3.1 에 나타내었다.

표 3.1

Analysis & Symmetry	Material Properties	Sources	Boundary Conditions	Post Processing Results
Electrostatic				
·X-Y Symmetry ·Axial Symmetry	·Isotropic Permittivity ·Orthotropic permittivity ·Air $\varepsilon = \varepsilon_0$	·Voltages ·Point Charges ·Surface Charges ·Volume Charges	·Dirichlet Condition (Specified Voltages) ·Neumann Condition (Specified charge Density) ·Constant Potential with Specified Total Charge	·Voltages ·Electric Fields ·Field Gradients ·Flux Density ·Surface Charges ·Capacitances ·Electric Forces ·Torques ·Electric Energy
Magnetostatic				
·X-Y Symmetry ·Axial Symmetry	·Isotropic Permeability ·Orthotropic Permeability ·Air $\mu = \mu_0$ ·**B-H** curves ·Ferromagnets & super-conductors	·Line Currents ·Current Density ·Uniform field ·Permanent Magnets	·Dirichlet Condition (Vector Potential **A**) ·Neumann Condition (Tangential **B** Field) ·Superconductor (Zero Normal **B**)	·Vector Potential **A** ·Magnetic Fields (Flux Density **B**) ·Field Intensity **H** ·Magnetic Forces ·Torques ·Magnetic Energy ·Flux Linkages ·Inductances (Self & Mutual)
AC Magnetic				
·X-Y Symmetry ·Axial Symmetry	·Isotropic Permeability ·Orthotropic Permeability ·Air $\mu = \mu_0$ ·Conductivity	·Line Currents (Time Harmonic) ·Current Density (Time Harmonic) ·Uniform AC Magnetic Field ·AC Voltage	·Dirichlet Condition (Vector Potential **A**) ·Neumann Condition (Tangential **B** Field) ·Superconductor (Zero Normal **B**)	·Vector Potential **A** ·Magnetic Fields (Flux Density **B**) ·Field Intensity **H** ·Maxwell and Lorentz Forces (Peak & Time Avg.) ·Maxwell and Lorentz Torques (Peak & Time Avg.) ·Magnetic Energy ·Flux Linkages

(Continued)

표 3.1 (계속).

Analysis & Symmetry	Material Properties	Sources	Boundary Conditions	Post Processing Results
				·Inductance (Self & Mutual) ·Eddy Current ·Joule Heat ·Impedances
Transient Magnetic				
·X-Y Symmetry ·Axial Symmetry	·Isotropic Permeability ·Orthotropic Permeability ·Air $\mu = \mu_0$ ·**B-H** curves-Ferromagnets & super-conductors	·Line Currents (Time-Dependent) ·Current Density (Time-Dependent) ·Uniform field ·Permanent Magnets	·Dirichlet Condition (Vector Potential **A**) ·Neumann Condition (Tangential **B** Field) ·Superconductor (Zero Normal **B**)	·Vector Potential **A** ·Magnetic Fields (Flux Density **B**) ·Field Intensity **H** ·Magnetic Forces ·Magnetic Toques ·Magnetic Energy ·Flux Linkages ·Inductances (Self & Mutual) ·Eddy Currents
DC Conduction				
·X-Y Symmetry ·Axial Symmetry	·Isotropic Resistivity ·Orthotropic Resistivity	·Voltage ·Current Density	·Dirichlet Condition (Specified Voltage) ·Normal Derivative (Surface Current Density) ·Constant Potential (Given Constraint)	·Voltages ·Current Density ·Electric Fields ·Total Currents ·Power Loss
AC Conduction				
·X-Y Symmetry ·Axial Symmetry	·Isotropic Resistivity ·Orthotropic Resistivity ·Isotropic Permittivity	·AC Voltage ·Current Density (Time Harmonic)	·Dirichlet Condition (Specified Voltage) ·Normal Derivative (Surface Current Density)	·Voltages ·Current Density ·Electric Fields ·Total Currents ·Power Loss

(Continued)

표 3.1 (계속)

Analysis & Symmetry	Material Properties	Sources	Boundary Conditions	Post Processing Results
	·Orthotropic Permittivity		·Constant Potential (Given constraint)	·Voltages ·Electric forces (Peek & Time Avg.) ·Electric Torques (Peek & Time Avg.)
Thermal				
·X-Y Symmetry ·Axial Symmetry	·Thermal Conductivity (Isotropic for Temperature Dependent) ·Thermal Conductivity (Orthotropic Temperature Independent) ·Specific Heat (Temperature Dependent)	·Volume Heat Densities (Constant and Temperature Dependent) ·Convective Sources ·Radiative Sources ·Joule Heat Sources (Imported form DC or AC conduction or AC or transient Magnetic Analysis)	·Specified Temperatures ·Boundary Heat Flows ·Convection ·Radiation ·Specified Constraints for Constant Temperature Boundaries	·Temperatures ·Thermal Gradients ·Heat Flux Density ·Total Heat Loss or Gain Over Subregion of Model ·Time Dependence of Quantities (Transient Analysis)
Stress				
·X-Y Symmetry ·Axial Symmetry	·Isotropic Materials ·Orthotropic Materials	·Body forces ·Pressure ·Thermal Strain ·Imported Electric or Magnetic Force from electric or Magnetic Analysis	·Prescribed Displacements ·Elastic Spring Supports	·Displacement ·Stress Components ·Principle Stress ·von Mises Stress ·Tresca ·Mohr-Coulomb ·Drucker-Prager ·Hill Criteria
Circuit Analysifs				
(AC Magnetics and Transient Magnetics)	·Resistors ·Capacitors ·Inductors ·Conductivity & Permittivity of Connected Model Blocks	·AC Voltage and Current ·DC Voltage and Current ·Transient Voltage and Current	·Electrical Wires	·Voltages ·Current ·Frequency Response

3.2 퀵필드의 기본 구성

퀵필드를 이용해서 문제를 풀이하는 경우를 위해서 기본 설정, 문제 풀이, 그리고 결과를 해석하는 기본 과정을 그림 3.1 에 간략히 그림으로 보인다. 이 단계들은 문제의 유형을 지정하는 단계, 기하학적 모델을 설계하는 과정, 재료(material)의 특성과 경계 조건(boundary condition)을 정해주는 단계를 거친다. 마지막으로 문제를 풀이하고 그 결과를 해석한다.

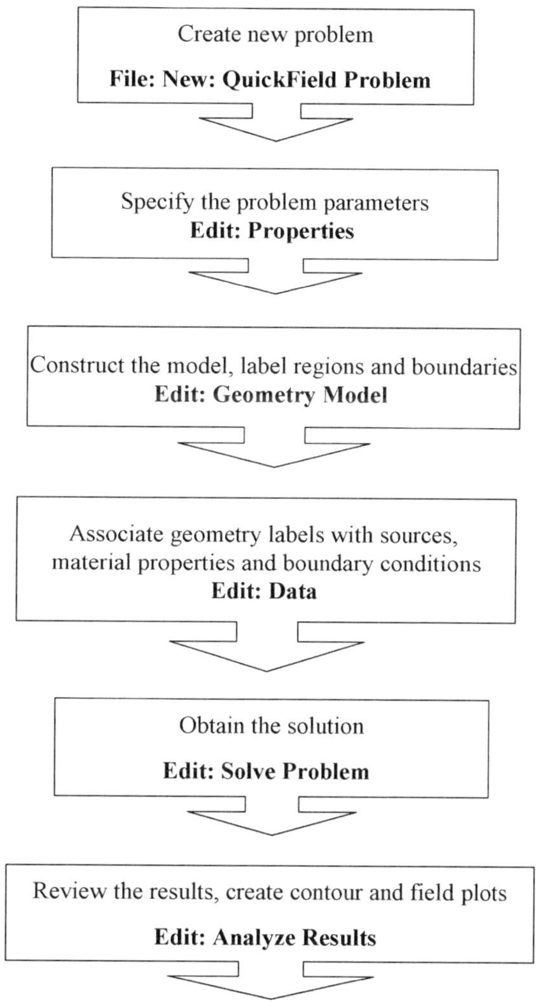

그림 3.1 퀵필드에서 문제를 만들고 풀이하는 단계의 개요

3.3 문제의 유형과 특성의 지정

문제의 유형(정전기학, 정자기학, 교류 자기학 등)을 골랐다면(File → New → QuickField Problem → OK), 저장될 디렉터리와 파일의 이름을 정해준다. 그리고 모델 종류를 평행평면(*Plane-Parallel*(*x-y* 대칭)) 또는 선대칭(*Axisymmetry*(with *r-z* 대칭)) 중에서 선택한다. 정밀도(*precision*)를 초벌(draft), 일반(normal), 높음(high) 중에서 선택한다. 기존의 모델 파일, 데이터 또는 라이브러리 데이터를 선택할 수 있다. 교류 자기학 또는 교류 전도의 경우에는 주파수(frequency)를 지정할 수 있다. 그림 3.2 에서 볼 수 있듯이 과도 자기학 또는 교류 자기학 문제의 경우는 회로도 파일을 지정할 수 있다.

좌표계 선택 상자(Coordinate Selection Box)에서는 길이 단위(마이크론, 밀리미터, 센티미터, 미터, 킬로미터, 인치, 피트, 마일)를 정할 수 있으며 또한 직교좌표와 극좌표 중에서 선택할 수 있다. 선택한 좌표계는 문제의 대칭형태와는 무관하다. 예를 들어 평행평면 대칭을 선택하고 극좌표를 선택할 수 있다.

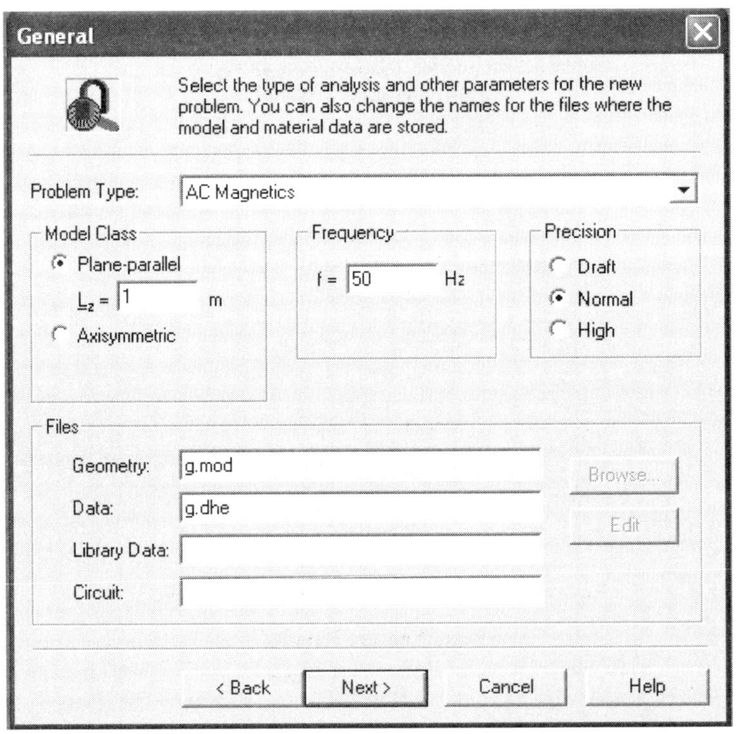

그림 3.2 퀵필드에서 문제의 특성을 지정하는 윈도우

3.4 모델 생성

모델을 만들기 위해서는 Edit 메뉴에서 Edit Geometry Model 을 선택하거나 퀵필드 화면의 왼쪽의 트리에서 Geometry 아이콘을 클릭한다. 모델 파일을 만들 것인가를 물어올 때 '확인' 버튼을 누른다.

기하학적 모델은 테두리들과 함께 꼭지점을 연결해서 내부에 소구역 또는 블록을 가지는 풀이 영역을 외부와 구분 짓는 경계를 만들게 된다. 사각형, 원, 타원과 같은 기하학적 모델들은 그림 3.3 에 보인 모델 툴바(model toolbar)에서 Insert Shape 버튼을 이용해서 삽입할 수 있다.

테두리, 블록, 그리고 꼭지점들은 객체를 처음으로 더블 클릭했을 때 Selection Properties 윈도우에서 레이블을 입력할 수 있다. 각 레이블에 관한 물질의 특성과 경계 조건들은 화면의 왼쪽에서 해당하는 레이블의 아이콘을 클릭해서 원하는 값들을 입력할 수 있다.

선택된 블록은 모델 툴바에 있는 그물망 생성(Build Mesh) 아이콘을 눌러서 그물망을 넣을 수 있다. 퀵필드 프로그램의 학생판(Student Edition)은 노드의 수가 250 개로 제한되어 있으나 전문가용(Professional Version)은 제한이 없다. 학생판을 가지고 작업을 할 때에는 가끔 그물망의 간격을 넓혀서 전체 노드의 개수를 250 개 이하로 유지할 필요가 있다. 다소 정확성이 떨어지는 답을 구해도 될 경우에는 풀이 영역에 대한 간격을 늘리는 것이 좋다. 그림 3.4 는 수동으로 노드의 간격으로 조정해서 8 개의 삼각형 요소로 그물망이 만들어 진 것으로 볼 수 있다. 기하학적 모델의 일부분을 그림 3.5 에 보인 것처럼 이동시킬 수 있으며 그림 3.6 에 보인 것처럼 복사해서 옮길 수도 있다. 이 기능은 반복적인 구조물로 이루어진 모델을 빨리 만들 수 있게 해 준다.

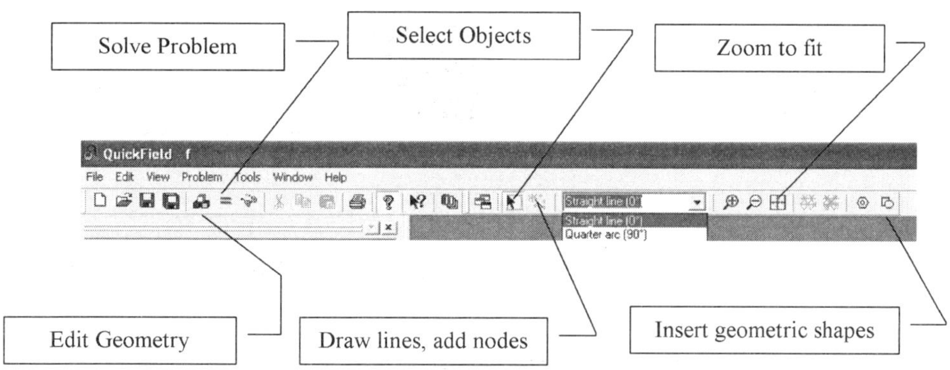

그림 3.3 퀵필드의 범용 툴바(general toolbar)와 모델 툴바(model toolbar).

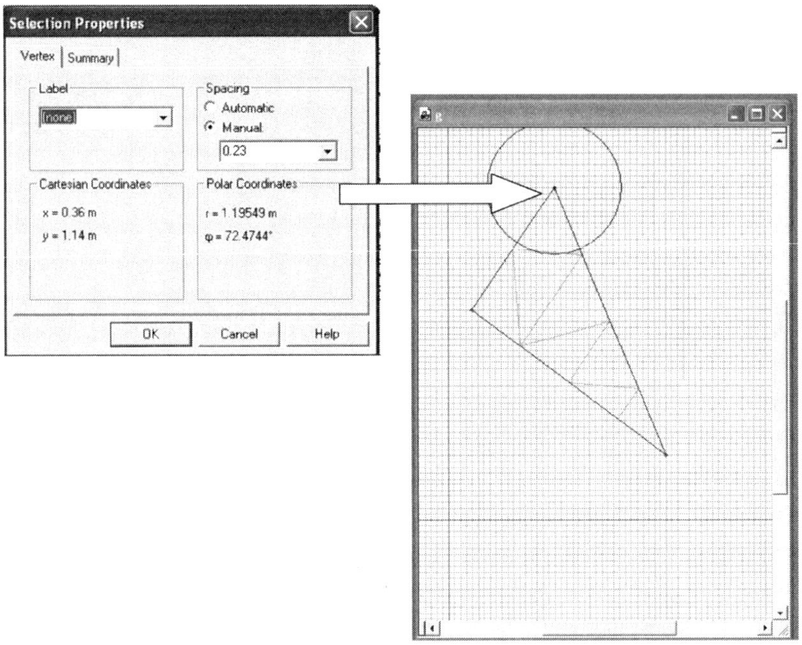

그림 3.4 수동으로 노드의 간격을 조정해서 8개의 삼각형 요소를 가지는 눈금으로 바꿈.

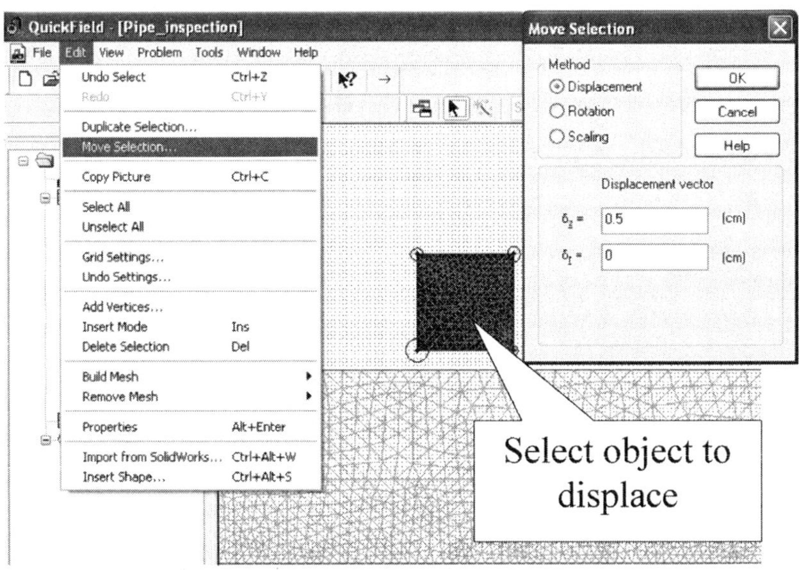

그림 3.5 기하학적 모델의 일부를 옮김.

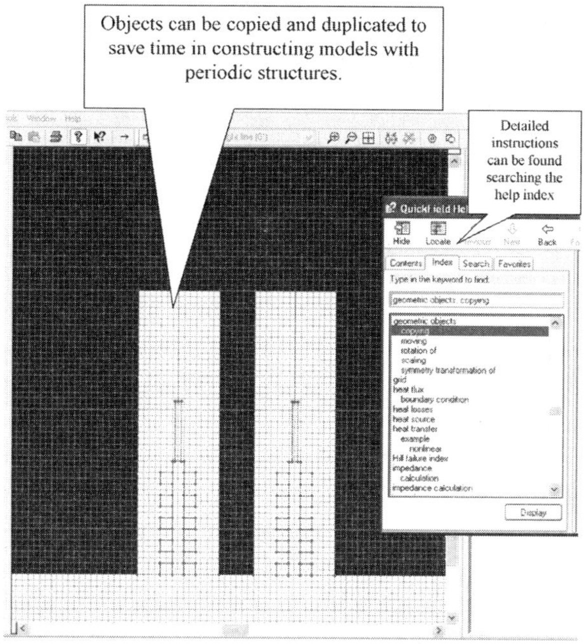

그림 3.6 기하학적 모델에서 반복되는 요소를 복사.

3.5 문제 풀이와 후처리

문제는 Problem 풀다운 메뉴에서 Solve Problem 항목을 클릭하거나 그림 3.3 에 보인 범용 툴바(General Toolbar)에서 등호 표시로 나타낸 풀이(Solve) 아이콘을 클릭하면 된다. 문제를 풀이한 후 나타나는 풀이 결과를 보기를 원하는지 물어보는 창에서 "예(Yes)"를 선택하면 후처리(Post Processing) 윈도우에 결과를 표시하게 된다. 계산된 스칼라와 벡터를 이용하여 등고선과 벡터장 플롯을 만든다. 플롯 위에서 오른쪽 마우스 버튼을 클릭한 후 "Field Picture…" 항목을 선택하면 벡터 화살표의 길이, 세기 지도(intensity map)의 색상, 등전위 선(equipotentials lines)의 밀도와 같은 그래프의 옵션들을 조정할 수 있다.

후처리(Post Processing) 툴바의 Add to Contour 아이콘을 이용해서 선택된 열리거나 닫힌 등고선을 따라 장의 양들을 플로팅할 수 있다. 해당하는 테두리를 클릭하는 것 만으로 모델의 테두리에 대한 등고선을 지정할 수 있다. 등고선은 자유 형식 또는 등고선 풀다운 메뉴의 'Add Lines…' 를 선택해서 등고선의 좌표의 시작점과 끝나는 점을 지정하는 것이

가능하다. 장의 플롯에 마우스의 오른쪽 버튼을 클릭하고 풀다운 메뉴에서 'XY-plot'을 선택하면 등고선 플롯이 생성된다. 같은 메뉴에서 'Table'을 선택하면 결과를 표의 형식으로 볼 수 있다. 적분값(Integral Values)도 팝업 윈도우에서 'Integral Values…'를 선택하거나 후처리(Post Processing) 툴바의 Integral Calculator 아이콘을 클릭하면 화면 화면의 왼쪽에 표시된다.

레이블 무버(Label Mover) 기능은 한 문제에 대해서 구조, 인수, 그리고 문제의 특성들을 변화시켜가면서 반복적으로 문제를 풀이할 때 사용된다. 레이블 무버를 사용하는 기본적인 단계는 다음과 같다. (1) 기본 문제의 지정, (2) 값의 추가, (3) 저장 간격, (4) 결과 얻기. 정자기학과 자기학 모듈에서는 전기용량과 인덕턴스 마법사(Capacitance and Inductance Wizard)를 사용할 수 있다.

표의 형태로 표시되는 수치 결과는 다른 소프트웨어 패키지에 복사해서 붙일 수 있다. File 풀다운 메뉴에서 'Export Field'를 선택하면 수치 데이터를 데이터 파일로 저장할 수 있다. 장의 플롯(Field plot)은 플롯에서 마우스 오른쪽 버튼을 눌러서 'Copy Pictures' 를 선택하면 저장되며 키보드의 Print Screen 버튼을 눌러서 화면을 캡쳐해서 파워 포인트와 같은 다른 소프트웨어 패키지에 붙여 넣을 수 있다. 장의 플롯은 File 풀다운 메뉴에서 'Export Pictures'를 선택하면 다른 형식의 파일로 가장 잘 저장할 수 있다.

퀵필드 문제를 열 때 이미 한번 풀이 한 것이라면 문제를 다시 풀이하지 않고서도 일반 툴바에 있는 안경 모양의 'View Results' 아이콘을 누르는 것만으로도 그 결과를 볼 수 있다. 퀵필드에 있는 모든 기능들은 직감적이며 화면의 오른쪽에 현재 하고 있는 작업에 대한 도움말을 계속 보여주는 윈도우가 실행되고 있다.

3.6 정전기학 시뮬레이션

정전기학 문제를 풀이하는 과정을 그림 3.7 에서부터 그림 3.18 에 걸쳐 보였다.

이 예는 x-y 대칭에서 모델링 된 선형 전하 밀도를 가지는 선전하(line charge)를 시뮬레이션 한 것이다. 풀이 영역에 대해서 모서리가 도선의 전하를 둘러 싸고 있는 접지된 전도체로 작용하기 때문에 자유공간의 도선의 전하에 따라서 풀이는 달라질 것이다.

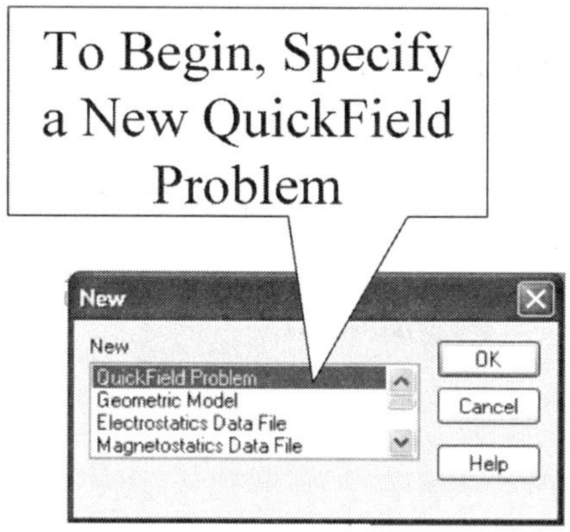

그림 3.7 새로운 문제의 시작

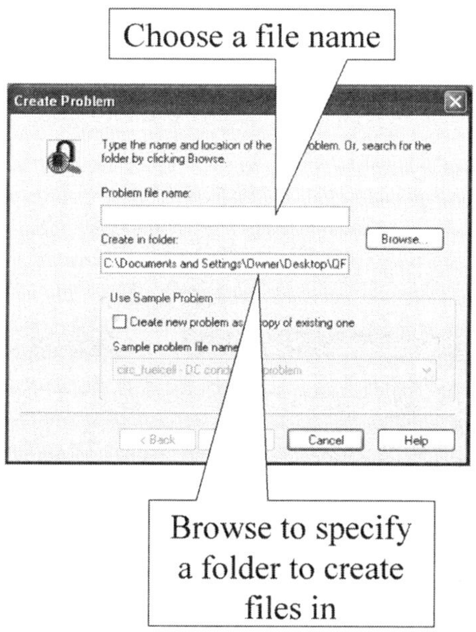

그림 3.8 문제의 파일명과 저장될 폴더를 지정한다.

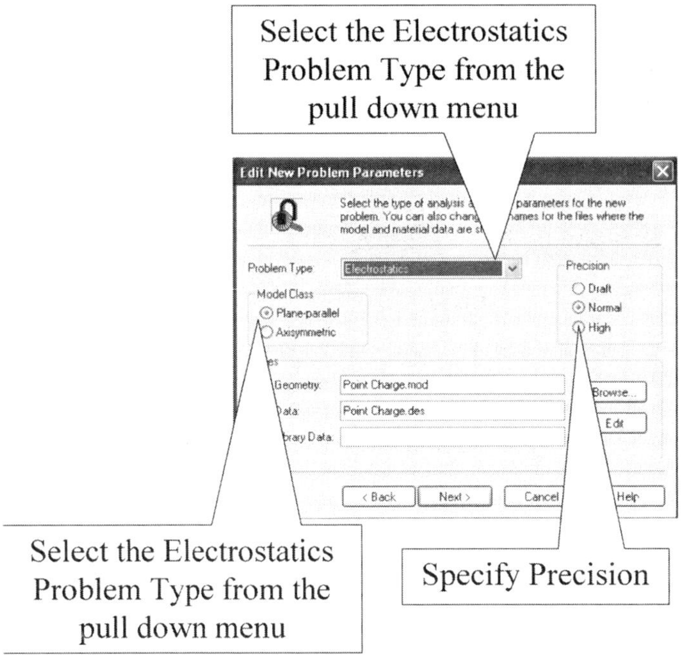

그림 3.9 문제의 형식과 대칭을 지정한다.

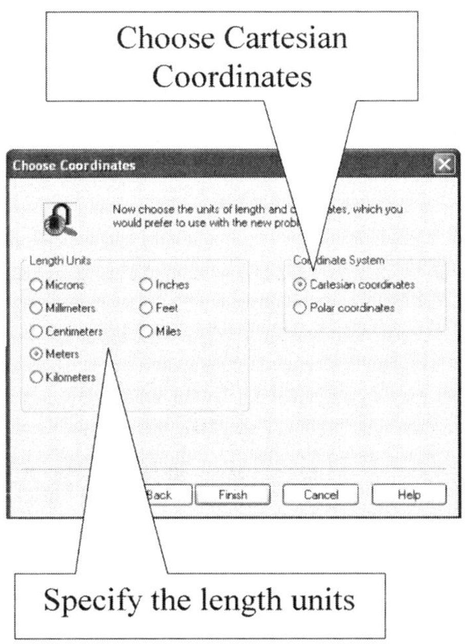

그림 3.10 길이 단위와 좌표계를 선택한다.

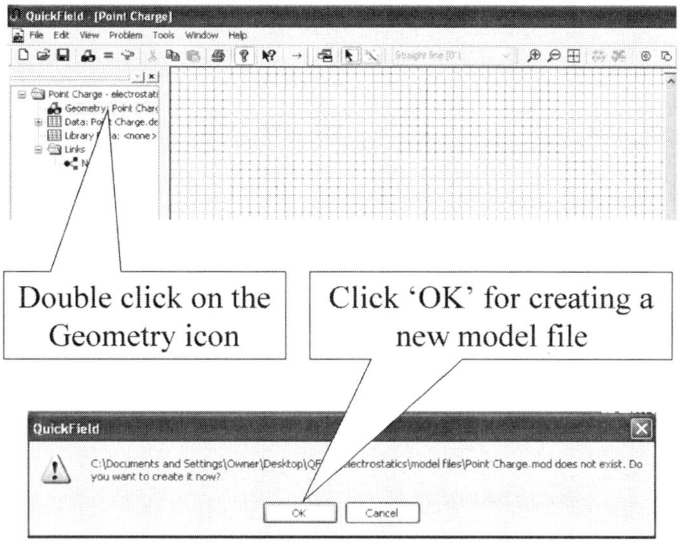

그림 3.11 새로운 모델 파일을 작성한다.

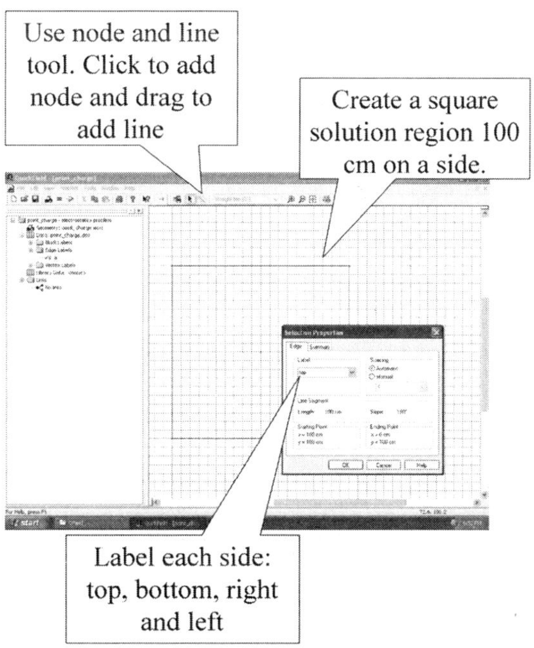

그림 3.12 사각형의 풀이 영역 만들기.

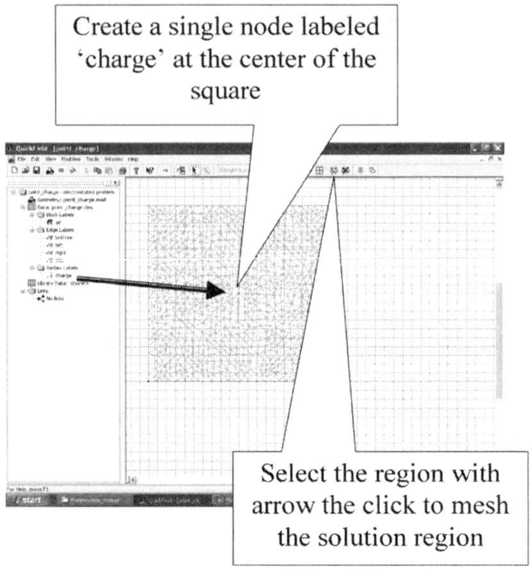

그림 3.13 풀이 영역에 그물망을 그리기.

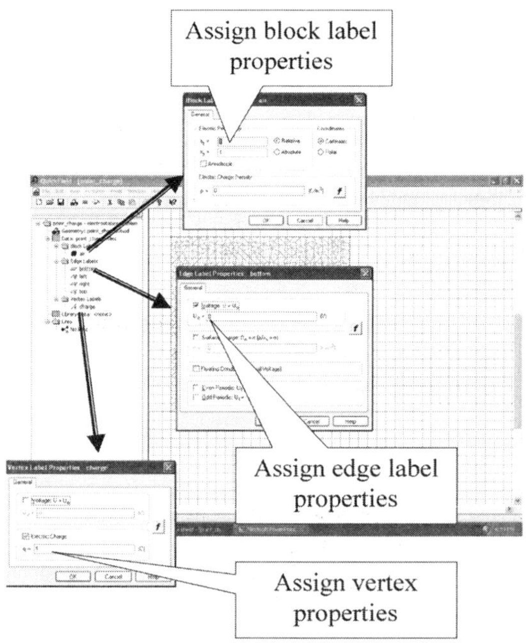

그림 3.14 블록, 테두리, 꼭지점 특성 지정

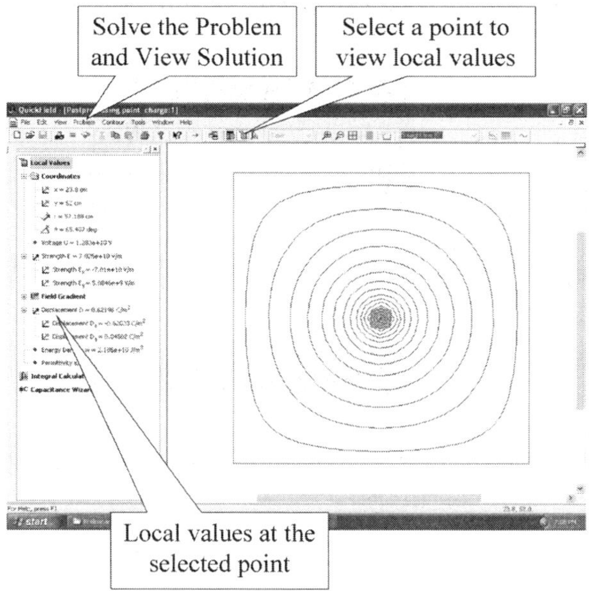

그림 3.15 문제를 풀이하고 결과보기

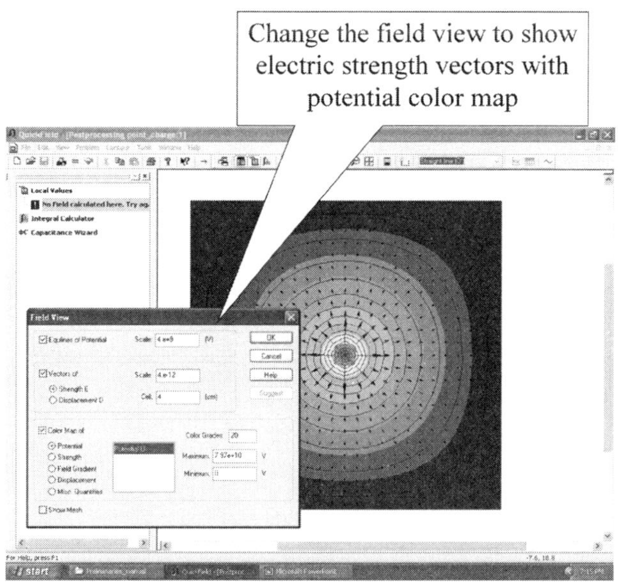

그림 3.16 색상지도와 벡터 플롯보기

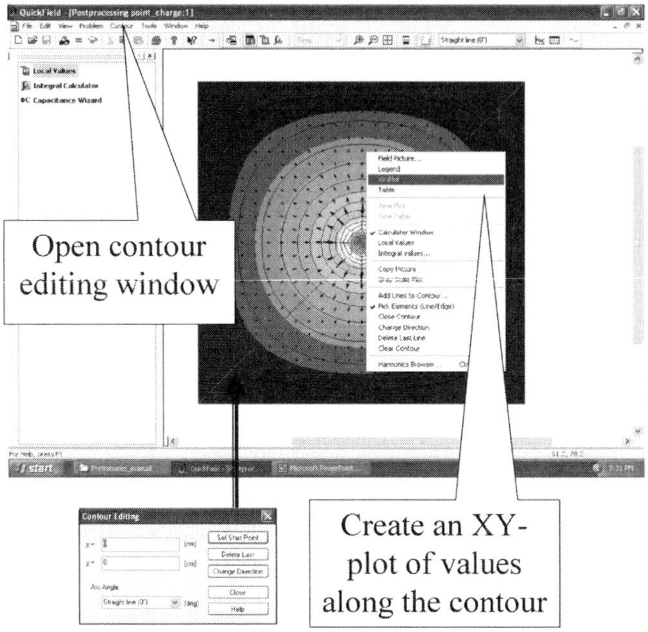

그림 3.17 등고선 그리기

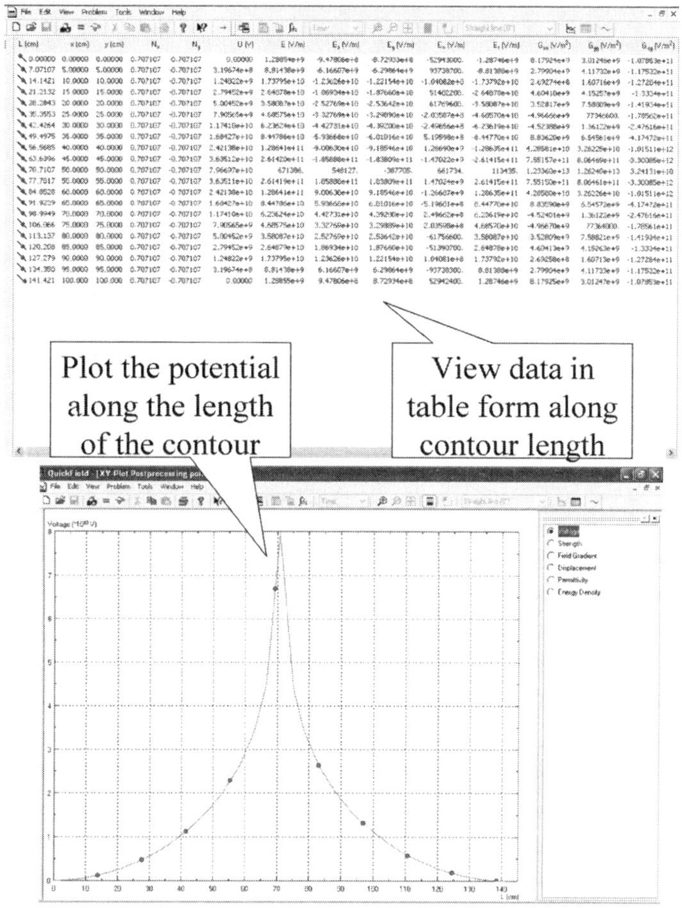

그림 3.18 등고선을 따라서 바뀌는 퍼텐셜 살펴 보기

3.7 정자기학 시뮬레이션

정전기학 문제를 풀이하는 과정을 그림 3.7 에서부터 3.18 까지 보였다. 이 문제는 높은 투과성(highly permeable)을 가지는 타원 기둥이 균일한 자장이 형성되었던 곳에 놓인 것을 모델링하는 것이다. 문제를 풀이하는 과정은 그림 3.7 에서부터 그림 3.11 까지의 과정 중 Edit New Problem Parameter 에서 Magnetostatisc Problem 를 선택하는 부분 이외에는 유사한 과정을 거친다. 균일장(uniform field)은 그림 3.22 에 설명한 것처럼 모델의 측면에 경계조건을 적용하면 생겨난다.

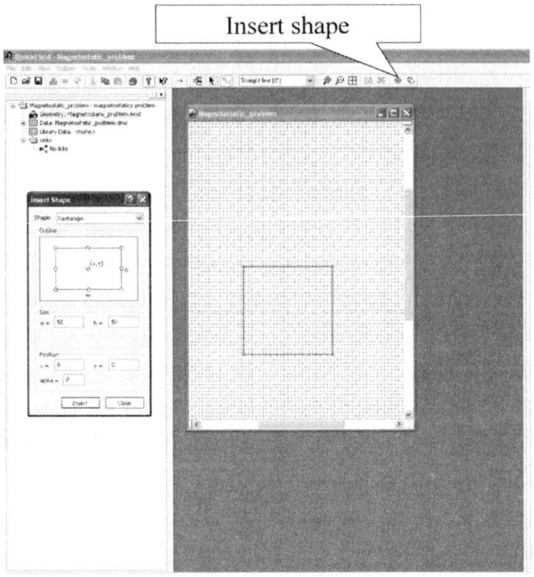

그림 3.19 풀이 영역의 경계가 될 사각형 모양을 삽입

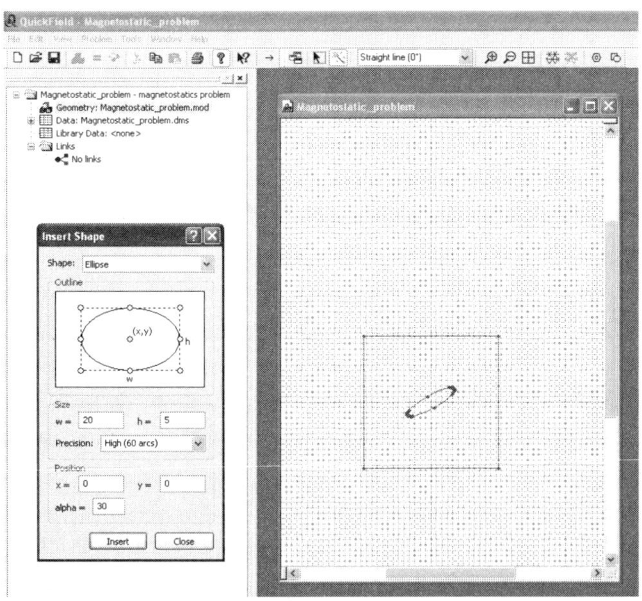

그림 3.20 수평선을 기준으로 30 도 회전한 타원의 삽입

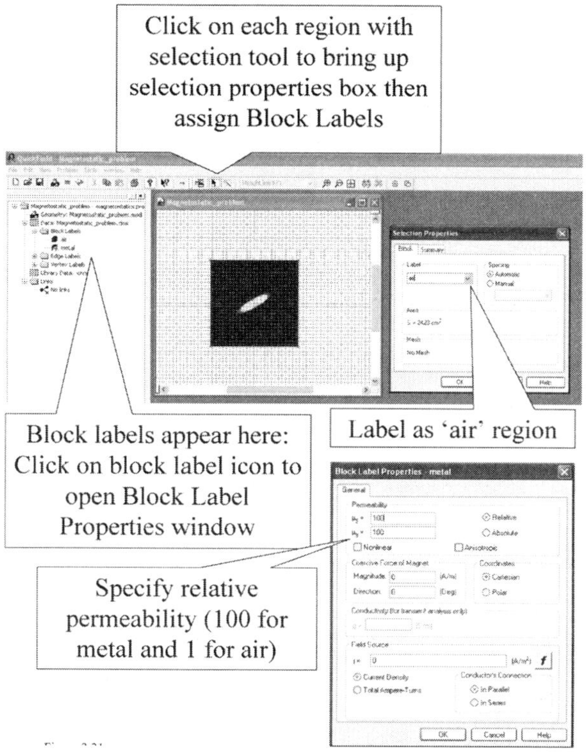

그림 3.21 블록 레이블과 블록 데이터의 지정

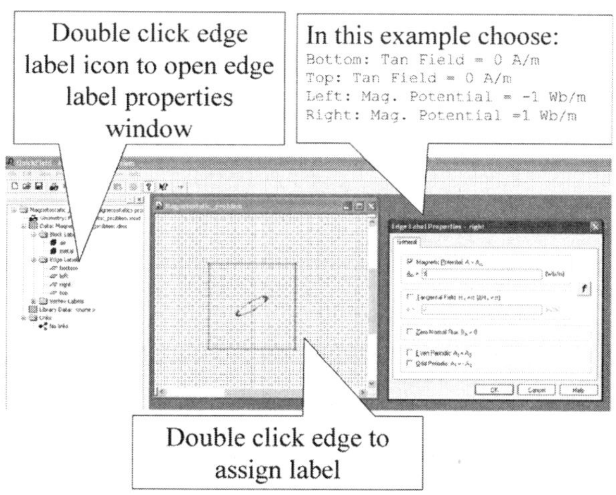

그림 3.22 블록 레이블과 블록 데이터의 지정

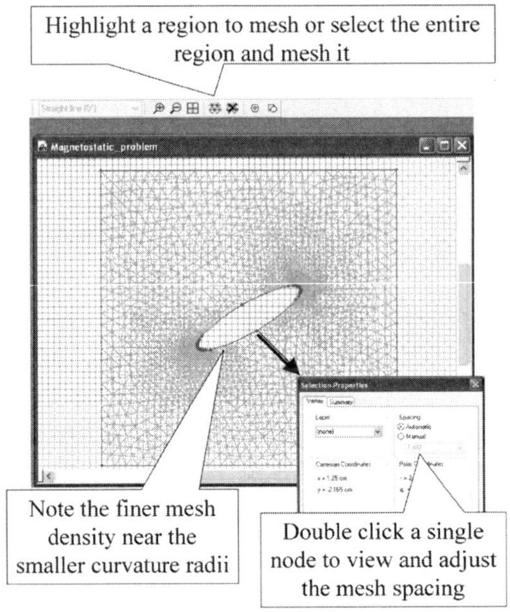

그림 3.23 투과성(permeable)의 타원 기둥의 외부에 있는 공기 영역의 그물망 생성. 다음으로 원기둥 영역도 같은 방식으로 선택하고 그물망을 생성한다.

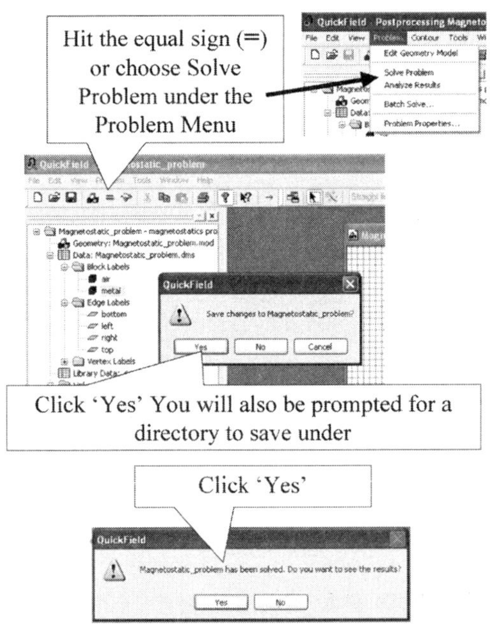

그림 3.24 문제를 풀이하고 다음 나오는 'Yes'를 선택한다.

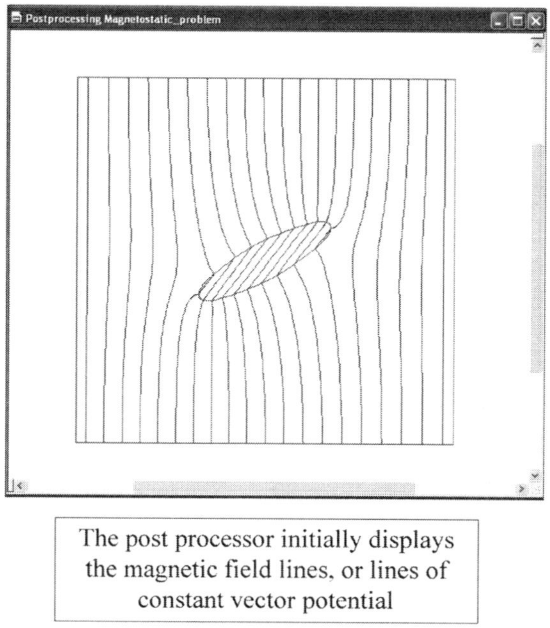

그림 3.25 등자기 전위 선들을 보이는 후처리의 초기 결과.

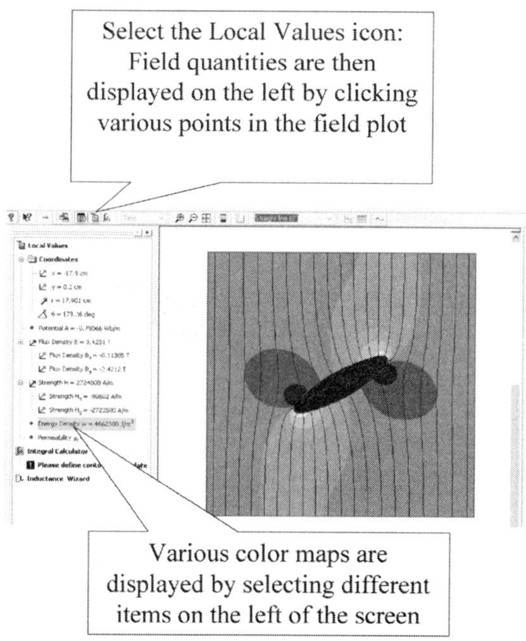

그림 3.26 풀이 영역의 특정한 점의 부분 장의 값을 표시

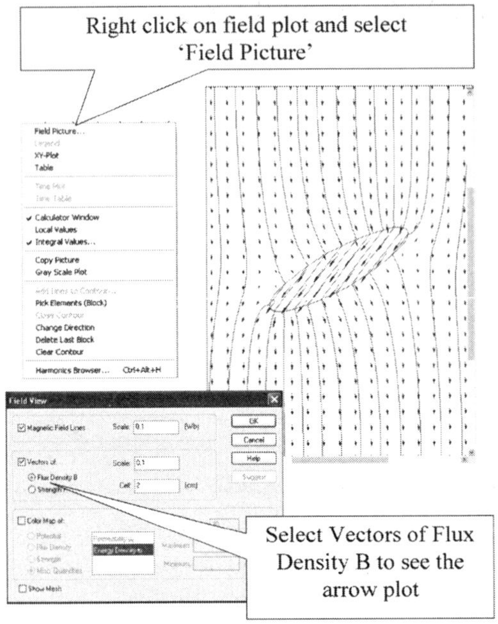

그림 3.27 자장을 나타내는 선과 함께 벡터 필드를 플로팅하는 것을 보인다.

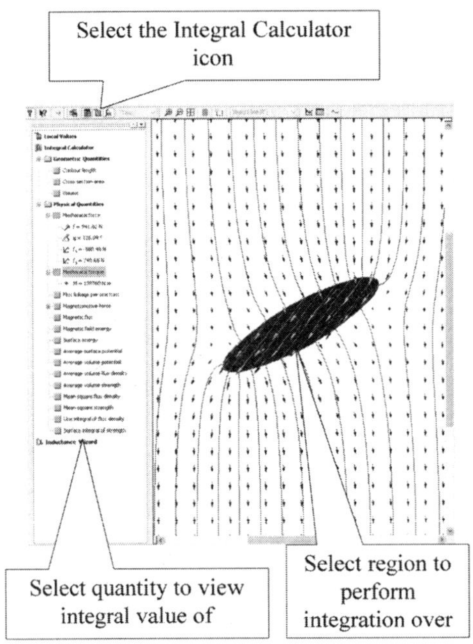

그림 3.28 타원형 원기둥 영역에 대한 적분량을 계산하고 있다.

참고 문헌

QuickField User's Guide: Tera Analysis Ltd. (2007).

QuickField Virtual Classroom http://www.quickfield.com/demo/index.html

연습문제

3.1 정자기학 문제를 선택한 후 세 개의 테두리와 꼭지점을 이용해서 그림 E-3.1 과 비슷한 삼각형을 구성하여라. 구역(region)에 비투전율(relative permittivity)을 지정하여라. 그물망(mesh)의 노드 수가 가능한 250 개 정도 되도록 세 꼭지점을 조정하여라. 삼각형의 세 변에 대해서 레이블과 경계조건을 지정하여라. 문제를 풀어서 장(field)의 플롯을 관찰하고 동심원 플롯을 만드는 것과 적분 값을 계산하는 연습을 하여라.

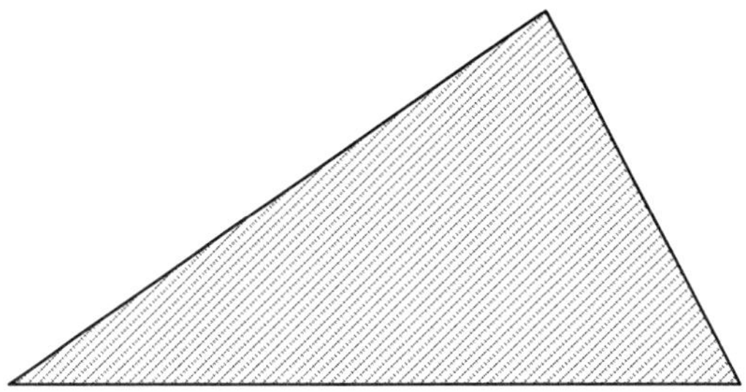

그림 E-3.1 삼각형 영역. 구조:x-y 대칭

3.2 그림 E-3.2 에 보인 것과 같이 일부분이 떨어져 나간 투과성의 속인 빈 파이프를 그려라. 정자기학 문제에서 x-y 대칭을 선택하여라. 편평한 부분에 다른 전류밀도를 지정하고, 곡면 경계면에는 벡터 전위 경계값을 0 으로 설정하여라. 문제를 풀어서 장(field)의 플롯을 관찰하고 동심원 플롯을 만드는 것과 적분 값을 계산하는 연습을 하여라.

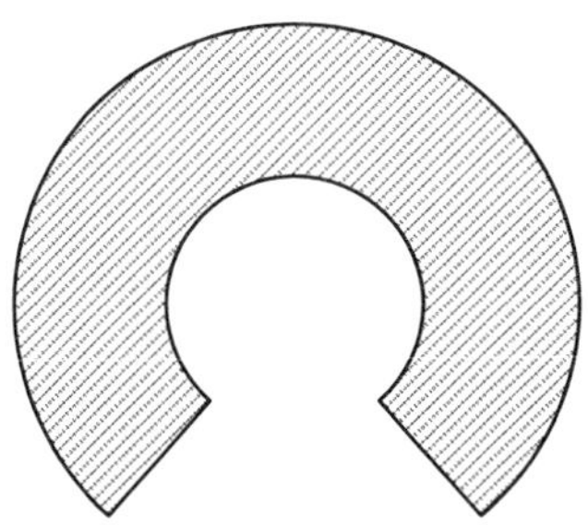

그림 E-3.2 일부가 빠진 속이 빈 파이프. 구조: x-y 대칭

3.3 그림 E-3.3 에 보인 것과 같은 사각 영역의 네 모서리가 원호를 그리는 유전성의 영역을 만들고 문제의 형태는 정자기학의 x-y 대칭을 선택하여라. 상대 유전율(relative permittivity)을 지정하고 양과 음의 전하 밀도를 원형의 경계에 지정한다. 직선의 경계에는 0 볼트를 지정한다. 문제를 풀고 장의 플롯을 살펴보고, 등고선 플롯을 그리는 연습을 하고, 적분 값들을 계산해 보아라.

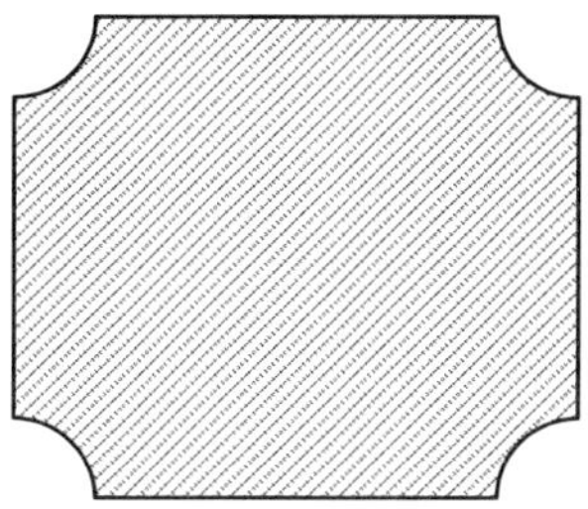

그림 E-3.3 모서리들이 원호를 그리는 사각형 영역. 구조:x-y 대칭

3.4 모델 툴바에 있는 Insert Shape 버튼을 이용해서 생체 세포를 두 개의 동심(coaxial) 타원으로 모델링 하여라. 바깥 쪽 타원의 긴 축을 50 마이크론으로 외부 타원과 내부 타원의 간격을 약 5 nm 로 하여라. AC Current 모듈에서 x-y 대칭으로 모델을 만들어라. 노드의 개수에 제한이 있는 퀵필드에서는 그림 E-3.4 와 같이 멤브레인의 두께가 두꺼운 모델을 만들어라. 부록 4 에 나온 일반적인 생물학적 매개변수 값들을 이용해서 유전율과 전도도 값을 각 영역에 지정하여라. 세포의 양끝에 미소 전극을 모사하기 위한 꼭지점(vertices)들을 위치 시킨 후 다른 값의 전위를 지정해 주어라. 전극의 위치를 옮기면서 전류 분포를 플로팅 해보아라.

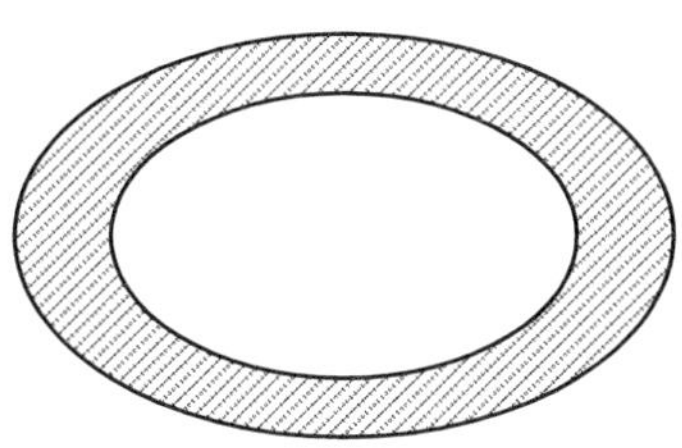

그림 E-3.4 두 개의 동심 타원. 구조:x-y 대칭

3.5 연습 문제 3.4 를 세포의 내부에 있는 세포핵 또는 소포체와 같은 내부 세포기관에 전류가 가해졌을 때의 섭동(perturbation)을 살펴보기 위해서 다시 풀어 보아라. 이때 세포기관의 세포막의 두께는 대략 5nm 라고 가정한다.

3.6 연습 문제 3.4 를 구체(spherical) 형태의 생체 세포(living cell)의 경우에 대해서 풀어 보아라. 전기 자극을 받는 생체 세포의 시뮬레이션에 대해서는 10 장을 참조하여라.

4. 정전기학

이 장에서 다루는 내용들

- 쿨롱의 법칙과 중첩의 원리
- 전기 선속과 가우스의 법칙
- 전위
- 퀵필드의 정전기학 계산
- 전기용량의 계산
- 정적인 전기 장에서의 충전된 입자의 움직임
- 유한 요소 법(Finite Element Method)

4.1 쿨롱의 법칙과 중첩의 원리

거리가 r 만큼 떨어진 두 점의 전하 사이에 작용하는 힘은 전하들의 곱에 비례하며 거리의 제곱에 반비례한다. 그림 4.1에 보인 것과 같이 전하 q_2 가 전하 q_1 에 가하는 힘은 다음과 같이 주어진다.

$$\mathbf{F}_{12} = \frac{1}{4\pi\varepsilon_0}\frac{q_1 q_2}{r^2}\hat{\mathbf{r}} \tag{4.1}$$

여기서 $\hat{\mathbf{r}}$ 는 점 q_2 에서 q_1 을 가리키는 단위 벡터이다. 이 힘은 각 전하가 같은 부호를 가지느냐 다른 부호를 가지느냐에 따라서 반발력이 되거나 인력으로 작용하게 된다. 점 전하 q_1 에 가해지는 힘은 q_2 에 가해지는 힘과 그 크기는 같으나 방향은 반대이기 때문에 뉴턴의 제 3법칙에 따라서 $\mathbf{F}_{12} = -\mathbf{F}_{21}$ 의 관계를 만족한다. 단위 벡터 $\hat{\mathbf{r}}$ 는 다음과 같이 나타낼 수 있다.

$$\hat{\mathbf{r}} = \frac{(\mathbf{r} - \mathbf{r}')}{|\mathbf{r} - \mathbf{r}'|} \tag{4.2}$$

이 때 q_1 은 $\mathbf{r}$ 에 위치하며, q_2 는 $\mathbf{r}'$ 에 위치하므로 $\mathbf{F}_{12}$ 는 다음과 같이 나타낼 수 있다.

$$\mathbf{F}_{12} = \frac{q_1 q_2}{4\pi\varepsilon_0} \frac{(\mathbf{r} - \mathbf{r}')}{|\mathbf{r} - \mathbf{r}'|^3} \tag{4.3}$$

위치 $\mathbf{r}$ 에서의 $\mathbf{r}'$ 에 있는 q_2 에 의한 전기장의 분포는 $\mathbf{F}_{12} / q_1$ 로 주어지거나 또는 다음과 같이 나타낼 수 있다.

$$\mathbf{E}(\mathbf{r}) = \frac{q_2}{4\pi\varepsilon_0} \frac{(\mathbf{r} - \mathbf{r}')}{|\mathbf{r} - \mathbf{r}'|^3} \tag{4.4}$$

일반적으로 전기장 $\mathbf{E}$ 에 있는 한 점의 전하 q 에 가해지는 힘은 $\mathbf{F} = q\mathbf{E}$ 로 주어진다. 위치 $\mathbf{r}_i$ 에 있는 점 전하 q_i 들의 집합들로 인한 위치 $\mathbf{r}$ 의 전기장은 다음과 같이 중첩의 원리를 사용해서 구할 수 있다.

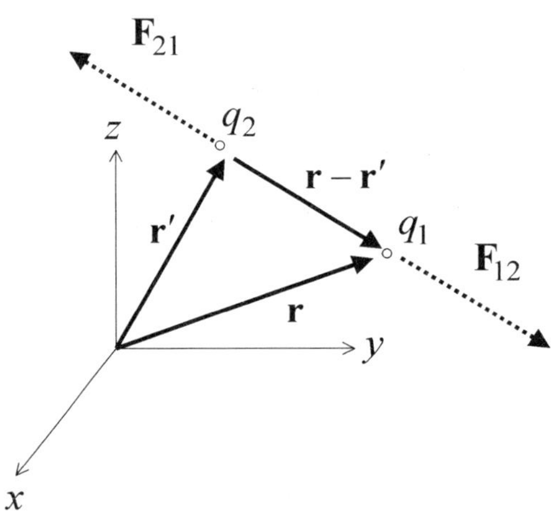

그림 4.1 거리 $\mathbf{r} - \mathbf{r}'$ 만큼 떨어진 두 점 전하의 같은 방향과 반대 방향의 힘들.

$$\mathbf{E}(\mathbf{r}) = \frac{1}{4\pi\varepsilon_0}\sum_i \frac{q_i(\mathbf{r}-\mathbf{r}_i)}{|\mathbf{r}-\mathbf{r}_1|^3} \tag{4.5}$$

연속적인 전하 분포 $\rho(\mathbf{r}')$ 에 대해서 $\mathbf{r}$ 에 위치한 전기장은 다음과 같이 주어진다.

$$\mathbf{E}(\mathbf{r}) = \frac{1}{4\pi\varepsilon_0}\iiint_{\text{vol}} \frac{\rho(\mathbf{r}')(\mathbf{r}-\mathbf{r}')}{|\mathbf{r}-\mathbf{r}'|^3}dv' \tag{4.6}$$

여기서 적분은 전하 분포에 대한 프라임 기호를 붙인 좌표에서 행해진다.

4.2 전기 선속과 가우스의 법칙

전기 선속(Electric Flux)

표면 요소 da 를 통과 하는, 크기가 무한소(infinitesimal)인 전기 선속(electric flux) $d\Phi$ 는 는 수직의 전기장 $\mathbf{E}\cdot\hat{\mathbf{n}}$ 과 da 를 곱한 것이다.

$$d\Phi = \mathbf{E}\cdot d\mathbf{a} = \mathbf{E}\cdot\hat{\mathbf{n}}da \tag{4.7}$$

여기서 $\hat{\mathbf{n}}$ 는 da 에 대해서 수직인 단위 벡터이다. 전체 선속 Φ 은 $\mathbf{E}\cdot d\mathbf{a}$ 를 전체 표면에 대해서 적분하면 얻을 수 있다.

$$\Phi = \iint_{\text{surf}} \mathbf{E}\cdot d\mathbf{a} \tag{4.8}$$

Φ 의 단위는 전기장의 단위에 면적을 곱한 것으로 $\text{Nm}^2/\text{C} = \text{V}\cdot\text{m}$ 이다.

가우스의 법칙(Gauss' Law)

그림 4.2에 두 개의 가우스 표면을 보이고 있다. 하나는 한 점의 전하를 둘러싸고 있으며, 또 하나는 전하를 둘러싸고 있지 않다. 가우스의 법칙은 닫힌 표면을 지나가는 선속의 총량은 포함된 전하에 대해서 비례한다는 것이다. 그러므로 표면 1에 대해 적분하면 다음의 식을 얻을 수 있다.

$$\oint\!\!\oint_{\text{surf}} \mathbf{E} \cdot d\mathbf{a} = \frac{q_{\text{enclosed}}}{\varepsilon_0} \tag{4.9}$$

닫힌 가우스 표면의 수학적 경계는 반드시 물리적 경계와 일치할 필요는 없다. 표면이 알짜 전하(net charge)를 가지지 못하는 닫힌 표면을 지나는 전기 선속은 0이 된다. 예를 들어 두 개의 다른 극성을 가진 점 전하가 포함된 임의의 표면에 대한 전체 선속은 0이 된다.

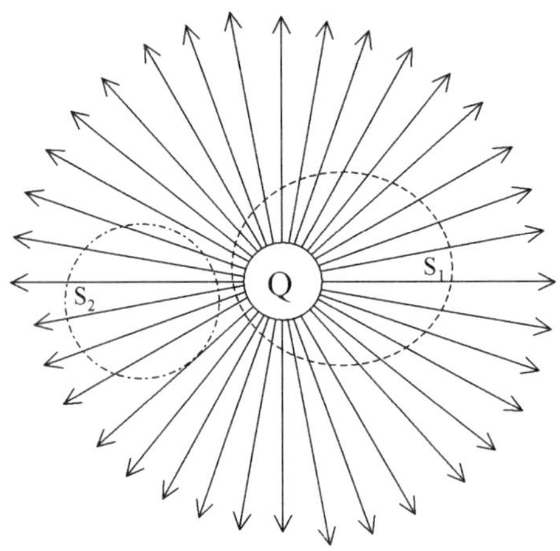

그림 4.2 가우스 표면 S_1를 지나는 순 선속은 Q/ε_0와 같다. S_2를 지나는 선속은 0 이다.

가우스의 법칙을 이용한 전기장의 계산

가우스의 법칙은 가우스 표면을 잘 선택해서 얻어진 대칭적인 전하 분포에 대한 전기 선속을 계산하는 데 사용할 수 있다. 가우스 표면은 감싸는 전하 분포와 같은 대칭성을 가져서 전기장 선들이 표면과 수직이 되어야 한다. 예를 들어 원점 $\mathbf{r}'=0$ 에 위치한 점 전하 q 를 감싸는 구형의 가우스 표면에 대해서 전기장의 선들은 수직이므로 다음의 식을 얻을 수 있다.

$$\oint\!\!\oint_{\text{surf}} \mathbf{E} \cdot d\mathbf{a} = E \oint\!\!\oint_{\text{surf}} da = E_r \cdot 4\pi r^2 \tag{4.10}$$

이 값은 q/ε_0과 같으므로 전기장의 지름 방향 성분은 다음과 같이 주어진다.

$$E_r = \frac{1}{4\pi\varepsilon_0}\frac{q}{r^2} \tag{4.11}$$

여기서 $\mathbf{E} = E_r\hat{\mathbf{r}}$ 이다.

전기장의 발산

총 전하가 전하 밀도에 대해 부피 적분으로 주어진다면 가우스의 법칙은 전기장의 발산을 계산하는데 사용할 수 있으므로 식 (4.9)는 다음과 같이 된다.

$$\oiint_{\text{surf}} \mathbf{E}\cdot d\mathbf{a} = \frac{1}{\varepsilon_0}\iiint_{\text{vol}} \rho(\mathbf{r}')dv' \tag{4.12}$$

가우스의 발산에 대한 정리는 수직인 전기장의 면적분을 전기장의 발산에 대한 부피적분으로 변환한다.

$$\iiint_{\text{vol}} \nabla\cdot\mathbf{E}\,dv' = \frac{1}{\varepsilon_0}\iiint_{\text{vol}} \rho(\mathbf{r}')dv' \tag{4.13}$$

같은 임의의 부피에 대해서 계산하므로 피적분 함수들은 같아야 한다. 공간 안의 모든 점에 대한 전기장의 발산은 전하 밀도를 유전율로 나눈 것과 같다. 즉

$$\nabla\cdot\mathbf{E} = \frac{\rho}{\varepsilon_0} \tag{4.14}$$

그러므로 전하가 없는 영역에 대해서는 $\nabla\cdot\mathbf{E} = 0$ 를 얻을 수 있다. 또한 $\mathbf{E}$ 가 주어졌을 때 ρ 의 공간 분포를 계산할 수 있다. 예를 들어 $\mathbf{r}'$ 에 위한 한 개의 점 전하에 대해서 $\mathbf{E}(r)$ 이 식 (4.4)와 같이 주어질 때 다음과 같은 전하 분포에 대한 델타 함수를 얻을 수 있다.

$$\varepsilon_0\nabla\cdot\mathbf{E}(\mathbf{r}) = \frac{q}{4\pi}\nabla\cdot\frac{\mathbf{r}-\mathbf{r}'}{|\mathbf{r}-\mathbf{r}'|^3} = q\delta(\mathbf{r}-\mathbf{r}') \tag{4.15}$$

식 (4.14)는 직각 좌표계에서는 3개의 식과 3개의 미지수로 표현된다. 하지만 예를 들어 전하 변화가 한쪽 차원, 말하자면 $\rho(x)$ 가 변화할 때 전기장을 계산할 때 사용할 수 있다. 전하 밀도가 반지름 좌표에 의존할 때 식 (4.14)는 구형 좌표 또는 원기둥 좌표로 나타낼 수도 있다. 좀 더 복잡한 전하 분포에 대해서는 스칼라 퍼텐셜(electric potential)을 이용하는 것이 편리하다.

4.3 전위(Electric Potential)

원점 $\mathbf{r}'=0$ 에 위치한 한 점 전하로부터 거리 r 만큼 떨어진 곳의 정전기 퍼텐셜은 구형 좌표계에서는 다음과 같이 주어지며

$$U(r)=\frac{1}{4\pi\varepsilon_0}\frac{q}{r} \tag{4.16}$$

만일 $r=\infty$ 떨어진 곳은 퍼텐셜이 0이다. 전기장은 다음과 같다.

$$\mathbf{E}=-\nabla U(\mathbf{r}) \tag{4.17}$$

구형 좌표계에서 반지름 방향 부분의 기울기는 다음과 같으므로

$$\nabla=\hat{\mathbf{r}}\frac{\partial}{\partial r} \tag{4.18}$$

다음의 식을 얻을 수 있다.

$$\mathbf{E}(r)=\frac{1}{4\pi\varepsilon_0}\frac{q}{r^2}\hat{\mathbf{r}} \tag{4.19}$$

점 전하들에 대해서는 중첩의 원리를 이용해서 다음의 식을 얻을 수 있다.

$$U(\mathbf{r})=\frac{1}{4\pi\varepsilon_0}\sum_i\frac{q_i}{|\mathbf{r}-\mathbf{r}_i|} \tag{4.20}$$

연속적인 전하 분포에 대한 전위는 다음과 같이 구할 수 있다.

$$U(\mathbf{r}) = \frac{1}{4\pi\varepsilon_0} \iiint_{\text{vol}} \frac{\rho(\mathbf{r}')}{|\mathbf{r}-\mathbf{r}'|} dv' \tag{4.21}$$

전기장을 계산할 때 연산자 ∇ 는 프라임 기호가 없는 장 좌표계(unprimed field coordin ate)에 대한 것이고, 적분은 프라임 기호가 있는 좌표에 대한 것이므로 적분 기호 안으로 들어갈 수 있다.

$$\nabla U(\mathbf{r}) = \frac{1}{4\pi\varepsilon_0} \iiint_{\text{vol}} \nabla \frac{\rho(\mathbf{r}')}{|\mathbf{r}-\mathbf{r}'|} dv' \tag{4.22}$$

다음의 항등식을 이용하면

$$\nabla \frac{1}{|\mathbf{r}-\mathbf{r}'|} = \frac{(\mathbf{r}-\mathbf{r}')}{|\mathbf{r}-\mathbf{r}'|^3} \tag{4.23}$$

다음의 식을 얻을 수 있다.

$$\mathbf{E}(\mathbf{r}) = \frac{1}{4\pi\varepsilon_0} \iiint_{\text{vol}} \frac{\rho(\mathbf{r}')(\mathbf{r}-\mathbf{r}')}{|\mathbf{r}-\mathbf{r}'|^3} dv' \tag{4.24}$$

정전기학에서는 $\mathbf{E} = -\nabla \mathbf{U}$ 이므로 다음의 관계를 구할 수 있고

$$-\nabla \times \mathbf{E} = \nabla \times \nabla U = 0 \tag{4.25}$$

정전기 장에는 회전(curl)이 없다는 것을 알 수 있다.

델타 함수 전하 분포

여러 개의 점 전하의 전하 분포는 i 번째의 점 전하의 델타 함수에 q_i 를 곱한 것의 합으로 구할 수 있다.

$$\rho(\mathbf{r}') = \sum_i q_i \delta(\mathbf{r}' - \mathbf{r}_i) \tag{4.26}$$

전위 $V(\mathbf{r})$는 전하 분포에 대한 적분으로 나타낼 수 있다.

$$U(\mathbf{r}) = \frac{1}{4\pi\varepsilon_0}\sum_i \iiint_{\text{vol}} \frac{q\delta(\mathbf{r}'-\mathbf{r}_i)}{|\mathbf{r}-\mathbf{r}'|}dv' \tag{4.27}$$

델타 함수의 적분 성질을 이용하면 다음의 식을 얻을 수 있다.

$$U(\mathbf{r}) = \frac{1}{4\pi\varepsilon_0}\sum_i \frac{q_i}{|\mathbf{r}-\mathbf{r}_i|} \tag{4.28}$$

4.4 퀵필드를 이용한 정전기의 계산

퀵필드를 이용하면 x-y 대칭 또는 축 대칭일 때의 전위 U를 구할 수 있다. 유전율은 비동질(inhomogeneous)이거나 비등방성(anisotropic)이다. 공간에 따라서 유전율 텐서(permittivity tensor) ε가 변화할 때에는 다음과 같고,

$$\nabla\cdot\varepsilon\mathbf{E} = \rho \tag{4.29}$$

$\mathbf{E} = -\nabla\mathbf{U}$ 이므로 다음의 식을 얻을 수 있다.

$$\nabla\cdot(\varepsilon\nabla U) = -\rho \tag{4.30}$$

전하 분포가 0이고 ε가 일정한 경우 전위는 라플라스 방정식을 만족한다.

$$\nabla^2 U = 0 \tag{4.31}$$

만일 $\varepsilon_x \neq \varepsilon_y$이며 x-y 대칭인 경우 유전율 $\varepsilon = (\varepsilon_x, \varepsilon_y)$는 비등방성을 가지며 다음의 식으로 얻을 수 있다

$$\frac{\partial}{\partial x}\left(\varepsilon_x\frac{\partial U}{\partial x}\right) + \frac{\partial}{\partial y}\left(\varepsilon_y\frac{\partial U}{\partial y}\right) = -\rho \tag{4.32}$$

만일 $\varepsilon_r \neq \varepsilon_z$ 이며 축 대칭인 경우 유전율 $\varepsilon = (\varepsilon_r, \varepsilon_z)$ 는 비등방성을 가지며 다음의 식으로 얻을 수 있다

$$\frac{1}{r}\frac{\partial}{\partial r}\left(\varepsilon_r r \frac{\partial U}{\partial r}\right) + \frac{\partial}{\partial z}\left(\varepsilon_z \frac{\partial U}{\partial z}\right) = -\rho \tag{4.33}$$

전위를 알고 있다면 장의 요소는 x-y 대칭인 경우는 다음을 이용해서 구할 수 있다.

$$E_x = -\frac{\partial U}{\partial x} \quad E_y = -\frac{\partial U}{\partial y} \tag{4.34}$$

축 대칭인 경우는 다음을 이용해서 구할 수 있다.

$$E_z = -\frac{\partial U}{\partial z} \quad E_r = -\frac{\partial U}{\partial r} \tag{4.35}$$

경계 조건들

퀵필드에서 정자기학 문제들에 대한 테두리 레이블 데이터를 편집하는 윈도우를 그림 4.3에 보인다. 테두리 레이블 윈도우를 열기 위해서는 화면의 왼쪽에 있는 트리 다이아그램에서 해당하는 테두리 레이블을 클릭하면 된다.

디리클레 경계 조건

외부 경계 또는 풀이 영역 안의 테두리에 특정한 퍼텐셜을 지정한다. 이 경계 조건은 전형적으로 풀이 영역의 바깥쪽을 향해 지정된다. 이 조건은 풀이 영역 중 적어도 한 점에 대해서 지정되어야 한다.

노이만 경계 조건

일반적인 전기변위(electric displacement)를 외부 경계에 대해서는 $D_n = \sigma$ 또는 내부 경계에 대해서 $D_n^+ - D_n^- = \sigma$ 를 지정할 수 있다. 전기변위의 불연속성은 표면 전하 밀도와 수치적으로 일치한다. 노이만 경계조건과 디리클레의 경계조건들이 좌표에 의존할 경우 수치 값을 입력하는 대신 특정한 식을 입력할 수 있다.

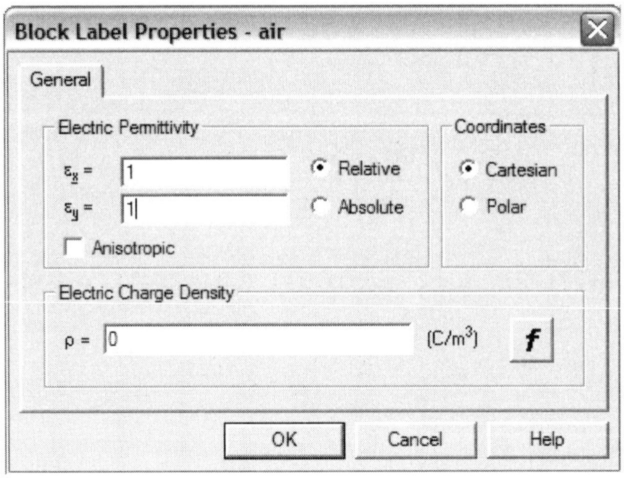

그림 4.3 정전기 문제를 위해서 테두리 레이블 데이터를 편집하는 윈도우이다. 테두리 레이블 윈도우를 열기 위해서는 화면의 왼쪽에 있는 트리 다이아그램에서 해당하는 테두리 레이블을 클릭한다.

주기적 경계 조건

이 조건은 평행이 아닌 두 개의 테두리에도 적용할 수 있다. 이런 형태의 경계 조건은 한 개의 요소가 주기적인 구조를 형성하는 모델의 크기를 줄이기 위해서도 사용된다. 주기적인 경계에 대해서 퍼텐셜 또는 그 미분값을 지정할 필요는 없다. 짝수 번째 주기의 경계에 대해서는 $U_1 = U_2$ 이며, 홀수 번째 주기의 경계에 대해서는 $U_1 = -U_2$ 이다.

일정한 전위 경계 조건

이 조건은 표면이 일정하지만 모르는 값을 가지는 절연된 전도체에 사용된다. 총 전하를 옮기는 전도체에 대해서 전도체의 한 점에 총 전하를 지정함으로써 이 경계조건을 지정할 수 있다.

물성들

블록 레이블들을 등방성 또는 비등방성인 유전율과 관련 지을 수 있다. 블록 레이블들은 또한 단위가 $\mathrm{C/m^3}$ 인 수치 값으로 입력되거나, 좌표에 대한 식으로 입력되는 전기 전하 밀도와도 관련이 있다. 그림 4.4에 정전기 문제를 위해서 블록 데이터를 편집하는 윈도우를 보인다.

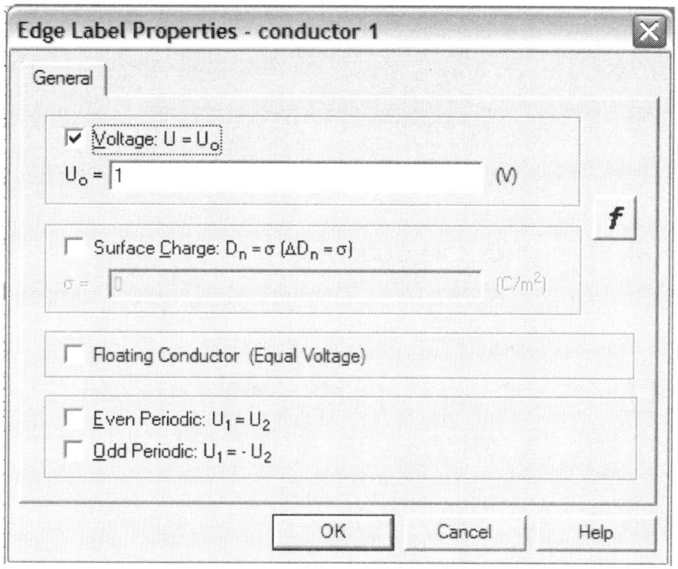

그림 4.4 정전기 문제를 위해서 블록 레이블 데이터를 수정하는 윈도우를 보인다. 이 블록 레이블 윈도우를 열기 위해서는 화면의 왼쪽에 있는 트리 다이아그램에서 해당하는 블록 레이블을 클릭하면 된다.

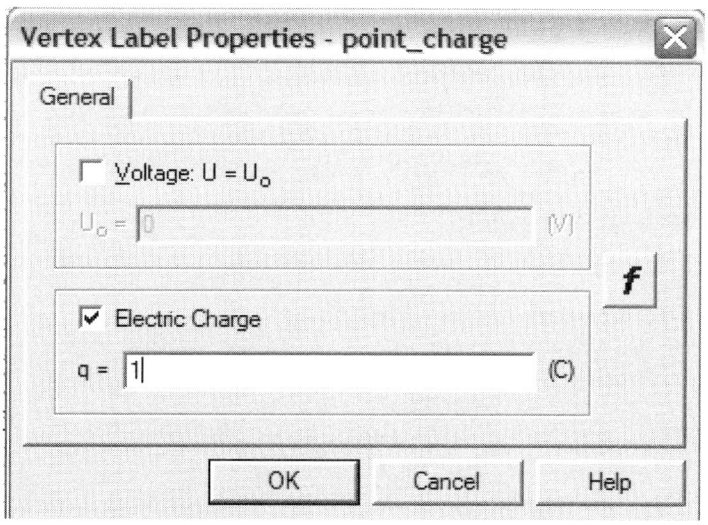

그림 4.5 정전기학 문제 풀이를 위해서 꼭지점 레이블 데이터를 편집하는 윈도우: 꼭지점 윈도우를 열기 위해서는 화면의 왼쪽에 있는 트리 다이아그램에서 해당하는 꼭지점 레이블을 클릭하면 된다.

꼭지점 조건들

지역의(local) 퍼텐셜 또는 전하 값을 각각의 꼭지점에 지정할 수 있다. 퍼텐셜 또는 전하 값은 수치 값을 입력할 수도 있고 좌표에 대한 함수라면 수식 편집기를 이용해서 입력할 수 있다. 그림 4.5에 꼭지점 레이블 데이터를 편집하는 윈도우를 보인다.

균일 전기장과 쌍극 소스(dipole sources)

풀이 경계가 $x=(0,a)$ $y=(0,b)$ 인 사각형의 풀이 영역에 대해서 생각해 보자. 테두리들 $y=(0,a)$ 에 디리클레 경계 조건을 지정하고 수직 전기장 $E_{\perp}=0$ 인 테두리들 $y=(0,b)$ 에 노이만 경계 조건을 지정하면 y 방향으로 균일한 장이 생성된다. 전기장의 세기는 다음과 같다.

$$E=\frac{U(x=a)-U(x=0)}{a} \tag{4.36}$$

그리고 전위가 감소하는 방향을 가리키게 된다. 또 다른 방법으로 테두리들 $x=(0,b)$ 에 디리클레 경계 조건을 지정하고 테두리 $y=(0,b)$ 에 노이만 경계 조건을 지정하면 x 방향으로 균일한 장이 생성된다.

r-z 대칭인 경우, z 축으로 균일한 장은 디리클레 경계 조건을 $r=a$ 인 테두리에 지정하고 노이만 경계 조건을 $z=(0,b)$ 에 지정하면 된다. 한 점 근처의 선속 분포를 정확히 결정하기 위해서는 풀이 영역의 테두리들은 원하는 지역의 장의 분포에 영향을 미치지 않게 충분히 먼 곳으로 옮겨져야 한다.

적분량

총 전하는 가우스의 법칙으로부터 다음과 같이 얻을 수 있다.

$$q=\oiint_{\text{surf}}\mathbf{D}\cdot\mathbf{n}da \tag{4.37}$$

여기서 $\mathbf{D}=\varepsilon\mathbf{E}$, $\nabla\cdot\mathbf{D}=\rho_{\text{free}}$ 이며 또한 ρ_{free} 는 자유 전하들과 결합하지 않은 편극 전하로 인한 전하 밀도에 대한 기여를 나타낸다.

몸체에 작용하는 전기력은 맥스웰의 응력 텐서(stress tensor)를 적분하면 얻을 수 있다.

$$\mathbf{F} = \frac{1}{2}\oiint_{\text{surf}} \big(\mathbf{E}(\mathbf{n}\cdot\mathbf{D}) + \mathbf{D}(\mathbf{n}\cdot\mathbf{E}) - \mathbf{n}(\mathbf{E}\cdot\mathbf{D})\big)da \tag{4.38}$$

토크(torque)는 식 $\mathbf{T} = \mathbf{r}\times\mathbf{F}$ 로 주어지므로 다음의 식을 얻을 수 있다.

$$\mathbf{F} = \frac{1}{2}\oiint_{\text{surf}} \big((\mathbf{r}\times\mathbf{E})(\mathbf{n}\cdot\mathbf{D}) + (\mathbf{r}\times\mathbf{D})(\mathbf{n}\cdot\mathbf{E}) - (\mathbf{r}\times\mathbf{n})(\mathbf{E}\cdot\mathbf{D})\big)da \tag{4.39}$$

부피 V 에 대한 총 에너지 W 는 다음과 같이 구할 수 있으며

$$W = \frac{1}{2}\iiint_{\text{vol}} (\mathbf{E}\cdot\mathbf{D})dv \tag{4.40}$$

여기서 전기 에너지 밀도는 $u_E = (\mathbf{E}\cdot\mathbf{D})/2$ 이다. 장 내부에 저장되는 총 에너지는 같은 형태의 식 $W = CU^2/2 \times Q^2/2C$ 로 정전용량과 관련 된다.

유전체 내의 원뿔형 공동(空洞, cavity) 안의 점 전하

유전체의 원뿔 형 공동 안의 점 전하는 z 축 위에 위치하는 점전하를 축 대칭을 이용해서 모델링 할 수 있다. 그림 4-6은 원뿔 형 구멍의 내부의 퍼텐셜 분포를 보이고 있다. 유한 요소 그물눈은 공기와 유전체 영역 둘 다에서 나타내고 있다. 단위가 C/m^2인 유도 표면 전하 밀도의 등고선을 그림 4.7에 보인다. 표면 전하는 그림에서 점 전하가 있는 원뿔 형 표면에 가까운 곳에서 최대값을 가진다.

전도성 판의 원형 구멍을 꿰는 충전된 자침(needle)

접지된 전도 판에 있는 원형의 구멍을 꿰는 충전된 자침은 z 축에 자침이 위치하는 축 대칭을 이용해서 모델링 할 수 있다. 그림 4.8은 등전위와 전기장 벡터들을 자침과 구멍을 감싸는 영역에 대해서 보인 것이다. 등전위선(equipotential line)들은 충전된 자침과 전도 표면 대해서 접선방향인데 반해서 전기장은 이 표면들에 대해서 수직이다. 자침은 길이가 10.0cm 이고 총 전하는 1.0C이며, 반지름이 4.0cm인 구멍의 중심에 위치하고 있다. 바늘의 중심의 한 점에 전체 전하가 지정된 자침에 유동적인 전도체 (같은 전압의)의 경계 조

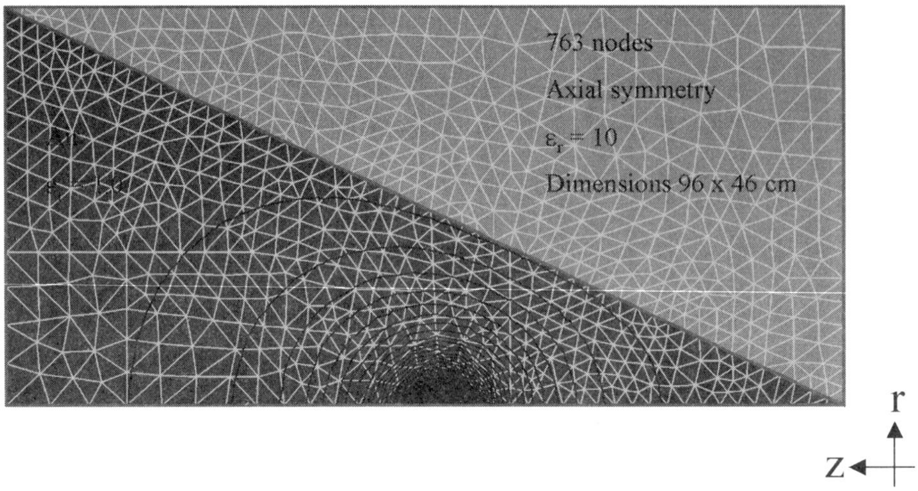

그림 4.6 유전 물질 내부의 원뿔형 공동의 축 방향을 따라 위치한 점 전하로 인해 생기는 전위 분포.

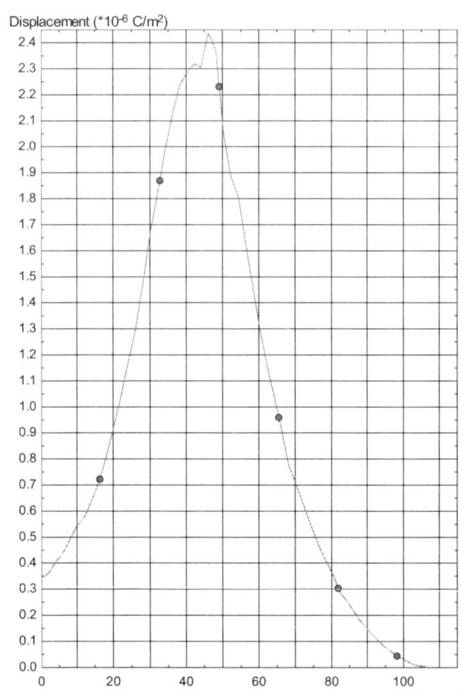

그림 4.7 그림 4.6의 원뿔형 공동 모델의 표면의 유도된 표면 전하 밀도(C/m^2).

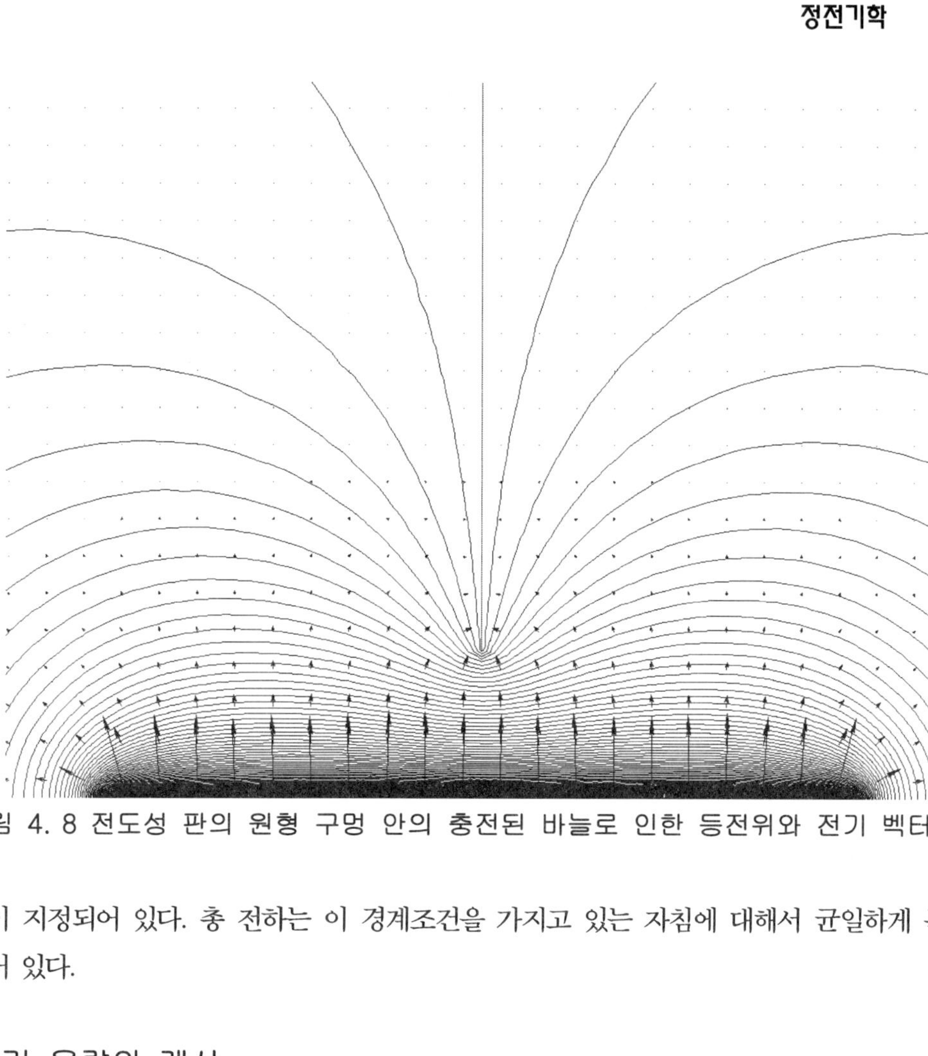

그림 4. 8 전도성 판의 원형 구멍 안의 충전된 바늘로 인한 등전위와 전기 벡터 장.

건이 지정되어 있다. 총 전하는 이 경계조건을 가지고 있는 자침에 대해서 균일하게 분포되어 있다.

4.5 전기 용량의 계산

전도체의 전기용량을 계산하기 위해서는 전도체에 일정한 퍼텐셜 경계 조건을 지정하고 전도체의 경계의 한 곳의 노드에 전하 q 를 지정하여라. 이 모델에서 더 이상의 장의 근원은 없어야 한다. 문제를 풀어서 전도체 표면의 전위 값 U 를 찾는다. 전하는 전도체 표면에 분포되어 있다. 전기용량 C 는 전도체의 총 전하를 표면 전위 U 로 나눔으로서 구할 수 있다.

$$C = \frac{q}{U} \tag{4.41}$$

등전위 전기용량은 총 에너지 W 로 부터 다음과 같이 구할 수 있다.

$$C = \frac{2W}{U^2} \quad \text{or} \quad C = \frac{q^2}{2W} \tag{4.42}$$

여기서 W 는 모든 공간에 대해서 $\mathbf{E} \cdot \mathbf{D}/2$ 를 적분하면 얻을 수 있다. 퀵필드에서 정전용량 마법사(Capacitance Wizard)는 퍼텐셜 또는 전체 장의 에너지로부터 전기용량을 계산할 수 있다. 두 전도체 사이의 상호 전기용량 C_{12} 를 계산하기 위해서는 일정한 퍼텐셜 경계조건을 각 전도체에 지정한다. 전체 전하 q_1 은 각 전도체의 표면의 한 노드에 지정한다. 문제를 풀어보면 첫 번째 표면의 총 전하를 두 번째 표면의 퍼텐셜 U_2 로 나누면 C_{12} 를 얻을 수 있다.

$$C_{12} = \frac{q_1}{U_2} \tag{4.43}$$

그림 4.9 (a)는 1.0C의 전하가 지나가는 반지름 10.0cm의 구로 인해서 생겨난 등전위 그림을 보인다. 전기 용량 마법사에서 전하와 에너지 메소드(energy method)를 이용해서 정전용량을 계산 하는 방법은 그림 (b)에 보인다.

4.6 정적 자기장 내에서의 충전된 입자의 거동

정적인 전기장 안의 충전된 입자들의 궤적을 퀵필드를 이용해서 계산할 수 있다. 외부에 전기장이 있는 전하 q를 가지는 입자는 $\mathbf{F} = q\mathbf{E}$ 의 힘을 받게 된다. 뉴턴의 제2법칙 $\mathbf{F} = m\mathbf{a}$ 을 이용하면 빛의 속도 보다 많이 낮은 가속도에 대한 식 $\mathbf{a} = q\mathbf{E}/m$ 을 얻을 수 있다.

$$\frac{d^2\mathbf{r}}{dt^2} = \frac{q}{m}\mathbf{E} \tag{4.44}$$

만일 전기장이 x-y 평면의 성분 만을 가지고 있다면 $\mathbf{E} = E_x(x,y)\mathbf{i} + E_y(x,y)\mathbf{j}$ 이고, 가속 성분들은 다음과 같이 나타낼 수 있다.

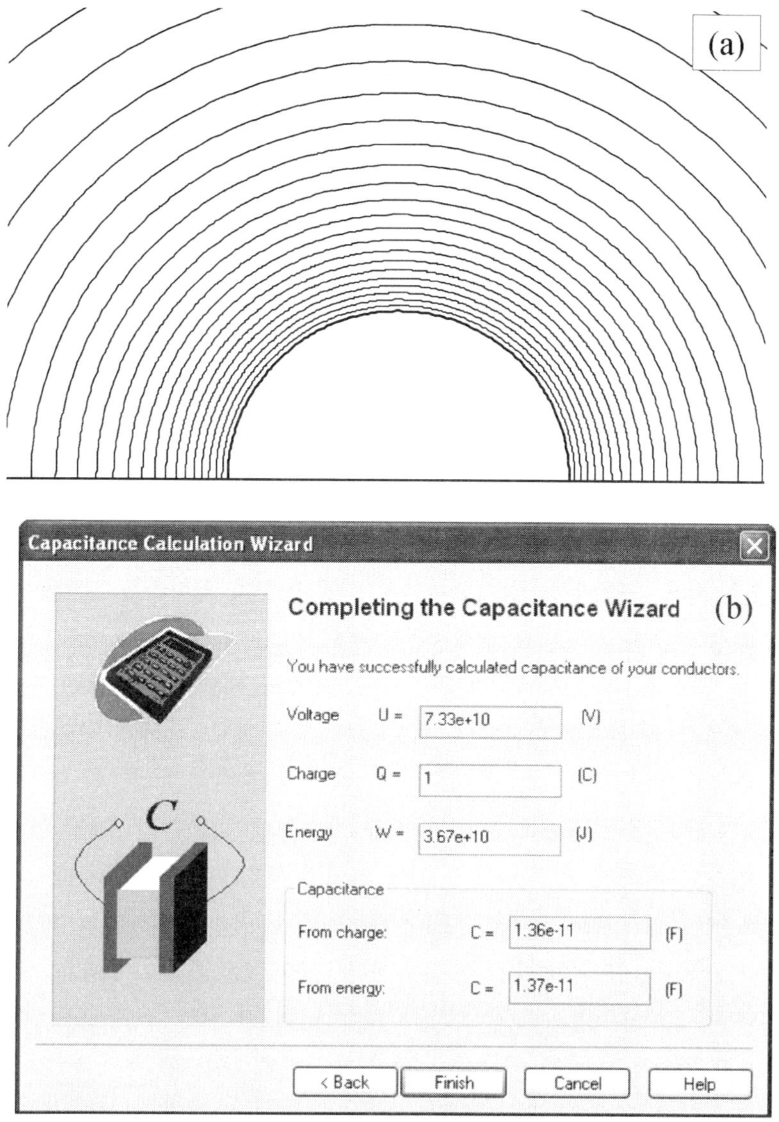

그림 4.9 (a) 반지름이 10.0cm 인 구체에 1.0C 의 전하가 흐를 때 발생하는 등전위. (b) 전하와 에너지로부터 정전용량을 구하는 정전용량 마법사(Capacitance Wizard)

$$\begin{Bmatrix} \ddot{x} \\ \ddot{y} \\ \ddot{z} \end{Bmatrix} = \begin{Bmatrix} \frac{q}{m} E_x \\ \frac{q}{m} E_y \\ 0 \end{Bmatrix} \tag{4.45}$$

입자의 궤적(particle trajectory)은 ϕ 방향으로는 속도 성분이 없는 축 대칭일 때 모사할 수 있다. 퀵필드에서는 주어진 전하 분포에 대한 전기장 분포를 먼저 계산한다. 식 (4.45)는 후처리 윈도우에 명시 되어 있는 초기 위치 (x_0, y_0, z_0)와 속도 성분 (v_{x0}, v_{y0}, v_{z0})를 이용해서 Runge-Kutta-Merson 법으로 풀이하게 된다. 입자들의 궤적의 길이는 다음의 식을 입자들의 경로를 따라서 적분하면 얻을 수 있다.

$$\frac{d\ell}{dt} = \sqrt{\dot{x}^2 + \dot{y}^2 + \dot{z}^2} \tag{4.46}$$

그림 4.10 (a)는 불균일한 전기장에서의 몇몇 입자의 궤적들을 보이고 있다. 입자의 전하, 질량, 그리고 초기 속도를 지정해 줄 수 있는 Particle Source Emitter 윈도우를 그림 4.10 (b)에 보인다. 소스의 위치와 궤적의 각도, 궤적의 개수를 지정하는 것을 그림 4.10 (c)에 보인다. 그림 4.10 (d)는 그림 4.10 (a)에서 화살표로 표시한 단일 궤적의 운동학적 값(kinematical values)들을 보여준다.

그림 4.11 (a)는 x-y 대칭에서 선 전하로 생겨난 전기장에서의 단일 입자의 궤적을 보이고 있다. 입자의 궤적은 선 전하의 중심에 위치한 초점을 따라 진행하는 타원의 궤적과 닮아 있다. 이번의 경우에는 중심력(central force)은 Kelper 문제에서는 $1/r^2$ 만큼 변화하는 것과는 달리 $1/r$ 만큼 변화한다. 입자의 전하, 질량 그리고 초기 속도는 그림 4.11 (b)에 보인 것 처럼 지정할 수 있다. 그림 4.12는 10^{-6}C/m의 선 전하 주위에서의 양성자와 질량은 같지만 -1의 전하를 가지는 반양성자의 전자 궤도를 보인다. 그림 4.12의 우측 상단에 삽입한 그림은 입자의 전하, 질량 그리고 초기 속도를 지정해 주는 윈도우이다.

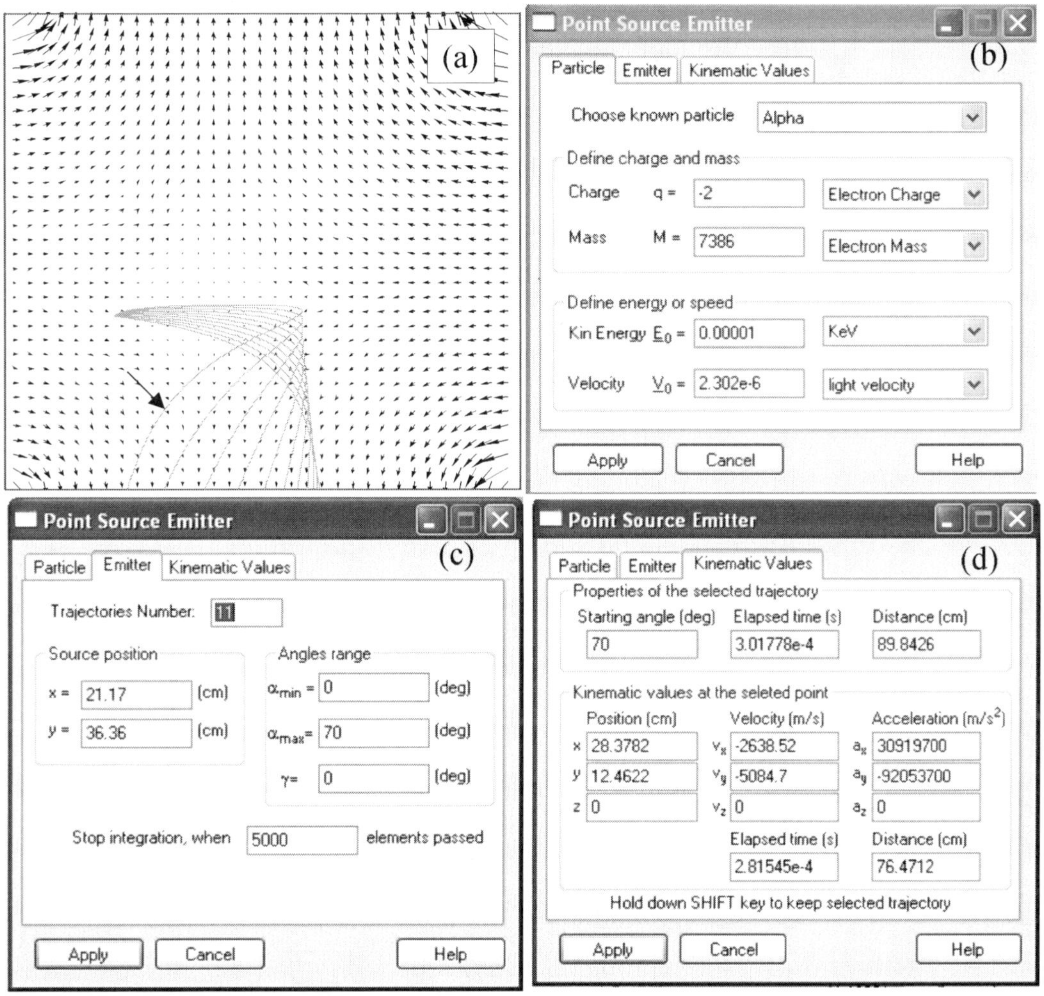

그림 4.10 (a) 불균일한 전기장에서의 몇몇 입자의 궤적; (b) 입자의 전하, 질량 초기 속도를 지정하는 윈도우; (c) 궤적의 수, 소스의 위치와 초기 각도의 지정; (d) 화살표로 나타낸 왼쪽의 궤적에 대한 운동학적 값들

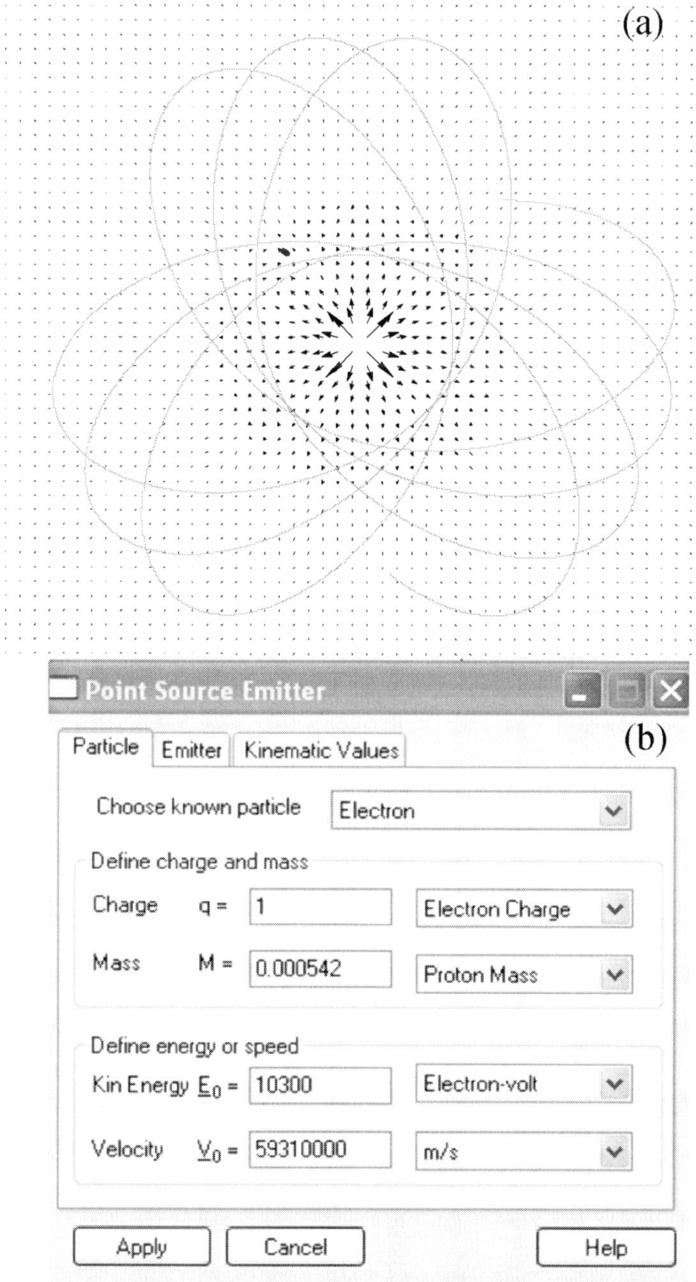

그림 4.11 (a) 선 전하에 의해서 발생한 전기장에서의 단일 입자 궤적; (b) 입자의 전하, 질량, 그리고 초기 속도를 지정하는 윈도우.

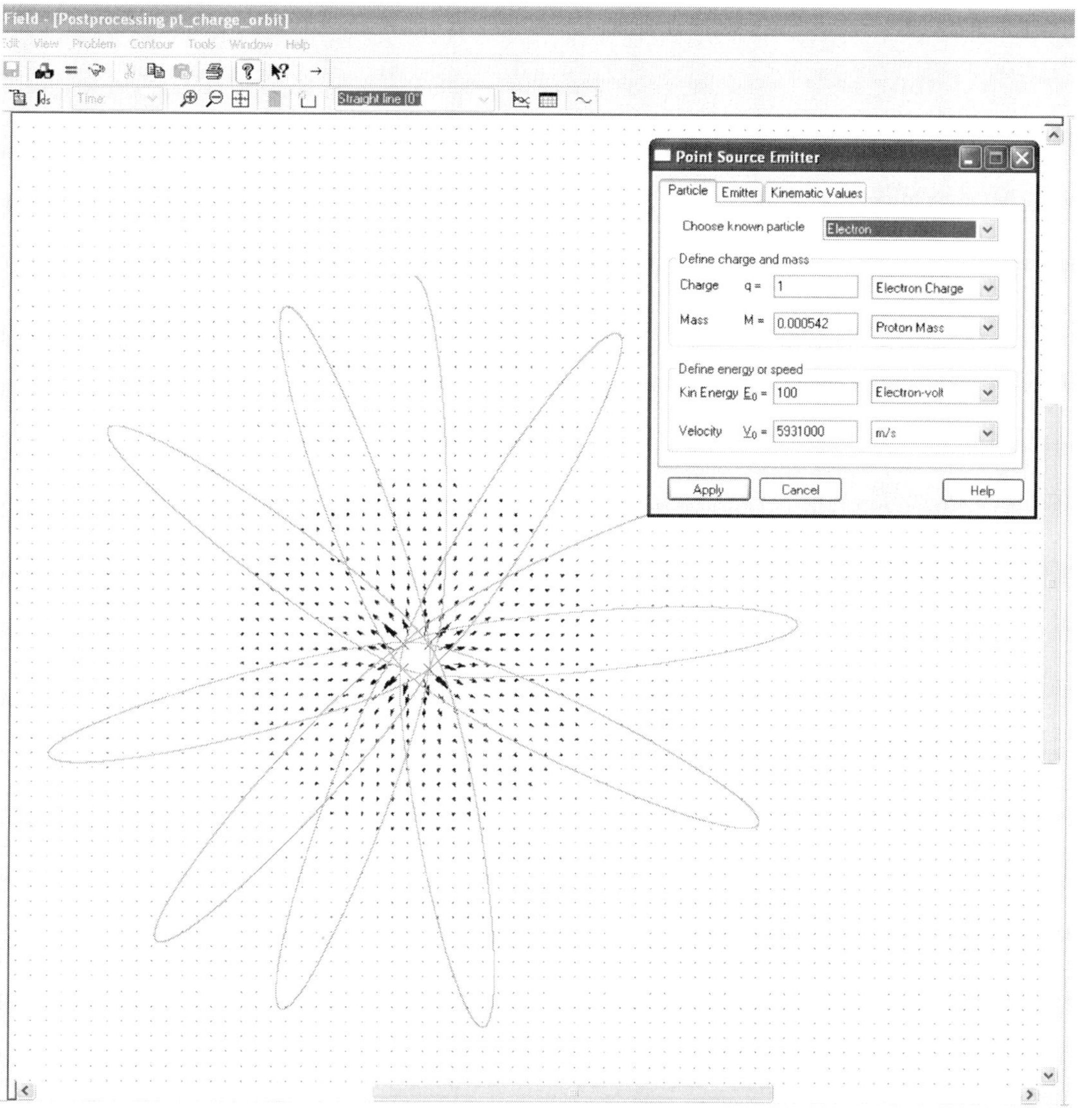

그림 4.12 양성자의 질량과 -1 의 전하를 가지는 반양성자가 10-6C/m 인 선 전하 주위에서 그리는 궤도. 우측 상단 : 입자의 전하, 질량, 그리고 초기 속도를 지정해 주는 윈도우.

참고문헌

QuickField User's Guide: Tera Analysis Ltd. (2007). Chapter 2: Introductory Guide; Chapter 10. Theoretical Description.

David J. Griffiths. (1999). *Introduction to Electrodynamics 3rd edition*, Prentice-Hall, Inc., New Jersey. Chapter 2: Electrostatics.

William R. Smythe (1989). *Static and Dynamic Electricity, Taylor & Francis Chapter II: Capacitors Dielectrics System of Conductors*.

연습문제

4.1 전기장 기울기 $\mathbf{G} = \nabla \mathbf{E}$ 는 x-y 대칭에서 다음의 성분들을 가진다.

$$G_{xx} = \frac{\partial E_x}{\partial x}, \quad G_{yy} = \frac{\partial E_y}{\partial y}, \quad G_{xy} = \frac{1}{2}\left(\frac{\partial E_x}{\partial x} + \frac{\partial E_y}{\partial y}\right)$$

변의 길이가 a 인 네 개의 직선 전하가 구성하는 정사각형의 중심의 전기장의 기울기를 계산하여라.

4.2 전기장 기울기 $\mathbf{G} = \nabla \mathbf{E}$ 는 r-z 대칭에서 다음의 성분들을 가진다.

$$G_{zz} = \frac{\partial E_z}{\partial z}, \quad G_{rr} = \frac{\partial E_r}{\partial r}, \quad G_{zr} = \frac{1}{2}\left(\frac{\partial E_z}{\partial r} + \frac{\partial E_r}{\partial z}\right)$$

충전된 가는 바늘의 축을 따라가며 전기장의 기울기를 계산하여라.

4.3 그림 E-4.3에 보인 것과 같이 z 축에 위치하며 Q 로 충전된 단일 점 전하를 모델링하여라. 그림 E-4.4에 보인 것과 같은 원기둥과 구체 가우스 표면에 대해서 $\mathbf{E}\cdot\mathbf{n}$ 의 표면 적분을 계산해서 가우스의 법칙을 비교해 보아라.

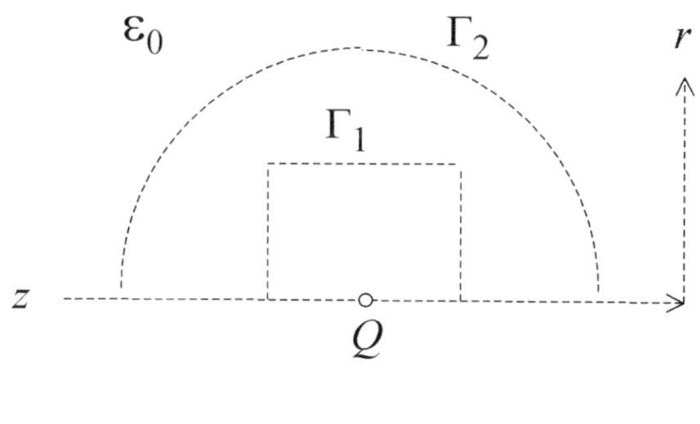

그림 E-4.3 원기둥과 구형의 가우스 표면으로 둘러 쌓인 단일 점 전하. 구조: 축 대칭

4.4 단위 길이당 전하 λ 가 지면에 대해서 수직인 z 방향으로 분포된 선 전하를 모델링하여라. 그림 E-4.4에 보인 것과 같은 사각형과 원기둥 표면에 대해서 $\mathbf{E}\cdot\mathbf{n}$ 의 표면 적분을 계산해서 가우스의 법칙을 비교해 보아라.

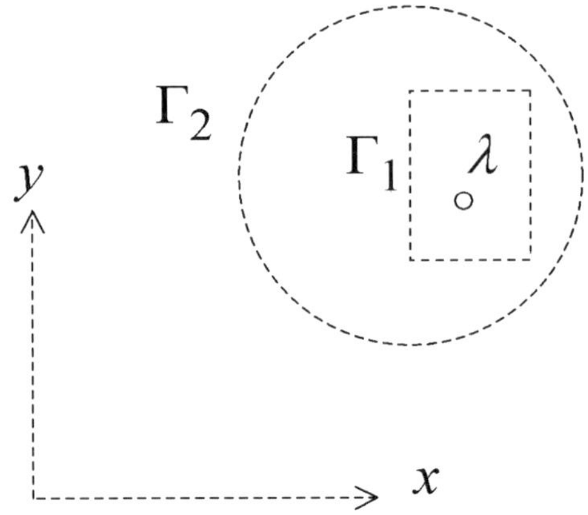

그림 E-4.4 단위 길이 λ 의 전하가 사각형과 원기둥 가우스 표면에 둘러 쌓여있다. 구조: 축 대칭

4.5 그림 E-4.5에 보인 것과 같은 유전체 원뿔 의 축에 위치한 점 전하를 모델링 하여라. 전기장 분포를 플로팅하고 유전체 원뿔 내부의 표면에 유도된 표면 전하를 플로팅하여라. 점 전하에 가해지는 힘을 계산하여라.

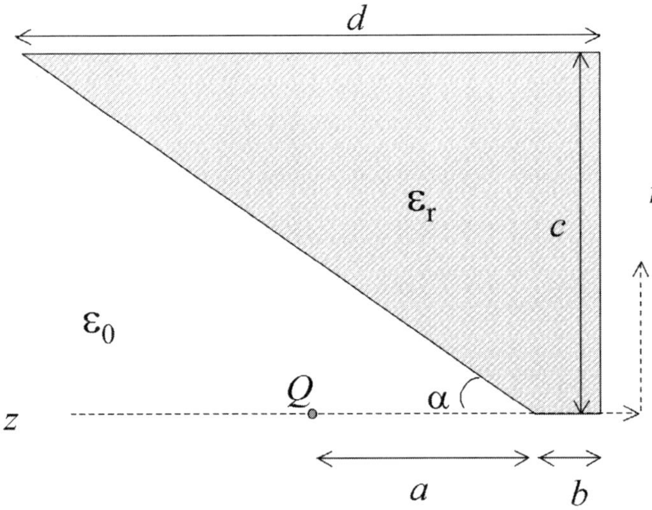

그림 E-4.5 유전체 원뿔의 축에 위치하는 점 전하. 구조: 축 대칭

4.6 그림 E-4.6에 보인 것과 같은 동심의 전도성 환상체의 상호 전기용량(mutual capacitance)을 계산하여라. 반대 전위를 가지는 환상체들 사이의 전기장을 계산하고 환상 좌표에서의 라플라스 방정식을 풀이해서 얻은 장과 비교해 보아라.

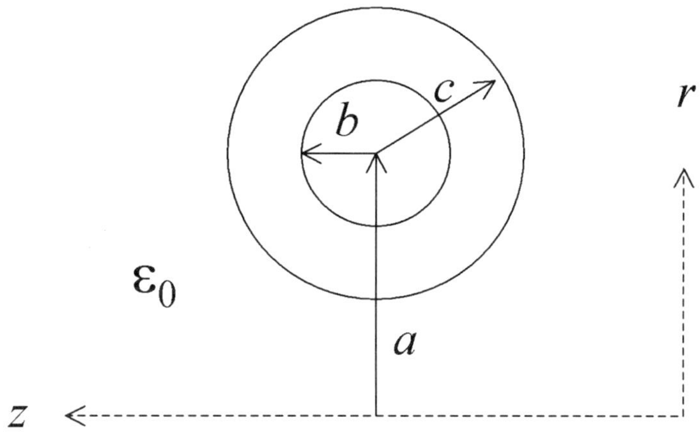

그림 E-4.5 유전체 원뿔의 축에 위치하는 점전하. 구조: 축 대칭

4.7 그림 E-4.7에 보인 것과 같이 반지름이 a 이고, 중심 간의 거리가 $d > 2a$ 인 두 개의 전도성의 구체 사이의 전기용량을 계산하여라. 구체들이 반대 전위를 가질 때 그 사이 공간의 등전위, 전기장 벡터를 플로팅 하여라. 쌍구면(bispherical) 좌표의 라플라스 방정식을 풀이해서 얻는 결과와 비교하여라.

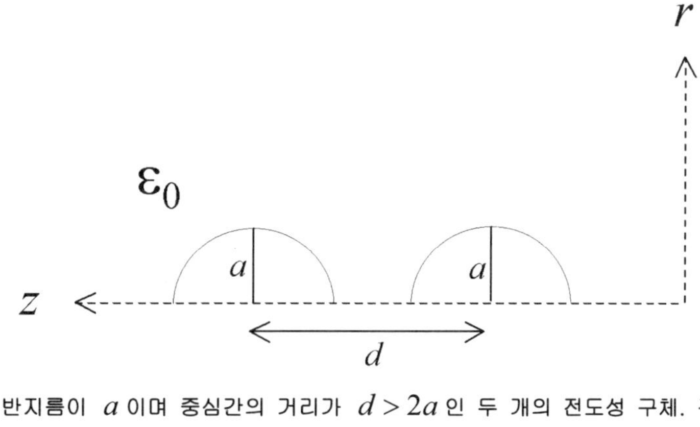

그림 E-4.7 반지름이 a 이며 중심간의 거리가 $d > 2a$ 인 두 개의 전도성 구체. 구조: 축 대칭

4.8 그림 E-4.8에 보인 것과 같이 반지름이 a 이고, 중심 간의 거리가 $d > 2a$ 인 두 개의 전도성의 원기둥 사이의 전기용량을 계산하여라. 원기둥들이 반대 전위를 가질 때 그 사이 공간의 등전위, 전기장 벡터를 플로팅 하여라. 쌍원주 좌표의 라플라스 방정식을 풀이해서 얻는 결과와 비교하여라.

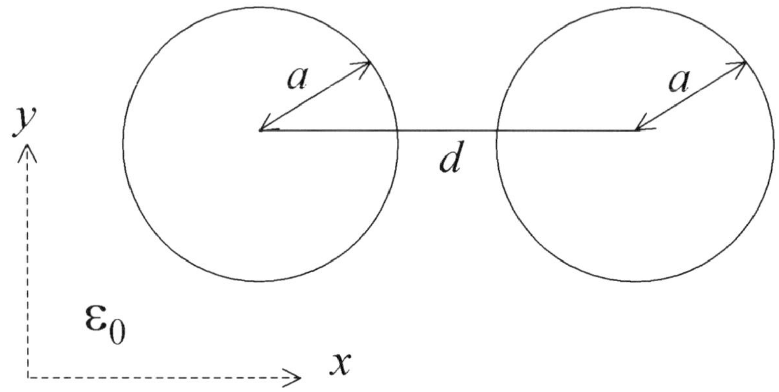

그림 E-4.8 반지름이 a 이고, 중심 간의 거리가 $d > 2a$ 인 두 개의 전도성의 원기둥. 구조: 축 대칭

4.9 그림 E-4.9에 보인 것과 같은 반지름이 a 인 전도성 구체와 전도성 평판 사이의 상호 전기용량을 계산하여라.

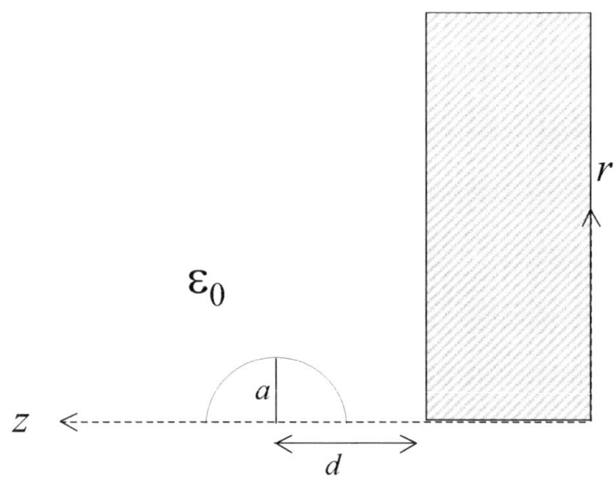

그림 E-4.9 반지름이 a 인 전도성 구체와 전도성 평판. 구조: 축 대칭

4.10 그림 E-4.10에 보인 것과 같은 전도성 박판의 구멍의 중심을 통과하는 충전된 바늘로 인해 생기는 등전위와 전기장을 플로팅 하여라. 전도성 평판에 유도된 표면 전하의 등고선을 플로팅 하여라. 레이블 무버를 사용해서 바늘이 z축을 따라서 이동할 때 여러 지점에서 바늘에 가해지는 힘을 계산하여라.

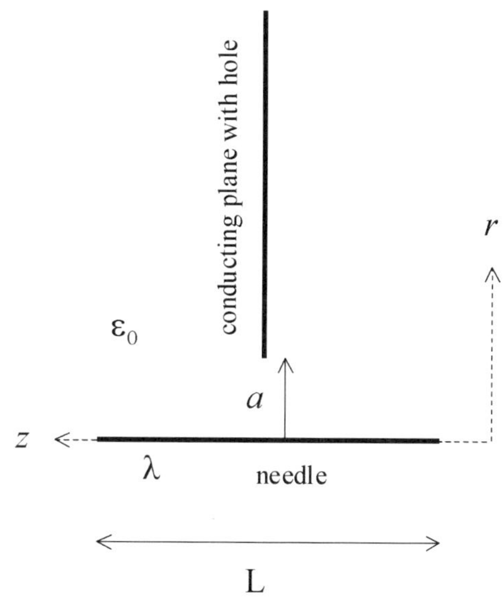

그림 E-4.10 전도성 박판의 구멍의 중심을 통과하는 충전된 바늘

4.11 그림 E-4.11에 보인 것과 같은 유전성 원기둥에 평행한 선 전하의 퍼텐셜과 전기장의 분포를 플로팅 하여라. 선전하와 유전 원기둥에 가해지는 힘을 계산하여라.

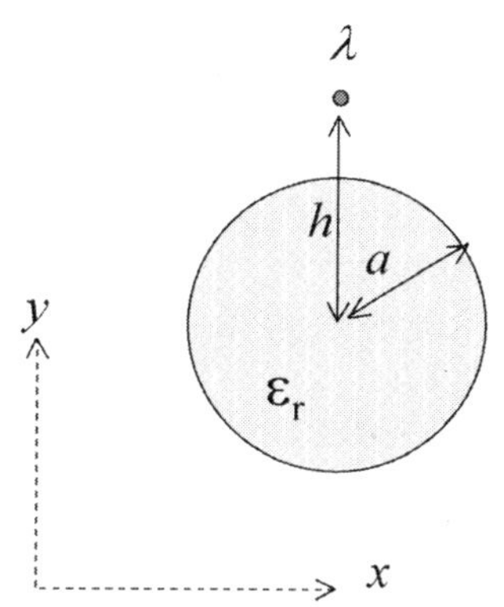

그림 E-4-11 유전성 원기둥에 평행한 선 전하

4.12 그림 E-4.12에 보인 것과 같은 유전성 구체를 감싸는 충전된 고리의 퍼텐셜 분포를 계산하여라. 구체를 관통하는 z축을 따라서 전기장의 등고선을 플로팅 하여라. 구체 표면에 유도된 전하 분포를 계산하여라.

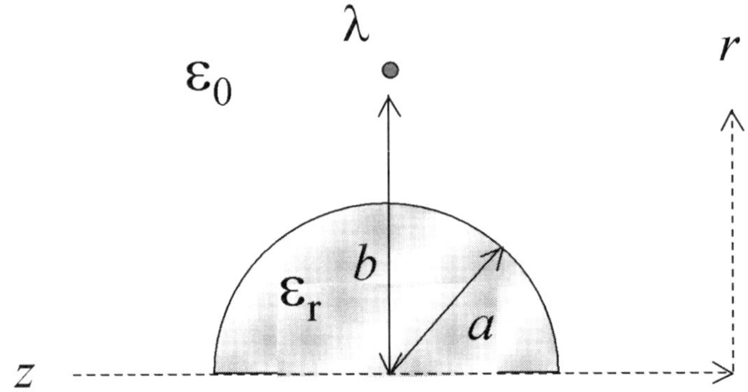

그림 E-4.12 유전성 구체를 감싸는 충전된 고리. 구조: 축대칭

4.13 그림 E-4.13에 보인 것과 같은 유전성 구체 위에 있는 점 전하의 퍼텐셜 분포를 계산하여라. 구체의 외부 표면의 유도 전하 분포의 등고선을 플로팅 하여라. 구체에 가해지는 힘을 계산하여라.

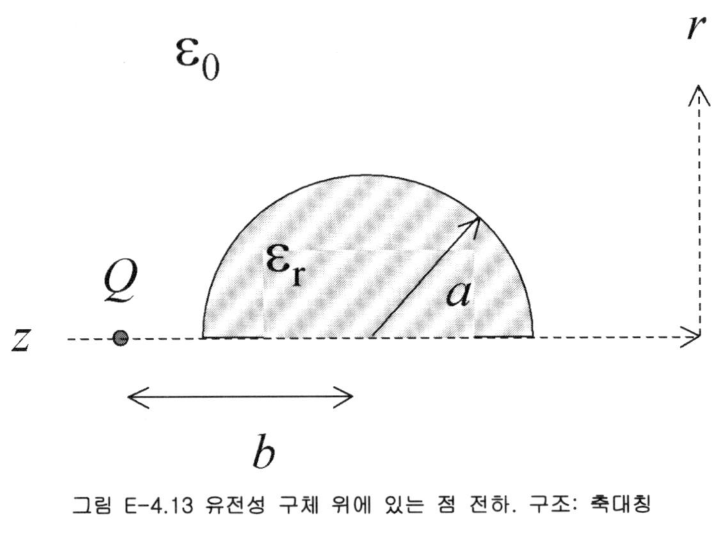

그림 E-4.13 유전성 구체 위에 있는 점 전하. 구조: 축대칭

4.14 그림 E-4.14에 보인 것과 같은 유전성 평판 위에 있는 점 전하의 전기장 분포를 계산하여라. 점 전하에 가해지는 힘을 계산하여라.

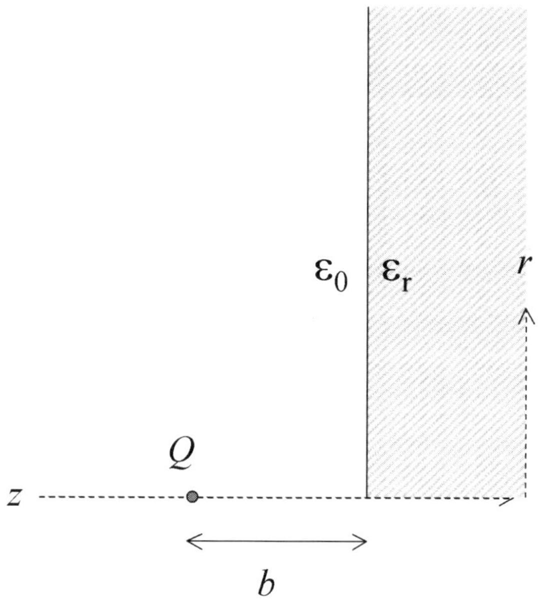

그림 E-4.14 유전성 평판 위에 있는 점 전하. 구조: x-y 대칭

4.15 그림 E-4.15에 보인 것과 같이 전위 V_0 를 가지는 고리 근처의 퍼텐셜 분포와 전기장을 플로팅 하여라. 고리의 축을 따라서 z-성분의 전기장의 등고선을 플로팅 하여라.

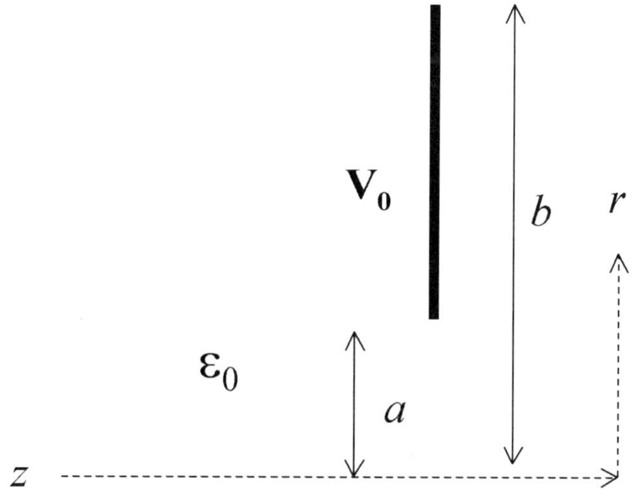

그림 E-4.15 일정한 전위를 가지는 폭이 넓은 고리. 구조: 축대칭

4.16 그림 E-4.16에 보인 것과 같이 퍼텐셜이 계속 변하는 네 개의 조각으로 나눠진 원기둥 껍질들의 퍼텐셜과 전기 장의 분포를 계산하여라. 그 결과를 경계조건이 다음과 같이 주어지는 푸아송의 적분 식을 이용해서 계산한 퍼텐셜과 비교하여라.

$$U(r,\theta)=\frac{R^2-r^2}{2\pi}\int_0^{2\pi}\frac{g(\theta')d\theta'}{R^2-2Rr\cos(\theta-\theta')+r^2}, \text{ where } U(R,\theta)=g(\theta)$$

각 껍질(shell) 조각의 단위길이에 작용하는 힘을 계산하여라.

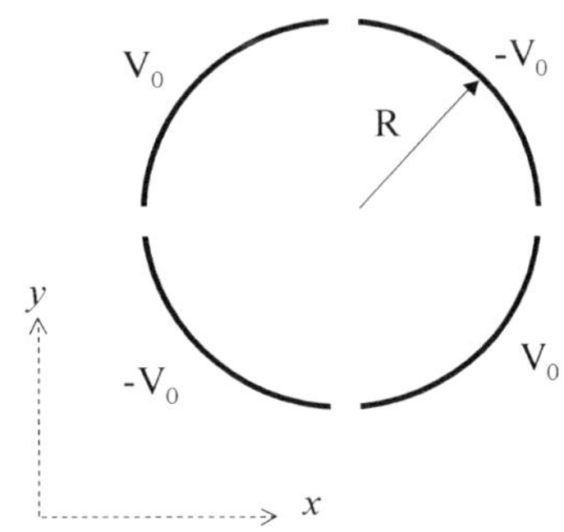

그림 E-4.16 네 조각으로 나눠지고 전하의 극성이 반대로 변화하는 원기둥 껍질. 구조: x-y 대칭

4.17 그림 E-4.17에 보인 것과 같이 반대 전위를 가진 두 개로 나눠진 반 원기둥 껍질의 퍼텐셜과 전기장의 분포를 플로팅 하여라. 그 결과를 위에 보인 푸아송의 적분 식을 이용해서 계산한 퍼텐셜과 비교하여라. 각 반원 껍질의 단위 길이에 작용하는 힘을 계산하여라.

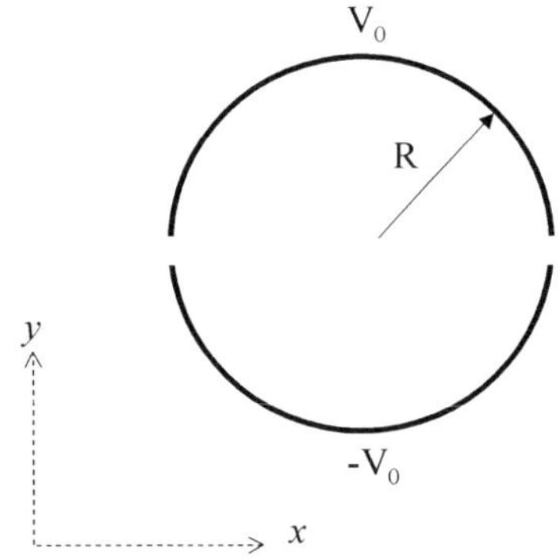

그림 E-4.17 반대 전위를 가진 두 개로 나눠진 반 원기둥 껍질. 구조: x-y 대칭

4.18 그림 E-4.18에 보인 것과 같이 반대 퍼텐셜을 가지는 두 개의 반구 껍질의 퍼텐셜과 전기장을 계산하여라. 반구 껍질에 가해지는 힘을 계산하여라. 같은 구조의 두 개의 완전한 전기 전도체의 상호 전기용량을 계산하여라.

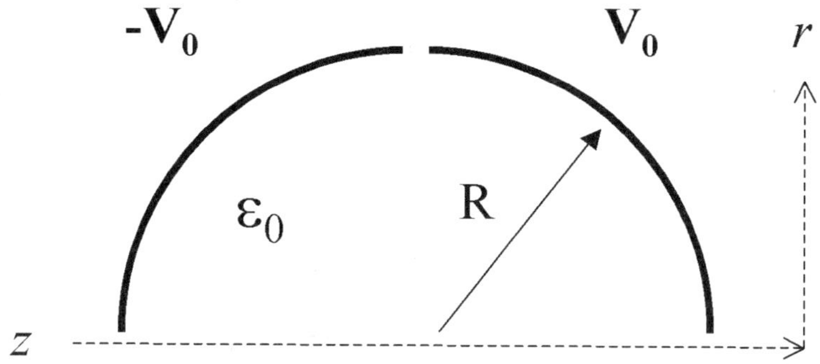

그림 E-4.18 반대 퍼텐셜을 가지는 두 개의 반구 껍질. 구조: 축 대칭

4.19 그림 E-4.19에 보인 것과 같이 속이 빈 직각 삼각형 도관의 내부에 있는 선 전하의 퍼텐셜 분포를 플로팅 하여라. 도관의 내부 표면에 유도된 총 전하를 계산하여라.

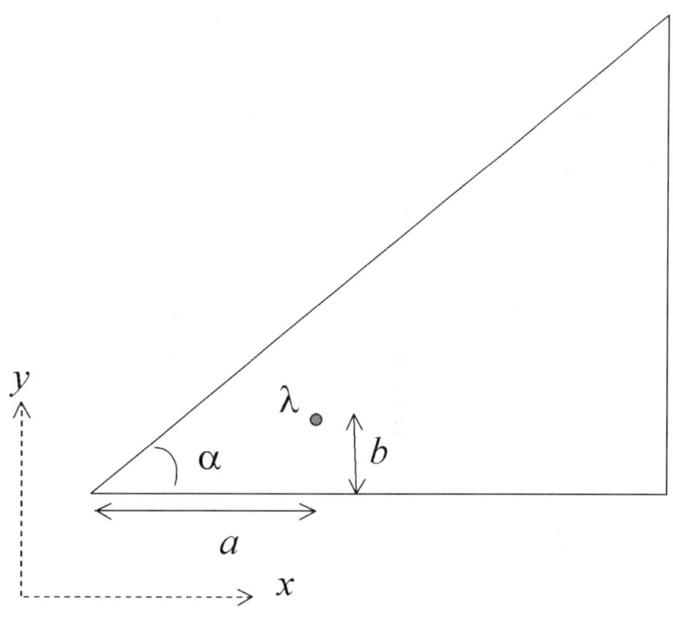

그림 E-4.18 속이 빈 직각 삼각형 도관의 내부에 있는 선 전하. 구조: x-y 대칭

4.20 그림 E-4.20에 보인 것과 같이 유전성의 구체 내부의 점 전하의 퍼텐셜과 전기장 분포를 계산하여라. 구체의 내부와 외부 표면 표면 전하 분포의 등고선을 플로팅하고 각 표면의 총 전하를 계산하여라. 결과들을 중심에서 벗어난 점 전하에 대해서 z축을 따라서 비교해 보아라. 또한, 점 전하가 중심에서 벗어났을 때 점 전하와 구체 사이의 힘을 계산하여라.

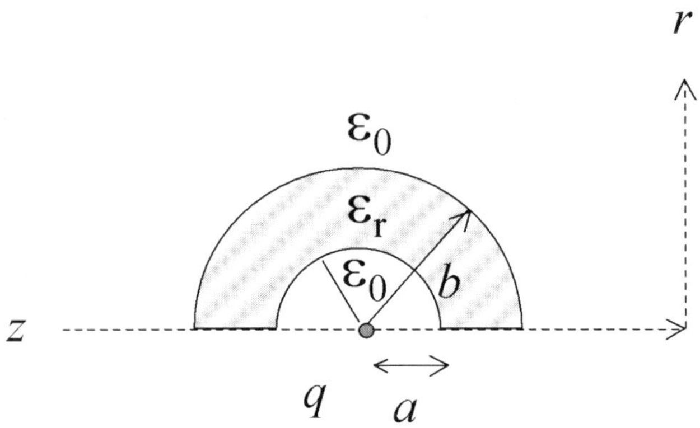

그림 E-4.20 유전성의 구체 내부의 점 전하. 구조: 축대칭

4.21 그림 E-4.21에 보인 것과 같이 두 개의 반대 퍼텐셜 V_- 와 V_+ 를 가지는 와셔로 구성된 입자 가속기를 모델링 하여라. 고리의 중심에 초기 속도가 0인 알파 입자(alpha particle)를 주입한다. 고리의 밖 z-축 상에 우라늄 핵(uranium nucleus)와 같은 점 전하를 위치시킨다. 몇몇 알파 입자 에너지에 대해서 우라늄 핵에 가장 가깝게 근접하는 거리를 계산하여라.

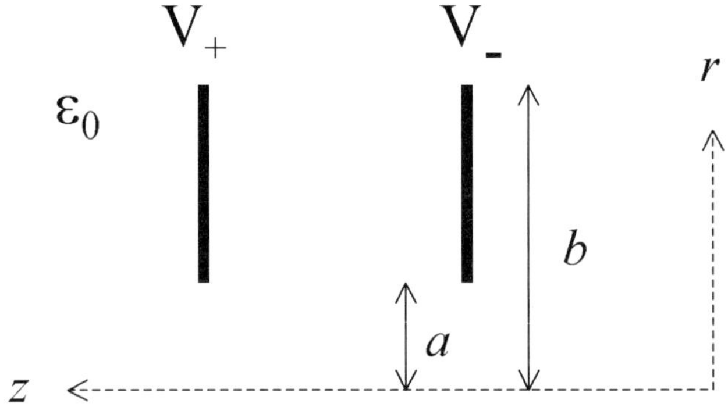

그림 E-4.21 반대의 전위를 가지는 두 개의 와셔로 구성된 입자 가속기 구조: 축대칭

4.22 커패시터의 판들의 사이의 주변 장(fringing fields)들을 줄이기 위해서 가드 링(guard ring)을 사용하고, 이로 인해서 판들 간의 균일성을 유지할 수 있다. 그림 E-4.22에 보인 것과 같이 가드 링은 커패시터의 두 판 중 한 판에 원형의 홈을 만들어서 내부 원판과 외부 원판을 분리하는 형태로 만들어 진다. 가드 링은 판의 나머지 부분과 같은 퍼텐셜을 유지한다. 가드 링 유무에 따른 장의 균일성을 커패시터 판들 간의 반지름 방향의 등고선을 따라 전기장 등고선을 그려서 비교해 보아라.

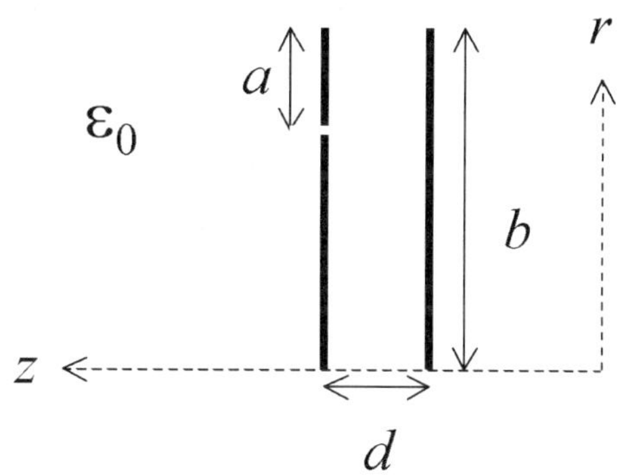

그림 E-4.22 가드 링을 가지는 원형 커패시터. 구조: 축 대칭

4.23 그림 E-4.23에 보인 것과 같이 반대의 퍼텐셜을 가지는 평판 커패시터의 판들 사이에 유전성의 쐐기가 부분적으로 삽입되어서 생겨난 전기장 분포를 플로팅 하여라. 레이블 무버를 이용해서 위치가 $0 < d < L$ 의 범위에서 바뀔 때 유전성 판에 작용하는 힘을 계산하여라.

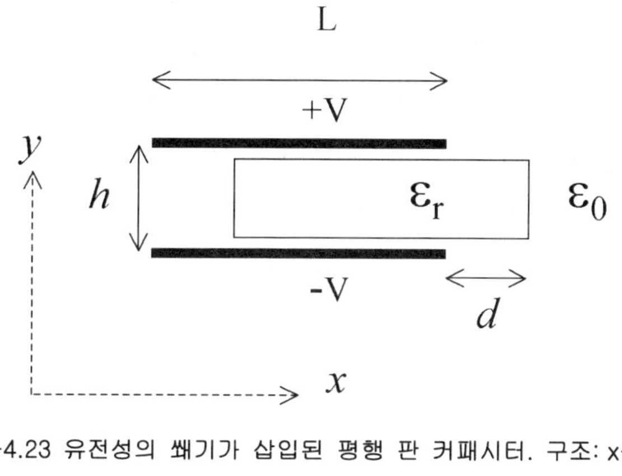

그림 E-4.23 유전성의 쐐기가 삽입된 평행 판 커패시터. 구조: x-y 대칭

4.24 두 개의 반대 전하 Q 가 거리 d 만큼 떨어져서 고정되어 있고, 세 번째의 음전하가 두 개의 전하 주위를 돌면서 혼돈적인(chaotically) 전자궤도를 형성하고 있다. 이 음전하의 궤도를 계산하는 MATLAB 프로그램을 작성하여라. 궤도의 3차원 플로팅을 하여라. 3개의 이차 상 미분 방정식들을 풀이하는 방법은 부록 1을 참고 하여라.

4.25 지점 (i, j) 에 대한 다음의 조건

$$\oint \mathbf{D} \cdot d\ell = \oint \varepsilon \nabla U \cdot d\ell = 0$$

을 만족하는 두 유전체 경계 사이의 퍼텐셜에 대한 유한 차분 식은 다음과 같고, 이 식은 직각 좌표에서 유전성의 표면을 제공한다.

$$U_{i,j} = \frac{\varepsilon_1}{2(\varepsilon_1 + \varepsilon_2)} U_{i,j+1} + \frac{\varepsilon_2}{2(\varepsilon_1 + \varepsilon_2)} U_{i,j-1} + \frac{1}{4} U_{i-1,j} + \frac{1}{4} U_{i+1,j}$$

이 때 $(i, j+1)$ 에는 ε_1, $(i, j-1)$ 에는 ε_2 이다. 반대의 극성으로 충전된 두 개의 판 사이에 놓인 사각형의 유전성 빔 근처의 퍼텐셜을 계산하는 유한 요소 프로그램을 MATLAB®을 이용해서 작성하여라. 참고로 위의 식의 계수들은 지점 (i, j) 의 몬테 카를로 단계 확률과 같다. 이 계수들은 어느 정도 탄력적이므로 다른 좌표계에서도 사용할 수 있다.

4.26 $\xi \le \xi_0$ 인 경우에 균일한 전하 밀도 ρ_0 를 가지는 편구가 있다. 식 (4.14) 또는 가우스의 법칙을 이용해서 전기장을 ξ 에 대한 함수로 계산하여라

4.27 $\xi_1 \le \xi \le \xi_2$ 인 경우에 균일한 전하 밀도 ρ_0 를 가지는 장구 껍질이 있다. 식 (4.14) 또는 가우스의 법칙을 이용해서 전기장을 ξ 에 대한 함수로 계산하여라

4.28 $r \le R$ 인 경우에 반지름에 따른 전하 밀도 $\rho_0 e^{-r}$ 을 가지는 반지름이 R 인 구체가 있다. 식 (4.14)를 또는 가우스의 법칙을 이용해서 구의 내부와 외부에 대한 전기장을 r 에 대한 함수를 구하여라.

5. 정자기학

이 장에서 다룰 내용들

- 비오 사바르(Biot-Savart)의 법칙
- 앙페르(Ampere)의 법칙
- 자기장에 대한 가우스의 법칙
- 자기 스칼라 퍼텐셜
- 자기 벡터 퍼텐셜
- 쿼필드의 정자기학 해석
- 인덕턴스의 계산
- 균일 자기장
- 쌍극 소스
- 차폐에 대한 응용
- 자기 단극

5.1 비오 사바르(Biot-Savart) 법칙

1820 년 Ørsted 는 강의를 준비 하던 중 전선에 흐르는 전류가 근처에 있는 나침반의 바늘을 움직이는 것을 발견하였다. 이것에 대해서 조사를 한 후 그는 전류가 도선을 통해서 흐를 경우 자장을 발생한다는 사실을 발표했다.

전기장의 세기는 $\mathbf{F} = q\mathbf{E}$ 에 따라서 가상의 실험용 전하에 가해지는 힘의 크기로 결정된다. 같은 방식으로 자기장 $\mathbf{B}$ 는 쌍극자 모멘트 μ 를 가지는 자기 쌍극자에 가해지는 토크 τ 에 의해서 결정된다.

$$\tau = \mu \times \mathrm{B} \tag{5.1}$$

다음의 연속 방정식은 전하 보존을 설명한다.

$$\frac{\partial \rho}{\partial t} + \nabla \cdot \mathbf{J} = 0 \tag{5.2}$$

전기장은 시간에 따라서 변화하지 않는 정상상태 전류에 의해서 생성되므로 다음의 식을 얻을 수 있다.

$$\nabla \cdot \mathbf{J} = 0 \tag{5.3}$$

위치 $\mathbf{r}'$ 에 위치하는 전류 쌍극 $Id\ell$ 에 의해서 생성된 장 $d\mathbf{B}$ 는 전류 소스로부터의 거리의 제곱의 역수에 비례해서 감소한다.

$$d\mathbf{B}(\mathbf{r}) = \frac{\mu_0}{4\pi} Id\ell \times \frac{(\mathbf{r} - \mathbf{r}')}{|\,\mathbf{r} - \mathbf{r}'|^3} \tag{5.4}$$

이 식은 한 점의 전하에 의해서 생성되는 장을 표현하는 쿨룸의 법칙과 비슷하다. 비오 사바르의 법칙은 연속적인 전류 분포 $\mathbf{J}(\mathbf{r}')$ 로 인해 생겨나는 $\mathbf{r}$ 지점의 자기 장을 구할 수 있다.

$$\mathbf{B}(\mathbf{r}) = \frac{\mu_0}{4\pi} \iiint_{\text{vol}} \mathbf{J}(\mathbf{r}') \times \frac{(\mathbf{r} - \mathbf{r}')}{|\,\mathbf{r} - \mathbf{r}'|^3} dv' \tag{5.5}$$

5.2 앙페르의 법칙(Ampere' Law)

앙페르의 법칙은 그림 5.1 에 보인 것처럼 총괄 전류 I 가 흐르는 전선과 이 전선을 감싸는 닫힌 임의의 경로 Γ 주위의 자장을 선적분을 이용해서 관련시킨다.

$$\oint_{\Gamma} \mathbf{B} \cdot d\ell = \mu_0 I \tag{5.6}$$

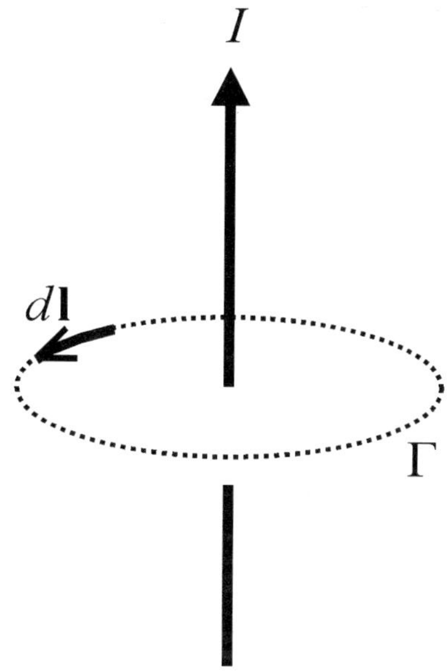

그림 5.1 전류 I가 흐르는 전선을 감싸는 암페어 루프 Γ.

루프에 대한 총괄 전류 가닥은 적분 루프로 갇힌 제한된 표면의 전류 밀도의 표면적분으로 주어진다.

$$I = \iint_{\text{surf}} \mathbf{J} \cdot d\text{a} \tag{5.7}$$

식 (5.6)과 (5.7)을 결합하고 스토크의 정리(Stoke's theorem)를 적용하면 다음의 식을 얻을 수 있다.

$$\iint_{\text{surf}} \nabla \times \mathbf{B} \cdot d\text{a} = \mu_0 \iint_{\text{surf}} \mathbf{J} \cdot da \tag{5.8}$$

식 (5.8)이 임의의 제한적인 공간에 대한 것이므로 피적분 함수를 같게 두면 다음의 멕스웰 방정식을 얻는다.

$$\nabla \times \mathbf{B} = \mu_0 \mathbf{J} \tag{5.9}$$

5.3 자기장에 대한 가우스의 법칙

자기 선속은 전기 선속의 정의와 비슷하게 표면적분으로 정의 된다.

$$\Phi_m = \iint_{\text{surf}} \mathbf{B} \cdot d\mathrm{a} \tag{5.10}$$

선속의 증가분은 $d\Phi_m = \mathbf{B} \cdot d\mathbf{a}$ 이므로 $\mathbf{B}$ 는 자기 선속 밀도(flux density) 라고도 한다. 자기 단극이 없는 경우 임의의 표면에 대한 순 선속은 0 이 된다.

$$\oiint_{\substack{\text{closed}\\\text{surf}}} \mathbf{B} \cdot d\mathrm{a} = 0 \tag{5.11}$$

가우스의 발산 이론에서는 다음의 식을 얻을 수 있다.

$$\iiint_{\text{vol}} \nabla \cdot \mathbf{B} dv = 0 \tag{5.12}$$

우리가 선택한 부피에 대해서는 이 적분들이 사라지며 다음의 식을 얻는다.

$$\nabla \cdot \mathbf{B} = 0 \tag{5.13}$$

자장의 발산이 0 인 것은 절연된 자기 전하가 없기 때문이다.

5.4 자기 스칼라 퍼텐셜

소스(source)가 없는 영역에서는 $\nabla \times \mathbf{B} = 0$ 이므로 자기장은 스칼라 함수의 기울기로 표현할 수 있다.

$$\mathbf{B} = -\nabla\Omega \tag{5.14}$$

여기서 스칼라 퍼텐셜 Ω 는 전기 퍼텐셜 U 와는 같이 물리적인 장으로 취급하지 않는다. 하지만 $\nabla \times \mathbf{B} = 0$ 이므로 스칼라 퍼텐셜은 다음의 라플라스 방정식을 만족한다.

$$\nabla^2\Omega = 0 \tag{5.15}$$

구형의 영구 자석

정자기학 문제를 다루는 데 스칼라 퍼텐셜을 응용하는 한 예로 자화가 z 방향으로 진행되는 균일하게 자화된(magnetized) 반지름 a 의 구체로 인해 형성된 장을 고려해 보자. 구면좌표에서 해는 z 축에 대칭이므로 $\Omega = \Omega(r,\theta)$ 이다. 라플라스 방정식을 변수분리법을 이용해서 풀이하면 $r \le a$ 를 만족하는 구의 내부의 스칼라 퍼텐셜은 다음의 식으로 주어진다.

$$\Omega(r,\theta) = \sum_{n=0}^{\infty} a_n r^n P_n(\cos\theta) \tag{5.16}$$

구의 외부, $r \ge a$ 에 대한 퍼텐셜은 다음의 식으로 주어진다.

$$\Omega(r,\theta) = \sum_{n=0}^{\infty} c_n r^{-(n+1)} P_n(\cos\theta) \tag{5.17}$$

접선 $\mathbf{H}$ 와 법선 $\mathbf{B}$ 이 연속이라는 경계조건들 다음과 같이 정리된다.

$$\left\{\begin{matrix} H_\theta^< = H_\theta^> \\ B_r^< = B_r^> \end{matrix}\right\}_{r=a} \tag{5.18}$$

이 조건들을 이용하면 구의 외부의 퍼텐셜은 다음과 같이 주어지고

$$\Omega^>(r,\theta) = \frac{M}{3}\frac{a^3}{r^3}\cos\theta \tag{5.19}$$

구의 내부의 퍼텐셜은 다음과 같이 주어진다.

$$\Omega^<(r,\theta) = \frac{M}{3} r\cos\theta \tag{5.20}$$

구형 좌표에서 자장의 성분들은 기울기로 주어진다.

5.5 자기 벡터 퍼텐셜

벡터 장의 회전의 발산은 다음과 같이 0 이며

$$\nabla \cdot (\nabla \times \mathbf{A}) = 0 \tag{5.21}$$

자장의 발산은 0 이므로 자장을 벡터 장의 회전으로 표현할 수 있다.

$$\mathbf{B} = \nabla \times \mathbf{A} \tag{5.22}$$

그러므로, 전기장 **E** 는 스칼라 퍼텐셜의 U 의 기울기로부터 구할 수 있으며, 자장 **B** 는 벡터 장 **A** 의 회전으로부터 구할 수 있다. 일반적으로 벡터 퍼텐셜 **A** 는 전류 원 **J** 가 가리키는 방향과 같은 방향을 가리키는 전류 원과 같은 어느 한 방향을 가리키게 된다. 위치 **r** 의 벡터 퍼텐셜은 전류 분포에 대한 적분으로 표현된다.

$$\mathbf{A}(\mathbf{r}) = \frac{\mu_0}{4\pi} \iiint_{\text{vol}} \frac{\mathbf{J}(\mathbf{r}')}{|\mathbf{r} - \mathbf{r}'|} dv' \tag{5.23}$$

이 표현식에 대해서 회전을 구하고 벡터 항등식을 이용하면 다음의 식을 얻을 수 있다.

$$\nabla \times \frac{\mathbf{J}}{|\mathbf{r} - \mathbf{r}'|} = \frac{1}{|\mathbf{r} - \mathbf{r}'|} \nabla \times \mathbf{J} - \mathbf{J} \times \nabla \frac{1}{|\mathbf{r} - \mathbf{r}'|} \tag{5.24}$$

여기서

$$\nabla \times \frac{1}{|\mathbf{r} - \mathbf{r}'|} = -\frac{\mathbf{r} - \mathbf{r}'}{|\mathbf{r} - \mathbf{r}'|^3} \tag{5.25}$$

이며, 비오 사바르의 법칙을 얻을 수 있다. 한 예로서 z 축 방향을 따라서 가리키는 원소 전류 쌍극의 벡터 퍼텐셜을 고려해 보자.

$$\mathbf{A} = \frac{\mu_0 I}{4\pi}\frac{d\ell}{r}\mathbf{k} \tag{5.26}$$

길이 $2L$ 인 도선에 흐르는 전류에 대한 벡터 퍼텐셜의 z 축 성분은 그림 5.2 에 보인 것처럼 다음과 같이 주어진다.

$$A_z = \frac{\mu_0 I}{4\pi}\int_{-L}^{L}\frac{dz}{\sqrt{r^2 + z^2}} \tag{5.27}$$

또는 다음과 같이 주어진다.

$$A_z = \frac{\mu_0 I}{4\pi}\ln\left(\frac{\sqrt{L^2 + r^2} + L}{\sqrt{L^2 + r^2} - L}\right) \tag{5.28}$$

벡터 퍼텐셜의 회전에서 자장을 구할 수 있다.

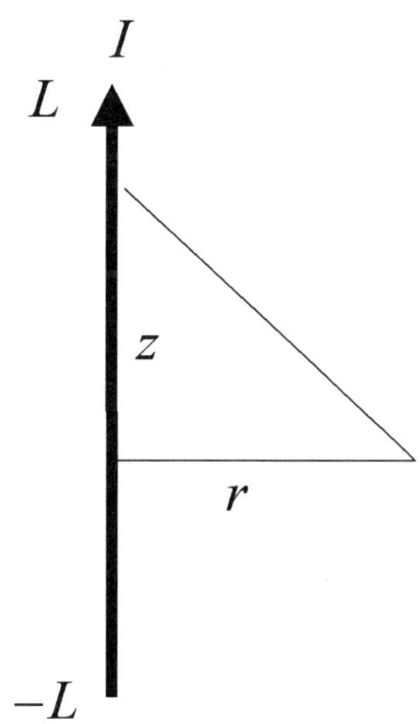

그림 5.2 전류 I 가 흐르는 길이 $2L$ 인 도선

5.6 퀵필드를 이용한 정자기학 해석

퀵필드에서 정자기학 문제를 벡터 퍼텐셜에 대해서 풀이할 수 있다. 다음의 구성 성분들의 관계는 자기장 세기 **H** 를 선속 밀도 **B** 에 연관 지을 수 있다.

$$\mathbf{H} = \frac{1}{\mu}\mathbf{B} \tag{5.29}$$

일정한 전류 **J** 는 막스웰의 방정식에 따라서 **H** 의 회전 값을 증가 시킨다.

$$\nabla \times \mathbf{H} = \mathbf{J} \tag{5.30}$$

또한 자화된 벡터 **M** 을 가지는 물질은 다음과 같이 장의 세기에 영향을 미친다.

$$\nabla \times \mathbf{H} = \mathbf{J} + \nabla \times \mathbf{M} \tag{5.31}$$

여기서 **H** 는 **B** 에 평행하지만 **M** 은 평행하지 않으면서 다음과 같이 정리된다.

$$\nabla \times \mathbf{H} = \nabla \times \left(\nabla \times \frac{1}{\mu}\mathbf{A} \right) \tag{5.32}$$

세 번째의 차원이 그 길이가 무한한 x-y 대칭의 경우, 벡터 퍼텐셜 $A_z(x, y)$ 는 z 성분만을 가지고 있으며 다음과 같이 나타낼 수 있다.

$$\frac{\partial}{\partial x}\left(\frac{1}{\mu_y}\frac{\partial A_z}{\partial x} \right) + \frac{\partial}{\partial y}\left(\frac{1}{\mu_x}\frac{\partial A_z}{\partial y} \right) = -J + \left(\frac{\partial H_{cy}}{\partial x} - \frac{\partial H_{cx}}{\partial y} \right) \tag{5.33}$$

H_{cx} 와 H_{cy} 는 보자력 벡터 $\mathbf{H}_c$ 의 x 와 y 성분이며, 일정한 자화(magnetization) 영역을 정의하는 경계 위의 자화 표면 전류와 같은 것으로 취급한다. 벡터 퍼텐셜을 안다면 선속 밀도 요소들은 다음의 식을 이용해서 결정할 수 있다.

$$B_x = \frac{\partial A_z}{\partial y} \quad B_y = -\frac{\partial A_z}{\partial x} \tag{5.34}$$

축 대칭인 경우, 벡터 퍼텐셜 $A_\phi(r,z)$ 은 ϕ 성분 만을 가지고 있으며 다음의 방정식을 만족한다.

$$\frac{\partial}{\partial r}\left(\frac{1}{r\mu_z}\frac{\partial(rA_\phi)}{\partial r}\right)+\frac{\partial}{\partial z}\left(\frac{1}{\mu_r}\frac{\partial A_\phi}{\partial z}\right)=-J+\left(\frac{\partial H_{cr}}{\partial z}-\frac{\partial H_{cz}}{\partial r}\right) \tag{5.35}$$

여기서 H_{cr} 와 H_{cz} 는 보자력 벡터 $\mathbf{H}_c$ 의 r과 z 성분이다. 자장의 요소는 다음과 같다.

$$B_z=\frac{1}{r}\frac{\partial}{\partial r}(rA_\phi) \quad B_r=-\frac{\partial A_\phi}{\partial z} \tag{5.36}$$

식 (5.33)에서의 투과 텐서 성분 (μ_x,μ_y) 와 식 (5.35)에서의 투과 텐서 성분 (μ_r,μ_z) 들은 모델의 각 블록에서는 일정하며, 등방성의 물질에서는 같고, 비선형 자기학에서는 장에 종속된다.

자기 물성

그림 5.3 은 정자기학 문제를 위하여 블록 레이블 데이터를 수정하는 윈도우를 보이고 있다. 물성으로는 공기, 일정한 투과성을 가지는 직진성의 물질(orthotropic materials), 강자성체(ferromagnets), 전류가 흐르는 전도체, 그리고 영구 자석 등을 지정할 수 있다.

블록 레이블

정자기학 문제의 블록 레이블들은 자기 투자율 텐서의 두 성분, 총 전류 또는 전류 밀도, 영구 자석의 보자력의 방향과 크기와 연관된다. 소스 전류 분포는 주어진 코일에 대한 전류 밀도 값이나 전체 전류로 지정된다. 전체 전류는 레이블을 붙일 블록을 단일 전도체로 지정하거나 몇몇 전도체가 직렬로 연결된 것으로 간주 할 수 있다. 직렬로 연결된 전도체들에는 면적에 반 비례하는 같은 양의 전류가 흐른다. 축 대칭인 코일의 경우는 전류 밀도는 균일하게 분포된 것으로 하기 보다는 반지름 방향에 역으로 변화하는 것으로 지정한다.

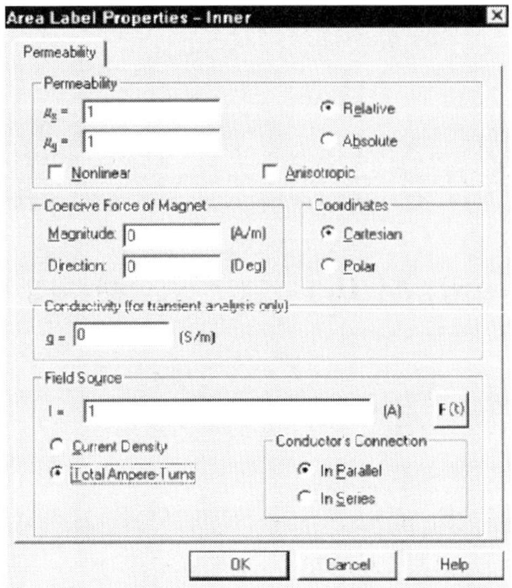

그림 5.3 정자기학 문제를 위해서 블록 레이블 데이터를 편집하는 윈도우: 블록 레이블 윈도우를 열기 위해서는 화면의 왼쪽의 트리 다이아그램에서 해당하는 블록 레이블을 클릭한다.

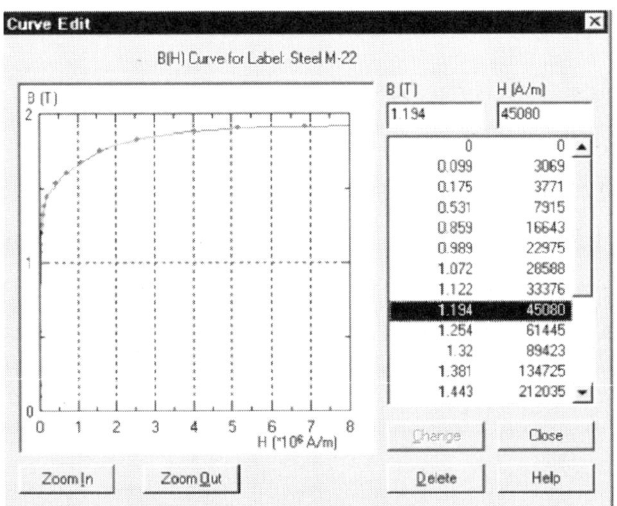

그림 5.4 비선형 $B(H)$ 자기 특성들을 지정하는 곡선 편집 윈도우.

비선형 자기학

강자성체를 위한 B-H 곡선은 대화식의(interactive) 곡선 편집기를 이용해서 지정할 수 있다. 비선형 자기 특성들을 지정할 수 있으며 $B(H)$ 는 투과성과 선속 밀도 사이의 관계를 제공한다.

$$\mu(B) = \frac{B}{H + H_c} \tag{5.37}$$

그림 5.4 는 비선형 $B(H)$ 자기 특성들을 지정하는 편집 윈도우를 설명하고 있다.

경계 조건들

풀이 영역의 테두리에서와 같이 모델을 위한 경계 조건들을 지정할 수 있다. 표면 전류 밀도 뿐만 아니라 일정하거나 일정하지 않은 장도 벡터 퍼텐셜과 접하는 장의 세기에 대한 값을 지정함으로써 모사할 수 있다. 그림 5.5 는 정자기학 문제에서 테두리 레이블 데이터를 편집하는 윈도를 설명하고 있다.

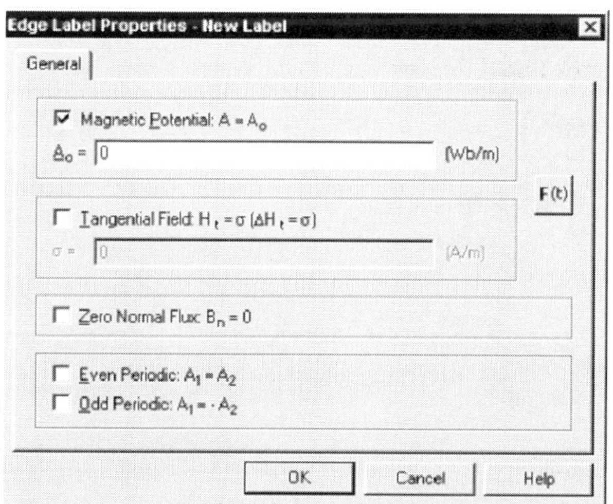

그림 5.5 정자기학 문제를 위해서 테두리 레이블 데이터를 편집하는 윈도우: 테두리 레이블 윈도우를 열기 위해서는 화면의 왼쪽의 트리 다이아그램에서 해당하는 테두리 레이블을 클릭한다.

디리클레 조건

모델의 경계들 또는 외부 테두리에 대한 x-y 대칭에서의 벡터 퍼텐셜 $A_0 = a + bx + cy$ 또는 축 대칭에서 선속 함수 $rA_0 = a + bzr + cr^2/2$ 값을 규정한다. a, b, c 는 각 테두리에 대한 상수값이며 위의 제약을 만족시키는 값들로 결정된다.

노이만 조건

접선 선속 밀도를 지정한다. 바깥 경계에서는 $H_t = \sigma$ 이며, 여기서 H_t 는 장의 세기의 접선 성분이며 σ 는 선형 표면 전류 밀도이다. 외부 경계에 대해서는 $\sigma = 0$ 의 값을 가지는 동질의 노이만 조건이 기본값이다. 모델의 내부에 대한 경계에 대해서 노이만 조건은 표면을 가로지를 때의 불연속성 $H_t^+ - H_t^- = \sigma$ 을 지정한다. 이 때 표면에 수직인 점들의 방향은 (-)에서 (+)이다.

주기적인 경계 조건

주기적인 구조에 대해서 모델의 반대편 테두리에 대해서 짝수이면 $A_1 = A_2$, 홀수이면 $A_1 = -A_2$ 를 지정할 수 있다. 수직인 장과 접하는 장의 성분들이 주기적인 경계에 존재할 수 있다.

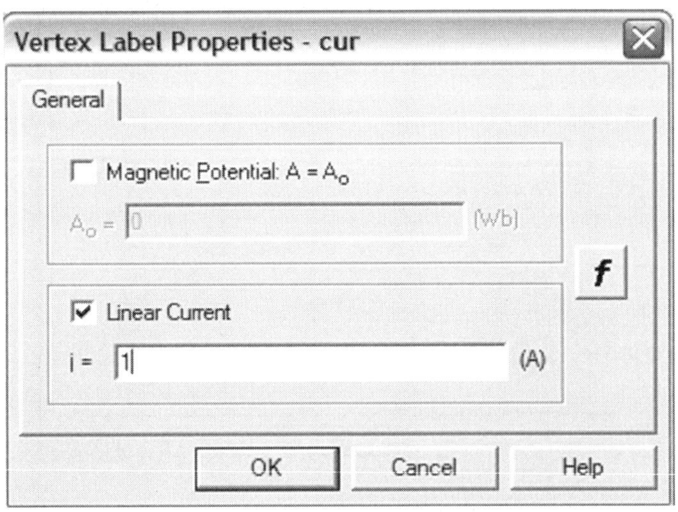

그림 5.6 정자기학 문제를 위해서 꼭지점 레이블 데이터를 편집하는 윈도우: 꼭지점 레이블 윈도우를 열기 위해서는 화면의 왼쪽의 트리 다이아그램에서 해당하는 꼭지점 레이블을 클릭한다.

꼭지점 조건들

꼭지점 레이블에 벡터 퍼텐셜의 특정한 값이나 좌표에 종속하는 전기 전류값을 지정할 수 있다. 좌표에 종속하는 값들의 경우 퀵필드는 주어진 레이블에 연결된 모든 꼭지점에 대한 전류 또는 벡터 퍼텐셜을 계산할 것이다. 그림 5.6 에 정자기학 문제에서 꼭지점 레이블 데이터를 편집하는 윈도우를 보인다.

적분량

물체 주위에 대해서 등고선을 지정했다면, 물체에 작용하는 자력 $\mathbf{F}$ 는 적절한 적분 계산기를 선택함으로써 다음과 같이 계산할 수 있다.

$$\mathbf{F} = \frac{1}{2}\oiint_{\text{surf}} \left(\mathbf{H}(\mathbf{n}\cdot\mathbf{B}) + \mathbf{B}(\mathbf{n}\cdot\mathbf{H}) - \mathbf{n}(\mathbf{H}\cdot\mathbf{B})\right)d\mathbf{a} \tag{5.38}$$

주어진 물체에 작용하는 토크(torque) $\mathbf{T}$ 는 다음과 같다.

$$\mathbf{T} = \frac{1}{2}\oiint_{\text{surf}} \left((\mathbf{r}\times\mathbf{H})(\mathbf{n}\cdot\mathbf{B}) + (\mathbf{r}\times\mathbf{B})(\mathbf{n}\cdot\mathbf{H}) - (\mathbf{r}\times\mathbf{n})(\mathbf{H}\cdot\mathbf{B})\right)d\mathbf{a} \tag{5.39}$$

힘과 토크의 두 적분은 물체의 표면에 대해서 행해진다. 퀵필드의 후처리기(Post Processor)는 부피 적분을 지원한다. 예를 들어 다음과 같이 주어지는 자기 에너지 W 의 부피적분을 생각해 보자.

$$W = \frac{1}{2}\iiint_{\text{vol}} (\mathbf{H}\cdot\mathbf{B})dv \tag{5.40}$$

여기서 $\mathbf{H}\cdot\mathbf{B}/2$ 는 자기 에너지 밀도이다. 비선형 자기학의 경우 이 부피 적분은 3 중 적분을 하지 않고 다음과 같이 구할 수 있다.

$$W = \int\left(\int_0^B H(B')dB'\right)dv \tag{5.41}$$

총 선속은 벡터 퍼텐셜 풀이 영역에 대해서 적분을 하면 계산할 수 있다. 특히 단일 코일의 평면에 대한 총 플럭스 연결의 경우는 다음과 같다.

$$\Psi = \frac{\iint A ds}{S} \tag{5.42}$$

여기서 이 적분은 코일의 단면적에 대한 것이지 루프 면적에 대한 것이 아니다. 선대칭의 경우 다음과 같이 된다.

$$\Psi = \frac{2\pi \iint r A ds}{S} \tag{5.43}$$

여기서 S 는 코일의 단면적이다. 계산된 선속은 하나 또는 그 이상의 전류가 흐르는 코일들의 자체 인덕턴스 또는 상호 인덕턴스를 계산하는데 사용된다.

5.7 인덕턴스의 계산

퀵필드의 정자기학 풀이 기능을 이용하면 단일 코일의 자체 인덕턴스와 다수의 코일간의 상호 인덕턴스를 계산할 수 있다. 시간에 따라 변화하며 코일을 관통하는 자기장으로 인해 발생하는 코일 양단의 기전력 또는 유도 전압은 페러데이의 법칙을 따른다. n 번을 감은 단일 코일의 인덕턴스는 다음과 같이 계산할 수 있다.

$$L = \frac{n\Psi}{I} \tag{5.44}$$

여기서 Ψ 는 코일의 선속의 각 가닥(threading)이며 I 는 코일에 흐르는 전류이다. 두 개의 코일, 코일-1 과 코일-2 사이의 상호 인덕턴스는 다음과 같이 계산할 수 있다.

$$L_{12} = \frac{n_2 \Psi_2}{I_1} \tag{5.45}$$

위의 식은 코일-1 을 흐르는 전류와 코일-2 에 흐르는 전류 I_2 를 0 으로 두고 코일-2 의 선속 가닥을 이용해서 계산할 수 있다. 인덕턴스 마법사는 자체 인덕턴스와 코일들의 상호 인덕턴스를 계산하는 것을 쉽게 해 줄 것이다.

5.8 균일 자기장

x-y 대칭에서의 균일 장

균일장(uniform field)은 축 성분과 횡단하는 성분의 중첩으로 구성된다. 해의 경계가 $x=(0,a)$ 와 $y=(0,b)$ 인 사각형의 해의 영역을 생각해 보자. y 방향으로의 균일한 장은 $x=(0,a)$ 인 테두리에 별도의 디리클레 경계 조건을 적용하면 얻을 수 있다. 그러므로 $A_z(x=0) \neq A_z(x=a)$ 이고, 노이만 경계 조건을 테두리 $y=(0,b)$ 에 대해서 접하는 자장 $B_{\tan}=0$ 을 그림 5.7 과 같이 적용한다. 다른 방법으로는 디리클레 경계 조건을 $y=(b,0)$ 인 테두리에 적용하고 노이만 조건을 $x=(0,a)$ 에 적용하면 균일한 장을 생성할 수 있다.

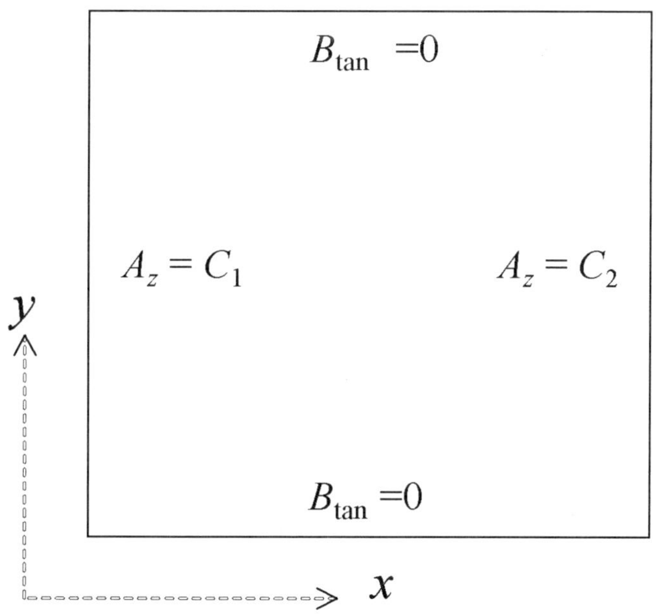

그림 5.7 y 방향으로 균일한 자기 유도를 얻기 위한 경계 조건의 지정.

축 대칭에서의 균일 장

그림 5.8 에 보인 것과 같이 r-z 대칭의 경우는 테두리 $r = a$ 에 디리클레 경계조건 $rA_\phi = const$ 을 적용하고, $z = (0,b)$ 에 노이만 경계 조건 $B_{\tan} = 0$ 을 적용하면 z 축을 따라 균일한 장을 얻을 수 있다. $r = a$ 에 대한 경계조건의 기본값은 $rA_\phi = 0$ 이다. 특정한 점 근처의 정확한 선속 분포를 구하기 위해서는 대상이 되는 지점의 장의 분포에 영향을 미치지 않도록 하기 위해서 풀이 영역의 테두리들을 충분히 먼 곳으로 옮겨야 한다. 정확한 해가 필요한 경우에는 주어진 영역의 크기보다 대략 10 배 정도 큰 곳으로 경계를 이동시키는 것이 좋다.

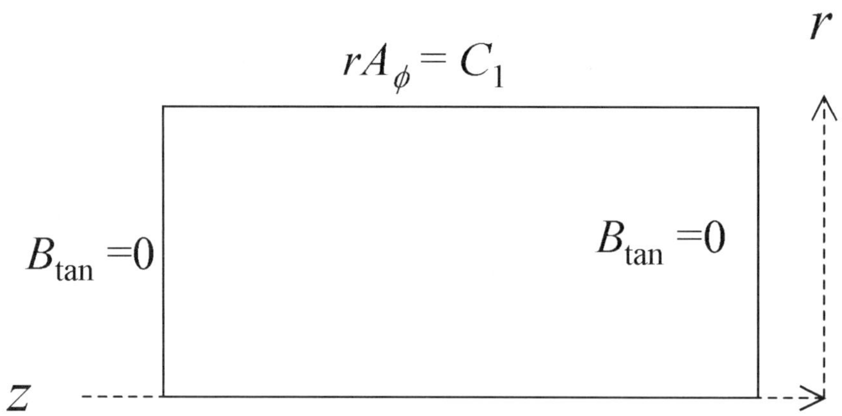

그림 5.8 z 방향으로 균일한 자기 유도를 얻기 위한 경계 조건들의 지정.

5.9 쌍극 소스(dipole source)

그림 5.9 에 평면 x-y 대칭에서 모델링 된 선 전류의 결과를 보인다. 한 점에 1.0A 의 전류가 지정된 모델이 도선에 흐르는 전류를 모델링 하고 있다.

선전류 소스의 모델링

x-y 구조에서 평면 대칭인 전류 소스는 무한의 선 전류로 모델링 된다. 이 모델링은 전류값을 유한 요소 그물망의 각각의 노드에 지정하거나 어떤 소구역에 대한 전류 밀도를 지정하는 방식으로 할 수 있다. 선 소스는 r-z 좌표 대칭에서는 모델링 할 수 없는데, 이것은 벡터 퍼텐셜과 모든 전류 소스가 ϕ 성분만 가지고 있기 때문이다.

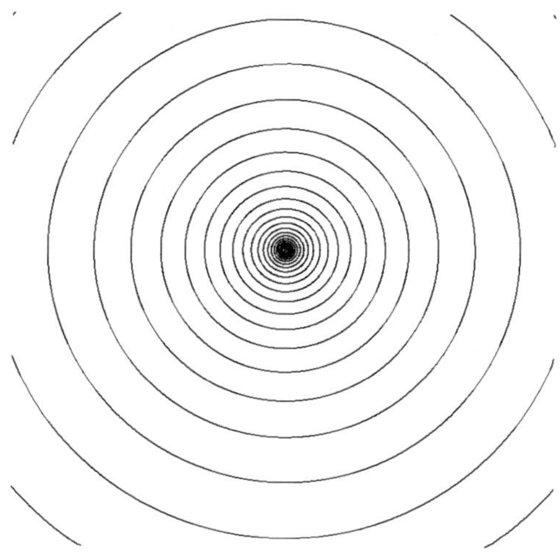

그림 5.9 선속 선들(Flux lines)

전류 쌍극자

유한한 길이의 전류 소스의 장의 분포 또는 전류 쌍극자는 그림 5.9 에 보인 것과 같이 단일 노드 선 전류 소스로 구성할 수 있다. 길이가 L 이며 전류 I 가 흐르는 전류 쌍극자는 크기가 $Q=IL$ 인 쌍극자 모멘트를 가진다. 선 소스에서 발생하는 장은 $1/r$ 에서 전류 쌍극자는 $1/r^2$ 에서 감쇠한다.

전류 밀도

단면적이 S 인 코일 안에서의 전류 밀도 J 는 다음과 같다.

$$J=\frac{nI}{S} \tag{5.46}$$

여기서 n 은 전류 I 가 흐르는 선을 감은 횟수이다.

자기 쌍극

좀 더 친숙한 자기 쌍극자는 직교 좌표의 x-y 와 축 대칭인 r-z 좌표에서 모델링 될 수 있다. x-y 좌표를 사용한다면 그림 5.10 에 보인 것과 같이 자기 쌍극 장(magnetic dipole field)은 반대 방향으로 전류가 흐르는 두 개의 근접한 무한의 선 소스 또는 영구 자화된 영역에 주어진 방향을 향하게 하는 보자력 벡터를 이용해서 생성할 수 있다. r-z 축 대칭일 때 자기 쌍극 장을 만드는 가장 쉬운 방법은 z 축을 가리키는 쌍극자 모멘트를 가지는 작은 전류 루프를 이용하는 것이다. 이 것은 z 축에 인접한 단일 노드에 전류를 지정해 줌으로서 가능해 진다. 전류와 루프 면적의 곱 *IS* 는 오른손 법칙으로 결정되는 방향을 가지는 루프 쌍극자의 자기 모멘트를 구할 수 있다.

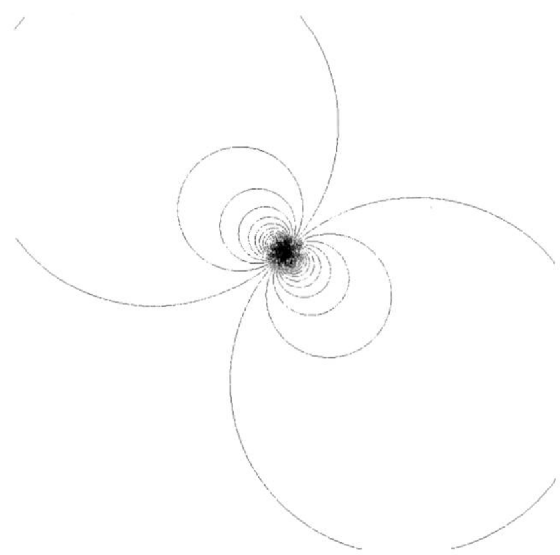

그림 5.10 평면 x-y 구조에서 모델링 한 자기 쌍극으로 얻은 선속 선들: 자기 쌍극은 수평에서도 45 도 방향의 크기 1A/m 인 보자력을 가지는 원기둥 영역으로 모사된다.

5.10. 차폐의 응용

저주파의 자장을 걸러주기 위한 자기의 차폐를 위한 가장 일반 적인 설계 방법은 고투과성 금속 또는 뮤메탈(mu metal)로 만들어진 원통형 튜브를 이용하는 것이다. 뮤메탈 튜브는 축 방향의 장 보다 가로지르는 방향의 장을 차폐하는 데 좀 더 효율적이다. 가로지르는 방향의 감쇠 인자는 차폐물 축에 대해서 수직인 장에 대해서 $\exp(-3.834z/a)$ 에 비례한다. 이 때 z 는 차폐물의 개방된 입구로부터의 거리이다. 이 값은 차폐물의 축에 평행한 장의 요소에 대한 축 방향의 감쇠 인자 $\exp(-2.405z/a)$ 와 비교된다. 높은 투자성 튜브의 횡단 감쇠 인자는 같은 크기의 초전도성 튜브의 축 방향의 감쇠 인자와 같다는 것은 명백하다. 그림 5.11 에 (a) 축방향 선속 선들이 x-y 좌표에서 투자율이 $\mu_r = 10^4$ 인 원기둥을 두 개의 평행한 띠(strip)로 모델링한 것을 보인다. 그림 5.11 (b)를 보면 가로지르는 선속 선들은 원기둥 차폐물의 주위로 흐름이 우회된다. 선속 선들은 높은 투자성 표면에 대해서 거의 수직임을 알 수 있다. 축방향의 자기장은 실제로 투자성 튜브의 입구에서 증가하는 것으로 밝혀졌다. 그림 5.12 를 보면 축방향의 장이 $z = 0$ 인 튜브의 입구 자유 공간에서 보다 몇 배나 증가한 것을 볼 수 있으며 이론적인 예측 대로 튜브의 축을 따라서 감쇠하는 것을 볼 수 있다. 그림 5.12 의 모사는 r-z 축 대칭의 구조에서 모사하고 해석적 해와 비교하였다.

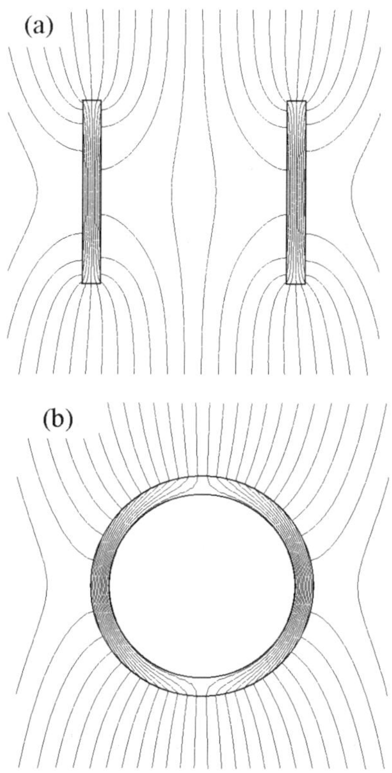

그림 5.11 이전에는 균일한 노이즈 장을 (a)축방향으로 평행하게, (b)가로지르는 고 투자성의 원기둥을 x-y 좌표에서 모델링한 선속 선들: 유메탈은 감싸는 영역에 자장을 비켜가게 해서 장의 크기를 감쇠시킨다.

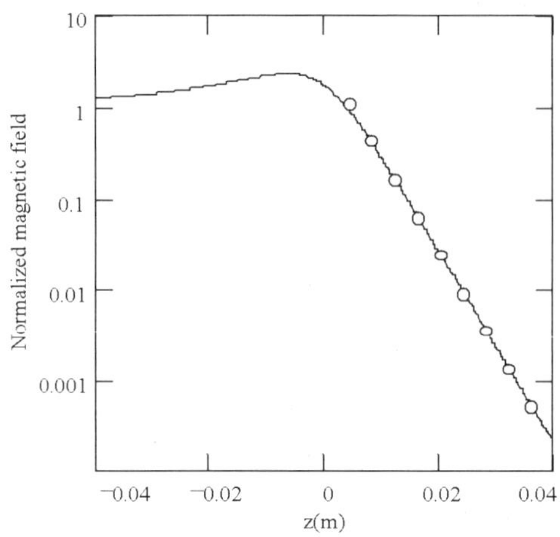

그림 5.12 고 투자성 껍질에 의해서 자기장이 축방향으로 감쇠하는 것을 r-z 좌표에서 모델링한 것(실선)을 해석적 해(점선)와 비교한 것. (연습문제 5.11 을 보기 바란다.)

5.11 자기 단극

1931 년 Dirac 은 단일 자기 단극이 이 우주에 하나라도 존재한다면 전하를 양자화 하는데 충분하다는 것을 보였다. 쿨롱의 법칙은 단일 점 전하 q_e 에 의해서 생성되는 전기장을 다음과 같이 표현한다.

$$\mathbf{E}(\mathbf{r}) = \frac{1}{4\pi\varepsilon_0} q_e \frac{\mathbf{r} - \mathbf{r}'}{|\mathbf{r} - \mathbf{r}'|^3} \tag{5.47}$$

가상의 자기 전하 q_m 에 의해서 생성되는 자기장은 비슷하게 다음과 같이 주어진다.

$$\mathbf{B}(\mathbf{r}) = \frac{\mu_0}{4\pi\varepsilon_0} q_m \frac{\mathbf{r} - \mathbf{r}'}{|\mathbf{r} - \mathbf{r}'|^3} \tag{5.48}$$

장의 각 운동량 밀도 (angular momentum density) 는 다음과 같이 주어진다.

$$\mathbf{L} = \varepsilon_0 \mathbf{r} \times (\mathbf{E} \times \mathbf{B}) \tag{5.49}$$

여기서 총괄 각 운동량은 r 에 독립적인 일정한 크기의 모든 공간에 대한 적분을 취함으로써 얻을 수 있다.

$$L = \frac{\mu_0}{4\pi} q_c q_m \tag{5.50}$$

적분에 의해서 양자화 되는 각 운동량은 플랑크 상수(Plank's constant) $L = nh/2$ 를 단위로 양자화 되므로, $n = 1, 2, 3, \ldots$ 인 경우에 대해서 전하의 양자화는 다음과 같이 얻을 수 있다.

$$q_e = n \frac{h}{\mu_0 q_m} \tag{5.51}$$

$n = 1$ 인 경우 기본 전기 및 기본 자장들의 전하의 곱은 플랑크 상수를 자유 공간의 투과성으로 나눈 $q_e q_m = h/\mu_0$ 으로 주어진다.

참고문헌

QuickField User's Guide: Tera Analysis Ltd. (2007). *Chapter 2: Introductory Guide; Chapter 9: Theoretical Description.*

David J. Griffiths. (1999). *Introduction to Electrodynamics 3rd edition*, Prentice-Hall, Inc., New Jersey. *Chapter 2: Electrostatics.*

Wolfgang K. H. Panofsky and Melba Phillips. (1962). *Classical Electricity and Magnetism 2nd edition*, Addison-Wesley Publishing Company. *Chapter 7: Steady Currents and Their Interaction; Chapter 8: Magnetic Materials and Boundary Value Problems.*

John D. Jackson. (1998). *Classical Electrodynamics 3rd edition*, John Wiley & Sons, Inc. *Chapter 5: Magnetostatics.*

William R. Smythe (1989). *Static and Dynamic Electricity*, *Taylor & Francis Chapter II: Capacitors Dielectrics System of Conductors*; *Chapter IIX: Electromagnetic Induction; Chapter IX: Magnetism.*

연습문제

5.1 정자기학에서 선 전류를 x-y 구조의 단일 점으로 모델링 하여라. 선 전류를 감싸는 사각형 Γ_1과 원형 Γ_2 등고선에 대한 적분 $\oint H_{\tan} d\ell$ 을 계산해서 앙페르의 법칙을 비교해 보아라.

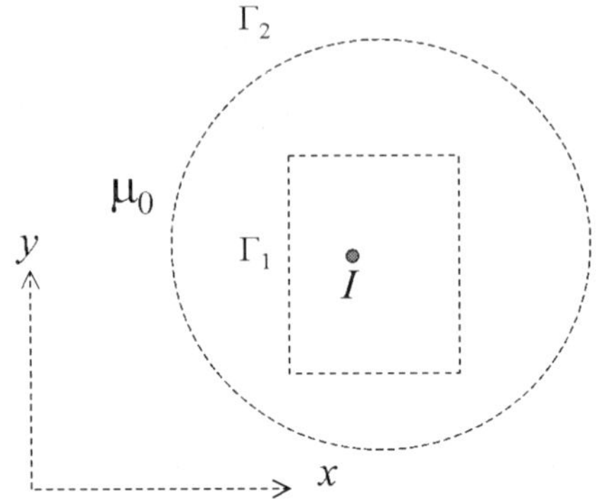

그림 E-5.1 단일 선 전류를 감싸는 두 등고선. 구조: x-y 대칭

5.2 두 개의 평행한 선전류 사이에 작용하는 단위 길이 당 힘을 계산하여라. 해석 해와 비교해 보아라.

$$\frac{F}{L} = \frac{\mu_0}{2\pi r} I_1 I_2$$

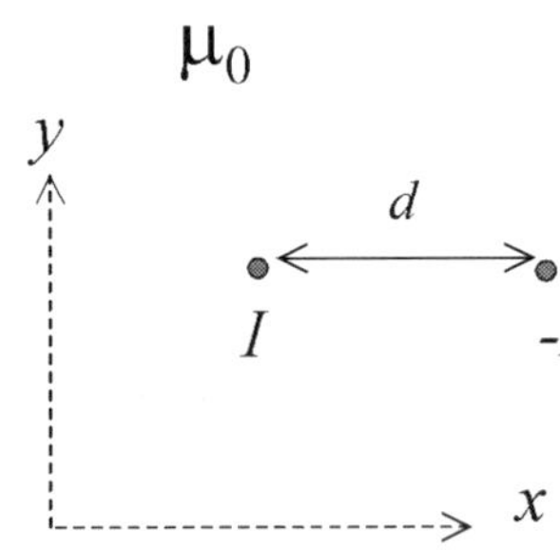

그림 E-5.2 반대 방향으로 흐르는 전류를 가진 두 개의 선 전류. 구조: x-y 대칭

5.3 반지름이 a 인 전류 루프를 축 대칭 구조의 단일 점으로 모델링 하여라. z 축을 따라서 자기장의 z 성분을 플로팅하고, 전류 루프의 반지름을 따라서 z 와 r 장의 요소를 플로팅 하여라. 루프의 축을 따라서 z 성분은 다음과 같음을 보여라.

$$B_z = \frac{\mu_0 I}{2} \frac{a^2}{(a^2 + z^2)^{3/2}}$$

벡터 퍼텐셜은 다음과 같이 주어지며

$$A_\phi(r, z) = \frac{\mu_0 I a}{2} \int_0^\infty J_1(ka) J_1(kr) \exp(-k\,|\,z\,|) dk$$

여기서 J_1 은 제 1 종 1 차 베셀 함수이다.

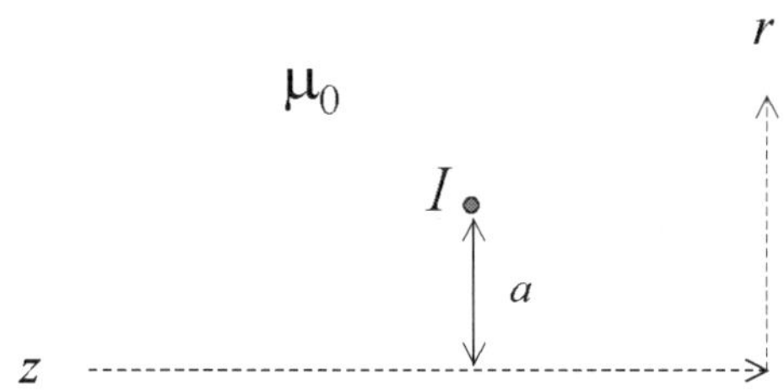

그림 E-5.3 반지름이 a 인 전류 루프. 구조: 축 대칭

5.4 위의 코일에 대한 자체 인덕턴스 L 을 구하여라. 그리고 해석적 식과 비교해 보아라.

$$L = \mu_0 \pi a^2 \int_0^\infty J_1^2(ka) dk$$

5.5 x-방향의 자기장 B_0 이 있을 때 전류 I 가 흐르는 반지름이 a 인 투자성 원기둥을 모델링 하여라. 벡터 퍼텐셜에 대한 풀이를 다음의 원기둥 내부의 해석적 식과

$$A_z = -\frac{\mu_0 I(x^2 + y^2)}{4\pi a} + \frac{2\mu}{\mu + \mu_0} B_0 y$$

다음의 외부의 식과 비교해 보아라.

$$A_z = \frac{\mu_0 I}{2\pi} \ln\left(\frac{a}{\sqrt{x^2 + y^2}}\right) - \frac{\mu I}{4\pi} + \left(1 + \frac{\mu - \mu_0}{\mu + \mu_0} \frac{a^2}{x^2 + y^2}\right) B_0 y$$

실린더에 가해지는 총 힘을 계산하여라. 원기둥 주변의 자기장 분포의 벡터 플롯을 만들어라.

5.6 길이가 L 인 영구자석과 투자성 평판 경계 사이의 힘을 계산하여라. 레이블 무버를 사용해서 몇몇 L 에 대한 F 를 플로팅 하여라. 다음의 해석적 해와 비교하여라.

$$F = 8\pi aLH_c^2\left[\frac{K(k)-E(k)}{k} - \frac{K(k_1)-E(k_1)}{k_1}\right]$$

$$\text{여기서 } k = \frac{2a}{\sqrt{4a^2+L^2}},\ k_1 = \frac{a}{\sqrt{a^2+L^2}},$$

이며 K 와 E 는 제 1 종 및 제 2 종 완전 타원 적분(complete elliptic integral)이다. 이 적분들은 MATLAB 에서 $0 \le M \le 1$ 일 때 다음과 같이 계산한다.

```
[K, E] = ellipke(M)
```

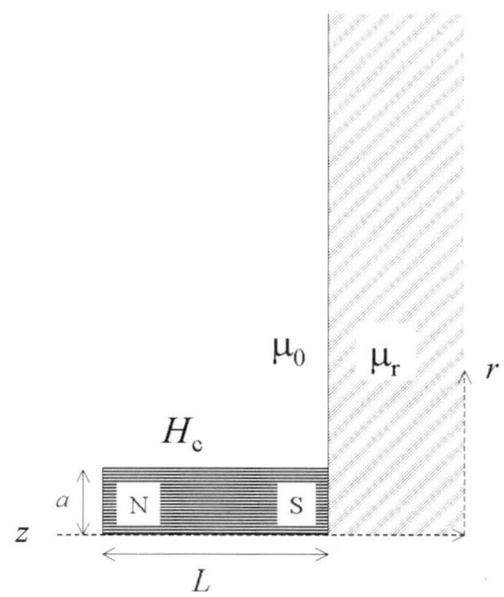

그림 E-5.6 투자성 평판 위의 영구자석. 구조: 축 대칭

5.7 투자율이 μ 인 투자성 평판 경계면과 h 만큼 높은 곳에 위치하는 선 전류 I 사이의 힘을 계산하여라. 선 전류의 값과 반공간의 투자율 값을 선택하여라. 해석적 해를 이용해서 구한 값과 비교하여라.

$$\frac{F}{L}=\frac{\mu_0}{2\pi r}\left(\frac{\mu-1}{\mu+1}\right)\frac{I^2}{2h}$$

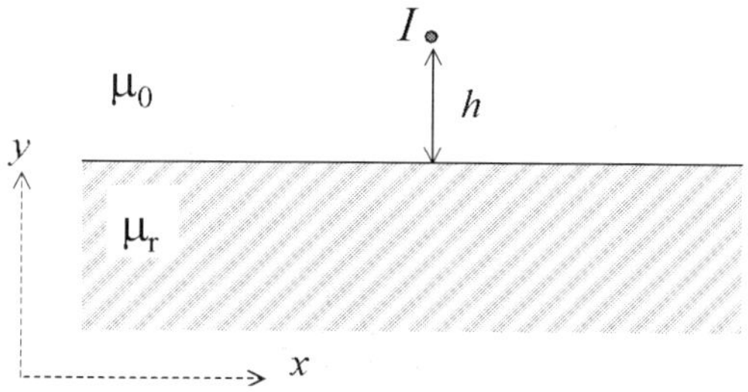

그림 E-5.7 투자성 평판 위의 선전류. 구조: x-y 대칭

5.8 보자력(coercive force) H_c 로 균일하게 자화된 구체를 모델링 하여라. 그리고 구의 내부의 자장이 다음의 일정한 크기를 가진다는 것을 확인해 보아라.

$$B=\frac{2}{3}\mu_0 H_c$$

5.9 z-방향으로 향하는 균일한 자장 속에 속이 빈 투자성 구체를 모델링 하여라. 축 대칭을 이용하여라. 구체의 내부 반지름 a 와 외부 반지름 b, 그리고 구체의 상대 유전율 μ 를 선택하여라. 구체 내부의 장의 감쇠를 계산하여라. 해석적인 식을 이용한 결과와 비교하여라.

$$\frac{B_{\text{in}}}{B_{\text{ext}}}=\frac{9}{2\mu_r\left(1-\dfrac{a^3}{b^3}\right)}$$

구형의 공동(cavity) 내부의 자장이 균일하다는 것을 증명하여라.

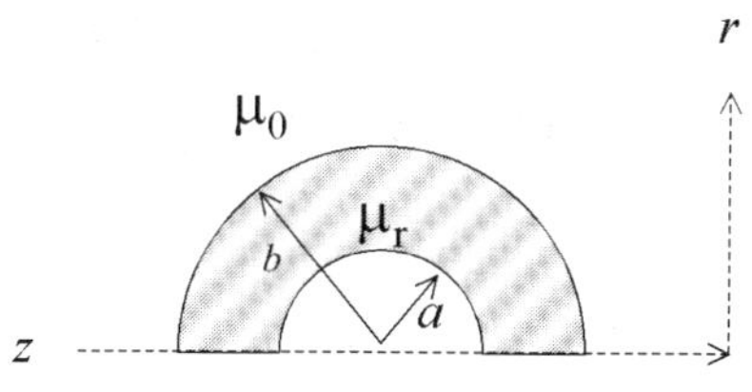

그림 E-5.9 속이 빈 투자성 구체. 구조: 축 대칭

5.10 반지름이 a 인 투자성 튜브가 축방향으로 균일한 장에 놓여 있을 때 축 대칭의 구조로 모델링 하여라. 튜브의 축을 따라서 변하는 z 성분의 장을 A가 상수인 다음의 해석적 해와 비교해 보아라.

$$B_z(z) = A\exp\left(-2.405\frac{z}{a}\right)$$

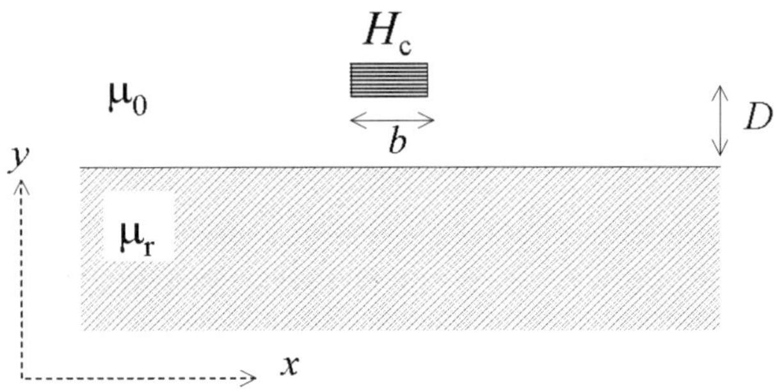

그림 5.10 투자성 평면 위에 접선 방향으로 위치한 영구자석. 구조; x-y 대칭

5.11 반지름이 a 이고, 균일한 축방향의 장에 놓인 투자성 튜브를 축 대칭 구조로 모델링 하여라.

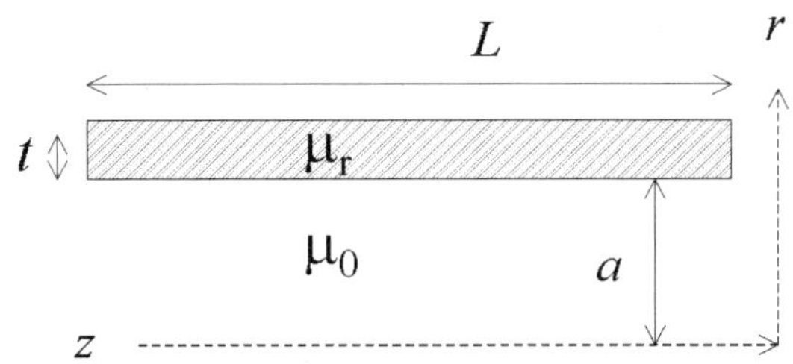

그림 5.11 투자성 튜브. 구조: 축 대칭

5.12 속이 빈 투자성 원기둥의 축에 위치한 선 전류를 x-y 좌표에서 모델링 하여라. 반지름 방향의 등고선을 따라서 자기장의 등고선을 플로팅 하여라.

5.13. 그림 E-5.13 에 보인 것과 같이 'ㄷ' 자형 단면의 투자성 전도체 옆에 위치한 막대 자석을 모델링 하여라. 'ㄷ' 자형 단면의 단위 길이에 대한 총 자기장 에너지를 계산하여라.

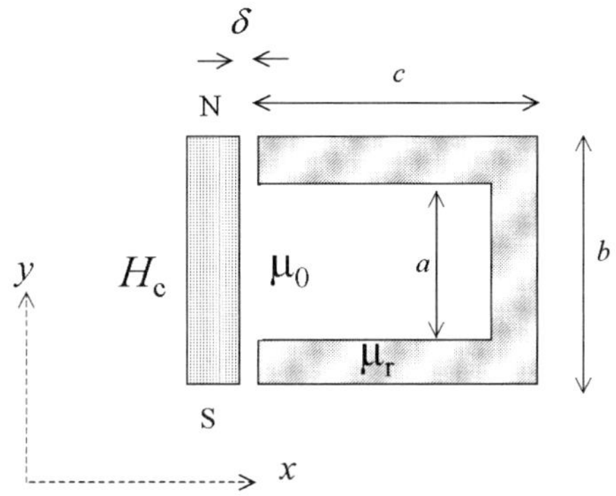

그림 E-5.13 'ㄷ' 자형 투자성 전도체 옆의 영구 자석. 구조: x-y 대칭

5.14 그림 E-5.14 에 보인 것과 같은 자기 저항(reluctance) 회로 옆에 위치한 막대 자석을 모델링 하여라. 회로의 각 구역을 지나가는 선속을 비교하여라. 몇몇 δ 값에 대해서 자기 저항 회로 내부에 저장되는 총 자기 에너지를 플로팅 하여라.

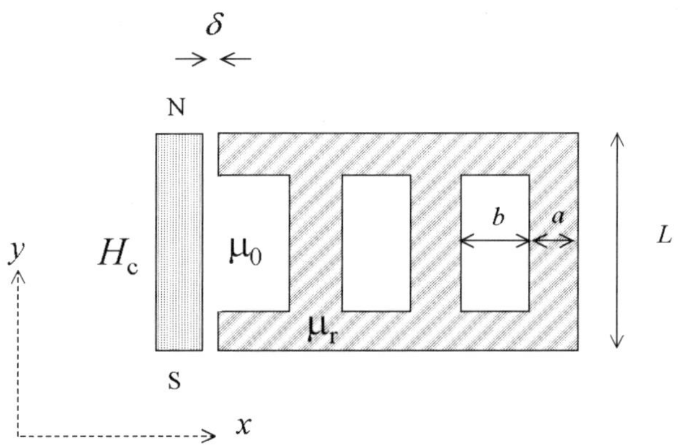

그림 E5-14 투자성 구조체 옆의 영구 자석. 구조: x-y 대칭

5.15 그림 E5-15 에 보인 것과 같이 못에 코일을 감은 전자석을 축 대칭 형태로 모델링 하여라. 전자석과 근접한 투자성 평판 사이의 힘을 계산하여라.

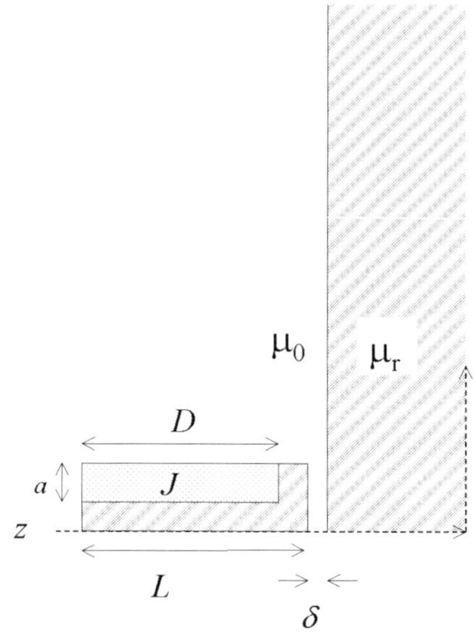

그림 E5-15 투자성 평판 위의 투자성 축을 가지는 전자석. 구조: 축 대칭

5.16 그림 E5-16 에 보인 것과 같이 외부 장에 대해서 각도 θ 만큼 기울어진 막대 자석에 작용하는 단위 길이에 대한 토크를 계산하여라.

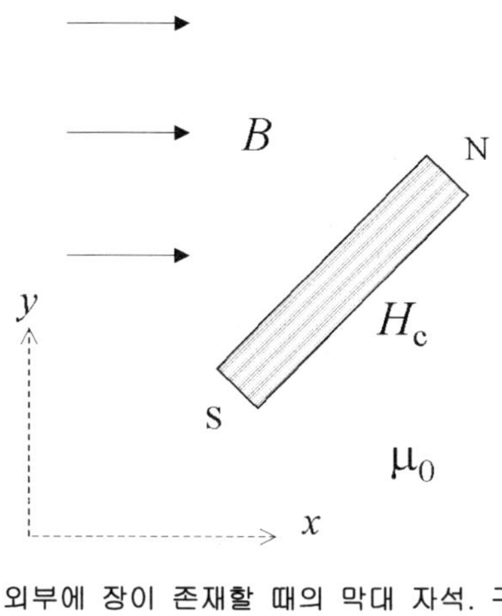

그림 E5-16 외부에 장이 존재할 때의 막대 자석. 구조:x-y 대칭

5.17 길이가 $2d$ 만큼 떨어진 반지름 R 의 두 개의 동축(coaxial) 전류 루프로 이루어진 헬름홀즈(Helmhoz) 코일을 모델링 하여라. 코일의 축을 따라 z 성분의 장을 플로팅 하여라. 코일의 축을 따라서 z 성분의 등고선 플롯을 만들어라. 다음의 수식으로 얻을 수 있는 축방향 z 성분의 장과 비교해 보아라.

$$B_z = \frac{\mu_0 I R^2}{2}\left(\frac{1}{\left(R^2+(z+d)^2\right)^{3/2}} + \frac{1}{\left(R^2+(z-d)^2\right)^{3/2}}\right)$$

중심부에서 $\partial^2 B_z / \partial z^2 = 0$ 이고 $B_z = 8\mu_0 I / 5\sqrt{5R}$ 인 d 값을 선택하여라.

5.18 연습문제 5.17 에 나온 두 개의 코일 사이의 상호 인덕턴스를 계산하고 다음의 식을 이용한 해석적 해와 비교하여라.

$$M_{12} = \mu_0 \pi r^2 \int_0^\infty J_1^2(kR)\exp(-2kd)dk$$

5.19 코일과 초전도성 평판 사이의 인덕턴스는 초전도체 평판이 그 자리를 차지하는 반공간에서 같은 거리만큼 떨어져 있으며 반대 방향으로 향하는 가상의 전류를 이용해서 모델링 할 수 있다. 이런 방법을 이용하고 연습 문제 5.17 의 결과를 이용해서 코일과 아래 쪽으로 d 만큼 떨어져 있는 초전도 평판 사이의 상호 인덕턴스를 구하여라.

5.20 같은 평판에서 같은 축을 가지는 반지름이 a , b 인 두 개의 코일의 상호 인덕턴스를 계산하여라. 다음의 식을 이용한 해석적 해와 비교하여라.

$$M_{12} = 2\mu_0 a\left[K\left(\frac{b}{a}\right) - E\left(\frac{b}{a}\right)\right]$$

5.21 방정식 5.19 와 5.20 이 식 5.18 에 주어진 경계 조건을 만족하는지 증명하여라. 퀵필드에서 균일하게 자화된 구체를 모델링하고 해석적 해로 구한 B_z 를 z 축을 따라서 비교하여라.

5.22 스칼라 자기 퍼텐셜을 계산하고 균일하게 자화 되었으며 그 균일한 자화(magnetization)가 z 방향을 가리키는 장구의 내부와 외부의 자기장 성분을 계산하여라.

5.23 연습 문제 5.23 을 균일하게 자화 되었으며 그 균일한 자화가 z 방향을 가리키는 편구의 내부와 외부의 자기장 성분을 계산하여라.

5.24 두 개의 투자성 영역 사이의 지점 (i, j) 에서의 스칼라 자기 퍼텐셜 Ω 을 구하기 위한 직각 좌표의 유한 차분 식은 $(i, j+1)$ 에서는 μ_1 이고, $(i, j-1)$ 에서는 μ_2 일 때 다음과 같다.

$$\Omega_{i,j} = \frac{\mu_1}{2(\mu_1 + \mu_2)}\Omega_{i,j+1} + \frac{\mu_2}{2(\mu_1 + \mu_2)}\Omega_{i,j-1} + \frac{1}{4}\Omega_{i-1,j} + \frac{1}{4}\Omega_{i+1,j}$$

MATLAB®을 이용해서 이전에는 균일한 자장이 있었던 곳의 정사각형의 투자성 빔 근처의 자기 퍼텐셜을 계산하는 유한 차분 프로그램을 작성하여라. 유한 차분 식에서의 계수들은 지점 (i, j) 에서의 몬테 카를로 이동 확률과 같다는 것을 볼 수 있다. 이 계수들은 현재 사용하는 좌표계에 따라 변하며 그 합이 1 이 되어야 한다. 만일 영역의 한 부분이 초전도체(예를 들어 2 번 영역)라면, $\mu_2 = 0$ 이고 유한 차분 식은 다음과 같이 된다.

$$\Omega_{i,j} = \frac{1}{2}\Omega_{i,j+1} + \frac{1}{4}\Omega_{i-1,j} + \frac{1}{4}\Omega_{i+1,j}$$

몬테 카를로 해석을 할 때 임의의 이동자(random walker)는 초전도체의 영역으로 들어가지 않는다.

5.25 연습 문제 5.24 를 몬테 카를로법을 이용해서 초전도 빔이 이전에는 균일한 장이 있던 곳에 위치했을 때에 대해서 반복하여라. 참고로 균일장은 두 표면이 다른 Ω 값을 유지하면 생성된다. 임의의 이동자를 이용하는 몬테 카를로법과 탈출법을 사용한 것을 비교하여라.

6. 시간 조화 자기학

이 장에서 다루는 내용들

- 패러데이의 법칙과 막스웰의 변위 전류
- 시간 조화 막스웰 방정식
- 벡터 퍼텐셜의 공식화
- 퀵필드를 이용한 시간 조화 문제의 해석
- 맴돌이 전류를 이용한 비파괴 검사
- 금속 탐지기
- 지구물리에의 응용
- 변압기

6.1 패러데이의 법칙과 막스웰의 변위 전류

1831 년 Michael Faraday 는 시간에 따라서 변화하는 자장은 전기 회로에 전류의 흐름을 유도한다는 것을 발견하였다. 이 현상에 의해서 생겨나는 전압, 또는 기전력(electromotive force) *emf*(또는 *E*))는 회로를 관통하는 자기 선속의 시간에 대한 변화율에 비례한다.
자기 선속은 다음과 같이 정의 된다.

$$\Phi = \iint_{\text{surf}} \mathbf{B} \cdot d\mathbf{a} \tag{6.1}$$

여기서 적분은 전류 루프에 의해서 경계가 형성되는 단면의 표면(capping surface)에 대한 것이다. 그러면 *emf* 는 다음과 같은 식으로 표현된다.

$$\mathcal{E} = -\frac{\partial \Phi}{\partial t} \tag{6.2}$$

방정식에서 음의 부호는 Lenz 의 법칙에 따라서 자기 선속의 변화에 대해서 전류의 흐름이 반대로 유도된다는 것을 의미한다. 또한 *emf* 회로 주위의 전기장의 선적분과 같다.

$$\mathcal{E} = \oint_{\Gamma} \mathbf{E} \cdot d\ell \tag{6.3}$$

위의 결과들을 결합하면 다음의 식을 얻을 수 있다.

$$\oint_{\Gamma} \mathbf{E} \cdot d\ell = -\frac{\partial}{\partial t} \iint_{\text{surf}} \mathbf{B} \cdot d\mathbf{a} \tag{6.4}$$

스토크(Stoke)의 정리로부터, 전기장의 선적분은 그 회전의 면적분이 된다.

$$\iint_{\text{surf}} \nabla \times \mathbf{E} \cdot d\mathbf{a} = -\frac{\partial}{\partial t} \iint_{\text{surf}} \mathbf{B} \cdot d\mathbf{a} \tag{6.5}$$

피적분 함수를 같다고 두면 미분형태의 패러데이의 법칙의 얻을 수 있다.

$$\nabla \times \mathbf{E} = -\frac{\partial \mathbf{B}}{\partial t} \tag{6.6}$$

시간에 따라서 변화하는 자기장은 회전 연산이 적용된 전기장을 발생시키므로 시간에 따라서 변하는 전기장은 회전 연산이 적용된 자기장을 발생시킨다는 것을 짐작할 수 있다. 사실 막스웰이 시간 변화 전기장이 자기장을 발생시킨다는 것을 발견하였다. 만일 가우스의 법칙을 시간에 대해서 미분하면 다음의 식을 얻을 수 있고

$$\nabla \cdot \mathbf{E} = \frac{\rho}{\varepsilon_0} \tag{6.7}$$

다음의 연속 방정식에 대입하면

$$\nabla \cdot \mathbf{J} = \frac{\partial \rho}{\partial t} \tag{6.8}$$

$\mathbf{J} = \varepsilon \partial \mathbf{E} / \partial t$ 얻을 수 있다. 시간에 따라 변화하는 전기장과 전하의 전달이 없을 경우에 변위전류가 발생하는 것을 알 수 있다. 앙페르의 법칙에 전기 선속의 변화 시속(time rate)에 비례하는 두 번째 항을 추가해서 변경하면 다음의 식을 얻을 수 있다.

$$\oint_{\Gamma} \mathbf{B} \cdot d\ell = \mu \iint_{\text{surf}} \mathbf{J}_e \cdot d\mathbf{a} + \mu\varepsilon \iint_{\text{surf}} \frac{\partial \mathbf{E}}{\partial t} \cdot d\mathbf{a} \tag{6.9}$$

여기서 $\mathbf{J}_e = \sigma \mathbf{E} + \mathbf{J}_{\text{source}}$ 이며 $(\mu, \varepsilon) = (\mu_r \mu_0, \varepsilon_r \varepsilon_0)$ 이다. 스토크의 정리를 이용하면 전기장의 선적분을 회전의 면적분으로 변환할 수 있고, 피적분 함수를 다음과 같이 정리할 수 있다.

$$\nabla \times \mathbf{B} = \mu \mathbf{J}_e + \mu\varepsilon \frac{\partial \mathbf{E}}{\partial t} \tag{6.10}$$

구조성 관계식 $\mathbf{B} = \mu \mathbf{H}$ 와 $\mathbf{D} = \varepsilon \mathbf{E}$ 를 이용하면 식 (6.10)은 균일하고 등방성 유전율의 영역에 대해서 식을 적게 되면 다음의 식을 얻을 수 있는데

$$\nabla \times \mathbf{H} = \mathbf{J}_e + \frac{\partial \mathbf{D}}{\partial t} \tag{6.11}$$

여기서 $\partial \mathbf{D} / \partial t$ 는 막스웰의 변위전류이다. 다음의 절에서는 전류와 장이 사인(sine) 형태와 임의로 변하는 경우에 대해서 알아볼 것이다.

6.2 시간 조화 막스웰 방정식

시간에 따라서 $\exp(i\omega t)$ 의 변화가 있는 장에서는 $\partial / \partial t$ 연산자를 $i\omega$ 로 치환할 수 있으며, 막스웰의 회전 방정식은 다음과 같다.

$$\nabla \times \mathbf{E} = -i\omega \mathbf{B} \tag{6.12}$$

$$\nabla \times \mathbf{B} = \mu\sigma\mathbf{E} + i\omega\mu\varepsilon\mathbf{E} \tag{6.13}$$

여기서 **E** 와 **B** 는 복소 회전 벡터(complex phasors)이다. 주파수가 $\omega = \sigma / \varepsilon$ 인 경우에는 유도 전류는 변위 전류보다 훨씬 크다. 생체 조직(biological tissue)은 전도도가 $\sigma \approx S/m$ 이며 유효 상대 유전율은 $\varepsilon = 10^6 \varepsilon_0$ 이다. 금속은 전도도가 $\sigma \approx 10^7 - 10^8 S/m$ 이며 유효 상대 유전율은 10MHz 까지는 무시할 만 하다.

전도 반공간 위의 전류판

교류 유도의 가장 간단한 예제로는 $\mu_r = 1$ 의 값을 가지는 전도 반공간(conducting half-space)에 접하는 시간 조화 자기장에 의해서 생겨나는 교류 유도가 있다. 이 장은 그림 6.1 에 보인 것과 같이 전도 반공간(half-space)에 평행하며 균일한 표면 전류 밀도를 가지는 무한의 판에 의해서 생겨나는 것으로 생각할 수 있다. 변위 전류를 무시한다면 다음의 식을 얻을 수 있다.

$$\nabla \times \mathbf{B} = \mu_0\sigma\mathbf{E} \tag{6.14}$$

금속의 내부는 $\mathbf{J}_e = \sigma\mathbf{E}$ 이다. 이 방정식에 회전을 적용하면 다음과 같이 되며

$$\nabla \times \nabla \times \mathbf{B} = \mu_0\sigma\nabla \times \mathbf{E} \tag{6.15}$$

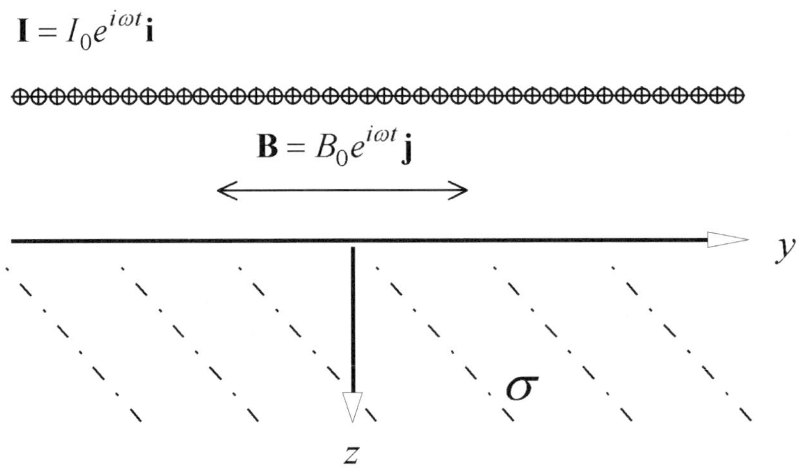

그림 6.1 반무한인 반공간 위의 박판 유도자(inducer).

다음의 항등식을 이용하고

$$\nabla \times \nabla \times \mathbf{B} = \nabla(\nabla \times \mathbf{B}) - \nabla^2 \mathbf{B} \tag{6.16}$$

$\nabla \cdot \mathbf{B} = 0$ 과 $\nabla \times \mathbf{E} = -\omega \mathbf{B}$ 를 이용하면 다음의 식을 얻을 수 있다.

$$\nabla^2 \mathbf{B} = i\mu_0 \sigma\omega \mathbf{B} \tag{6.17}$$

이 식은 다음과 같이 나타낼 수 있으며

$$\nabla^2 \mathbf{B} = i\frac{2}{\delta^2}\mathbf{B} \tag{6.18}$$

여기서 유효 장의 침투 깊이는 다음과 같이 주어진다.

$$\delta = \sqrt{\frac{2}{\mu\sigma\omega}} \tag{6.19}$$

y 방향의 외부 장 $\mathbf{B} = B_0 \mathbf{j}$ 에 대해서는 금속 내부의 필드는 다음의 식을 만족 하며

$$\frac{\partial B_y}{\partial z^2} = i\frac{2}{\delta^2}B_y \tag{6.20}$$

해는 $z = 0$ 에는 $B_y = B_0$ 이며 $z = \infty$ 에는 $B_y = 0$ 의 경계 조건을 만족하기 위해서 $\exp \pm \sqrt{2i}z/\delta$ 의 형태를 가진다. $\sqrt{i} = (1+i)/2$ 를 이용하면 다음의 식을 얻을 수 있다.

$$B_y = B_0 \exp\left(-(i+1)\frac{z}{\delta}\right) \tag{6.21}$$

맴돌이 전류는 x 성분만 있으므로 자기장의 회전으로 얻어지는 $\mu_0 J_x = -\partial B_y/\partial z$ 또는 다음과 같이 표현된다.

$$J_x = \frac{B_0}{\mu_0}\frac{1+i}{\delta}\exp\left(-(i+1)\frac{z}{\delta}\right) \tag{6.22}$$

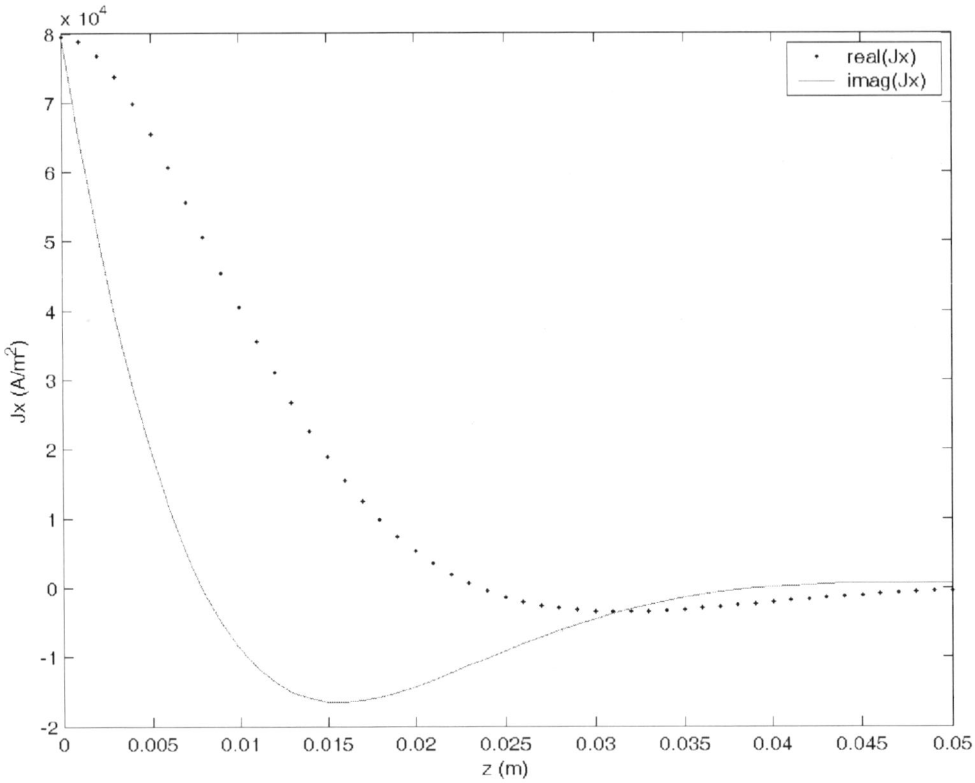

그림 6.2 반무한의 전도성 반공간에 접하는 시간 조화 자기장으로 인한 맴돌이 전류 밀도의 실수와 허수 성분

분명 맴돌이 전류는 금속 내부의 깊이에 따라 변하는 실수 부분과 허수 부분을 가지고 있다. 다음의 MATLAB 코드는 그림 6.2 와 같이 깊이에 따라서 맴돌이 전류가 바뀌는 것을 식 (6.22)를 이용해서 그린 것이다

```
% calculate eddy current density to a depth of 5.0 cm
% in the metal in increments of 1.0 mm
z=0:0.001:.05;
% tangential field of 1.0 mT at the surface
B0=0.001;
% permeability of free space
mu0=4*pi*10^-7;
% electrical skin depth of 1.0 cm
d=0.01;
```

```
% eddy current density
Jx=(B0/mu0/d)*(1+i)*exp(-(i+1)*z/d);

% plot real and imaginary parts of
plot(z,real(Jx),'.',z,imag(Jx0);

%include axis labels and legend
xlabel('z (m)')
ylabel('Jx (A/m^2)')
legend('real(Jx)','imag(Jx)');

% plot the results
mesh(S)
```

다음은 시간 조화 자기학 문제들을 장이 아닌 벡터 퍼텐셜을 이용해서 계산하는 것을 다루게 될 것이다.

6.3 벡터 퍼텐셜의 공식화

5 장에서는 자기장을 벡터 퍼텐셜 $\mathbf{B} = \nabla \times \mathbf{A}$ 의 회전으로 표현하였다. 이 식을 시간에 대한 미분을 하면 다음의 식을 얻을 수 있다.

$$\frac{\partial \mathbf{B}}{\partial t} = \nabla \times \frac{\partial \mathbf{A}}{\partial t} \tag{6.23}$$

또한 페러데이의 법칙 $\nabla \times \mathbf{E} = -\partial \mathbf{B} / \partial t$ 로 부터 다음의 식을 얻을 수 있다.

$$\nabla \times \left(\mathbf{E} + \frac{\partial \mathbf{A}}{\partial t} \right) = 0 \tag{6.24}$$

기울기의 회전은 0 이므로 괄호 안의 양은 스칼라 퍼텐셜의 기울기로 나타낼 수 있다.

$$\mathbf{E} + \frac{\partial \mathbf{A}}{\partial t} = -\nabla U \tag{6.25}$$

만일 전기 퍼텐셜이 일정하다고 가정하면 다음의 식을 얻을 수 있다.

$$\mathbf{E} = -\frac{\partial \mathbf{A}}{\partial t} \tag{6.26}$$

시간 조화 장에서는 $\mathbf{E} = -i\omega\mathbf{A}$ 이므로, 식 (6.10)의 막스웰의 방정식은 다음과 같이 된다.

$$\nabla \times \nabla \times \mathbf{A} = -i\omega\mu\sigma\mathbf{A} + \omega^2 \mu\varepsilon\mathbf{A} \tag{6.27}$$

쿨롬의 게이지, 즉 $\nabla \cdot \mathbf{A} = 0$ 를 취하면 벡터 Helmholz 방정식에 소스가 있을 때 추가적인 항 $-\mu_0 \mathbf{J}_{\text{source}}$ 를 가지는 다음의 식을 얻게 된다.

$$\nabla^2 \mathbf{A} = i\omega\mu\sigma\mathbf{A} - \omega^2 \mu\varepsilon\mathbf{A} \tag{6.28}$$

벡터 퍼텐셜이 전도 영역에 대해서 풀이했다면 맴돌이 전류 밀도는 곧 구할 수 있다.

$$\mathbf{J}_{\text{eddy}} = \sigma\mathbf{E} = -i\omega\sigma\mathbf{A} \tag{6.29}$$

맴돌이 전류의 유도 문제에 대한 해석적 풀이는 종종 꽤 복잡한 무한 적분 Bessel 의 합, 또는 특수 함수들을 포함한다.
하지만 맴돌이 전류 분포를 계산하는 과정은 다른 전도 구조에 대해서도 꽤 비슷하다. 해석적 결과들은 계산법을 검증하는데 유용하며 다음에 나오는 것과 같이 중첩 적분과 합을 이용해서 좀 더 복잡한 맴돌이 전류 밀도를 계산하는데 유용하다.

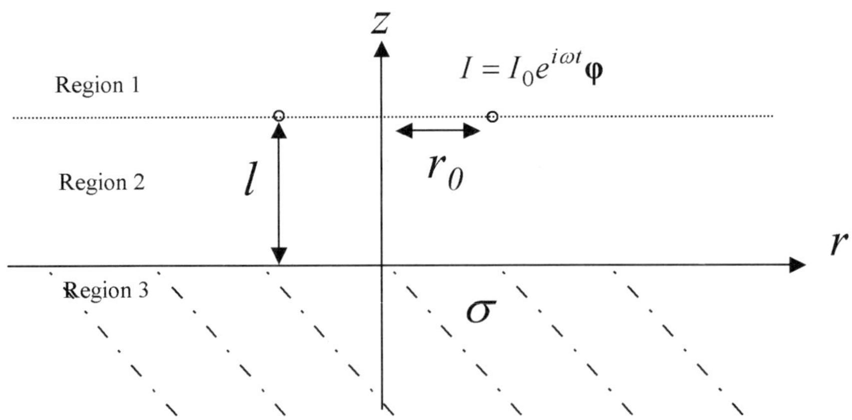

그림 6.3 반무한 전도성 반공간 위의 여기 코일.

전도 반공간 위의 원형 코일

1968 년 초에 Dodd, Deeds, 그리고 Liqiure 는 맴돌이 전류 유도 문제를 다층의 평면, 원기둥, 그리고 구형의 전도체가 직렬로 연결된 것으로 간주하고 풀이 하였다. 문제를 간단하게 하기 위해서 그림 6.3 에 보인 것과 같이 반 무한이며 투과성 반공간에 평행하며 높이 ℓ 에 위치한 반지름 r_0 의 루프에 원형의 교류 전류가 흐르는 것을 생각해 보자.
전도 반공간 위의 공기 영역에서는 변위 전류를 무시하면 소스 전류 항목만 남게 된다.

$$\nabla^2 \mathbf{A} = -\mu_0 \mathbf{J}_{\text{source}} \tag{6.30}$$

전도체 내부에는 전도 전류만이 존재하는데,

$$\nabla^2 \mathbf{A} = i\omega\mu\sigma\mathbf{A} \tag{6.31}$$

여기서 $\mu = \mu_e \mu_0$ 이다. 문제는 축 대칭이므로 벡터 퍼텐셜은 ϕ 성분만을 가지며 벡터 라플라시안은 스칼라 라플라시안에 추가적인 항을 가진다.

$$(\nabla^2 \mathbf{A})_\phi = \frac{\partial^2 A_\phi}{\partial r^2} + \frac{1}{r}\frac{\partial A_\phi}{\partial r} - \frac{A_\phi}{r^2} + \frac{\partial^2 A_\phi}{\partial z^2} = \nabla^2 \mathbf{A}_\phi - \frac{A_\phi}{r^2} \tag{6.32}$$

전도 반공간 위에서 구동 전류는 델타 함수의 곱으로 표현된다.

$$\frac{\partial^2 A_\phi}{\partial r^2} + \frac{1}{r}\frac{\partial A_\phi}{\partial r} - \frac{A_\phi}{r^2} + \frac{\partial^2 A_\phi}{\partial z^2} = \begin{cases} -\mu_0 I\delta(r - r_0)\delta(z - \ell) & z > 0 \\ i\omega\mu\sigma A_\phi & z \le 0 \end{cases} \tag{6.33}$$

변수 분리법을 이용해서 위의 방정식을 풀이하는데, $A_\phi(r,z) = R(r)\cdot Z(z)$ 를 대입하고 $R \cdot Z$ 로 나누면 다음의 식을 얻을 수 있다.

$$\frac{1}{R}\frac{\partial^2 R}{\partial r^2} + \frac{1}{rR}\frac{\partial R}{\partial r} - \frac{1}{r^2} + \frac{1}{Z}\frac{\partial^2 Z}{\partial z^2} - i\omega\mu\sigma = 0 \tag{6.34}$$

분리 상수 α^2 을 도입하고, r-축에 관련된 항들을 전부 $-\alpha^2$ 과 같다고 두고, 나머지 항들을 α^2 과 같다고 둔다. $R(r)$ 에 대한 미분 방정식은 다음과 같이 되고

$$\frac{1}{R}\frac{\partial^2 R}{\partial r^2}+\frac{1}{rR}\frac{\partial R}{\partial r}-\frac{1}{r^2}=-\alpha^2 \tag{6.35}$$

다음과 같은 선형의 독립 해를 얻을 수 있다.

$$R(r)=A\cdot J_1(\alpha r)+B\cdot Y_1(\alpha r) \tag{6.36}$$

벡터 퍼텐셜에 대한 해를 구성하기 위해서, 여기서 $Y_1(\alpha r)$ 는 $r=0$ 일 때 발산하므로 B 를 0 으로 둔다. 나머지 항들을 α^2 과 같다고 하면 다음의 미분 방정식을 얻을 수 있으며

$$\frac{1}{Z}\frac{\partial^2 Z}{\partial z^2}-\omega\mu\sigma=\alpha^2 \tag{6.37}$$

해는 다음과 같다.

$$Z(z)=C\cdot\exp\left(\sqrt{i\omega\mu\sigma+\alpha^2}\,z\right)+D\cdot\exp\left(-\sqrt{i\omega\mu\sigma+\alpha^2}\,z\right) \tag{6.38}$$

α 에 대한 제약이 없으므로 $A_\phi(r,z)$ 에 대한 해를 구성하는 과정에 연속적으로 더하면 된다. 영역에 따라서 상수들의 아래 첨자 레이블을 다시 붙이면 구동 코일 $z\geq 1$ 영역에 대한 벡터 퍼텐셜은 다음과 같다.

$$A_\phi^1(r,z)=\int_0^\infty B_1 e^{-\alpha z}J_1(\alpha r)d\alpha \tag{6.39}$$

구동 코일과 전도 반공간 사이의 영역 $0<z<\ell$ 에서는 다음과 같다.

$$A_\phi^2(r,z)=\int_0^\infty\left(B_2 e^{-\alpha z}+C_2 e^{\alpha z}\right)J_1(\alpha r)d\alpha \tag{6.40}$$

전도성 반공간 내부 $z\leq 0$ 에서는 다음과 같으며,

$$A_\phi^3(r,z) = \int_0^\infty C_3 e^{\beta z} J_1(\alpha r) d\alpha \tag{6.41}$$

여기서 $\beta = \sqrt{\alpha^2 + i\omega\mu\sigma}$ 이다. 상수 B_1, B_2, C_2, C_3 는 $z=0$ 과 $z=\ell$ 에서 접하는 장들 $\mathbf{E}$ 와 $\mathbf{H}$ 에서 연속성을 유지 하는 조건을 만족시키는 과정에서 얻을 수 있다. 접하는 전기 경계 조건은 $E_\phi = -i\omega A_\phi$ 이므로 A_ϕ 의 연속성을 이용하면 쉽게 구한다.

$$A_\phi^1\Big|_{z=\ell} = A_\phi^2\Big|_{z=\ell} \to B_1 \cdot e^{-\alpha\ell} = B_2 \cdot e^{-\alpha\ell} + C_2 \cdot e^{-\alpha\ell} \tag{6.42}$$

$$A_\phi^2\Big|_{z=0} = A_\phi^3\Big|_{z=0} \to C_3 = B_2 + C_2 \tag{6.43}$$

$z=0$ 에서 접하는 H_r 을 구하기 위해서는

$$\frac{1}{\mu_0}\frac{\partial A_\phi^2}{\partial z}\Bigg|_{z=0} = \frac{1}{\mu}\frac{\partial A_\phi^3}{\partial z}\Bigg|_{z=0} \to C_2 - B_2 = \frac{1}{\mu_r}\frac{\beta}{\alpha}\cdot C_3 \tag{6.44}$$

최종적으로 얻어지는 경계조건은 구동 코일의 위치에서의 H_r 의 비연속성을 고려하면 된다.

$$-\frac{\partial A_\phi^1}{\partial z}\Bigg|_{z=\ell} = \frac{\partial A_\phi^2}{\partial z}\Bigg|_{z=\ell} = \mu_0 I \delta(r - r_0) \tag{6.45}$$

이 조건은 다음과 같이 나타낼 수 있다.

$$\int_0^\infty \alpha\left(C_2 \cdot e^{\alpha\ell} + (B_1 - B_2)\cdot e^{-\alpha\ell}\right) J_1(\alpha r) d\alpha = \mu_0 I \delta(r - r_0) \tag{6.46}$$

이 방정식의 양변에 $r \cdot J_1(\alpha' r)$ 를 곱하고 r 에 대해서 적분하면 다음과 같다.

$$\int_0^\infty \alpha\left(C_2 \cdot e^{\alpha\ell} + \left(B_1 - B_2\right)\cdot e^{-\alpha\ell}\right)\int_0^\infty rJ_1(\alpha' r)J_1(\alpha r)drd\alpha$$
$$= \mu_0 I \int_0^\infty rJ_1(\alpha' r)\delta(r - r_0)dr \tag{6.47}$$

다음의 관계를 이용하면

$$\int_0^\infty rJ_1(\alpha' r)J_1(\alpha r)dr = \frac{\delta(\alpha - \alpha')}{\alpha} \tag{6.48}$$

α 에 대한 적분은 다음과 같아진다.

$$B_1 e^{-\alpha'\ell} - B_2 e^{-\alpha'\ell} + C_2 e^{\alpha'\ell} = \mu_0 I r_0 J_1(\alpha' r_0) \tag{6.49}$$

프라임 기호는 가짜이므로 삭제할 수 있으므로 네 개의 미지수와 네 개의 방정식을 얻을 수 있다.

$$\begin{bmatrix} e^{-a\ell} & -e^{-a\ell} & -e^{-a\ell} & 0 \\ 0 & 1 & 1 & -1 \\ 0 & -1 & 1 & \frac{1}{\mu_c}\frac{\beta}{\alpha} \\ e^{-a\ell} & -e^{-a\ell} & e^{-a\ell} & 0 \end{bmatrix}\begin{bmatrix} B_1 \\ B_2 \\ C_2 \\ C_3 \end{bmatrix} = \begin{bmatrix} 0 \\ 0 \\ 0 \\ \mu_0 I r_0 J_1(\alpha r_0) \end{bmatrix} \tag{6.50}$$

위의 식들을 MATLAB®에서 상수에 대해서 다음과 같이 풀이하고

```
% Solve for the constants B1, B2, C2 and C3
Syms B1, B2, C2, C2 a, l, b, ur, u0, I, r0, J1
Eq1 = 'exp(a*l)*B1-exp(-a*l)*B2-exp(a*l)*C2=0'
Eq2 = 'B2 + C2 - C3 = 0'
Eq3 = '-B2+C2 -b/a/ur *C2 = 0'
Eq4 = 'exp(-a*l)*B1-exp(-a*l)*B2+exp(a*l)*C2=u0*I*r0*J1'
[B1,B2,C2,C3]=Solve(Eq1,Eq2,Eq3,Eq4)
```

벡터 장에 대한 정식(integral expression)에 대입하면 다음의 식들을 얻을 수 있다.

$$A_\phi^1(r,z) = \frac{\mu_0 I r_0}{2}\int_0^\infty J_1(\alpha r)J_1(\alpha r_0)e^{-\alpha z}\left(e^{\alpha\ell} + e^{-\alpha\ell}\frac{\alpha\mu_r - \beta}{\alpha\mu_r + \beta}\right)d\alpha \tag{6.51}$$

$$A_\phi^2(r,z) = \frac{\mu_0 I r_0}{2}\int_0^\infty J_1(\alpha r)J_1(\alpha r_0)e^{-\alpha z}\left(e^{\alpha z} + e^{-\alpha z}\frac{\alpha\mu_r - \beta}{\alpha\mu_r + \beta}\right)d\alpha \tag{6.52}$$

$$A_\phi^3(r,z) = \frac{\mu_0 I r_0}{2}\int_0^\infty J_1(\alpha r)J_1(\alpha r_0)e^{-\alpha\ell}\left(e^{\beta z}\frac{2\alpha\mu_r}{\alpha\mu_r + \beta}\right)d\alpha \tag{6.53}$$

전도성 평면의 맴돌이 전류 밀도는 세 번째 영역의 벡터 퍼텐셜에 $-i\omega\sigma$ 를 곱한 값이다.

$$\mathbf{J}_{\text{eddy}} = -i\omega\sigma A_\phi^3(r,z)\hat{\varphi} \tag{6.54}$$

만일 $\sigma = 0$ 이라면 $\beta = \alpha$ 임을 알 수 있고, 자유공간의 단일 전류 루프에 대한 벡터 퍼텐셜은 다음과 같다.

$$A_\phi(r,z) = \frac{\mu_0 I r_0}{2}\int_0^\infty J_1(\alpha r)J_1(\alpha r_0)e^{-\alpha|z-\ell|}d\alpha \tag{6.55}$$

식 6.51, 6.52 그리고 6.55 를 비교해보면, 맴돌이 전류로 인해 전도성 반공간 위, 즉 $z > 0$ 인 영역의 벡터 퍼텐셜에 영향을 미치는 요소는 다음과 같이 정리된다.

$$\Delta A_\phi(r,z) = \frac{\mu_0 I r_0}{2}\int_0^\infty J_1(\alpha r)J_1(\alpha r_0)e^{-\alpha|z-\ell|}\frac{\mu_r\alpha - \beta}{\mu_r\alpha + \beta}d\alpha \tag{6.56}$$

그리고 완벽하게 전도하는 반공간에 대해서는 $\beta \to \infty$ 이고 $(\mu_r\alpha - \beta)/(\mu_r\alpha - \beta) = -1$ 이 된다. 위의 식은 변위 전류를 포함시키기 위해서는 $\beta \to \sqrt{\alpha^2 + i\omega\mu\sigma - \omega^2\mu\varepsilon}$ 를 대입할 수 있다.

유한한 단면을 가지는 여기 코일로부터 발생하는 벡터 퍼텐셜은 이 표현식을 코일의 단면 위의 단일 단섬유(filamentary) 형태의 전류 루프에 대해서 적분하면 다음과 같이 얻을 수 있고

$$A_\phi(r,z) = \frac{1}{\Delta\ell\Delta r}\int_{\ell_1}^{\ell_2}\int_{r_1}^{r_2} A_\phi(r,z,r_{0,}\ell)dr_0 d\ell \tag{6.57}$$

여기서 $\Delta\ell = \ell_2 - \ell_1$ 이고, $\Delta r = r_2 - r_1$ 이다. 얇은 원판, 또는 나선형의 코일의 경우는 r_0 에 대해 적분을 하고 Δr 로 나눈다. 전도성 판에서 ℓ_1 만큼 위에 있는 얇은 솔레노이드의 경우는 ℓ 에 대해서 적분하고 $\Delta\ell$ 로 나눈다.

전도성 구체 위의 원형 코일

그림 6.4 에 보인 것과 같이 전도성 구체 위에 위치하며 원형의 AC 여기 코일에 대해서 살펴보자. 이 때 문제를 간단히 하기 위해서 $\mu_r = 1$라고 둔다.

구형 좌표계에서 축 대칭이면, 벡터 라플라시안은 추가적인 항을 가지며

$$\left(\nabla^2 \mathbf{A}\right)_\phi = \nabla^2 A_\phi - \frac{1}{r^2 \sin^2\theta} A_\phi \tag{6.58}$$

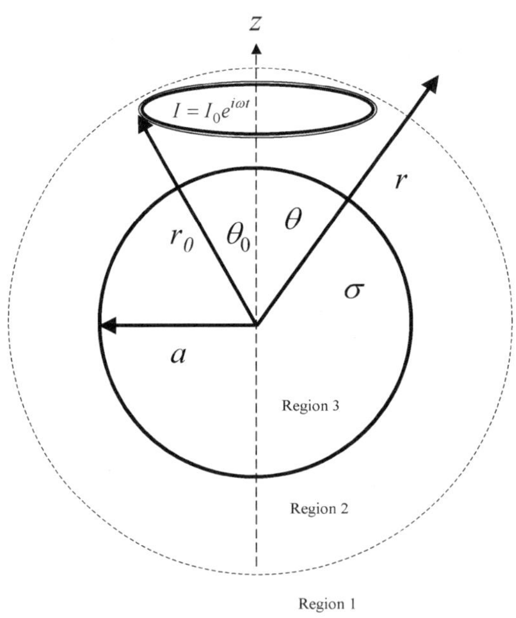

그림 6.4 전도성 구체 위의 원형 여기 코일.

여기서 $\nabla^2 A_\phi$ 는 스칼라 라플라시안이다. 구체의 외부에 대해서는 다음의 식을 얻을 수 있다.

$$\nabla^2 A_\phi - \frac{1}{r^2 \sin^2\theta} A_\phi = -\mu_0 I \frac{\delta(r-r_0)}{r_0} \delta(\theta-\theta_0) \tag{6.59}$$

전도성 구체 내부에 대해서는 다음의 식을 얻을 수 있으며

$$\nabla^2 A_\phi - \frac{1}{r^2 \sin^2\theta} A_\phi = i\omega\mu_0\sigma A_\phi \tag{6.60}$$

다음과 같이 정리할 수 있다.

$$\frac{1}{r^2}\frac{\partial}{\partial r}\left(r^2 \frac{\partial A_\phi}{\partial r}\right) + \frac{1}{r^2 \sin\theta}\frac{\partial}{\partial\theta}\left(\sin\theta \frac{\partial A_\phi}{\partial\theta}\right) - \frac{1}{r^2\sin^2\theta} A_\phi - i\omega\mu_0\sigma A_\phi = 0 \tag{6.61}$$

이 방정식을 변수 분리법을 사용해서 풀이하면서 미분 방정식에 $A \to R(r)\Theta(\theta)$ 와 같이 대입하고 $R\cdot\Theta$ 로 나눈다.

$$\frac{1}{R}\frac{\partial}{\partial r}\left(r^2 \frac{\partial R}{\partial r}\right) + \frac{1}{\Theta\sin\theta}\frac{\partial}{\partial\theta}\left(\sin\theta\frac{\partial\Theta}{\partial\theta}\right) - \frac{1}{\sin^2\theta} - i\omega\mu_0\sigma r^2 = 0 \tag{6.62}$$

이 경우 분리 상수는 $\ell(\ell+1)$ 이고, Θ 방정식은 다음과 같으며

$$\frac{1}{\Theta\sin\theta}\frac{\partial}{\partial\theta}\left(\sin\theta\frac{\partial\Theta}{\partial\theta}\right) - \frac{1}{\sin^2\theta} = -\ell(\ell+1) \tag{6.63}$$

다음의 해를 가진다.

$$\Theta(\theta) = A\cdot P_\ell^1(\cos\theta) + B\cdot Q_\ell^1(\cos\theta) \tag{6.64}$$

구체 내부의 반지름 방향의 방정식(radial equation)은 다음과 같다.

$$\frac{1}{r^2}\frac{\partial}{\partial r}\left(r^2\frac{\partial R}{\partial r}\right)-\left(\frac{\ell(\ell+1)}{r^2}+i\omega\mu_0\sigma\right)R=0 \tag{6.65}$$

이 식을 $i\omega\mu\sigma$ 로 나누고 $\alpha=\sqrt{i\omega\mu_0\sigma}$ 일 때 $z=\alpha r$ 를 대입하면 다음의 식을 얻을 수 있다.

$$\frac{1}{z^2}\frac{\partial}{\partial z}\left(z^2\frac{\partial R}{\partial z}\right)-\left(\frac{\ell(\ell+1)}{z^2}+1\right)R=0 \tag{6.66}$$

이 방정식의 해는 변형된 구체의 베셀 함수로 주어진다.

$$R(r)=Ci_\ell(\alpha r)+Dk_\ell(\alpha r) \tag{6.67}$$

변형된 원기둥 베셀 함수에서 각 항은 다음과 같다.

$$i_\ell(z)=\sqrt{\frac{\pi}{2z}}I_{\ell+\frac{1}{2}}(z)\quad\text{and}\quad k_\ell(z)=\sqrt{\frac{\pi}{2z}}K_{\ell+\frac{1}{2}}(z) \tag{6.68}$$

최종적으로 구한 구체 외부의 방사 방정식은 다음과 같고

$$\frac{1}{r^2}\frac{\partial}{\partial r}\left(r^2\frac{\partial R}{\partial r}\right)-\frac{\ell(\ell+1)}{r^2}R=0 \tag{6.69}$$

해는 다음과 같다.

$$R(r)=E\cdot r^\ell+F\cdot r^{-(\ell+1)} \tag{6.70}$$

일반 해를 구성하는 과정에서 $\cos\theta=\pm1$ 에 대해서는 불량 거동(ill-behaved)이므로 $Q_\ell^1(\cos\theta)$ 는 버린다. 또한 $k_\ell(\alpha r)$ 은 $r=0$ 에서 정의 되지 않았으므로 버린다. 각 영역에서의 벡터 퍼텐셜은 다음과 같다.

$$A_\phi^3(r,\theta)=\sum_{\ell=1}^{\infty}b_3\cdot i_\ell(\alpha r)\cdot P_\ell^1(\cos\theta) \tag{6.71}$$

$$A_\phi^2(r,\theta)=\sum_{\ell=1}^{\infty}\left(b_2 r^{\ell}+c_2 r^{-(\ell+1)}\right)\cdot P_\ell^1(\cos\theta) \tag{6.72}$$

$$A_\phi^1(r,\theta)=\sum_{\ell=1}^{\infty} b_1\cdot r^{-(\ell+1)}\cdot P_\ell^1(\cos\theta) \tag{6.73}$$

여기서 상수들은 영역 번호를 이용해서 레이블을 붙였다. $r=a$ 과 $r=r_0$ 에서의 접하는 전기적 경계 조건을 적용하면 두 개의 조건을 얻을 수 있다.

$$b_3\cdot i_\ell(\alpha\cdot a)=b_2\cdot a^{\ell}+c_2\cdot a^{-(\ell+1)} \tag{6.74}$$

$$b_1\cdot r_0^{-(\ell+1)}=b_2\cdot r_0^{\ell}+c_2\cdot r_0^{-(\ell+1)} \tag{6.75}$$

$r=a$ 에서 접하는 H_θ 가 필요하므로

$$-\frac{1}{r}\frac{\partial}{\partial r}rA_\phi^3\bigg|_{r=a}=-\frac{1}{r}\frac{\partial}{\partial r}rA_\phi^2\bigg|_{r=a} \tag{6.76}$$

는 다음의 식을 얻을 수 있다.

$$b_3\cdot\left[i_\ell(\alpha\cdot a)+ai_\ell'(\alpha\cdot a)\right]=b_2\cdot a^{\ell}\cdot(\ell+1)-c_2\cdot\ell\cdot a^{-(\ell+1)} \tag{6.77}$$

H_θ 의 $r=r_0$ 에서의 불연속성을 이용해서 다음의 식을 얻을 수 있다.

$$-\frac{1}{r}\frac{\partial}{\partial r}rA_\phi^2\bigg|_{r=r_0}+\frac{1}{r}\frac{\partial}{\partial r}rA_\phi^1\bigg|_{r=r_0}=-\frac{\mu_0 I}{r_0}\delta(r-r_0)\delta(\theta-\theta_0) \tag{6.78}$$

양 변에 r 를 곱하고 적분하면 다음의 식을 얻는다.

$$\sum\left[-b_1\cdot\ell\cdot r_0^{-(\ell+1)}-b_2\cdot r_0^{\ell}\cdot(\ell+1)+c_2\cdot\ell\cdot r_0^{-(\ell+1)}\right]P_\ell^1(\cos\theta)=-\mu_0 I\delta(\theta-\theta_0) \tag{6.79}$$

이 식의 결과의 양변에 $P_{\ell'}^1(\cos\theta)\sin\theta$ 를 곱하면

$$-b_1 \cdot \ell \cdot r_0^{-(\ell+1)} - b_2 \cdot r_0^{\ell} \cdot (\ell+1) + c_2 \cdot \ell \cdot r_0^{-(\ell+1)} = -\mu_0 I \frac{2\ell+1}{2\ell(\ell+1)} P_\ell^1(\cos\theta_0)\sin\theta_0 \tag{6.80}$$

여기서는 다음의 직교성 조건이 사용되었다.

$$\int_{-1}^{1} P_\ell^m(x) P_{\ell'}^m(x) dx = \frac{2}{2\ell+1} \frac{(\ell-m)!}{(\ell+m)!} \delta_{\ell\ell'} \tag{6.81}$$

이제 다음과 같은 연립방정식을 얻었다.

$$\begin{bmatrix} i_\ell(\alpha \cdot a) & -a^\ell & -a^{-(\ell+1)} & 0 \\ 0 & -r_0^\ell & -r_0^{-(\ell+1)} & r_0^{-(\ell+1)} \\ \left[i_\ell(\alpha \cdot a) + a \cdot i_\ell'(\alpha \cdot a)\right] & -a^\ell(\ell+1) & \ell \cdot a^{-(\ell+1)} & 0 \\ 0 & -r_0^\ell(\ell+1) & \ell \cdot r_0^{-(\ell+1)} & -\ell \cdot r_0^{-(\ell+1)} \end{bmatrix} \begin{bmatrix} b_3 \\ b_2 \\ c_2 \\ b_1 \end{bmatrix} = \begin{bmatrix} 0 \\ 0 \\ 0 \\ -\mu_0 I \dfrac{2\ell+1}{2\ell(\ell+1)} P_\ell^1(\cos\theta_0)\sin\theta_0 \end{bmatrix} \tag{6.82}$$

앞서와 마찬가지로 MATLAB®을 이용해서 상수들을 구하면 벡터 퍼텐셜은 다음과 같다.

$$A_\phi^3(r,\theta) = \frac{\mu_0 I \sin\theta}{2} \sum_{\ell=1}^{\infty} \frac{P_\ell^1(\cos\theta) P_\ell^1(\cos\theta_0)}{\ell(\ell+1)} \cdot \frac{(2\ell+1) a^\ell i_\ell(\alpha r)}{r_0^\ell [(\ell+1) i_\ell(\alpha a) + a\alpha \cdot i_\ell'(\alpha a)]} \tag{6.83}$$

$$\begin{aligned} A_\phi^2(r,\theta) = \frac{\mu_0 I \sin\theta_0}{2} \sum_{\ell=1}^{\infty} & \frac{P_\ell^1(\cos\theta) P_\ell^1(\cos\theta_0)}{\ell(\ell+1)} \\ & \left(\frac{r^\ell}{r_0^\ell} - \frac{a^{2\ell+1} r^{-(\ell+1)}}{r_0^\ell} \cdot \frac{a\alpha \cdot i_\ell'(\alpha a) - \ell \cdot i_\ell(\alpha a)}{(\ell+1) i_\ell(\alpha a) + a\alpha \cdot i_\ell'(\alpha a)} \right) \end{aligned} \tag{6.84}$$

$$A_\phi^1(r,\theta) = \frac{\mu_0 I \sin\theta_0}{2}\sum_{\ell=1}^{\infty}\frac{P_\ell^1(\cos\theta)P_\ell^1(\cos\theta_0)}{\ell(\ell+1)}$$
$$\left(\frac{r_0^\ell}{r^\ell} - \frac{a^{2\ell+1}r^{-(\ell+1)}}{r_0^\ell}\cdot\frac{a\alpha\cdot i_\ell'(\alpha a) - \ell\cdot i_\ell(\alpha a)}{(\ell+1)i_\ell(\alpha a) + a\alpha\cdot i_\ell'(\alpha a)}\right) \tag{6.85}$$

구체 내부의 맴돌이 전류는 $\mathbf{J}_{\text{eddy}} = \iota\sigma\omega A_\phi^3(r,\theta)\hat{\varphi}$ 로 주어진다. 괄호의 첫 번째 항은 구체에 구역 1 과 2 가 없을 경우의 벡터 퍼텐셜 이다. 위의 맴돌이 전류 예제의 복잡한 속성에도 불구하고 얻어진 닫힌 형태의 풀이는 맴돌이 전류 밀도, 힘의 손실, 그리고 추력(lift-off), 구동 주파수 금속 전도도 등과 같은 매개변수에 대한 힘과 같은 물리적 속성들의 의존성을 제공해 준다.

6.4 퀵필드를 이용한 시간 조화 해석

퀵필드는 면 대칭 혹은 축 대칭인 시간 조화 자기학 문제를 풀이할 수 있다. 만일 x-y 대칭에서 $\mu_x \neq \mu_y$ 이거나 축 대칭에서 $\mu_r \neq \mu_z$ 라면 투자율은 이방성이다.
x-y 대칭에서는 벡터 퍼텐셜은 다음의 식을 따라서 구할 수 있으며

$$\frac{\partial}{\partial x}\left(\frac{1}{\mu_y}\frac{\partial A_z}{\partial x}\right) + \frac{\partial}{\partial y}\left(\frac{1}{\mu_x}\frac{\partial A_z}{\partial y}\right) - i\omega\sigma A_z = -J_{\text{source}} \tag{6.86}$$

축 대칭인 경우에는 다음의 식을 따르게 된다.

$$\frac{\partial}{\partial r}\left(\frac{1}{r\mu_z}\frac{\partial(rA_\phi)}{\partial r}\right) + \frac{\partial}{\partial z}\left(\frac{1}{\mu_r}\frac{\partial A_\phi}{\partial z}\right) - i\omega\sigma A_\phi = -J_{\text{source}} \tag{6.87}$$

자기장 요소들은 앞의 장에서 했던 것처럼 벡터 퍼텐셜의 회전으로 계산할 수 있다. 전기장은 축 대칭인 경우는 $E_\phi = -i\omega A_\phi$, 즉 ϕ 성분만 있고, x-y 대칭인 경우는

$E_z = i\omega A_z$, 즉 z 성분만 있다. 맴돌이 전류 성분은 축 대칭일 때에는 $J_\phi = -i\omega\sigma A_\phi$ 에 비례하고, x-y 대칭일 때에는 $J_z = -i\omega\sigma A_z$ 에 비례한다.

경계 조건들

AC 자기학에서 경계조건들은 그 조건이 시간에 따라서 변한다는 것 외에는 DC 자기학에서의 경우와 같은 방식으로 지정한다. 그림 6.5 에 테두리 편집 창을 보인다. 벡터 퍼텐셜과 접하는 장의 경계조건들에 공간 의존성을 지정할 수 있다. 수직 장이 0 인 조건, 짝수 주기와 홀수 주기의 경계조건들 또한 이 창에서 지정할 수 있다.

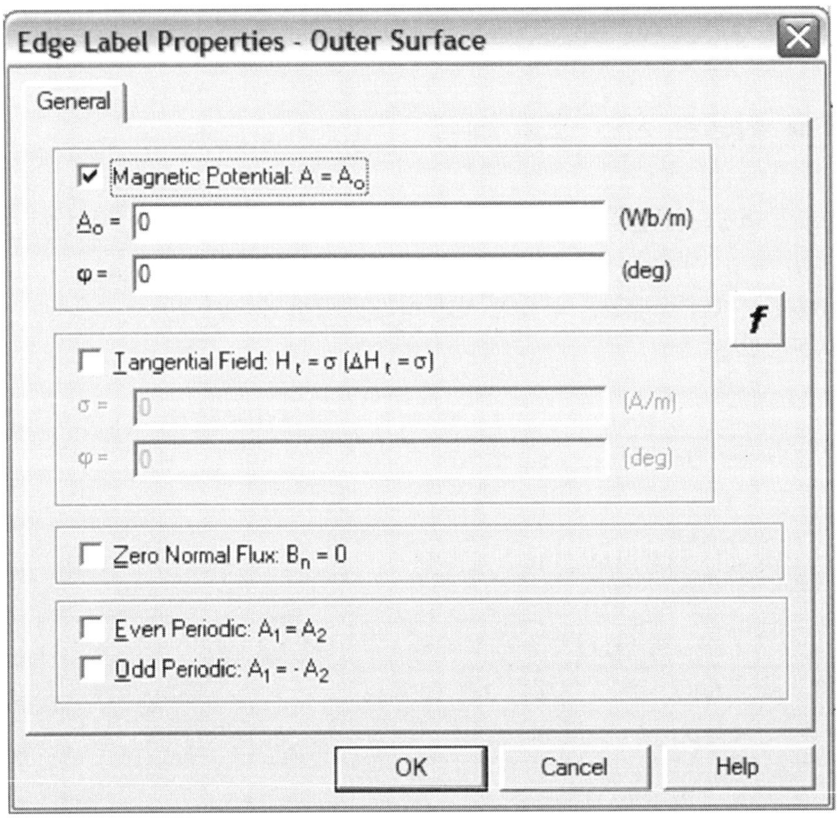

그림 6.5 AC 자기학에서 테두리 레이블 데이터를 편집하는 창: 이 테두리 레이블 윈도우를 열기 위해서는 화면의 왼쪽에 있는 트리 다이어그램에서 해당하는 테두리 레이블을 클릭한다.

디리클레 조건들

x-y 대칭인 경우에는 벡터 퍼텐셜 A_z 을, 축 대칭인 경우에는 벡터 퍼텐셜 rA_ϕ 의 값을 지정한다.

노이만 조건들

표면 전류 밀도와 수치적으로 동일한 접하는 장들의 세기를 지정한다. 밖으로 향하는 경계는 $H_t = \sigma$, 안의 경계는 $H_t^+ - H_t^- = \sigma$ 이며, 표면에 수직인 지점은 (-)에서 (+) 방향이다.

주기적인 경계 조건들

짝수일 때는 $A_1 = A_2$, 홀수 일 때는 $A_1 = -A_2$ 인 주기성을 주기적인 구조에 대해서 마주보는 테두리에 대해서 지정할 수 있다. 수직인 장과 접하는 장의 성분들은 주기적인 경계에 존재하게 된다.

물성들

블록 레이블

그림 6.6 은 블록 레이블 데이터를 편집하는 창을 보인다.

AC 자기학에서의 블록 레이블은 자기 유전율 텐서의 두 성분을 포함하는 데이터와 관련지울 수 있다. 총 전류 또는 전류 밀도는 좌표에 대한 함수로 지정할 수 있다. AC 자기학에서는 시간에 따라 변하는 장을 취급하기 때문에 영구 자장은 모사할 수 없다.

꼭지점 레이블

그림 6.7 은 AC 자기학에서 꼭지점 레이블의 데이터를 편집하는 창을 보인다. 모델의 특정 노드에 특정한 벡터 퍼텐셜과 전류 값을 지정할 수 있다. 이 값들은 좌표에 종속된다.

적분량들

적분량들은 후처리 모듈(Post Processing Module)로 계산한다. 이 양들에는 순간 최고 파워와 시간 평균 파워를 포함한다.

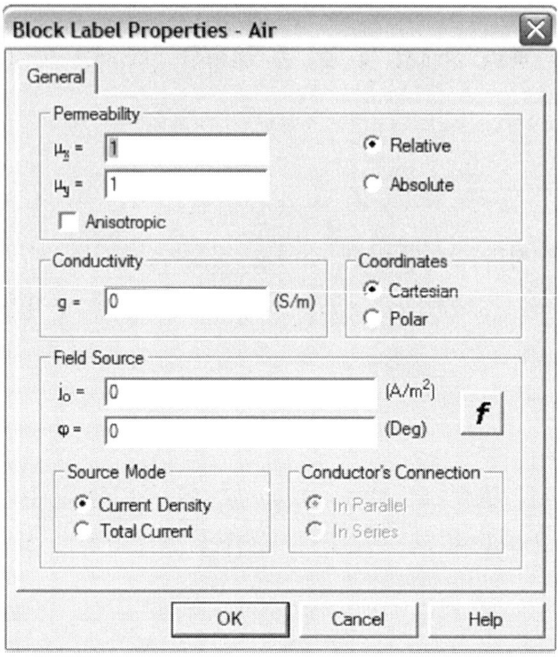

그림 6.6 AC 자기학에서 블록 레이블 데이터를 수정하는 윈도우: 이 윈도우를 열기 위해서는 화면의 왼쪽에 있는 트리 다이어그램에서 해당하는 블록 레이블을 클릭한다.

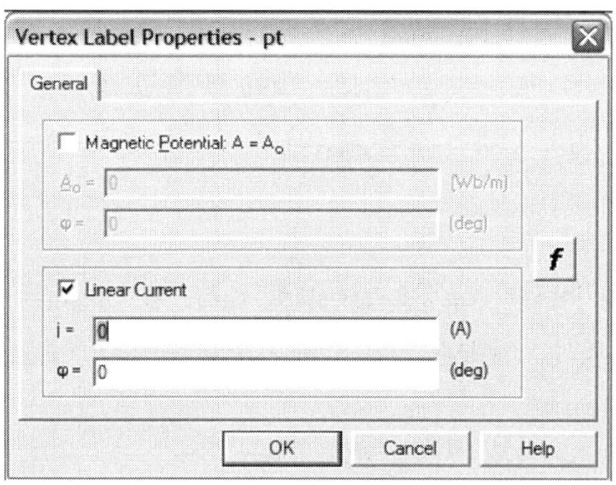

그림 6.7 AC 자기학에서 꼭지점 레이블 데이터를 수정하는 윈도우: 이 윈도우를 열기 위해서는 화면의 왼쪽에 있는 트리 다이어그램에서 해당하는 꼭지점 레이블을 클릭한다.

$$S = \iint_{\text{surf}} \mathbf{E} \times \mathbf{H} \cdot d\mathbf{a} \tag{6.88}$$

여기서 포인팅(Poynting) 벡터는 $\mathbf{S} = \mathbf{E} \times \mathbf{H}$ 이다. 순간 최고와 시간 평균 줄(Joule) 열량 Q 는 다음과 같이 계산한다.

$$Q = \frac{1}{\sigma} \iiint_{\text{vol}} J^2 dv \tag{6.89}$$

순간 최고와 시간 평균 자장 에너지는 다음과 같다.

$$W = \frac{1}{2} \iiint_{\text{vol}} \mathbf{B} \cdot \mathbf{H}\, dv \tag{6.90}$$

전도체를 지나는 순간 최고와 시간 평균 로렌츠 힘(Lorentz force)은 다음과 같다.

$$\mathbf{F} = \oiint_{\text{surf}} \mathbf{J} \times \mathbf{B} da \tag{6.91}$$

순간 최고와 시간 평균 로렌츠 토크는 다음과 같이 계산한다

$$\mathbf{T} = \oiint_{\text{surf}} \mathbf{r} \times (\mathbf{J} \times \mathbf{B}) da \tag{6.92}$$

여기서 $\mathbf{r}$ 은 좌표계의 원점에서부터 구한 것이다. 순간 최고와 시간 평균 막스웰 힘과 토크는 5 장의 식들을 이용해서 계산한다.

인덕턴스의 계산

AC 자기학의 인덕턴스 계산은 정자기학 풀이에서 했던 것처럼 할 수 있다. 코일의 자체 인덕턴스(self-inductance)는 코일을 지나는 총괄 선속을 코일에 흐르는 전류와 꺼진(turned off) 다른 모든 자기 소스로 나누면 구할 수 있다. 두 개의 코일 사이의 상호 인덕턴스(mutual inductance)은 한 코일에 흐르는 선속의 가닥을 두 번째 코일에 흐르는 전류와 꺼진

소스로 나누면 구할 수 있다. 자체 인덕턴스와 상호 인덕턴스를 체계적으로 계산하기 위해서 인덕턴스 마법사(Inductance Wizard)를 이용할 수 있다.

전도성 구체 내부의 전류 루프

그림 6.8 은 $\sigma = 3.0 \cdot 10^8 \mathrm{S/m}$, $\mu_r = 1$ 의 특성을 가지는 전도성 구체 내부의 변하는 전류 루프로 인한 맞음 위상(in-phase)의 선속 선들과 RMS 맴돌이 전류 밀도이다.

이 모사의 자극 주파수는 10Hz 이다. 그림 6.9 는 구체 외부 표면의 등고선을 따라서 맴돌이 전류 밀도를 플로팅 한 것이다.

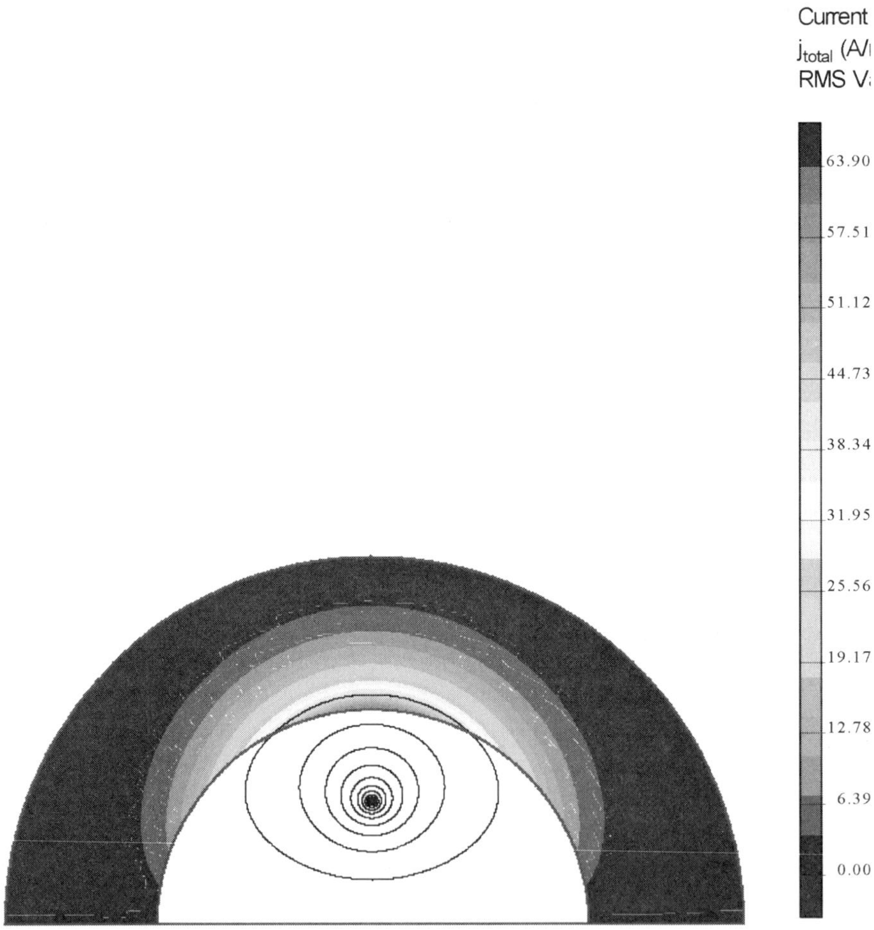

그림 6.8 전도성 구체 내부의 전류 루프: 동상의 선속 선들과 RMS 맴돌이 전류 플롯

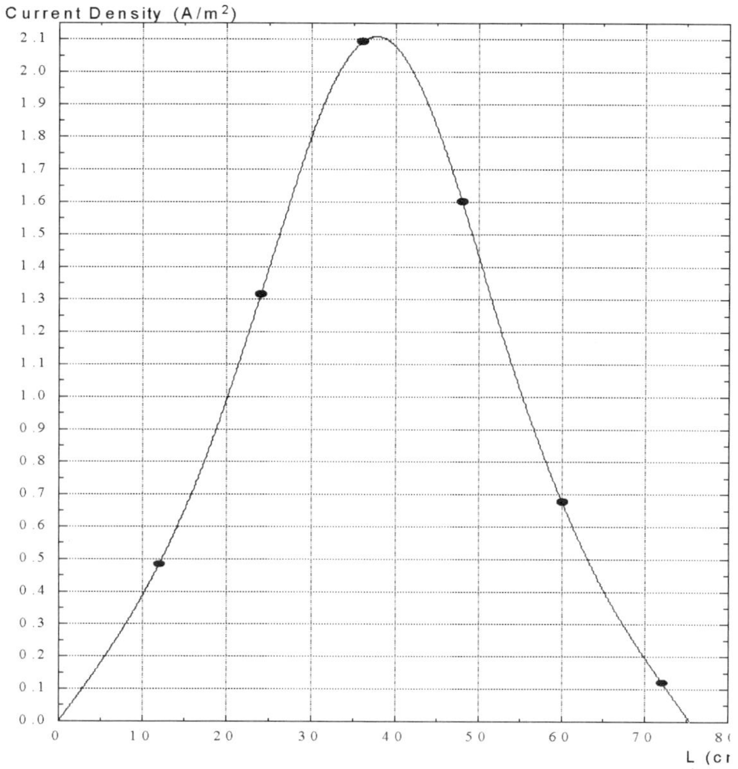

그림 6.9 바깥쪽 구체의 표면을 따라서 플로팅한 맴돌이 전류 밀도

6.5 맴돌이 전류를 이용한 비파괴 검사

맴돌이 전류를 이용하는 검사는 피검사물에 맴돌이 전류를 유도시키고, 그 유도된 전류를 픽업 코일 또는 자기계를 이용해서 검출하는 것이다. 맴돌이 전류 조사법은 전도체 내의 구멍과 포유물을 검출하는데 사용되며, 또한 유전율과 전도율을 기준으로 물질들을 분류하는 데에도 사용된다.

AC 전류가 흐르는 코일의 임피던스는 주변의 전도체 존재 여부에 영향 받는다. 전도도의 부분적 변화도 코일의 임피던스의 변화에 기여한다. 이 임피던스의 변화를 관찰함으로써 파이프, 비행기 그리고 금속 구조물의 결함을 검출할 수 있다. 코일에서의 임피던스의 변화는 옴의 법칙을 따르며, 여기서 맴돌이 전류로 유도된 전압은 다음과 같다.

$$\Delta V = -\oint_{\Gamma} \Delta \mathbf{E} \cdot d\ell = i\omega \oint_{\Gamma} \Delta \mathbf{A} \cdot d\ell \tag{6.93}$$

위의 식을 하나로 이루어진 가는 루프의 주위에 대해서 적분하면 다음을 얻는다.

$$\Delta Z = i\omega \frac{2\pi r_0}{I} \Delta A_\phi (r_0, \ell) \tag{6.94}$$

만일 코일이 반무한 전도면 위에 위치한다면, 코일의 임피던스 변화는 다음과 같다.

$$\Delta Z = i\omega\mu_0 \pi r_0^2 \int_0^\infty J_1^2(\alpha r_0) e^{-2\alpha\ell} \frac{\mu_r \alpha - \beta}{\mu_r \alpha + \beta} d\alpha \tag{6.95}$$

일반적으로 임피던스의 변화는 저항과 리액턴스의 합으로 나타낼 수 있다.

$$\Delta Z = \Delta R + i\Delta X \tag{6.96}$$

ΔZ 는 일반적으로 임피던스 평면에 리액턴스에 대한 저항성으로 플로팅한다.
식 (6.95)의 허수 부분을 취하면 리액턴스를 얻을 수 있고,

$$\Delta R = -\omega\mu_0 \pi r_0^2 \int_0^\infty J_1^2(\alpha r_0) e^{-2\alpha\ell} \, \mathrm{Im}\left(\frac{\mu_r \alpha - \beta}{\mu_r \alpha + \beta} \right) d\alpha \tag{6.97}$$

실수 부분을 취하면 코일의 저항을 얻을 수 있다.

$$\Delta X = \omega\mu_0 \pi r_0^2 \int_0^\infty J_1^2(\alpha r_0) e^{-2\alpha\ell} \, \mathrm{Re}\left(\frac{\mu_r \alpha - \beta}{\mu_r \alpha + \beta} \right) d\alpha \tag{6.98}$$

무한한 전도체의 경우에는 임피던스의 변화는 Im(-1)=0 이므로 저항성으로 계산되어 진다.

$$\Delta X = \omega\mu_0 \pi r_0^2 \int_0^\infty J_1^2(\alpha r_0) e^{-2\alpha\ell} d\alpha \tag{6.99}$$

그러므로 구동 코일의 저항이 변하지 않을 때 완벽한 전도체에서의 힘의 손실은 없다. 전도성 구체 위의 AC 전류 루프의 ΔX , ΔR 에 대한 식은 같은 방식으로 얻을 수 있다.

파이프를 검사할 때 결함으로 인한 자기장과 코일의 임피던스의 변화

교란되지 않은 벡터 퍼텐셜을 알고 있다면, 작은 결함(flaw)으로 인한 부분적 자기장과 코일 임피던스의 변화를 계산할 수 있다. 만일 결함 내부의 전류밀도가 주위의 전도체보다 많이 작다면 교란되지 않은 맴돌이 전류와 반대 방향의 전류 $\mathbf{J}_{\text{flaw}}$가 결함 부분 내부에 중첩된 것으로 여길 수 있다. 이 근사법은 결함의 주변을 흐르는 복잡한 전류 흐름을 무시한다. 비오 사바르 법칙은 작은 결함으로 인한 전류 흐름의 변화로 인한 자장의 변화를 구할 수 있게 해준다.

$$\Delta\mathbf{B}_{\text{flaw}}(\mathbf{r}) = \frac{\mu_0}{4\pi}\iiint_{\text{vol}}\frac{\mathbf{J}_{\text{flaw}}(\mathbf{r}')\times(\mathbf{r}-\mathbf{r}')}{|\mathbf{r}-\mathbf{r}'|^3}dv' \tag{6.100}$$

여기서 $\mathbf{J}_{\text{flaw}} = -\mathbf{J}_{\text{eddy}}$ 이다. 만일 결함이 충분히 작아서 교란이 없는 맴돌이 전류가 부피 V_{flaw}에 대해서 변하지 않는다면 적분은 다음과 같이 근사되며

$$\Delta\mathbf{B}_{\text{flaw}}(\mathbf{r}) = \frac{\mu_0}{4\pi}\frac{\mathbf{J}_{\text{flaw}}(\mathbf{r}')\times(\mathbf{r}-\mathbf{r}')}{|\mathbf{r}-\mathbf{r}'|^3}V_{\text{flaw}} \tag{6.101}$$

결함에 대한 자기계의 응답을 계산하는데 사용할 수 있다. 이 식은 해석적 또는 수치적 결과로부터 얻은 교란되지 않은 맴돌이 전류 밀도와 함께 사용된다. 유도 코일 또는 픽업 코일의 위치에서의 벡터 퍼텐셜의 변화는 다음과 같이 구해진다.

$$\Delta\mathbf{A}_{\text{flaw}}(\mathbf{r}) = \frac{\mu_0}{4\pi}\frac{\mathbf{J}_{\text{flaw}}(\mathbf{r}')}{|\mathbf{r}-\mathbf{r}'|}V_{\text{flaw}} \tag{6.102}$$

결과는 결함으로 인한 코일의 임피던스 변화를 계산하기 위해서 다음의 식과 결합될 수 있다.

$$\Delta Z = i\omega\frac{2\pi r_0}{I}\Delta A_\phi(r_0,\ell) \tag{6.103}$$

결함의 응답은 임피던스 평면에 플로팅 할 수 있다. Burrows 가 처음으로 작은 결함으로 인한 임피던스 변화를 모델링해서 다음의 식을 구하였다.

$$\Delta Z = \frac{3}{2}\omega^2 \sigma V_{\text{flaw}} \left(\frac{A_{\text{flaw}}}{I_{\text{coil}}} \right)^2 \tag{6.104}$$

여기서 A_{flaw} 는 부피가 V_{flaw} 인 결함이 있는 곳의 교란되지 않은 벡터 퍼텐셜이다.

파이프 검사

맴돌이 전류를 이용한 비파괴 검사의 한 예로서 파이프에 사각형 또는 원형 단면의 결함이 있는 부분에서 유도된 맴돌이 전류를 모사할 것이다. 그림 6.10 은 유도 코일 쌍이 파이프의 사각형의 사각형 홈의 형태의 결함 주위에 있을 때의 유한 요소 그물망을 보이고 있다.

그림에서 구동 코일들과 파이프의 단면이 선택되어 있다. 파이프의 내부 반지름은 2.0cm 이고, 두께는 1.0cm, 그리고 파이프의 전도도는 10^8S/m 이다. 내부 반지름은 3.1cm 이고 각 변이 0.5cm 사각인 코일이 파이프에서 1.0mm 위에 있다. 결함은 두께가 1mm, 깊이는 4.0mm 이며 비전도성이다.

결함의 응답은 코일의 수에 따라서 주 코일 또는 보조 코일의 임피던스의 변화를 측정해서 기록한다. 다른 방법으로는 자기장의 변화는 두 개의 마주 감은 코일들 사이에서 측정된다. 그림 6.11 에 사각 홈 형태의 결함을 가지는 파이프 주위에 마주 감은 유도 코일로 인해 생기는 선속 선들과 RMS 맴돌이 전류 밀도를 보인다. 이 그림에서 여기 주파수는 50Hz 이다.

그림 6.12 에 파이프에 고리 형태의 결함 주위에 유도 코일 쌍이 있는 유한 요소 그물망을 보인다. 이전의 예제와 같은 크기의 구동 코일과 파이프의 단면이 선택되어 있다. 레이블 무버를 이용해서 결함을 이동시켜 파이프를 스캔해서 측정하는 것을 모사하였다. 다른 방법으로는 구동코일 또는 파이프 전체를 대신 이동시킬 수도 있다. 그림 6.13 은 레이블 무버 윈도우를 이용해서 데이터를 기록하고 모델의 매개변수를 각 단계에서 변화시키는 것을 보이고 있다. 이 그림에서 결함은 각 단계 마다 왼쪽으로 0.25cm 이동하도록 설정되어 있다.

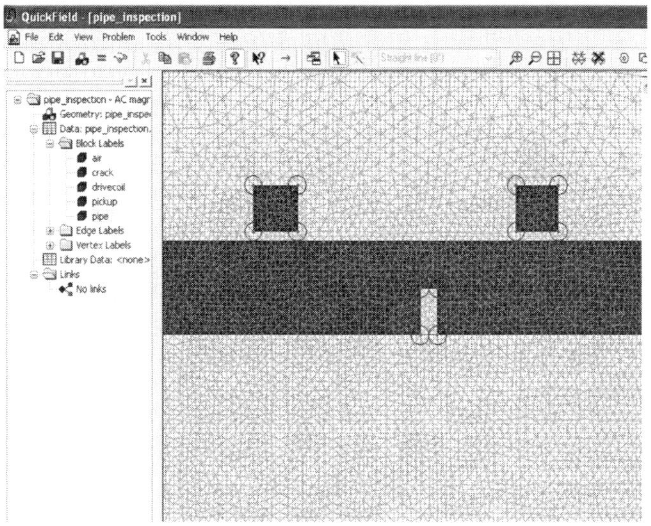

그림 6.10 파이프의 사각형 결함이 있는 부분 주위의 유도 코일들 쌍의 유한 요소 그물망: 구동 코일과 파이프 부분이 선택되어 있다.

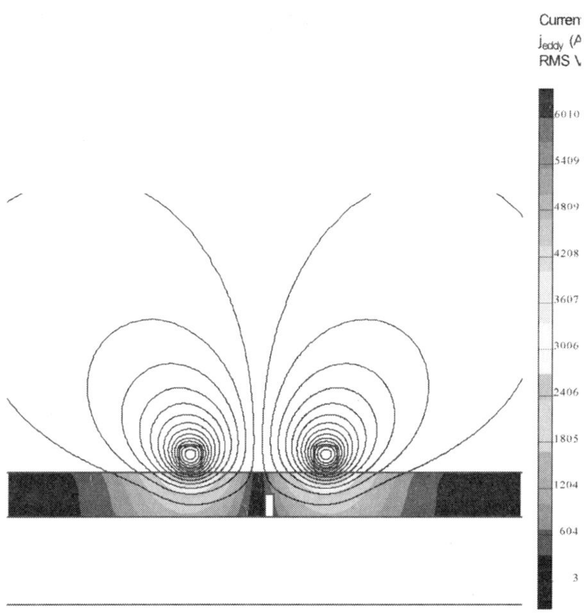

그림 6.11 파이프의 사각형 결함이 있는 부분 주위의 마주 감은 유도 코일들로 인한 선속 선들과 RMS 맴돌이 전류 밀도. 이 그림에서 여기 주파수는 50Hz 이다.

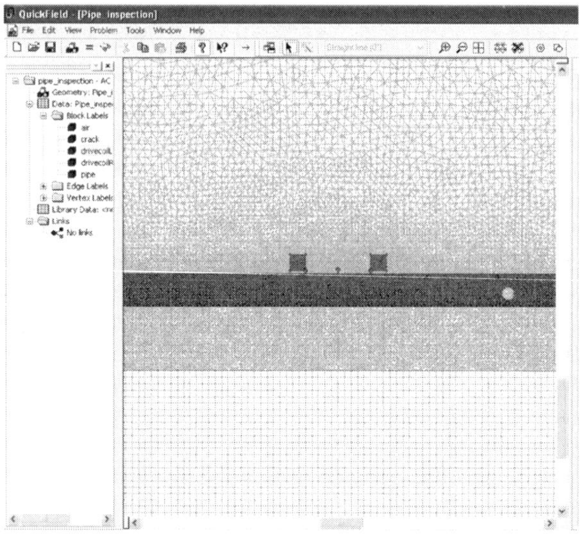

그림 6.12 파이프의 원형 결함이 있는 부분 주위의 유도 코일들 쌍의 유한 요소 그물망: 구동 코일과 파이프 부분이 선택되어 있다.

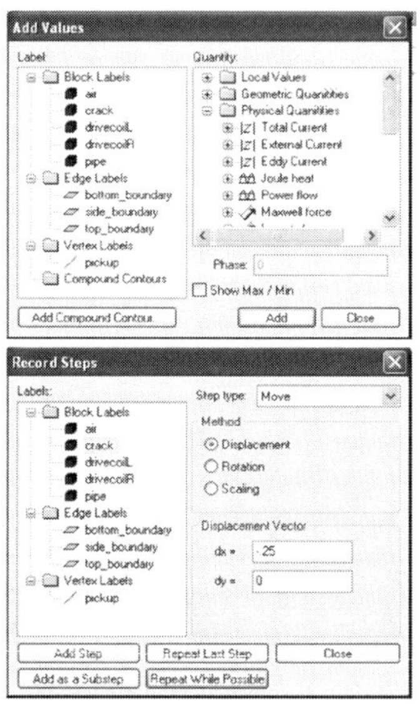

그림 6.13 레이블 무버 안에 있는 Add Values 윈도우에서 데이터를 입력하고 Record Steps 윈도우를 이용해서 매개변수의 변화를 지정한다. 파이프 내부의 결함은 각 단계마다 왼쪽으로 0.25cm 이동한다.

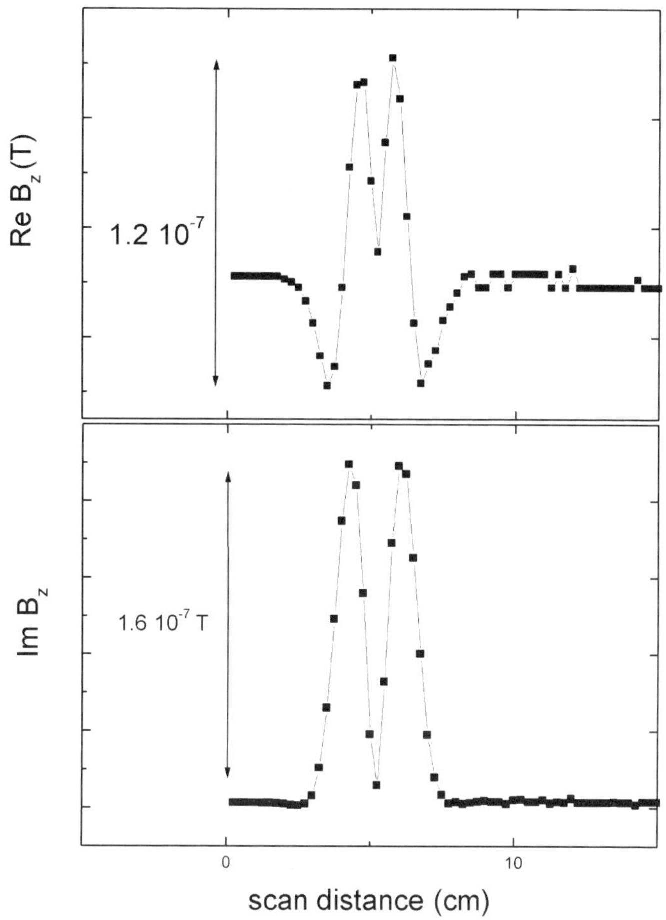

그림 6.14 결함부분이 전도성 파이프를 따라서 단계별로 0.25cm 씩 이동할 때 유도 코일들 사이의 자기장의 z 성분의 실수 부분의 변화이다. 이 그림의 자극 주파수는 100Hz 이다.

그림 6.14 는 결함이 파이프를 따라 이동함에 따라서 1.0A, 100Hz 교류가 흐르는 유도 코일들 사이의 자기장의 z 성분의 실수 부분과 허수 부분의 변화를 플로팅 하였다. 결함이 최대 맴돌이 전류 밀도의 영역에 있을 때는 신호의 순간 값은 0 이 된다. 이 순간은 결함이 코일들 바로 중간에 위치하며 각 코일이 발생시킨 맴돌이 전류가 상쇄되는 지점이다.

6.6 금속 탐지기

패러데이의 법칙은 맴돌이 전류 유도와 금속 탐지기를 설명할 수 있는 기본적인 법칙이다. 금속 탐지기는 일반적으로 외부의 구동 코일과 내부의 픽업 또는 검출 코일로 구성된다. 비오 사바르 법칙은 여기 코일 중심의 교란되지 않은 전기장을 구할 수 있다.

$$B(t) = \frac{\mu_0 N_p I(t)}{2R_p} \tag{6.105}$$

만일 두 번째 픽업 루프가 충분히 작다면 1 차 장(primary field)은 그 영역에 대해서 거의 일정하므로 주변에 금속 물체가 없을 때의 $E = -N_S \partial\Phi / \partial t = -i\omega\mu_0 \pi R_S^2 N_S N_P I(t) / 2R_p$ 의 *emf* 에 대한 픽업 루프를 지나는 총괄 선속은 $\Phi_m = \pi R_S^2 B(t)$ 이다. 만일 유전율이 높은 물체가 픽업 코일 근처로 오게 되면 선속 밀도가 증가하며 코일의 유도 전압을 상승시키게 된다. 전도도는 높지만 유전율이 낮은 물체는 구동 코일이 만들어 내는 장과 반대의 맴돌이 전류를 생성시키고 이차 코일의 *emf* 를 감소시킨다. 일차 코일에 의한 응답을 막고 금속 물체로 인해 발생하는 신호 만을 잡아내기 위해서 차동 코일을 사용한다. 이차 코일 대신 자기계를 사용하는 혼합 방식의 금속 탐지기도 사용된다. 홀 효과 소자, 플럭스 게이트 그리고 초전도 양자 간섭 장치(Superconducting Quantum Interference Device, SQUID) 자기계와 같은 다양한 자기 센서들이 있다. 만일 자기계를 일차 코일의 축에 위치시키고 편평한 장의 요소를 검출하기 위해 방향을 잡으면 일차 장은 0 이 된다. 전적으로 맴돌이 전류로 인해 생기는 위상이 다른 z-요소로 인한 자기계의 응답을 측정하기 위해서는 다음의 예제에서 설명하는 방법을 사용하게 된다.

그림 6.15 는 땅 속에 묻혀있는 지름이 1.0cm 이며 전도도가 10^7 S/m 인 남북 전쟁 시대의 화승총의 총알 위의 금속 탐지 코일로 생겨난 선속 선들과 맴돌이 전류 밀도를 보이고 있다. 여기 코일은 단일 선으로 구성된 금속 루프이며 1.0 암페어의 교류 전류가 흐른다.

그림 6.16 은 땅속에 묻힌 남북전쟁 당시의 총알이 표면으로부터 0~70cm 깊에 있을 때 구동 코일의 중심에 위치하는 자기계로 측정된 허수부, 또는 위상이 다른 z-성분의 자기장을 보이고 있다. 이 그림에서 두 개의 곡선은 각각 구동 주파수가 50Hz 와 500Hz 인 경우이다. 위상이 다른(out-of-phase) 응답은 오직 총알에 의한 것이지 구동 코일에

의한 것이 아니다. 이 계산에서 지표면의 전도도는 무시하였다. 다음에 나오는 절에서는 시간에 따라서 변하는 장에 의한 지구의 유도에 대해서 알아 보겠다.

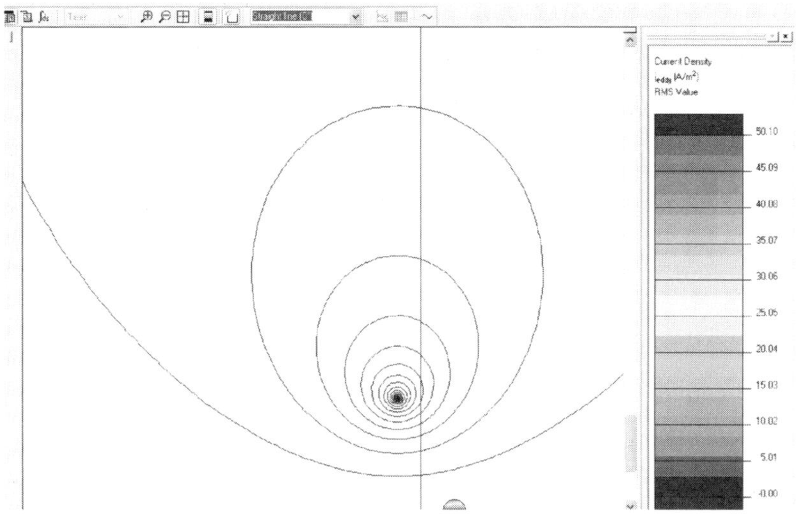

그림 6.15 남북전쟁에서 사용된 총알 위의 금속 탐지기에 의한 선속 선들과 맴돌이 전류 밀도.

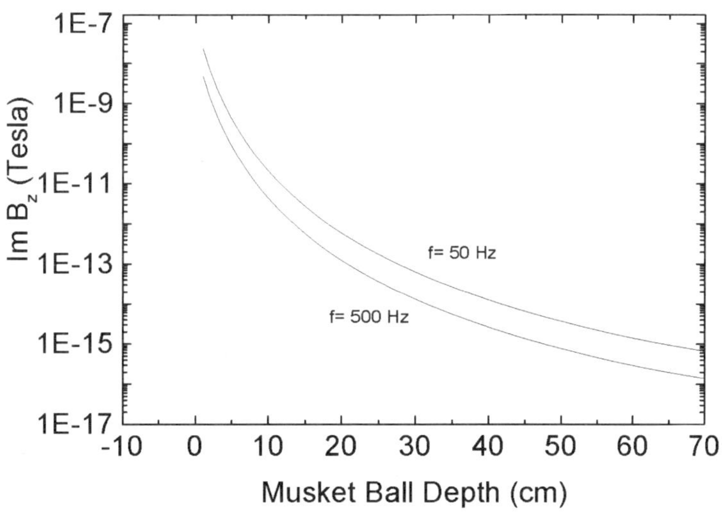

그림 6.16 총알이 묻힌 깊이를 표면에서 0 에서 70cm 까지 변화 시켰을 때 50Hz 와 500Hz 에 대한 위상이 달라지는 자기계의 응답: 위상이 다른 응답은 총알에 의한 것이지 구동 코일에 의한 것이 아니다.

6.7 지구 물리에의 응용

마그네토텔루릭스(Magnetotellurics)

마그네토텔루릭스는 자연적으로 발생하는 전자기장을 지구의 내부 저항 분포를 연구하는데 사용한다. 전자기장과 지구의 표면과 맨틀이 상호작용이 만들어 내는 유도 전류는 부가적인 자장을 만들게 되고 이것을 이용해서 지표 밑의 저항 $\rho \sim (E/H)^2$ 를 측정하는데 사용할 수 있다. 다른 지구 물리학 방법과 결합됨으로써 석유, 광물 그리고 지하수 탐사를 위한 암석의 종류들의 분포, 퇴적물 그리고 다른 지질학적 구조들도 도시될 수 있다.

자연적으로 발생하는 전자기장의 근원의 주파수는 대략 10^{-4} - 10^{4}Hz 의 범위인데, 지표면에 지전류(telluric current)를 발생시킨다. 이 주파수의 낮은 쪽의 전자기장의 변화는 태양 흑점의 활동도에 의해서 생긴다. 지구의 자장의 변화는 약 100 초 정도 또는 이 이상의 주기로 발생한다. 태양풍(solar wind)과 지구의 전리층(ionosphere)의 상호 작용은 지구 전리층의 구형의 공명 공동(resonant cavity)안에서 ~0.05Hz 의 슈만 공명(Schumann resonances)을 일으킨다. 북미에서 사용되는 60Hz 의 전력 망은 9 번째의 슈만 조화 공명을 활성화 시킨다. 수 kHz 이상의 높은 주파수의 마그네토텔루릭스의 소스는 대기 중의 번개로 인해서 발생한다.

전자기 침투의 깊이는 주파수에 따라 변하는데, 침투 깊이는 10^{2} -10^{5}m 이며, 지표면 아래의 저항값의 분포에도 영향을 받는다. 화성암(igneous rocks)의 전기 비저항(resistivity)은 대략 10^{3}-$10^{6}\Omega$m 의 범위이며, 퇴적암(sedimentary rocks)의 전기 비저항은 대략 10-10^{3} Ωm 의 범위이며, 부분적으로 용해된 암석의 전기 비저항은 10^{-2}-10Ωm 의 범위를 가진다.

전자유도 검층(Induction Logging)

시추공 주위의 비저항 분포를 검사하기 위해 전류를 퇴적층에 직접 흘려 보내거나 유도 코일을 이용하는 전기 전선 비저항 검층(resistivity logging)을 이용한다. 전자유도 검층은 시추공 주위의 퇴적층의 전류 생성을 포함한다. 퇴적층에서 유도되는 전류는 국부 퇴적층의 전도도에 비례한다. 이 전류들은 기록 장비의 축을 따라 설치된 픽업 코일들에 의해서 유도 검출된다.

비 전도성의 기름을 기본으로 하는 절삭유가 사용되었다면 지층에 대한 직접적인 전기 연결은 불가능하므로 전자유도 검층은 선택사양이 된다. Laterolog 라고 하는 전류 주입 방법은 9 장의 전류 흐름에서 다룰 것이다.

6.8 변압기의 응용

최초의 실용적인 변압기(transformer)는 패러데이가 유도의 법칙을 발견을 한 뒤 약 50 년 후에 만들어졌다. 전형적인 변압기는 유도현상을 일으키게 결합된 두 개의 코일로 구성되어 있다. 선속을 결합을 극대화 하기 위해서 코일은 $\mu_r = 10^4$ 정도로 투과성이 뛰어난 심(core)에 감겨진다. 변압기는 고전압 저전류를 저전압 고전류로 또는 반대로 하는 것이 가능하다. 전력선(electrical power lines)은 I^2R Joule 가열 손실을 최소화 하기 위해서 높은 교류 전압과 낮은 전류의 전기를 전달한다.

일차 권선은 N_p 만큼 감았으며, 이차 권선은 N_S 만큼 감은 이상적인 변압기에서 일차 권선에서 이차 권선으로 전달되는 교류 전압은 $V_p = -N_p \partial\Phi / \partial t$ 과 $V_s = -N_s \partial\Phi / \partial t$ 인 코일을 지나는 자기 선속의 시간에 따른 변화율과 관계가 있다. 각각의 코일에 대해서 $\partial\Phi / \partial t$ 는 같으므로 다음의 식을 얻을 수 있다.

$$\frac{V_p}{V_s} = \frac{N_p}{N_s} \tag{6.106}$$

일차 측과 이차 측의 전압이 $V_P > V_S$ 라면 강압, $V_P < V_S$ 라면 승압 된다. 전력의 손실이 없다면 $I_p V_p = I_s V_s$, 즉 입력 되는 전력은 출력되는 전력과 같다. 그림 6.17 은 변압기의 모사를 x-y 대칭에서 행한 결과이다. 일차 코일은 그림의 오른쪽에 있으며 이차 코일은 그림의 왼쪽에 있다. 선속은 중심의 $\mu_r = 10^4$ 인 준강자성체(ferrite)인 뮤메탈(mu metal) 심을 통해서 흐른다. 오른쪽에 있는 변압기의 일차 코일의 전류는 1.0kHz 에서 동작할 때 1A 가 흐른다.

이 장에서는 교류 자기학 문제를 다루기 위해서 시간 조화 막스웰 방정식을 유도하고 적용하였다. 초기에 기본적인 장들 **E** 와 **B** 또는 자기 벡터 퍼텐셜 **A** 에 대해서 풀이 함으로서 이 해석을 이끌어 내었다. 이 장에서 알아본 패러데이의 법칙은 맴돌이 전류를 이용한 비파괴 검사, 금속 탐지기 마그네토텔루릭스, 전자유도 검층을 포함하고 있다. 다음

장에서는 이 장에서 유도한 시간 조화 해석을 임의의 시간 의존성이 있는 근원을 가지는 전이 자기학 문제를 다루기 위해서 적용할 것이다.

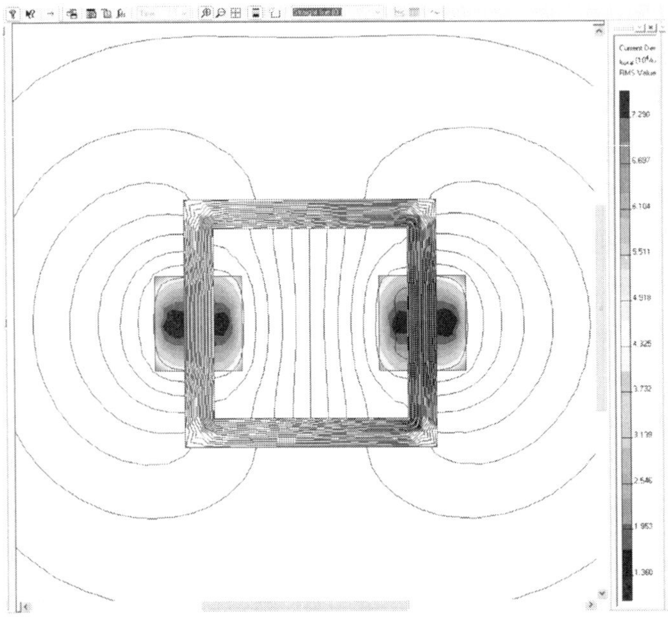

그림 6.17 준 강자성체 코어를 가지는 변압기의 장을 계산해서 구한 선속 선들과 전류 밀도: 코어의 상대 투자율은 10^4 이며 동작 주파수는 1.0kHz 이다. 오른쪽에 있는 일차 코일의 전류는 1.0A 이다.

참고 문헌

QuickField User's Guide: Tera Analysis Ltd. (2007). *Chapter 2: Introductory Guide; Chapter 10. Theoretical Description.*

David J. Griffiths. (1999). *Introduction to Electrodynamics* 3rd *edition*, Prentice-Hall, Inc., New Jersey. *Chapter 10: Theoretical Description.*

William R. Smythe. (1989). *Static and Dynamic Electricity*, Taylor & Francis Chapter VI: Electric Current.

J. A. Tegopoulos and E. E. Kriezis, *Eddy Currents in Linear Conducting Media*, (Elsevier, new York, 1985).

Jack Blitz, *Electrical and magnetic Methods of Nondestructive Testing*, (Adam Hilger, Bristol England, 1991)

C. V. Dodd and W. E. Deeds, "Analytical solution to eddy current probe coil problems," Journal of Applied Physics, 39(6) pp. 2829-2839, (1968)

W. E. Deeds, J. W. Liquire, C. V. Dodd, "Axially symmetric eddy currents in a spherical conductor," Journal of Applied Physics, 41 (10) pp. 3976-3981, (1970).

J. W. Liqure, C. V. Dodd and W. E. Deeds, "Alternating current distribution between planar conductors," Journal of Applied Physics, 41 (10) pp. 3983-3985, (1970).

연습 문제

6.1 전도성 반공간에 접하는 교류 자기장에서, 맴돌이 전류 밀도의 실수 부분과 허수 부분은

$$\mathrm{Re}(J_x) \propto \cos\frac{z}{\delta} + \sin\frac{z}{\delta},\ \ \mathrm{Im}(J_x) \propto \cos\frac{z}{\delta} - \sin\frac{z}{\delta}$$

와 같이 비례한다는 것을 보여라. 금속 내부에서 $n = 0, 1, 2 \ldots$ 일 때 특성 깊이 $z = (4n+3)\pi 8/4$ 에서는 $\mathrm{Re}(J_x)$ 의 부호가 변하고 $z = (4n+1)\pi 8/4$ 에서는 $\mathrm{Im}(J_x)$ 의 부호가 변하는 것을 보여라.

6.2 반지름이 r_0 인 전류 루프를 축 대칭 구조에서, 그림 E-6.2 에 보인 것과 같은 반 무한이며, 투과성 전도성 반공간 위의 높이가 λ 인 지점의 단일 점으로 모델링 해보아라. 전류 루프의 중심에서의 자장의 z 성분의 허수부를 레이블 무버를 이용해서 주파수에 대한 함수로 플로팅 하여라.

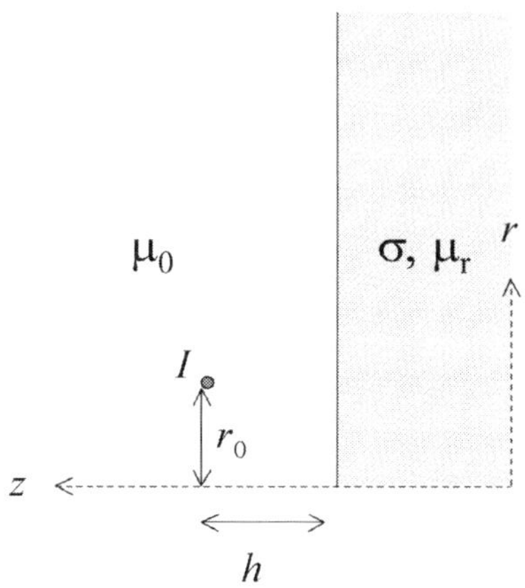

그림 E-6.2 반 무한인 전도성 반공간 위의 AC 전류 루프. 구조: 축 대칭

6.3 반지름이 r_0 인 전류 루프를 축 대칭 구조에서 전도도 σ, 유전율 μ_0, 두께가 d 인 투과 전도성 반공간 위의 높이가 λ 지점의 단일 점으로 모델링 해보아라.

각 표면에 대해서 반지름 방향의 등고선을 따라 변하는 맴돌이 전류 밀도와 해석적 해가 $\mathbf{J}_{\mathrm{eddy}} = -i\omega\sigma A_\phi$ 인 판의 중심에서의 맴돌이 전류를 비교해 보아라. 여기서

$$A_\phi(r,z) = \mu_0 I r_0 \int_0^\infty \alpha J_1(\alpha r) J_1(\alpha r_0) e^{-\alpha\ell} \times \left(\frac{(\alpha+\beta)e^{\beta(z+d)} - (\alpha-\beta)e^{-\beta(z+d)}}{(\alpha+\beta)^2 e^{\beta d} - (\alpha-\beta)^2 e^{-\beta d}} \right) da$$

이고, $\beta = \sqrt{\alpha^2 + i\omega\mu_0\sigma}$ 이다. 그리고 판의 윗면과 아랫면은 $z=0$ 과 $z=-d$ 에 위치한다.

6.4 완전 전도성의 반무한 반공간 위의 반지름이 r_0 인 전류 루프의 벡터 퍼텐셜이 다음과 같음을 보여라.

$$A_\phi(r,z) = \mu_0 I r_0 \int_0^\infty J_1(\alpha r) J_1(\alpha r_0) \exp(-\alpha z_>) \sinh(\alpha z_<) d\alpha$$

여기서 $z_>$ 또는 $z_<$ 는 z 와 ℓ 의 이상 또는 이하이다.

6.5 완전 전도성의 반무한 반공간 위 ℓ 에 위치하는 반지름이 r_0 인 교류 전류 루프로 인해 발생하는 자장이 $z \geq 1$ 일 때 z 축을 따라서 다음과 같음을 보여라.

$$B_z(z) = \frac{\mu_0 I r_0}{2} \int_0^\infty \alpha J_1(\alpha r_0) e^{-\alpha(z+\ell)} \frac{\mu_r \alpha - \beta}{\mu_r \alpha + \beta} d\alpha$$

여기서 $B_z = \frac{1}{r}\frac{\partial}{\partial r}\left(rA_\phi\right)$ 이며 $\lim_{r\to 0}\frac{1}{r}\frac{\partial}{\partial r}(r \cdot J_1(\alpha r)) = \alpha$ 라는 사실을 이용하여라.

6.6 그림 E-6.2 에 보인 것과 같은 전도성 반공간 위의 단일 전류 루프가 축대칭인 경우를 모델링 하여라. 맴돌이 전류 밀도의 실수부와 허수부를 전도체 내부의 다양한 깊이에서 반지름상의 등고선을 따라서 플로팅하고 그 결과를 MATLAB 을 이용해서 계산한 해석적 해와 비교해 보아라. 전도성의 반공간에서 맴돌이 전류로 소진된 총 힘(power)를 계산하여라.

6.7 그림 E-6.7 에 보인 것과 같은 속이 빈 투과되는 전도성의 구체를 모델링 하여라. 동상과 이상의 맴돌이 전류 밀도들과 장의 값들을 내부와 바깥의 구체 면을 따라서 등고선 플로팅을 하여라. 레이블 무버를 이용해서 주파수에 따른 줄 가열(Joule heating)을 계산해 보아라.

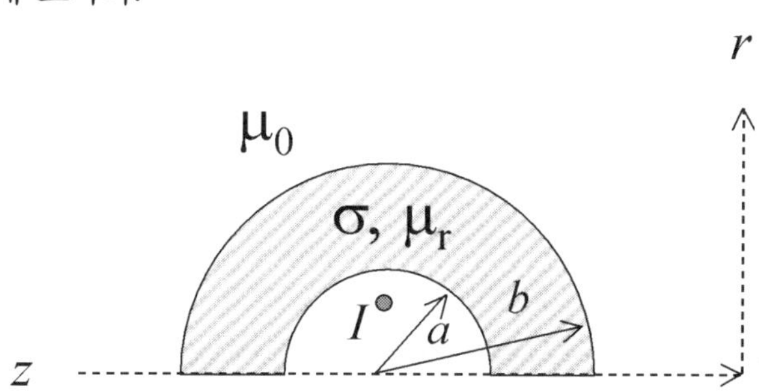

그림 E-6.7 투과되는 전도성의 구체 내부의 교류 전류 루프. 구조: 축 대칭

6.8 단일 단심 전류 루프로 인해 생기는 사람의 뇌의 전류 유도를 해석적으로 모델링 해 보아라. 사람의 뇌는 구체라고 가정하고 전도도는 $\sigma = 0.06\text{S/m}$ 이고 유효 유전율은 $\varepsilon = 10^6 \varepsilon_0$ 이다. 결과로서 얻어지는 합의 형태를 MATLAB 에서 수치적으로 계산해 보아라.

6.9 전도성 구체 위의 구동 코일의 저항과 리액턴스에 대한 해석적 표현식을 구하여라.

6.10 그림 E-6.10 에 보인 것과 같은 투과되는 전도성 구체 주위의 교류 전류 루프를 모델링하여라. 레이블 무버를 이용해서 다양한 전류 루프의 반지름에 따른 맴돌이 전류를 플로팅하여라.

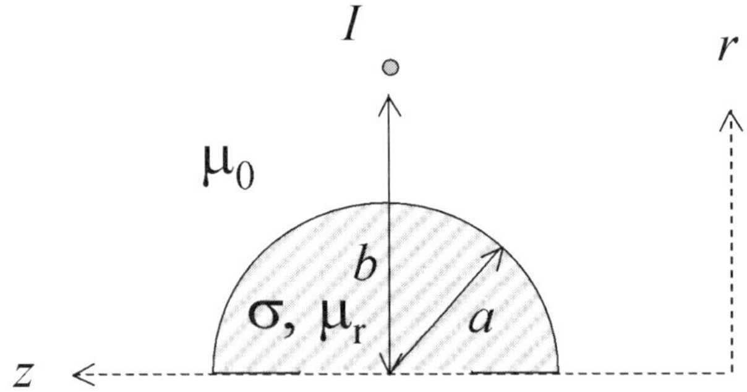

그림 E-6.10 반지름이 b 인 교류 전류 루프와 반지름이 a 인 전도성의 투과되는 구체. 구조: 축 대칭

6.11 그림 E-6.11 에 보인 것과 같은 투과되는 전도성 구체가 z-방향의 교류 자기장에 놓여 있다. 구체의 중심에서 표면까지의 반지름 방향의 전류 밀도를 등고선 플롯을 그려라. 구체 내부의 맴돌이 전류로 인한 힘의 손실을 계산하여라.

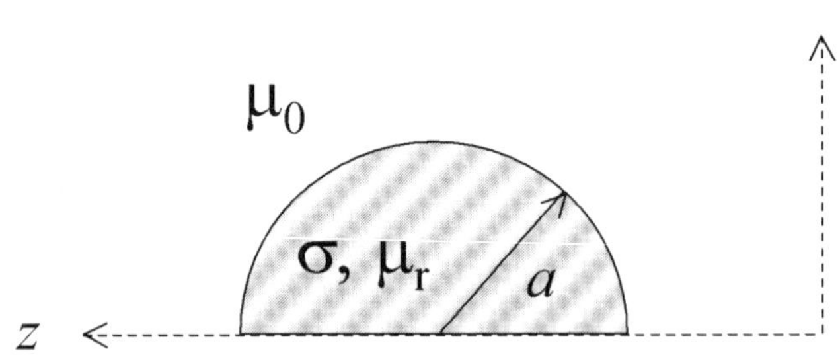

그림 E-6.11 외부 교류 자기장에 놓인 전도성 구체. 구조: 축 대칭

6.12 작은 원형의 빈공간을 가지는 반무한의 전도성 반공간 위의 원형의 구동 코일의 임피던스를 찾기 위해서 작은 홈의 모델을 사용하여라. 몇몇 깊이의 홈에 대해서 이 문제를 반복해 보아라.

6.13 결함을 가지고 있는 반무한의 전도성 반공간 위의 박판 유도인자(sheet inducer)를 모델링 하여라. 전도체 내부에서 몇몇 홈의 깊이에 대한 자기장 맵을 만들기 위해서 작은 홈의 모델을 이용하여라. 허수부 맴돌이 전류 밀도가 사라지는 장소들 간의 홈의 깊이들을 결정하여라.

6.14 그림 E-6.14 에 보인 것과 같은 투과되는 전도성의 원기둥에 병렬로 있는 선 전류를 모델링 하여라. 레이블 무버를 이용해서 실린더의 맴돌이 전류와 선 전류와 실린더 간의 힘으로 인한 힘의 손실을 주파수에 대한 함수로 구해 보아라.

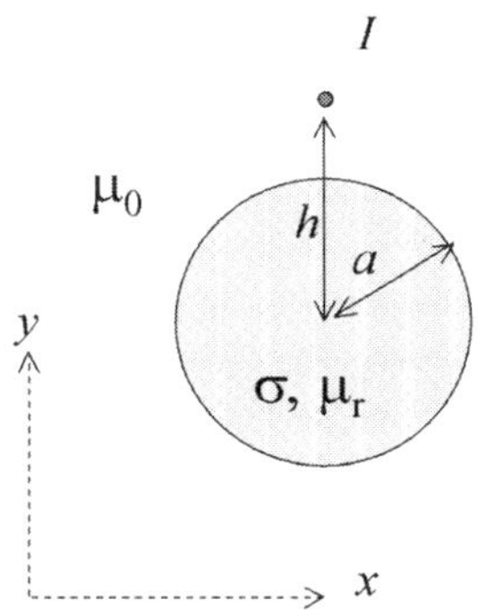

그림 E-6.14 투과되는 전도성 구체에 평행한 선 전류. 구조: x-y 대칭

6.15 그림 E-6.15 에 보인 것과 같은 반무한의 투과되는 전도성 반공간에 평행한 선 전류를 모델링 하여라. 금속 표면에 평행한 맴돌이 전류 밀도의 등고선 플롯을 만들어라. 반공간 내부의 맴돌이 전류로 인한 힘의 손실을 레이블 무버를 이용해서 주파수에 대한 함수로 플로팅 하여라.

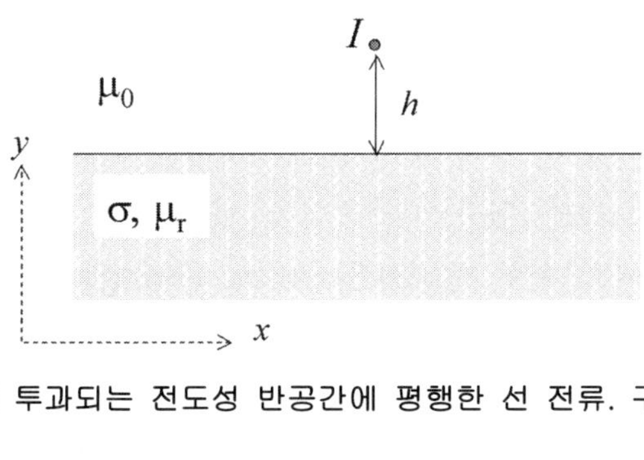

그림 E-6.15 투과되는 전도성 반공간에 평행한 선 전류. 구조:x-y 대칭

6.16 그림 E-6.16 에 보인 것과 같이 중심에 반지름 δ 인 구형의 결함을 가지는 반지름 b 의 투자성이 전도되는 원기둥을 감싸는 반지름 r_0 인 교류 전류 루프를 모델링 하여라. 레이블 무버를 이용해서 코일이 결함 위를 이동할 때 구동 코일의 임피던스를 계산하여라. 이 과정을 구동 주파수를 변경시켜 가면서 임피던스의 실수부와 허수부의 플롯을 비교해 보아라.

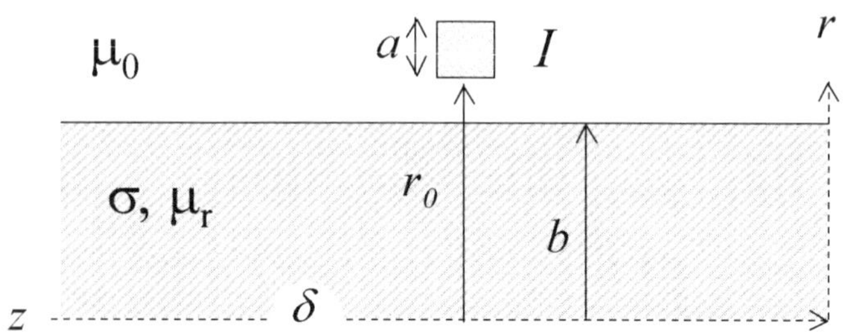

그림 E-6.16 중심에 반지름 δ 인 구형의 결함을 가지는 반지름이 b 의 투과되는 전도성 원기둥을 감싸는 반지름 r_0 인 교류 전류 루프. 구조: 축 대칭

6.17 그림 E-6.17 에 보인 것과 같이 속이 빈 투자성의 전도되는 구체가 균일한 교류 자기장에 놓인 것을 모델링 하여라. 레이블 무버를 이용해서 구체 중심에서의 0 도와 90 도 상의 자장을 주파수에 대한 함수로 플로팅 하여라.

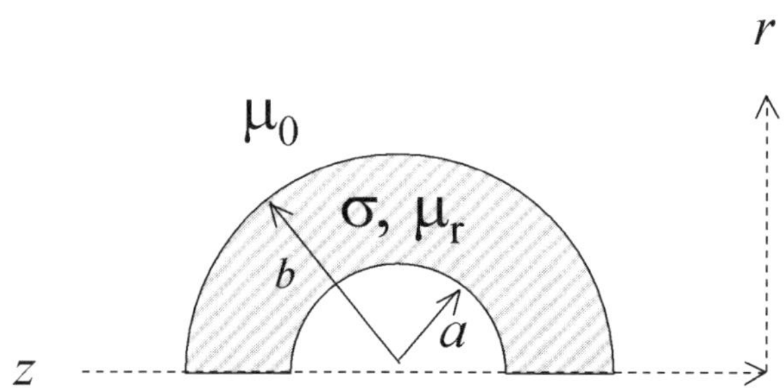

그림 E-6.17 균일한 교류 자기장에 놓인 속이 빈 투과되는 전도성 구체. 구조: 축 대칭

6.18 그림 E-6.18 에 보인 것과 같이 지름이 δ 인 선 형태의 결함을 가지는 속이 빈 투자성의 전도되는 원기둥의 중심에 있는 교류 선 전류를 모델링 하여라. 원기둥을 감싸는 원형 등고선을 따라서 수직 자기장 성분을 플로팅 하여라. 결함이 없을 때에는 대칭성으로 인해 수직 장 성분은 0 이 된다는 것을 참고 하여라.

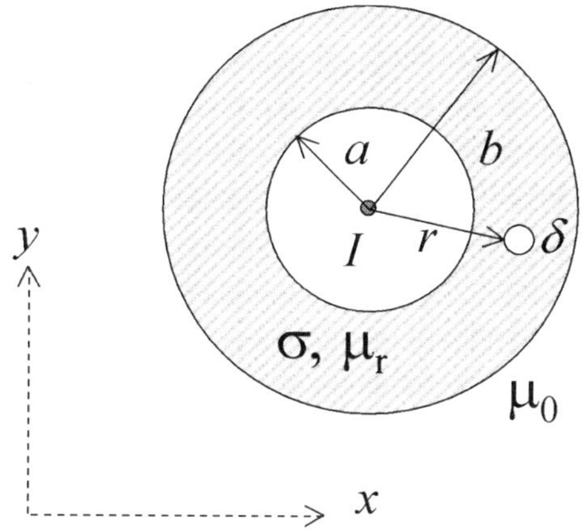

그림 E-6.18 결함을 가지는 투과되는 전도성 원기둥 내부의 교류 선 전류. 구조: x-y 대칭

6.19 그림 E-6.19 에 보인 것과 같은 사각형의 홈을 가지는 투자성의 전도되는 투자성 원기둥 형태의 파이프를 맴돌이 전류 비파괴 검사하는 것을 모사하여라. 두 개의 코일이 파이프를 따라서 이동할 때 이차 코일의 임피던스를 레이블 무버를 이용해서 몇몇 구동 주파수에 대해서 플로팅 하여라.

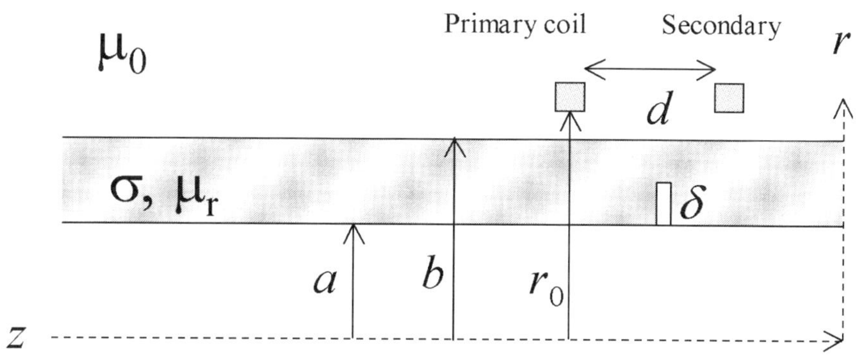

그림 E-6.19 내부 반지름이 a, 외부 반지름이 b 이며 폭이 δ 인 사각형 홈이 있는 투과되는 전도성 원기둥의 비파괴 검사. 구조: 축 대칭

6.20 그림 E-6.20 원기둥 형태의 결함을 가지는 반무한의 투자성의 전도되는 반공간 위의 맴돌이 전류 구동 코일을 모사하여라. 맴돌이 전류 구동 코일의 임피던스의

변화를 결함의 깊이에 대한 함수로 레이블 무버를 이용해서 여기 주파수를 1kHz, 10kHz, 100kHz, 그리고 1MHz 에 대해서 계산하여라. 하나의 주파수에 대해서 레이블 무버를 이용해서 결함의 깊이를 변경시키면서 코일 임피던스의 유도성 성분과 저항성 정분을 임피던스 평면 플롯을 그려라.

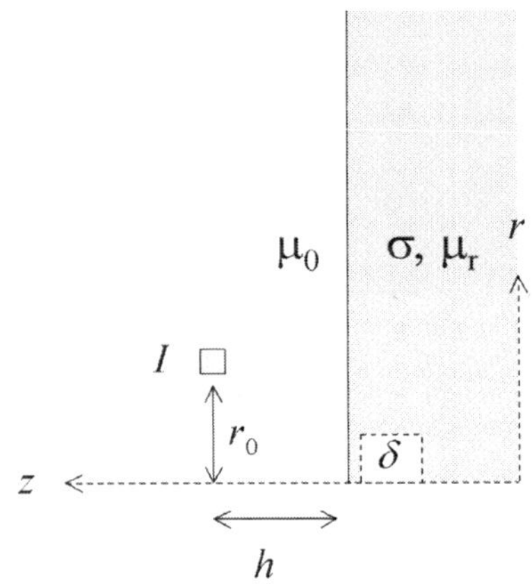

그림 E-6.20 원기둥 형태의 결함을 가지는 반무한의 투과되는 전도성 반무한체 위의 맴돌이 전류 구동 코일

6.21 6.20 에서 얻어진 결과를 필요한 적분을 MATLAB 에서 행한 작은 결함 모델을 이용해서 얻어진 결과와 비교하여라.

6.22 그림 E-6.22 에 보인 것과 같이 투자성의 전도되는 원기둥 형태의 코어(core)에 일차 코일과 이차 코일을 감은 변압기를 모델링 하여라. 변압기에서의 전력의 손실을 계산하고 레이블 무버를 이용해서 이차 코일에 유도되는 전압을 일차 코일의 주파수에 대한 함수로 계산하여라.

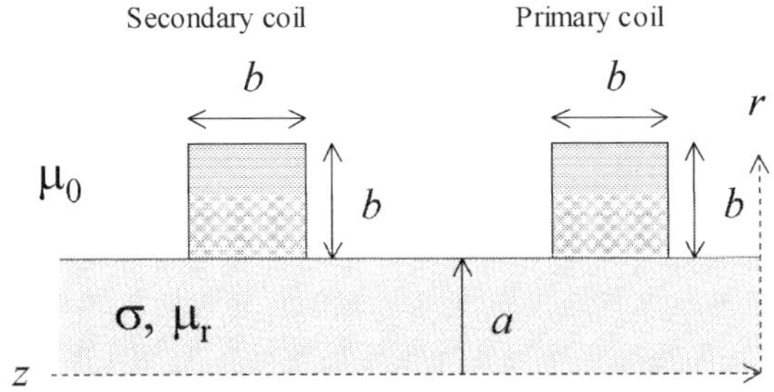

그림 E-6.22 투자성의 전도되는 원기둥에 일차 및 이차 코일을 감은 변압기. 구조: 축 대칭

6.23 그림 E-6.23 에 보인 것과 같은 파이프의 가늘어지는 부분을 맴돌이 전류 비파괴 검사 실험하는 것을 모델링 하여라. 레이블 무버를 사용해서 가늘어지는 파이프의 길이를 따라 이동시키며 구동 코일의 임피던스를 계산하여라

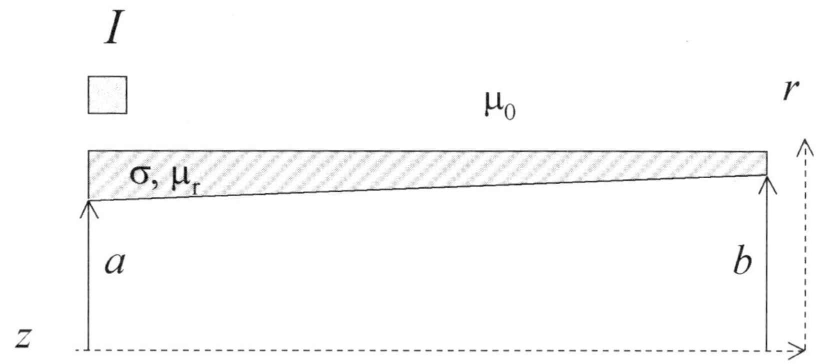

그림 E-6.23 가늘어지는 파이프의 길이 방향으로 교류 유도 코일로 스캔한다. 구조: 축대칭

6.24 그림 E-6.24 에 보인 것과 같이 시추공에 여기 코일과 수신기로 이뤄진 기록장치를 내려 보내어 통과하는 지질학적 계층에 따라서 달라지는 전도도를 이용하는 검층(well logging)의 모사를 하여라. 레이블 무버를 이용해서 기록장치가 z 방향으로 이동할 때 이차 코일의 임피던스 변화를 계산하여라.

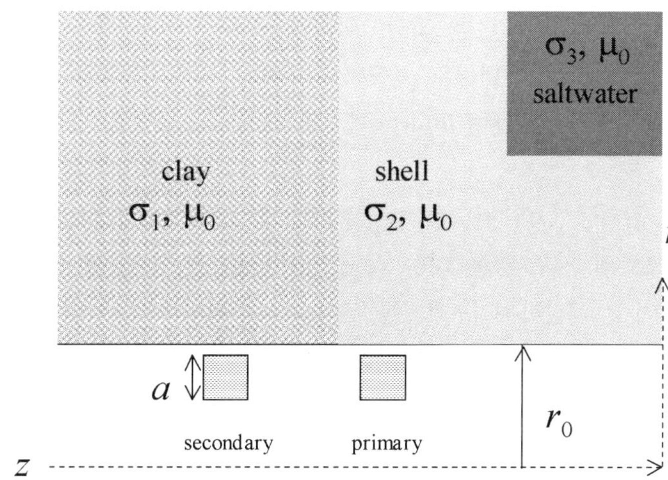

그림 E-6.24 검층 모사: 여기 코일과 수신기로 이뤄진 기록장치 달라지는 전도도의 지질학적 계층을 통과하는 기록장치

6.25 지구의 자장이 0.5μT 의 크기로 약 100 초의 주기로 변화할 때 발생하는 마그네토텔루릭 전류를 모델링 하여라. 균일 장과 전류 루프 자극으로 실험하여라. 그림 E-6.25 에 보인 고체 및 액체 코어, 맨틀, 그리고 지구의 표층에 대한 전도도와 유전율은 실제에 가까운 값들을 사용하여라. 지구 내부에 유도된 전류 밀도의 크기를 계산하고 표층에서 마그네토텔루릭 전류로 인해 생성된 총 힘을 계산하여라. 북극에서 남극까지 원형의 등고선을 따라서 E_ϕ 와 H_n 를 플로팅 하여라. 등고선을 따라서 $(H_n / E_\phi)^2$ 의 평균 비율을 계산하여라. 다음의 데이터를 이용하여라: 지구 반지름 6371km, 내부 코어 1216km, 외부 코어의 두께 2270km, 맨틀의 두께 2885km 이다.

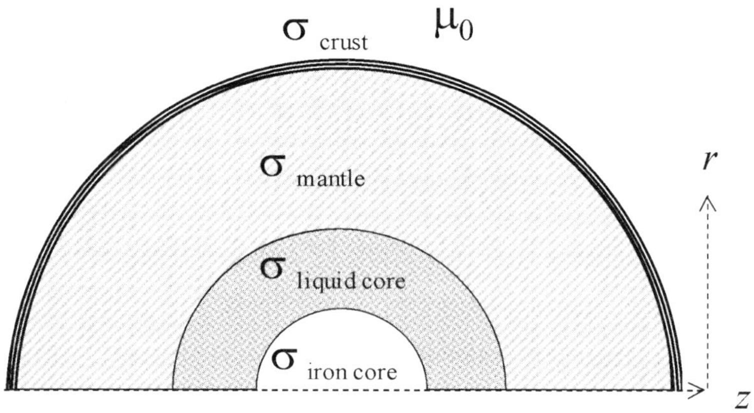

그림 E-6.25 고체상의 쇠 코어, 이것을 감싸는 액체 코어, 맨틀 그리고 표층을 가지는 지구의 단면. 대륙의 표층은 20~60km 이고 해양의 표층은 ~10km 이다. 적도의 반지름은 6378km 이다. 구조: 축 대칭

6.26 속이 빈 원기둥 형의 전도성 엔클로저를 축 대칭에서 모사하여라. 크기가 B_{out} 인 z-방향으로의 외부 장에 대한 차폐(shielding) B_{in}/B_{out} 를 깡통의 내부 주파수에 대한 함수로 계산하여라. 레이블 무버를 사용해서 차폐물 내분의 실수부와 허수부 장의 성분을 기록하면서 주파수를 변경시켜라.

7. 과도 자기학

이 장에서 다루는 내용들

- 시간 종속성 막스웰 방정식
- 유한 차분 시간 영역 방법
- 벡터 퍼텐셜의 공식화
- 퀵필드에서의 시간 종속성 자기학
- 펄스 맴돌이 전류의 비 파괴 테스트 분야의 응용
- 단극원(monopole source) 항이 있는 막스웰 방정식

7.1 시간 종속 막스웰 방정식

이 전의 장에서는 시간 조화 소스가 있는 막스웰 방정식의 특별한 경우를 고려해 보았다. 만일 장의 원천이 임의의 시간 종속성을 지니고 있다면 시간 종속성의 회전과 발산 방정식들을 취급해야만 한다.

$$\nabla \times \mathbf{E} = -\frac{\partial \mathbf{B}}{\partial t} \quad \nabla \times \mathbf{B} = \mu \mathbf{J}_e + \mu\varepsilon \frac{\partial \mathbf{E}}{\partial t}$$
$$\nabla \cdot \mathbf{E} = \frac{\rho}{\varepsilon} \quad \nabla \cdot \mathbf{B} = 0 \tag{7.1}$$

여기서 $\mathbf{J}_e = \sigma E + \mathbf{J}_{\text{source}}$ 이며 $(\mu, \varepsilon) = (\mu_r \mu_0, \varepsilon_r \varepsilon_0)$ 이다.

전류가 통하는 반공간 위의 전류 판

전이 전류의 유도에 대한 가장 간단한 예제로 시간 $t = 0$ 일 때 전원이 켜지는 전류가

통하는 반공간에 접하는 자기장이 만드는 전이 전류가 있다. 이 장은 균일한 전류 밀도를 가지며 전도성의 반공간에 평행한 크기가 무한한 판에 의해서 생겨난다고 생각할 수 있다. 변위전류를 무시하면 금속의 내부에 대해서는 다음의 식을 얻을 수 있다.

$$\nabla \times \mathbf{B} = \mu_0 \sigma \mathbf{E} \tag{7.2}$$

양변에 회전을 취하고 다음의 관계식을 이용하면

$$\nabla \times \mathbf{E} = -\frac{\partial \mathbf{B}}{\partial t} \tag{7.3}$$

다음의 식을 얻을 수 있다.

$$\nabla^2 \mathbf{B} = \mu_0 \sigma \frac{\partial \mathbf{B}}{\partial t} \tag{7.4}$$

외부 장 $\mathbf{B}(t) = B_0 \theta(t) \mathbf{j}$ 에 대해서 미분 방정식은 다음과 같은 초기 조건들을 가지는 식들로 정리가 되며

$$\frac{\partial^2 B_y}{\partial t^2} = \mu_0 \sigma \frac{\partial B_y}{\partial t} \quad \begin{Bmatrix} B_y(z,0) \\ B_y(0,s) \\ B_y(\infty,s) \end{Bmatrix} = \begin{Bmatrix} 0 \\ B_0 \theta(t) \\ 0 \end{Bmatrix} \tag{7.5}$$

여기서 $\theta(t)$ 는 $t < 0$ 인 경우에는 0, $t \geq 0$ 인 경우에는 1 이다. 미분방정식의 양 변에 라플라스 변환을 적용하면, 미분 방정식과 초기조건은 다음과 같다.

$$\frac{\partial^2 b_y(s)}{\partial t^2} = \mu_0 \sigma \left(s b_y(s) - B_y(0) \right) \quad \begin{Bmatrix} b_y(z,0) \\ b_y(0,s) \\ b_y(\infty,s) \end{Bmatrix} = \begin{Bmatrix} 0 \\ \dfrac{B_0}{s} \\ 0 \end{Bmatrix} \tag{7.6}$$

여기서 $B_y(0)=0$ 이다. 이 방정식의 해는 다음과 같다.

$$b_y(s)=A\cdot\exp\left(\sqrt{\mu_0\sigma s}\,z\right)+B\cdot\exp\left(-\sqrt{\mu_0\sigma s}\,z\right) \tag{7.7}$$

경계 조건을 적용하면 $A=0$, $B=B_0/s$ 라는 것을 알 수 있으며 다음의 식을 얻을 수 있다.

$$b_y(s)=\frac{B_0}{s}\exp\left(-\sqrt{\mu_0\sigma s}\,z\right) \tag{7.8}$$

MATLAB®을 이용해서 라플라스 역변환을 취하는 코드를 다음에 보인다.

```
%MATLAB code for performing the inverse Laplace transform
% of exp(-a*sqrt(s))
% where a = z*sqrt(mu_0*sigma)
syms s a positive
% requiring a>0
ilaplace(exp(-a*sqrt(s))/s,s,t)
```

이 코드를 이용하면 시간영역에서의 장을 다음과 같이 구할 수 있는데

$$B_y(z,t)=B_0\mathrm{erfc}\left(\frac{1}{2}\sqrt{\frac{\mu_0\sigma}{t}}z\right) \tag{7.9}$$

여기서 여오차함수(complementary error function)는 다음과 같이 정의된다.

$$\mathrm{erfc}(z)=\frac{2}{\sqrt{\pi}}\int_z^{\infty}e^{-t^2}\,dt \tag{7.10}$$

여기서 맴돌이 전류(eddy current)는 $\mu_0 J_x=-\partial B_y/\partial z$ 이므로 항등식을 이용하면

$$\frac{d}{dz}\mathrm{erfc}(z)=-\frac{2}{\sqrt{\pi}}e^{-z^2} \tag{7.11}$$

최종적으로 맴돌이 전류는 다음과 같다.

$$J_x(z,t)=\frac{B_0}{\mu_0}\frac{2}{\sqrt{\pi}}\exp\left(-\frac{\mu_0\sigma}{4t}z^2\right) \tag{7.12}$$

식 7.5 는 양함수 유한 차분법(EFD)을 이용해서 수치적으로 풀이할 수 있다.

$$\frac{B_y^n(i+1)-2B_y^n(i)+B_y^n(i-1)}{\Delta z^2}=\mu_0\sigma\frac{B_y^{n+1}(i)-B_y^n(i)}{\Delta t} \tag{7.13}$$

여기서 공간과 시간의 도함수는 중앙차분법(central difference)과 전진 차분법(forward difference)을 사용한다. 각 점에서 다음 단계의 자장은 다음의 식으로 계산 된다.

$$B_y^{n+1}(i)=B_y^n(i)+\frac{\Delta t}{\mu_0\sigma}\frac{B_y^n(i+1)-2B_y^n(i)+B_y^n(i-1)}{\Delta z^2} \tag{7.14}$$

양함수(explicit method) 방법은 $\Delta t\le\mu_0\sigma\Delta z^2/2$ 일 때 안정하다. 장을 구했다면 전류밀도는 다음의 식을 이용해서 구할 수 있다.

$$J_x^n(i)=-\frac{1}{\mu_0}\left(B_y^n(i+1)-B_y^n(i)\right) \tag{7.15}$$

Crank-Nicholson 방법과 같은 음함수 방법(implicit method)은 좀 더 안정적이고 정확도를 높이기 위해 사용된다. 다음의 MATLAB 프로그램은 금속 내부로의 자장과 유도전류의 침투를 계산한다.

```
%MATLAB program for solving for the field and
%current penetration into a semi-infinite conducting half-
space
%B-field of 1.0T is switched on at t=0
%specify parameters
dz=10^-4; mu_0=4*pi*10^-7; sigma=10^8;
dt=(mu_0*sigma*dz^2)/2;
r=dt/(mu_0*sigma*dz^2);
imax=50;  % number of spatial grid points
nmax=200;  % number of time steps
```

```
% initialize the By and Jx arrays
By=zeros(nmax,imax);
Jx=zeros(nmax,imax);
% require that the magnetic field is 1.0 at the surface
By(:,1)=0;

% perform the explicit finite difference scheme
for n=2:nmax-1        %time loop
   for i=2:imax-1   %space loop
       %calculate the field distribution
       By(n+1,i)=By(n,i)+r*(By(n,i+1)-2*By(n,i)+By(n,i-1));

       %calculate the current distribution
       Jx(n,i)=(By(n,i)-By(n,i+1))/mu_0;
   end
end
%create two mesh plots of Jx and By side-to-side
subplot(1,2,1);mesh(Jx)
subplot(1,2,2);mesh(By)
```

이 프로그램의 결과를 그림 7.1 에 보인다. 축의 레이블과 그림의 구도는 출력 창에서 조정을 하였다.

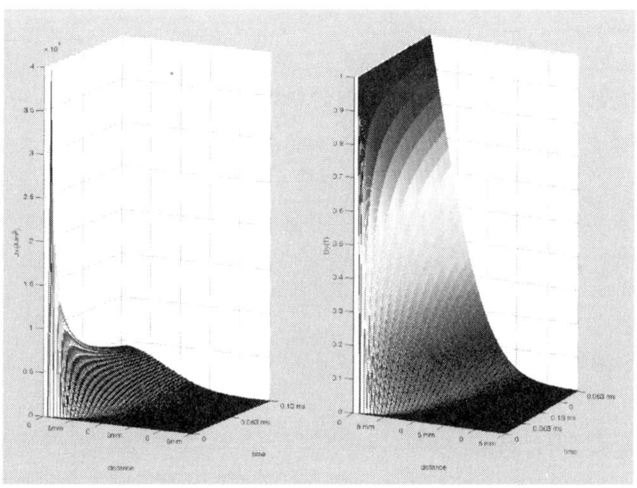

그림 7.1 전도성 반공간 내부의 공간과 시간 종속인 전류(왼쪽)와 자장 분포(오른쪽) MATLAB® 모사.

7.2 유한 차분 시간 영역법

속이 빈 원기둥 내부의 장

유한차분 시간영역(finite difference time-domain, FDTM)법은 이산화와 일차장(primary field) **E** 와 **H** 에 대한 일차 막스웰 방정식의 수치 해를 Yee 의 알고리듬을 이용해서 구하는 과정에 포함되어 있다. 일반적으로, 이 식은 6 개의 1 차 방정식을 포함하며 3 개는 좌표계에 따른 각 장의 구성요소이다. 여기서는 전기장이 원기둥 좌표계에서 ϕ 성분만 있으므로 $\mathbf{E} = E_\phi \hat{\varphi}$ 이며 $\mathbf{H} = H_r \hat{\mathbf{r}} + H_z \hat{\mathbf{z}}$ 인 특별한 장의 분포에 대해서 설명하겠다. 이제 막스웰의 방정식은 전기장과 자기장에 대한 3 개의 시간 종속성 방정식으로 줄어든다.

$$\varepsilon \frac{\partial E_\phi}{\partial t} = \left(\frac{\partial H_r}{\partial z} - \frac{\partial H_z}{\partial r} \right) - \sigma E_\phi \tag{7.16}$$

$$\mu \frac{\partial H_r}{\partial t} = \frac{\partial E_\phi}{\partial z} \tag{7.17}$$

$$\mu \frac{\partial H_z}{\partial t} = -\frac{1}{r} \frac{\partial}{\partial r} r E_\phi \tag{7.18}$$

위의 방정식들을 이차원 Yee 격자(lattice)에 이산화(discretizing)하면 다음과 같다.

$$\begin{aligned} E_\phi^{n+1}(i,j) = E_\phi^{n-1} + \frac{\Delta t}{\varepsilon(i,j)} \Bigg[& \frac{H_r^n(i,j+1) - H_r^n(i,j-1)}{\Delta z} \\ & - \frac{H_z^n(i+1,j) - H_z^n(i-1,j)}{\Delta r} - \sigma(i,j) E_\phi^n(i,j) \Bigg] \end{aligned} \tag{7.19}$$

$$H_r^{n+1}(i,j) = H_r^{n-1}(i,j) + \frac{\Delta t}{\mu(i,j)} \left[\frac{E_\phi^n(i,j+1) - E_\phi^n(i,j-1)}{\Delta z} \right] \tag{7.20}$$

$$H_z^{n+1}(i,j) = H_z^{n-1}(i,j) - \frac{\Delta t}{\mu(i,j)} \left[\frac{(i+1)E_\phi^n(i+1,j) - (i-1)E_\phi^n(i-1,j)}{i\Delta r} \right] \tag{7.21}$$

여기서 $r = i\Delta r$, $z = j\Delta z$, $t = n\Delta t$ 이다. 식 (7.19)에서 (7.21)까지의 시간 도함수와 공간 도함수를 계산하기 위해서 중앙 차분 법을 사용한다. 공간 도함수와 시간 도함수들은 개구리뜀 구조(leapfrog scheme)로 계산되는 시간에 대해서 계산한다. 높은 안정성을 위해서 식 (7.19)에 있는 E_ϕ^n 를 평균 $(E_\phi^{n+1} + E_\phi^{n-1})/2$ 으로 대치하면 다음의 식을 얻는다.

$$E_\phi^{n+1}(i,j) = \frac{\left(1 - \dfrac{\sigma(i,j)\Delta t}{2\varepsilon(i,j)}\right)}{\left(1 + \dfrac{\sigma(i,j)\Delta t}{2\varepsilon(i,j)}\right)} E_\phi^{n+1}(i,j) + \frac{\dfrac{\Delta t}{\varepsilon(i,j)}}{\left(1 + \dfrac{\sigma(i,j)\Delta t}{2\varepsilon(i,j)}\right)} \times \left[\frac{H_z^n(i,j+1) - H_r^n(i,j-1)}{\Delta z} - \frac{H_z^n(i+1,j) - H_r^n(i-1,j)}{\Delta r}\right] \quad (7.22)$$

시간 간격은 $\Delta t \le \Delta x / c\sqrt{n}$ 의 조건을 만족하도록 선택하는데, 여기서 c 는 광속(speed of light)이고 n 은 공간 차원의 개수이다. E_ϕ 와 H_r 은 z 축을 따라서는 0 이므로 H_z 는 별도로 다뤄야 한다. 막스웰의 방정식의 적분형태가 다음과 같을 때,

$$\oint \mathbf{E} \cdot d\ell = -\mu \iint \frac{\partial \mathbf{H}}{\partial t} \cdot d\mathbf{a} \quad (7.23)$$

z 축으로부터 반지름 Δr 의 원형 등고선을 따라서 이산화 하면 다음의 식을 얻을 수 있다.

$$H_z^{n+1}(0,j) = H_z^{n-1}(0,j) - \frac{4\Delta t}{\mu(i,j)\Delta r} E_\phi^n(1,j) \quad (7.24)$$

공진 주파수

Yee 의 알고리듬으로 구한 시계열(time series)을 임의의 유전체와 전도체의 분포를 가지는 공동(cavity) 내부의 공진 주파수를 결정하는 데 사용할 수 있다. 시간이 $t = 0$ 일 때 E_ϕ 의 펄스가 가해지고, 한 장의 구성요소의 시계열은 주어진 격자에 대해서 기록한다. 공동의 공진 방식(mode)을 찾는 데 푸리에 변환 알고리듬을 사용할 수 있다. 공진 주파수를 찾으면 공동은 특정한 주파수로 구동할 수 있으며 이로 인해 발생하는 장의 분포는

MATLAB®을 이용해서 기록하고 플로팅할 수 있다. 대안으로 유한 차분 주파수 영역 (Finite Difference Frequency Domain)법으로 공동의 방식을 찾을 수 있다.

7.3 벡터 퍼텐셜의 수식화

전기장과 자기장에 대해서 직접 풀이하는 대신 벡터 퍼텐셜에 대해서 풀이한 다음 장들을 $\mathbf{A}$ 의 회전과 시간 도함수로 구할 수 있다. 식 (7.1)에 $\nabla\times\mathbf{A}=\mathbf{B}$ 와 $\mathbf{E}=-\partial\mathbf{A}/\partial t$ 를 대입하면 소스 $-\mu_0\mathbf{J}_{\text{source}}$ 의 항을 가지는 $\mathbf{A}$ 에 대한 이차 방정식을 얻을 수 있다.

$$\nabla^2\mathbf{A}=-\mu\sigma\frac{\partial\mathbf{A}}{\partial t}+\mu_0\varepsilon_0\frac{\partial^2\mathbf{A}}{\partial t^2} \tag{7.25}$$

전도성 반공간 위의 원형 코일

변위 전류가 무시될 때의 벡터 퍼텐셜의 공식화의 예로서 구동 코일이 전도성 반공간의 동일 평면 위에 위치한 앞 장의 예를 생각해 보자.

델타 함수의 곱인 구동 전류는 이제 임의의 시간 종속성을 가지게 되므로 $A_\phi=A_\phi(r,z,t)$가 되고 다음의 식으로 표현된다.

$$\frac{\partial^2A_\phi}{\partial t^2}+\frac{1}{r}\frac{\partial A_\phi}{\partial t}-\frac{A_\phi}{r^2}+\frac{\partial^2A_\phi}{\partial z^2}=\begin{cases}-\mu_0I(t)\delta(r-r_0)\delta(z-\ell) & z>0\\ \mu\sigma\dfrac{\partial A_\phi}{\partial t} & z\le 0\end{cases} \tag{7.26}$$

이 방정식의 양변에 라플라스 변환을 취하면 다음의 식을 얻을 수 있으며

$$\frac{\partial^2a_\phi}{\partial r^2}+\frac{1}{r}\frac{\partial a_\phi}{\partial r}-\frac{a_\phi}{r^2}+\frac{\partial^2a_\phi}{\partial z^2}=\begin{cases}-\mu_0I(s)\delta(r-r_0)\delta(z-\ell) & z>0\\ i\omega\mu\cdot s\cdot\sigma a_\phi & z\le 0\end{cases} \tag{7.27}$$

여기서 $\boldsymbol{L}A_\phi(r,z,t)=a_\phi(r,z,s)$ 이고 다음의 식을 얻을 수 있다.

$$\boldsymbol{L}\left\{\frac{\partial A_\phi(r,z,t)}{\partial t}\right\}=sa_\phi(r,z,s)-A_\phi(r,z,0). \tag{7.28}$$

전류 소스는 $t=0$ 일 때부터 공급 되므로 $a_\phi(r,z,0)=0$ 이다. 위의 방정식을 앞서와 같이 변수 분리를 이용하면 다음의 관계를 얻는다.

$$a_\phi(r,z,s)=R(r,s)\cdot Z(z,s) \tag{7.29}$$

식 (7.29)를 식 (7.27)에 대입하고 $R\cdot Z$ 로 나누면 다음의 식을 얻을 수 있다.

$$\frac{1}{R}\frac{\partial^2 R}{\partial r^2}+\frac{1}{rR}\frac{\partial R}{\partial r}-\frac{1}{r^2}+\frac{1}{Z}\frac{\partial^2 Z}{\partial z^2}-s\mu\sigma=0 \tag{7.30}$$

이 식은 식 (6.31)과 같은 형태이다. 특히 s 영역에서의 해는 6 장에서 얻은 것에서 $I(t)\to I(s)$, $i\omega\to s$ 로 대치한 것과 같은 형태를 가진다. 그러므로 각 영역에 대해서 다시 정리해 보면 다음의 식들을 얻는다.

$$a_\phi^1(r,z,s)=\frac{\mu_0 I(s)r_0}{2}\int_0^\infty J_1(\alpha r)J_1(\alpha r_0)e^{-\alpha z}\left(e^{\alpha\ell}+e^{-\alpha\ell}\frac{\alpha\mu_r-\sqrt{s\mu\sigma-\alpha^2}}{\alpha\mu_r+\sqrt{s\mu\sigma-\alpha^2}}\right)d\alpha \tag{7.31}$$

$$a_\phi^2(r,z,s)=\frac{\mu_0 I(s)r_0}{2}\int_0^\infty J_1(\alpha r)J_1(\alpha r_0)e^{-\alpha\ell}\left(e^{\alpha z}+e^{-\alpha z}\frac{\alpha\mu_r-\sqrt{s\mu\sigma-\alpha^2}}{\alpha\mu_r+\sqrt{s\mu\sigma-\alpha^2}}\right)d\alpha \tag{7.32}$$

$$a_\phi^3(r,z,s)=\frac{\mu_0 I(s)r_0}{2}\int_0^\infty J_1(\alpha r)J_1(\alpha r_0)e^{-\alpha\ell}\left(\frac{2\alpha\mu_r e^{\sqrt{s\mu\sigma+\alpha^2}z}}{\alpha\mu_r+\sqrt{s\mu\sigma+\alpha^2}}\right)d\alpha \tag{7.33}$$

라플라스 역변환을 취하고 $I(t)=\mathbf{L}^{-1}I(s)$ 를 이용하면 다음의 식을 얻을 수 있다.

$$q(t)=\mathbf{L}^{-1}\left\{\frac{\alpha\mu_r-\sqrt{s\mu\sigma+\alpha^2}}{\alpha\mu_r+\sqrt{s\mu\sigma+\alpha^2}}\right\}\quad\text{and}\quad w(t)=\mathbf{L}^{-1}\left(\frac{2\alpha\mu_r e^{\sqrt{s\mu\sigma+\alpha^2}z}}{\alpha\mu_r+\sqrt{s\mu\sigma+\alpha^2}}\right) \tag{7.34}$$

이 과정을 MATLAB®을 이용해서 할 수 있다. 여기서 $w(t)$ 에서 $z < 0$ 이므로 라플라스 역변환을 할 때 주의를 기울여야 한다.

```
%MATLAB® program for calculating inverse Laplace transforms
syms a b c z s t positive

% calculate the inverse Laplce transform of q(t)
ilaplace((a-sqrt(b*s+c))/(a+sqrt(b*s+c)),s,t)
%for greater readability use the pretty command
pretty(ans)

% calculate the inverse Laplce transform of w(t)
% note that the argument of the
% exponential in w(t) is negative
ilaplace( (2*a*exp(-z*sqrt(b*s+c))/(a+sqrt(b*s+c)),s,t)
pretty(ans)
```

역변환으로 얻은 결과 식들은 다음과 같고,

$$A_\phi^1(r,z,t) = \frac{\mu_0 r_0}{2}\int_0^\infty J_1(\alpha r)J_1(\alpha r_0)\left\{e^{-\alpha(z-\ell)}I(t) + e^{-\alpha(z+\ell)}I(t)\otimes q(t)\right\}d\alpha \tag{7.35}$$

$$A_\phi^2(r,z,t) = \frac{\mu_0 r_0}{2}\int_0^\infty J_1(\alpha r)J_1(\alpha r_0)\left\{e^{-\alpha(\ell-z)}I(t) + e^{-\alpha(\ell+z)}I(t)\otimes q(t)\right\}d\alpha \tag{7.36}$$

$$A_\phi^3(r,z,t) = \frac{\mu_0 r_0}{2}\int_0^\infty J_1(\alpha r)J_1(\alpha r_0)e^{-\alpha\ell}I(t)\otimes w(t)d\alpha \tag{7.37}$$

여기서 포갬 적분(convolution integral)은 다음과 같이 정의 된다.

$$I(t)\otimes q(t) = \int_0^t I(t-u)q(t)du \quad \text{and} \quad I(t)\otimes w(t) = \int_0^t I(t-u)w(t)du \tag{7.38}$$

이 역변환은 MATLAB®을 이용해서 수행할 수 있다. 부록 2 의 펄스 신호와 주기적인 신호에 대한 라플라스 역변환을 보기 바란다.

7.4 퀵필드에서 시간 종속 자장문제

시간 종속 자기학 해석을 퀵필드에서 다루는 것은 벡터 퍼텐셜에 대해서는 다음의 2 차 방정식의 해를 구하는 것을 의미한다.

$$\nabla\times\left(\frac{1}{\mu}\nabla\times\mathbf{A}\right)=\mathbf{J}+\nabla\times\mathbf{H}_c \tag{7.39}$$

전류밀도는 $\mathbf{J}=\mathbf{J}_{\text{source}}+\mathbf{J}_{\text{eddy}}$ 처럼 소스 전류와 맴돌이 전류의 합으로 나타낼 수 있는데, 여기서 맴돌이 전류는 다음과 같다.

$$\mathbf{J}_{\text{eddy}}=-\sigma\frac{\partial\mathbf{A}}{\partial t} \tag{7.40}$$

x-y 대칭 구조에서 이방성 유전율 텐서는 다음과 같이 주어진다.

$$\frac{\partial}{\partial x}\left(\frac{1}{\mu_y}\frac{\partial A_z}{\partial x}\right)+\frac{\partial}{\partial y}\left(\frac{1}{\mu_x}\frac{\partial A_z}{\partial y}\right)-\sigma\frac{\partial A_z}{\partial t}=-J_{\text{source}}+\left(\frac{\partial H_{cy}}{\partial x}-\frac{\partial H_{cx}}{\partial y}\right) \tag{7.41}$$

축 대칭인 이방성 유전율은 다음과 같이 주어진다.

$$\frac{\partial}{\partial r}\left(\frac{1}{r\mu_z}\frac{\partial(rA_\varphi)}{\partial x}\right)+\frac{\partial}{\partial z}\left(\frac{1}{\mu_r}\frac{\partial A_\varphi}{\partial z}\right)-\sigma\frac{\partial A_z}{\partial t}=-J_{\text{source}}+\left(\frac{\partial H_{cr}}{\partial z}-\frac{\partial H_{cz}}{\partial r}\right) \tag{7.42}$$

보자력 벡터 $\mathbf{H}_c$ 는 정자기학 해석에서 정의된 바 있다. 자기학의 물성은 모든 장과 소스가 조화적으로 변화해야만 하는 교류 자기학과는 달리 전이 자기학 해석 에서 모사할 수 있다.

적분량

적분량은 표면을 지나는 총괄 전류를 포함해서 전이 자기학을 이용해서 계산할 수 있다.

$$I = \iint_{\text{surf}} \mathbf{J} \cdot d\mathbf{a} \tag{7.43}$$

주어진 부피에 대한 줄(Joule) 가열은 다음과 같다.

$$Q = \iiint_{\text{vol}} \sigma^{-1} J^2 dV \tag{7.44}$$

다른 적분량은 총괄 자장 에너지, 선속 이음(flux linkage) 총괄 자기력, 그리고 부피 안에 포함되어 있는 물체에 작용하는 토크를 포함하는 정자기학을 이용해서 계산할 수 있다.

물성과 경계조건들

블록 레이블 특성 윈도우는 유전율, 자석의 보자력, 공간 종속성을 가지는 전류 소스와 함께 물질의 전도도를 지정할 수 있다는 점 외에는 정자기학 문제를 다룰 때와 같다.

테두리 레이블 특성 윈도우는 정자기학 문제를 다룰 때와 같다. 공간 종속성을 가지는 벡터 퍼텐셜 또는 접선 장, 법선 선속이 0, 홀수와 짝수 주기 경계 조건을 가지는 경계조건들도 지정할 수 있다.

꼭지점 레이블 특성 윈도우는 이전과 같으며 자기 퍼텐셜과 선형 전류를 한 점에 대해서 공간 좌표에 종속하는 값을 지정할 수 있다.

시간 종속 양들

전이 자기학 해석에서의 다양한 소스와 경계 조건들의 시간 종속성은 특정한 함수들의 라이브러리를 이용해서 입력할 수 있다. 비 주기 함수로는 지수 $\exp(t)$, 로그 $\log(t)$, 제곱근 $\text{sqrt}(t)$, 그리고 절대값 $\text{abs}(t)$ 등이 있다. 전이 해석에 가장 유용한 비주기 함수는 다음과 같이 정의 되는 계단 함수와 임펄스(impulse) 함수 이다.

$$step(t) = \begin{cases} 1 & \text{if } t \geq 0 \\ 0 & \text{if } t < 0 \end{cases} \quad \text{and impulse}(t, \ell, r) = \begin{cases} 0 & \text{if} \quad t < \ell \\ 1 & \text{if} \quad \ell \leq t \leq r \\ 0 & \text{if} \quad t > r \end{cases} \tag{7.45}$$

주기 함수로는 사인 $\sin(t)$, 코사인 $\cos(t)$, 탄젠트 $\tan(t)$, 아크 사인 $\text{asin}(t)$, 아크코사인 $\text{acos}(t)$, 아크 탄제트 $\text{atan}(t)$ 등이 있다. 전이 해석에 가장 유용한 주기 함수로는 톱니파 함수 $\text{saw}(t,p)$ 와 $p0$ 가 각 톱니들의 시간 간격을 지정하는 $\text{saw}(t,p,p0)$ 가 있다. 양의 부호를 가지는 구형파(square wave)는 $\text{sign}(saw(t,p,p0))$ 를 이용해서 만들 수 있으며 부호가 변하는 구형파는 매개변수의 부호에 따라서 ± 1 의 값을 가지는 $sign()$ 함수를 이용해서 $sign(\sin(t))$ 와 같이 만들 수 있다.

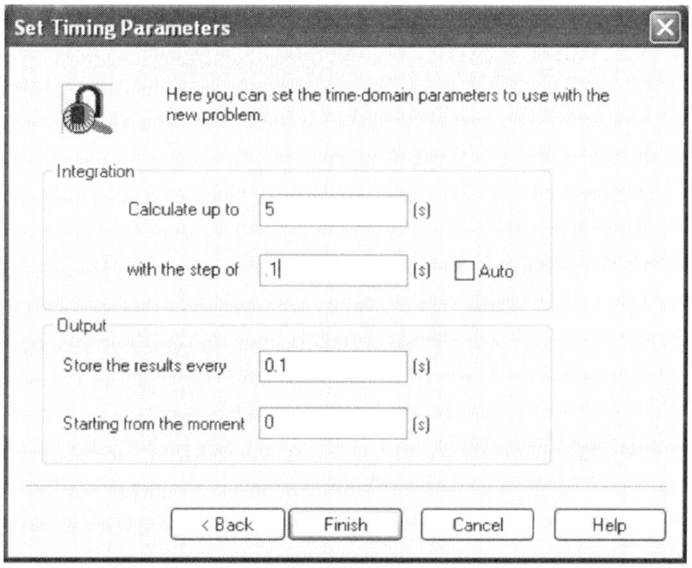

그림 7.2 총 시간 길이, 시간 간격, 데이터 샘플링 간격, 그리고 초기 기록 시간과 같은 시간에 대한 내용을 편집하는 윈도우.

모델의 경계 조건 또는 전류 소스에 적용할 시간 종속성이 명시되어 있지 않다면 이러한 조건들은 시간이 $t=0$ 일 때 스위치가 켜지는 것으로 취급한다. 이것은 계단 함수 $step(t)$ 에 전류와 경계조건을 곱해서 명시한 것과 같다.

그림 7.2 에 문제 특성 윈도우의 Set Timing Parameter 탭을 보인다. 총괄 적분 시간과 적분 시간의 간격은 이 윈도우의 윗부분에 있다. 출력 시간 간격과 시작 시간은 윈도우의 아랫부분에 있다.

퀵필드에서 전이 자기학 문제 풀이에서의 시간 간격은 그물망과 퍼텐셜의 변화에 따라서 조절된다. 초기 시간 간격 Δt_0 은 $\Delta t_0 = \min(\xi^2 / 4\alpha)$ 을 이용해서 선택하고 여기서 ξ 는 그물눈 요소의 특성 크기(characteristic size)이고, $\alpha = 1/\mu\sigma$ 이다. 이 후에는 $\Delta t_{n+1} = k\Delta t_n$ 를 이용해서 간격이 바뀌는 데 k 는 0.25, 0.5, 1.0, 2.5 중 퍼텐셜과 소스, 그리고 경계조건의 공간과 시간 거동에 따라서 결정된다.

전이 자기장 내부의 전도성 원기둥

전이 장의 해석의 한 예로, 가로지르는 2T 의 자기장이 시간 $t = 0$ 때 스위치가 켜질 때 반지름이 10.0cm 이고 $\sigma = 10^8$ S/m 인 전도성 원기둥을 생각해 보자. 이 예제에서는 시간 종속성이 명시되지 않았기 때문에 경계조건은 계단함수로 취급할 수 있다. y 방향의 자장을 지정하기 위해서 벡터 퍼텐셜 A_z 는 풀이 영역의 좌측과 우측이 다른 값을 가진다. 그물망이 생겨난 원기둥과 풀이 영역을 그림 7.3 에 보인다. 원기둥 근처에서는 좀 더 조밀한 그물망이 생겨난 것을 볼 수 있다.

전이장의 계산은 정자기학과 교류 자기학 문제에서 보다 더 많은 시간이 소요된다. 문제 풀이과정 중에 나타나는 윈도우를 그림 7.4 에 보이는데, 이 그림을 보면 지금까지 걸린 시간, 반복 계산의 회수, 예상되는 남은 반복계산의 회수 그리고 총 소요시간을 보여준다. 시간에 대한 함수로 표시하도록 특정한 위치에 양을 지정하는 윈도우를 그림 7.5 에 보인다. 시간이 0.01, 0.03, 0.05, 0.07 초 일 때 자기장 선속의 선들과 전이 맴돌이 전류 밀도를 그림 7.6 에 보인다. 첫번째 그림은 시간이 0.01 초 일 때 발생한 큰 유도 전류에 대한 장의 선들에 대한 배제(expulsion)를 보인다. 시간이 지나갈수록 장의 선들은 전류 밀도가 감소하면서 원기둥으로 침습하는 것을 볼 수 있다. 그림 7.7 에 시간이 0.58 초 일 때 전도 원기둥 주위의 원형 등고선에 대해서 맴돌이 전류 밀도를 플로팅 하였다. 등고선을 따라서 변하는 각 시간에 대한 맴돌이 전류 밀도는 그림에 보인 것처럼 풀다운 윈도우를 이용해서 볼 수 있다. 이 등고선에 따라서 변하는 벡터 퍼텐셜, 선속 밀도, 장의 세기, 유전율, 그리고 에너지 밀도와 같은 물리량들도 플로팅 할 수 있다.

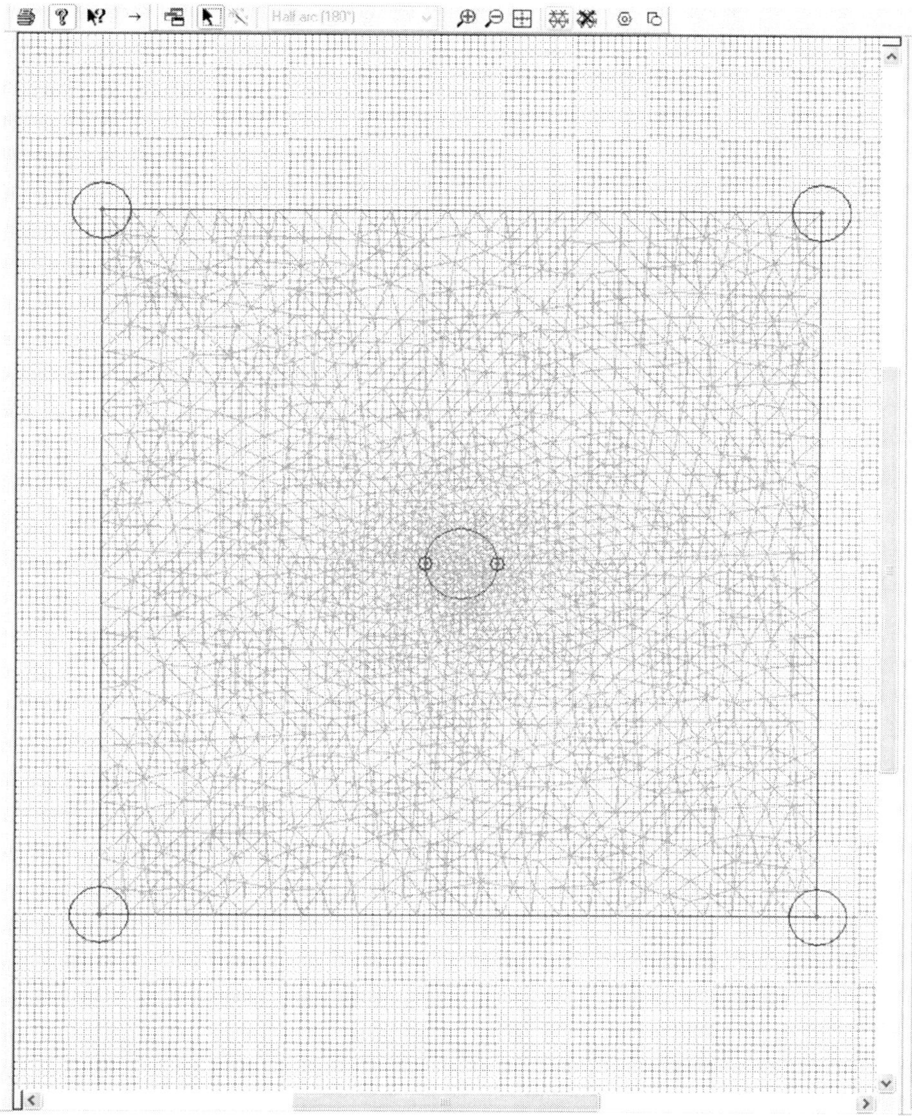

그림 7.3 대기 영역 중에서 원기둥 형태의 전도체의 유한 요소 그물망. 전도성 원기둥이 있는 곳의 그물망이 더 조밀하다.

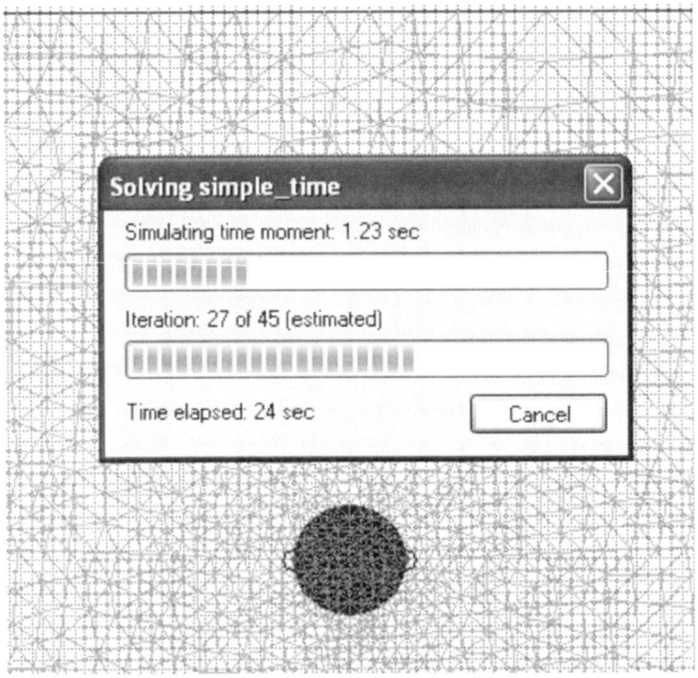

그림 7.4 전이 자기학 문제를 풀이하는 과정의 진행상태를 보이는 윈도우.

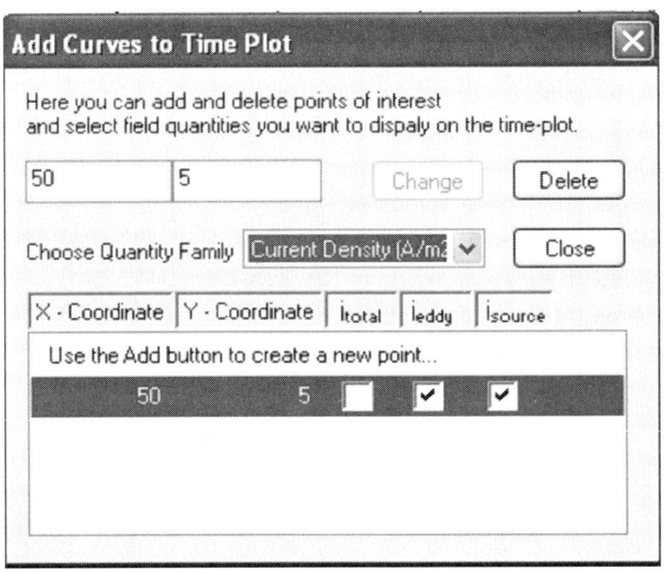

그림 7.5 물리량들과 공간에서의 위치를 기록하는 윈도우.

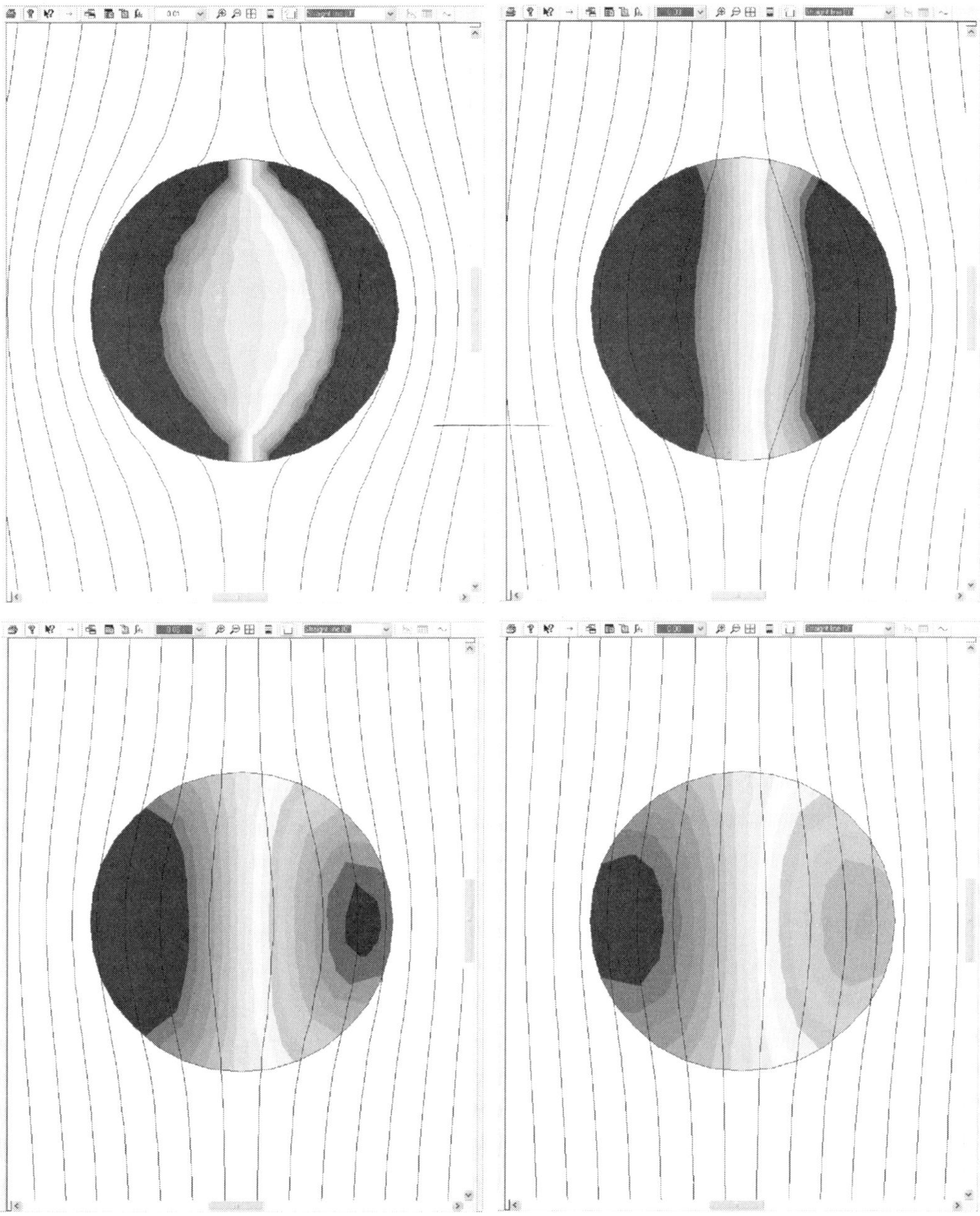

그림 7.6 시간이 0.01, 0.03, 0.05, 0.07 초 일 때 자기 선속 선들과 전이 맴돌이 전류

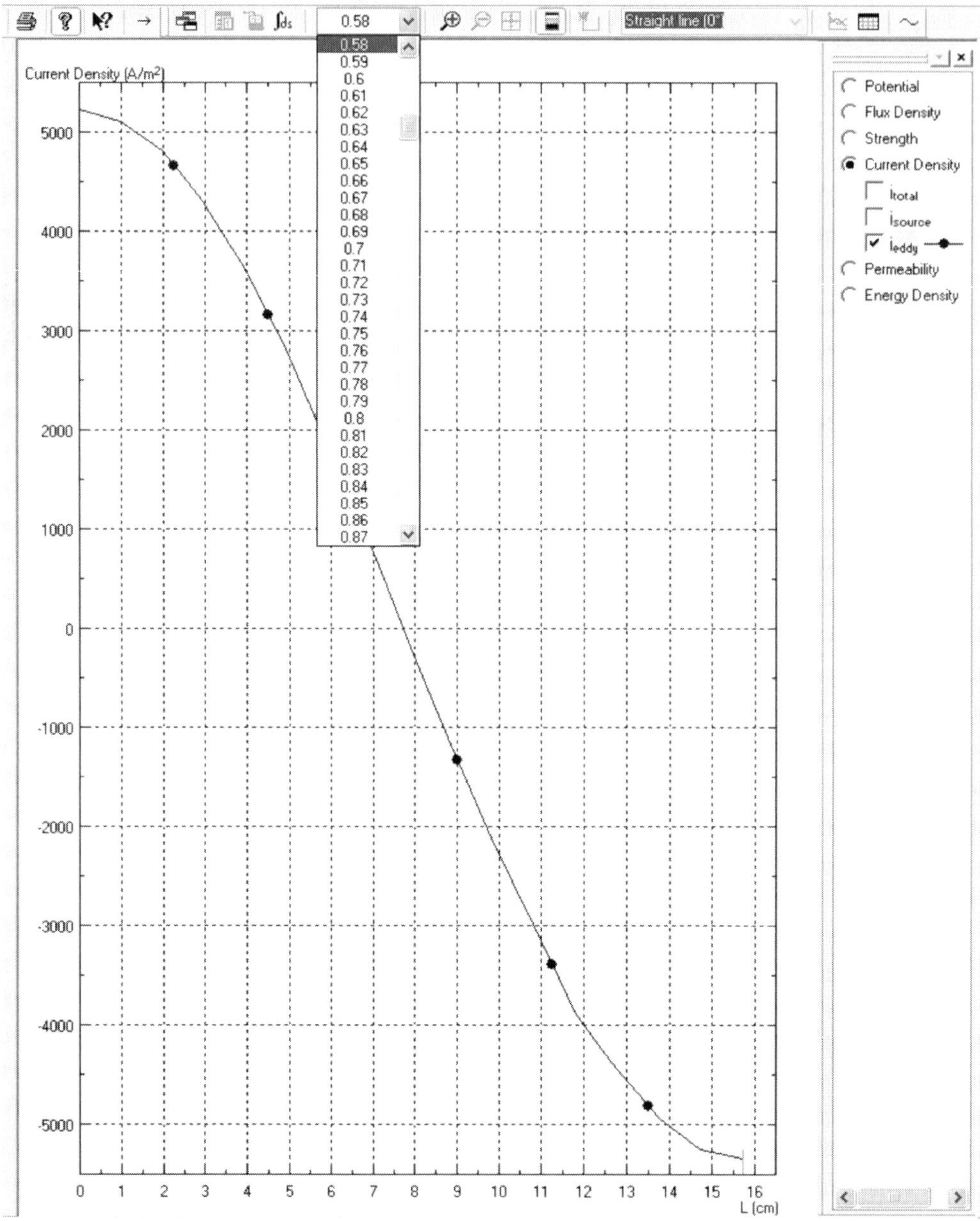

그림 7.7 시간이 0.58 초 일 때 전도성 원기둥을 감싸는 원형 등고선 주위의 맴돌이 전류 밀도. 플롯은 풀다운 메뉴 윈도우에서 시간을 선택할 때 마다 갱신된다.

전도성 평면 위의 전류 박판

이제 여기서는 폭이 30cm 이며 전류 밀도가 1.0A/m 인 평편한 박판을 모델링 해보자. 유도체는 $\sigma = 10^8 \mathrm{S/m}$ 인 전도성 평면에 평행하며 2cm 떨어져 있다. 이 모델에 대해서 시간 종속성이 명시되지 않았기 때문에 전류가 시간 $t = 0$ 일 때 켜지는 것으로 취급할 수 있다. 시뮬레이션 중의 두 시간에 대한 벡터 자기장과 맴돌이 전류 밀도를 그림 7.8 에 보인다. 그림의 오른쪽에 있는 맴돌이 전류 밀도의 등고선 플롯들은 박판 유도체 아래에 보여지는 수직 등고선을 따라서 두 개의 시간 구간에 대한 것이다. 시간이 0.016 초 일 때의 그림(오른 쪽 위)을 보면 맴돌이 전류는 기본적으로 표면 근처에 집중되어 있으며 깊이가 5.0cm 에서는 거의 0 이다. 시간이 0.253 초일 때 그림(오른 쪽 아래)을 보면 맴돌이 전류는 21cm 깊이까지 확산하였고 6 배 감소 하였다.

전도성 구체를 감싸는 전류 루프

주기적인 자극으로 유도되는 전이 맴돌이 전류의 한 예로 전도성 구체를 감싸는 단일 전류 루프를 모델링 하였다. 구체의 반지름은 10cm 이고 $\sigma = 10^8 \mathrm{S/m}$ 이다. 전류 루프의 반지름은 12cm 이고, 적도에서 2cm 위에 위치한다. 루프에 흐르는 여기 전류(excitation current)는 함수 saw(t,1,2)로 정의되는 톱니파 이다. 그림 7.9 에 이 때 발생하는 자기 선속 선들과 맴돌이 전류 밀도 플롯을 보인다. 특정 시간의 구체 내의 (50,5) 지점의 맴돌이 전류 밀도를 10 초까지 시뮬레이션을 하였을 때 선속 선들의 플롯과 함께 플로팅 하였다. 위쪽에 보인 것처럼 시간이 3.0s 일 때 루프의 전류는 일시적으로 0 이 되며 선속 선들은 구체에 흐르는 맴돌이 전류에 기인한다. 아래에는 시간이 4.5s 일 때 여기 전류 루프에 기인하는 선속 선들의 플롯을 보인다.

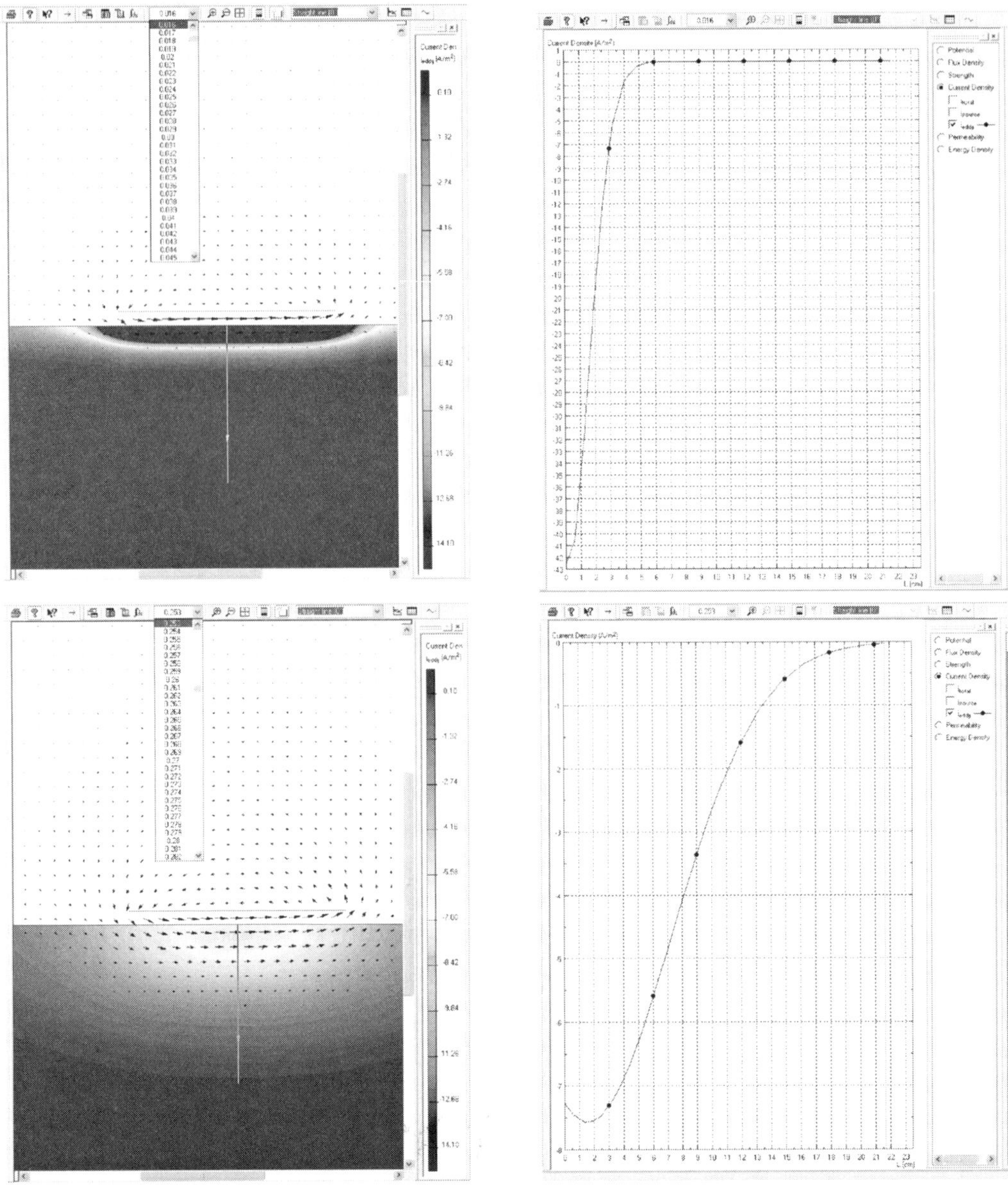

그림 7.8 전도성 반공간 위에 위치한 박판 유도자의 벡터 자기장과 맴돌이 전류 밀도 플롯. 시간이 *t=0* 일 때 전류가 흐르기 시작하였다. 맴돌이 전류 밀도의 등고선 플롯은 박판 유도자 아래의 수직 등고선을 따라서 두 개의 시간 간격에 대해서 만들었다.

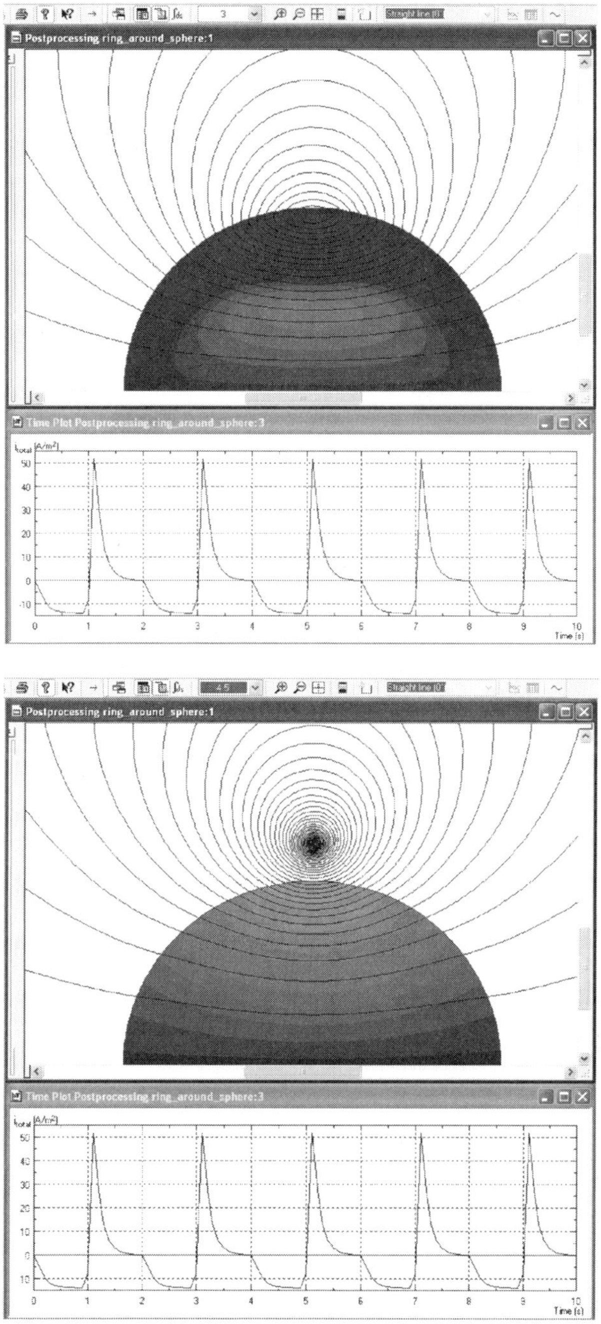

그림 7.9 전도성 구체를 감싸는 전류 루프로 유도된 자기 선속 선들과 맴돌이 전류

7.5 펄스 맴돌이 전류를 이용한 비파괴 검사

전통적인 맴돌이 전류 비파괴 검사에서 맴돌이 전류는 샘플 안에서 특정한 동작 주파수 근처의 좁은 대역폭에서 유도 된다. 펄스 맴돌이 전류(Pulsed Eddy Current, PEC)는 조사하고자 하는 전도체 내부에서 감쇠되는 구형파 또는 다른 형태의 주기적 펄스를 이용한다. 이 펄스로 발생하는 맴돌이 전류는 일차 여기 코일 또는 수신 코일에 과도 전압을 유도한다. 다른 방법으로는 자기장 센서, 홀 효과(Hall effect), 자장의 방향과 세기를 측정하는 플럭스 게이트(flux gate), 또는 SQUID 자기력계를 이용해서 맴돌이 전류로 인해 생긴 장을 직접 측정할 수 있다.

PEC는 부식으로 인해 생기는 파이프와 평판 전도체의 두께의 변화를 측정할 때와 전도성 코팅과 비전도성 코팅의 두께를 측정하는데 적합하다. 비전도성 코팅은 기본적으로 맴돌이 전류 프루브와 전도 표면과 사이의 간격을 키울 뿐이다. 이 간격은 비전도성 코팅의 두께의 변화를 모사하기 위한 모델의 계산에 따라 변화한다. PEC 실험은 전도체의 결함의 깊이 정보도 얻을 수 있다. 이것은 기본적으로 전이 펄스의 고주파 성분이 표면 근처만 들어가는 것과는 달리 저주파 신호 성분이 좀 더 깊은 곳까지 뻗어가기 때문이다. 결함의 형태에 따른 응답 파형은 깊이에 의존한다.

7.6 단극원 소스를 가지는 막스웰 방정식

5장에서 이 우주에 자기 단극이 하나만 있어도 그 양을 정량화 할 수 있다는 것을 보였다. 자기 전하 ρ_m 와 전류 밀도 $\mathbf{J}_m$ 를 고려한다면 $\mathbf{J}_m$ 이 회전을 취한 전기장을 발생시키므로 자기장은 더 이상 자유롭게 발산하지 않는다. 막스웰의 방정식은 다음과 같이 대칭적인 형태를 가지게 된다.

$$\begin{aligned} &\nabla\times\mathbf{E} = -\mu\mathbf{J}_m - \frac{\partial\mathbf{B}}{\partial t} \qquad \nabla\times\mathbf{B} = \mu\mathbf{J}_e + \mu\varepsilon\frac{\partial\mathbf{E}}{\partial t} \\ &\nabla\cdot\mathbf{E} = \frac{\rho_c}{\varepsilon} \qquad \nabla\cdot\mathbf{B} = \mu\rho_m \end{aligned} \tag{7.46}$$

역학 문제를 풀기 위해서는 자유공간에 대한 전기 전하 q_e 와 자기 전하 q_m 에 대한 로렌츠 힘(Lorenz forces)들을 고려해야만 한다.

$$\mathbf{F}_e = q_e(\mathbf{E} + \mathbf{v} \times \mathbf{B}) \qquad \mathbf{F}_m = q_m(\mathbf{B} - \mu_0 \varepsilon_0 \mathbf{v} \times \mathbf{E}) \tag{7.47}$$

전기 전하와 자기 전하 둘 다를 가지는 입자는 합으로 표현 되는 $\mathbf{F}_e + \mathbf{F}_m$ 의 힘을 느끼게 될 것이다.

전기장과 자장이 교차되는 곳에서의 단극의 이동

예를 들어 초기속도 $\mathbf{v}_0 = (v_{x0}, v_{y0}, 0)$ 로 움직이는 자기 단극을 생각해 보자. 이 단극이 전기장 $\mathbf{E} = E_x x\mathbf{i}$ 와 자장 $\mathbf{B} = B_y y\mathbf{j}$ 이 교차하는 영역으로 들어 간다. 뉴튼의 두 번째 법칙 $\mathbf{F}_m = M\mathbf{a}$ 로부터 다음의 미분 방정식을 얻을 수 있다.

$$\begin{Bmatrix} \ddot{x} \\ \ddot{y} \\ \ddot{z} \end{Bmatrix} = \begin{Bmatrix} 0 \\ \dfrac{q_m}{M}(B_x y - \mu_0 \varepsilon_0 E_x x\dot{z}) \\ \dfrac{q_m}{M}\mu_0 \varepsilon_0 E_x x\dot{y} \end{Bmatrix} \tag{7.48}$$

이 식은 MATLAB 에서 수치 적분이 가능하다.

참고 문헌

M. N. O. Sadiku. (2000). *Numerical Techniques in Electromagnetics 2nd edition*, CRC Press.

QuickField User's Guide: Tera Analysis Ltd. (2007). *Chapter 2: Introductory Guide, Chapter 10: Theoretical Description.*

David J. Griffiths. (1999). *Introduction to Electrodynamics 3rd edition*, Prentice-Hall, Inc., New Jersey. *Chapter 7: Electrodynamics*

Jack Blitz. (1991). Electrical and Magnetic Methods of Nondestructive Testing, Adam Hilger, Bristol England

Reinhold Ludwig and Xiao-Wei Dai. (1990). "Numerical and Analytical Modeling of Pulsed Eddy Currents in a Conducting Half-space," *IEEE Transactions on Magnetics* (26) 1, pp. 299-307.

Xiao-Wei Dau. (1990). Reinhold Ludwig and R. Palanisamy, "Numerical Simulation of Pulsed Eddy Current Testing Phenomena," *IEEE Transactions on Magnetics* (26) 6, pp. 3089-3096.

연습문제

7.1 막스웰 방정식 (7.1)에서부터 다음과 같은 자유공간에서의 전기장과 자장에 대한 파동 방정식을 유도하여라. 단 광속(speed of light)은 $c = 1/\sqrt{\mu_0 \varepsilon_0}$ 이고, $\sigma = 0$ 이다.

$$\nabla^2 \begin{Bmatrix} \mathbf{E} \\ \mathbf{B} \end{Bmatrix} = \frac{1}{c^2} \frac{\partial^2}{\partial t^2} \begin{Bmatrix} \mathbf{E} \\ \mathbf{B} \end{Bmatrix}$$

7.2 식 (7.1)의 회전(curl) 방정식에 소토크의 정리를 적용하고 발산 방정식에 Gauss 의 이론을 적용해서 적분형태의 막스웰 방정식을 구하여라.

7.3 방정식 (7.9)와 (7.12)의 장과 전류 분포를 비교하기 위한 포물형 장 방정식에 대한 유한 차분 해를 구하는 MATLAB®프로그램을 작성하여라.

7.4 시간 $t = 0$ 일 때 켜지는 접선 자기장으로 인해 생기는 전도성 반공간 내부의 장의 분포를 예제 7.1 의 MATLAB®소스를 다음과 같은 포물형 미분 방정식에 대한

$$\frac{\partial}{\partial t} = \frac{1}{k} \frac{\partial^2 \Psi}{\partial x^2}$$

다음과 같은 Dufort-Frankel 의 이산화를 이용해서 계산해 보아라.

$$\frac{\Psi^{n+1}(i) - \Psi^{n-1}(i)}{2\Delta t} = \frac{\Psi^{n}(i+1) - \Psi^{n+1}(i) - \Psi^{n-1}(i) - \Psi^{n}(i-1)}{k\Delta x^2}$$

7.5 MATLAB®에서 FDTD 코드를 작성해서 초단파(microwave) 공동내부의 TM 모드를 계산하여라.

$$\frac{\partial H_\phi}{\partial t} = -\frac{1}{\mu}\left(\frac{\partial E_r}{\partial z} - \frac{\partial E_z}{\partial r}\right)$$

$$\varepsilon \frac{\partial E_r}{\partial z} = -\sigma \frac{\partial E_r}{\partial t} - \frac{\partial H_\phi}{\partial z}$$

$$\varepsilon \frac{\partial E_z}{\partial z} = -\sigma E_z + \frac{1}{r} \frac{\partial}{\partial z} r H_\phi$$

공동에 시간 $t=0$ 일 때 사각의 H_ϕ 펄스를 가하고, 특정한 격자 영역에 대해서 장의 한 요소를 시계열(time series)에 대해서 기록하여라. 시계열의 푸리에 변환을 이용해서 공동의 공명 주파수를 찾아라. 공동을 조화 여기 시키는 공명 주파수 중의 하나를 선택하고, 이로 인해 생기는 장의 분포의 그물눈 플롯을 그려라. 공동 안에 유전율, 투자율, 그리고 전도율의 영역을 포함시켜라.

7.6 시간 $t=0$ 일 때 외부 B 장의 켜질 때, 그림 E-7.6 에 보인 것과 같은 투과성 전도성 구체 안의 시간 종속 맴돌이 전류 밀도를 계산하여라. 몇몇 시간에 대한 축방향과 표면의 맴돌이 전류 밀도를 플로팅 하여라.

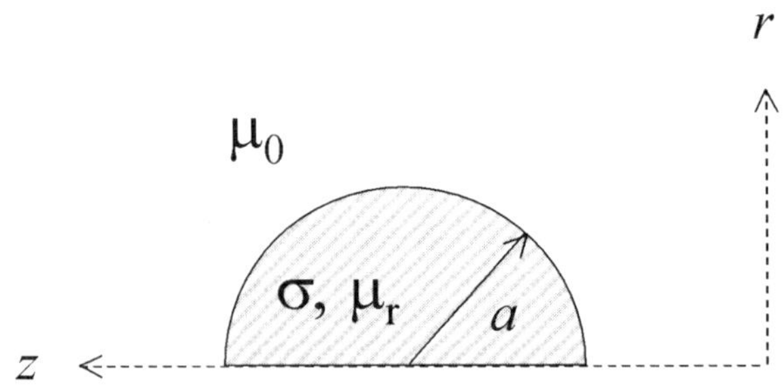

그림 E-7.6 외부에 전이 자기장이 존재하는 전도성 구체. 구조: 축 대칭

7.7 그림 E-7.7 의 여기 코일에 $I_0\text{saw}(t)$ 가 흐를 때 몇몇 지점과 시간에 대한 시간 종속 맴돌이 전류를 플로팅 하여라. 반지름 방향의 등고선을 따라 몇몇 시간에 대한 맴돌이 전류 밀도의 삼차원 플롯을 그려라.

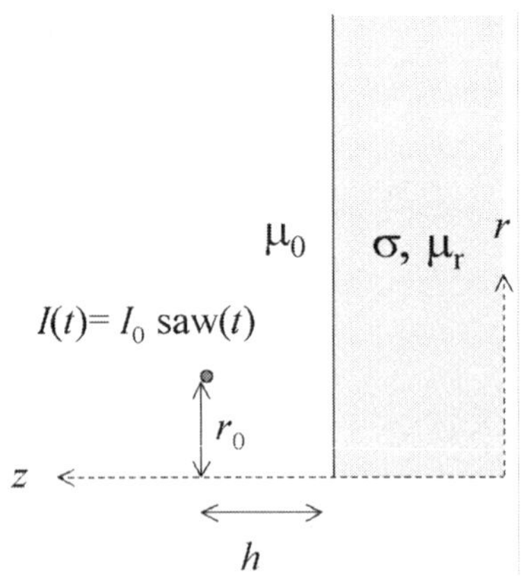

그림 E-7.7 반 무한의 반공간 위의 시간 종속 전류 흐름. 구조: 축 대칭

7.8 그림 E-7.8 에 보인 것과 같은 전도성 원기둥들 각각의 맴돌이 전류 밀도를 플로팅 하여라. 또한 원기둥 사이와 외부의 자기장도 플로팅 하여라. 여기를 위한 $I(t)$ 로는 구형파를 사용하여라.

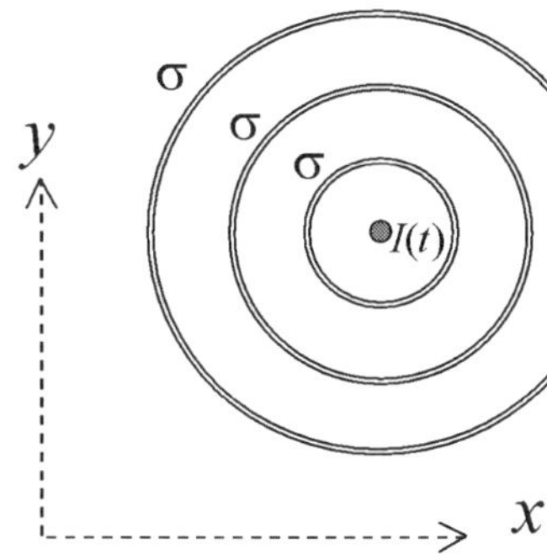

그림 E-7.8 임의의 시간 종속성을 가지는 선 전류가 3 개의 동심 전도성 원기둥의 중심에 위치한다. 구조: x-y 대칭

7.9 그림 E-7.9 에 보인 박판 유도자의 바로 위의 자기장의 z-성분을 기록하여라. 이 장의 요소는 금속에 결함이 없다면 0 이 된다. 또한 이 결함은 박판 유도자의 중심선 아래에 있어서는 안된다. 레이블 무버를 사용해서 금속 내부에서 결함의 깊이에 따른 신호의 변화를 기록하여라. 여기 전류 $I(t)$ 로 톱니파, 이중 주파수, 그리고 구형파를 사용하여라.

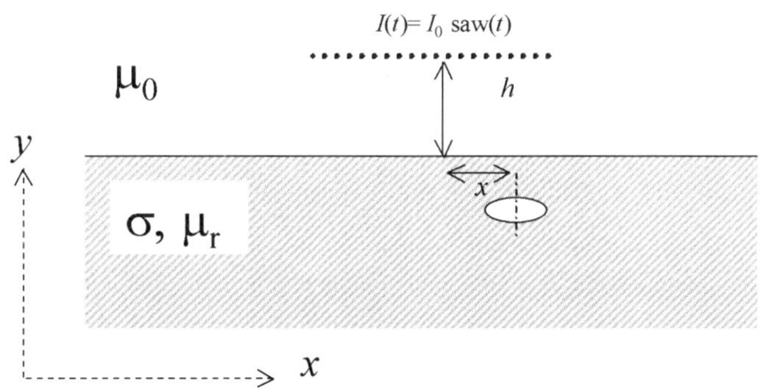

그림 E-7.9 타원형 결함을 가지는 투자성 반공간에 평행한 판형 유도자. 구조: x-y 대칭

7.10 그림 E-7.10 에 보인 것과 같은 컵 코어(cup-core)를 가지는 맴돌이 전류 탐침 아래의 전도성, 투과성 반공간의 몇몇 위치에 대한 시간 종속 맴돌이 전류를 플로팅 하여라. 단일 전류 펄스, 구형파 그리고 주기적인 톱니 형태 $I_0\text{saw}(t)$ 를

이용해서 실험해 보아라. 몇몇 시간 구간에서 반지름 상의 등고선을 따라서 맴돌이 전류의 삼차원 플로팅을 하여라. 이 결과들을 같은 여기 코일에서 컵 코어가 없는 것을 사용했을 때와 비교하여라.

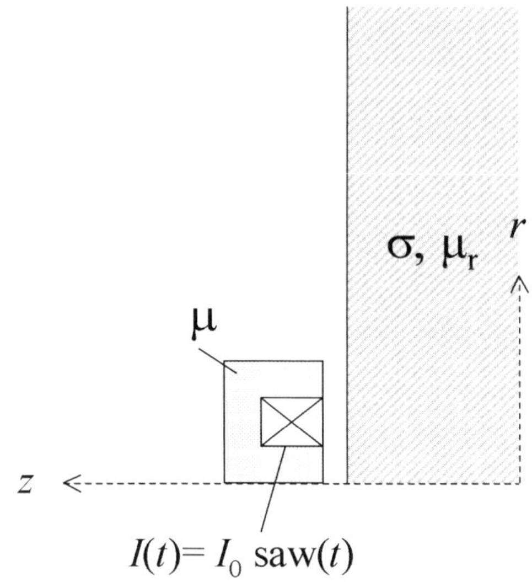

그림 E-7.10 전도성 투자성 반공간 위의 준강자성체 컵 코어를 가지는 맴돌이 전류 탐침.

구조: x-y 대칭

7.11 두께가 d 인 판의 위에 임의의 시간 의존성을 가지는 전류가 흐르는 전선 소스를 모델링하여라. 레이블 무버를 이용해서 판의 두께를 변화시키며 판의 아래의 자기장을 플로팅 하여라. 단일 전류 펄스, 구형파 그리고 주기적인 톱니 형태 $I_0\mathrm{saw}(t)$ 를 이용해서 실험해 보아라. 전도 판에 작용하는 힘도 플로팅 하여라.

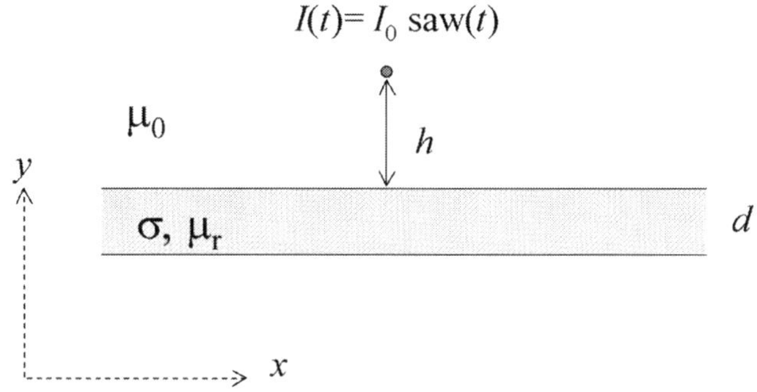

그림 E-7.11 두께가 d 인 판의 위에 임의의 시간 의존성을 가지는 전류가 흐르는 전선 소스.

구조: x-y 대칭

7.12 원형의 결함을 가진 반무한(semi-infinite)의 전도성 반공간 위에 위치한 고 투과율의 원기둥으로 둘러싸인 구동 코일 솔레노이드를 모델링 하여라. 결함의 깊이의 변화에 따른 자장 z-성분의 섭동을 계산하여라.

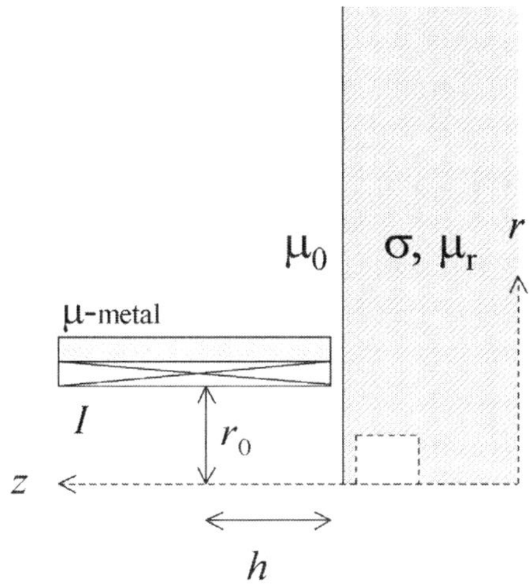

그림 E-7.12 원기둥 형태의 결함을 가지는 반 무한의 전도성 반공간 위의 고 투과율의 선속 초점기(focuser)로 둘러싸인 구동 코일 솔레노이드. 구조: 축 대칭

7.13 그림 E-7.13 에 보인 것과 같은 엽록체에 나노 초(nanosecond)의 펄스가 가해지는 것을 모델링 하여라. 엽록체 멤브레인과 틸라코이드(thylakoid) 멤브레인의 안과 밖의 순간 최대 장(peak field)을 계산하여라.

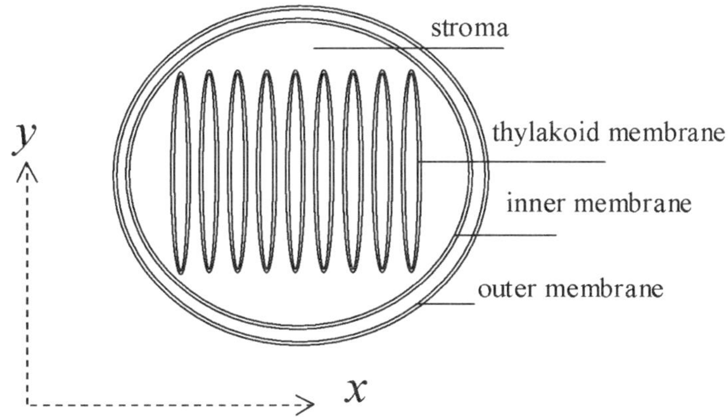

그림 E-7.13 나노 초의 자기장 펄스에 놓인 내부와 외부 멤브레인, 틸라코이드 멤브레인을 가지는 엽록체. 구조: x-y 대칭

7.14 그림 E-7.14 에 보인 것과 같은 축 대칭의 엽록체에 나노 초 (nanosecond)의 펄스가 가해지는 것을 모델링 하여라. 엽록체 멤브레인과 틸라코이드(thylakoid) 멤브레인의 안과 밖의 순간 최대 장(peak field)를 계산하여라.

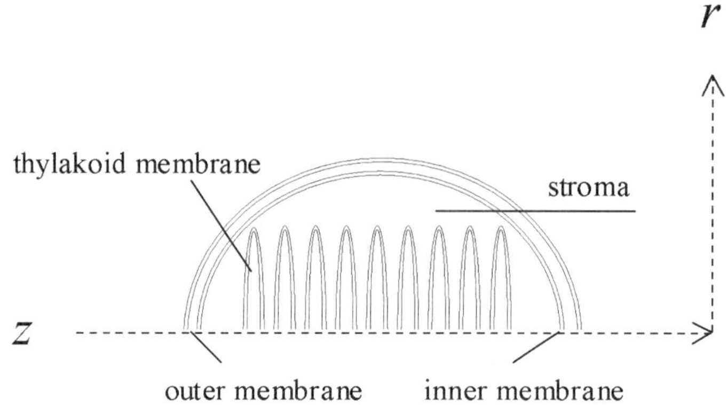

그림 E-7.14 나노 초의 자기장 펄스에 놓인 내부와 외부 멤브레인, 틸라코이드 멤브레인을 가지는 엽록체. 구조: x-y 대칭

7.15 가우스의 법칙과 스토크의 정리를 이용하여 단극원 항을 포함하는 적분형태의 막스웰 방정식을 구하여라.

7.16 자기 단극 장에서의 전자가 이동하는 것을 생각해 보자. 직교좌표에서의 두개의 입자의 동작을 묘사하는 6 개의 미분방정식을 작성하여라. 단극 초기 조건 $\mathbf{r}_m = (0,0,0)$, $\mathbf{v}_m = (0,0,0)$ 과 전자의 초기 조건 $\mathbf{r}_e = (x_0,0,0)$, $\mathbf{v}_e = (0,v_{y0},0)$ 에 대해서 입자의 동작을 풀이하는 MATLAB 프로그램을 작성하여라. 이로 인해서 생겨나는 동작을 3 차원 매개변수 플로팅을 하여라. 이 때 단극의 질량은 $M_m = Qm_e$ 라고 가정한다(부록 1 을 참고 하라).

7.17 질량이 M 이며 전기 전하 q_e 와 자기 전하 q_m 를 가지는 단일 입자가 전기장 $\mathbf{E} = E_x\mathbf{i}$ 과 자기장 $\mathbf{B} = B_y\mathbf{j}$ 가 교차하는 영역으로 들어가는 경우를 생각해 보자. 입자의 동작을 묘사하는 직교 좌표계에 대한 3 개의 미분방정식을 작성하여라. 전기 단극의 초기 조건들이 $\mathbf{r} = (0,0,0)$, $\mathbf{v} = (0,0,0)$ 일 때 입자의 동작을 찾기 풀이하는 MATLAB® 프로그램을 작성하여라.

8. 초전도체

이 장에서 다루는 내용들

- 이론적 배경
- 런던(London)의 이론과 마이스너(Meissner) 효과
- 선속 양자화
- 제 1 종과 제 2 종 초전도체
- 초전도의 기하와 경계조건
- 초전도 평판
- 속이 빈 초전도체 껍질
- 초전도성과 유전 실드의 적층
- 제 2 형 초전도체의 모델링

8.1 이론적 배경

1911 년 독일의 물리학자 H. K. Onnes 는 온도가 4K 일 때 수은의 초전도성 (superconductivity)을 발견했으며, 그 다음으로 최초로 헬륨을 액화 시켰다. Onnes 는 1913 년 저온에서의 물체들의 특성에 대한 그의 연구로 물리학 분야에서 노벨 상을 받았다. 이후 Fritz London 은 1934 년 그의 형제 Heinz 와 함께 초전도체에 대한 현상학적 이론을 전개하였다. 기본적인 아이디어는 전자 초전도체 내부의 전자는 질서 매개변수(order paratmer)로도 알려진 단일 강성 파동 함수 $\Psi(r) = |\Psi(r)|\exp(i\varphi(r))$ 로 묘사되어지는 초유동체(superfluid) 상태로 응축된다는 것이다. 1950 년 Ginzburg 와 Landou 는 London 의 이론을 복소 질서 매개변수(complex order parameter)를 도입해서 일반화 하였다. John Bardeen, Leon Cooper,

J. Robert Schrieffer 는 1957 년 BCS 이론으로 알려진 초전도체의 미시적(microscopic) 이론을 보고하였다.

초전도 상태는 (1) 전기저항이 0 인 물체 고유의 전이 온도(transition temperature) T_c, (2) 초전도체 덩어리에서 배제하는 자속, (3) 선속의 양자화로 특성이 결정된다. 초전도체는 거시적(macroscopic) 규모에서 작용하는 양자효과(quantum effect)의 주목할 만한 예제이다. 수은, 납, 주석과 같은 특정 금속들과 최근에 발견된 구리 산화 세라믹은 T_c 이하가 되면 초전도의 상전이(phase transition)가 일어난다. 전자의 회전은 반대로 짝을 이루게 되어 쿠퍼 쌍(Cooper pair)라고 하는 회전이 없는 의사 입자(quasi particle)를 형성하여 금속에서 방해 받지 않고 지나갈 수 있게 된다.

초전도체 안의 전자들은 응축되어 하나의 파동 함수 $\Psi(r) = |\Psi(r)|\exp(i\varphi(r))$ 로 표현 될 수 있는 초유동체(superfluid) 같은 상태가 된다. 여기서 φ 는 초전도 파동 함수의 상(phase)이다. 초전도체 내부의 저항이 없는 전류는 다음의 식으로 표현 된다.

$$\mathbf{J} = \frac{e^*\hbar}{2m^*i}\left(\Psi^*\nabla\Psi - \Psi\nabla\Psi^*\right) - \frac{e^{*2}|\Psi|^2}{m^*}\mathbf{A} \tag{8.1}$$

여기서 $e^* = 2e$, $m^* = 2m$, 그리고 e, m 은 각각 전하와 질량이다. $|\Psi|^2$ 을 전자 운반자(electron carrior) 밀도 n_s 의 두 배와 같은 크기를 가지는 초전도 전자 쌍의 밀도 n_p 라고 하면 초전도 전류(supercurrent)는 파동 함수의 강성률로 인해서 다음과 같이 된다.

$$\mathbf{J} = \frac{n_p e}{m}\left(\hbar\nabla\varphi - 2e\mathbf{A}\right) \tag{8.2}$$

초전도체의 모델링

구, 실린더, 균일한 외부 자장에 둘러싸인 디스크와 같이 상대적으로 간단한 구조의 초전도체에 대해서는 해석적 모델링 기법을 적용할 수 있다. 자기 소스(magnetic source)가 존재하는 복잡한 초전도체의 형태를 모델링 하는 것은 장의 분포를 정확히 결정해 주는 수치 해가 필요하며 특히 초전도체 근처에서는 더욱 정확한 해가 필요하다. 대부분의 경우 초전도 껍질(shell)이 있는 경우 자기 소스의 문제는 판 대칭 또는 축 대칭의 2 차원 문제로 간소화 될 수 있다. 이 장에서 다루는 모사들을 실행하기 위해서 정자기학 문제의 형태는 초기에 x-y 대칭인지 r-z 대칭인지 지정되어 있다. 퀵필드에서 초전도체는 과도 자기학과 시간 조화 자기학에서 벡터 퍼텐셜의 경계 조건 또는 유전율을 0 으로 지정하면 모델링을 할 수 있다.

8.2 런던 이론과 마이스너 효과

마이스너 효과는 초전도체 내부에 자기 선속이 들어갈 수 없다는, 즉 자장이 완전히 없다는 것을 의미한다. 전도도 σ 을 가지는 일반적인 금속의 경우 옴의 법칙은 전류 밀도가 $\mathbf{J} = \sigma\mathbf{E}$ 이라는 것을 나타낸다. 여기서 전류 밀도는 전기 장에 비례한다.
마이스너 효과를 설명하기 위해서 런던의 이론은 추정되는 파동함수의 강성률로 인한 부분을 바탕으로 초전도체 안의 전류 밀도 $\vec{J}_s$ 를 벡터 퍼텐셜에 비례한다고 추측하였다.

$$\mathbf{J}_s = -\frac{1}{\mu_0 \lambda_L^2}\mathbf{A} \tag{8.3}$$

여기서 λ_L 은 런던 침투 깊이(London penetration depth) 이며 다음과 같다.

$$\lambda_L = \left(\frac{m}{\mu_0 n_s e^2}\right)^{1/2} \tag{8.4}$$

방정식 (8.1)에 따르면 $\mathbf{E} = -\partial\mathbf{A}/\partial t$ 이기 때문에 전기장은 초전류 밀도를 시간에 대해서 미분한 것에 비례한다.

$$\mathbf{E} = \mu_0 \lambda_L^2 \frac{\partial \mathbf{J}_s}{\partial t} \tag{8.5}$$

런던의 첫 번째 방정식은 뉴턴의 두 번째 법칙 에서도 얻을 수 있다. 즉 $\mathbf{F} = -e\mathbf{E} = m\mathbf{a} = m\dot{\mathbf{v}}_s$, 여기서 $\mathbf{J}_s = n_s e\mathbf{v}$ 이다. 자기장 $\mathbf{B} = \nabla \times \mathbf{A}$ 는 $\mathbf{J}_s$ 의 회전 연산에 비례하므로 다음과 같다.

$$\mathbf{B} = -\mu_0 \lambda_L^2 \nabla \times \mathbf{J}_s \tag{8.6}$$

막스웰의 관계식에서부터 다음의 식들을 얻을 수 있으며

$$\nabla \times \mathbf{E} = -\frac{\partial \mathbf{B}}{\partial t} \tag{8.7}$$

$$\nabla \times \mathbf{B} = \mu_0 \sigma \mathbf{E} + \mu_0 \varepsilon_0 \frac{\partial \mathbf{E}}{\partial t} \tag{8.8}$$

런던의 방정식 (8.5)와 (8.6)에 대입하면 다음의 식들을 얻을 수 있다.

$$\nabla^2 \mathbf{J} = \frac{1}{\lambda_L^2} \mathbf{J} + \mu_0 \sigma \frac{\partial \mathbf{J}}{\partial t} + \mu_0 \varepsilon \frac{\partial^2 \mathbf{J}}{\partial t^2} \tag{8.9}$$

$$\nabla^2 \mathbf{A} = \frac{1}{\lambda_L^2} \mathbf{A} + \mu_0 \sigma \frac{\partial \mathbf{A}}{\partial t} + \mu_0 \varepsilon \frac{\partial^2 \mathbf{A}}{\partial t^2} \tag{8.10}$$

$$\nabla^2 \mathbf{B} = \frac{1}{\lambda_L^2} \mathbf{B} + \mu_0 \sigma \frac{\partial \mathbf{B}}{\partial t} + \mu_0 \varepsilon \frac{\partial^2 \mathbf{B}}{\partial t^2} \tag{8.11}$$

$$\nabla^2 \mathbf{E} = \frac{1}{\lambda_L^2} \mathbf{E} + \mu_0 \sigma \frac{\partial \mathbf{E}}{\partial t} + \mu_0 \varepsilon \frac{\partial^2 \mathbf{E}}{\partial t^2} \tag{8.12}$$

시간 조화 장에서는 $\exp(i\omega t)$ 에 따라서 변하므로 위의 방정식들은 다음과 같이 된다.

$$\nabla^2 \begin{Bmatrix} \mathbf{J} \\ \mathbf{A} \\ \mathbf{B} \\ \mathbf{E} \end{Bmatrix} = \left(\frac{1}{\lambda_L^2} + i\omega\mu_0\sigma - \omega^2 \mu_0 \varepsilon \right) \begin{Bmatrix} \mathbf{J} \\ \mathbf{A} \\ \mathbf{B} \\ \mathbf{E} \end{Bmatrix} \tag{8.13}$$

이 식들은 정적으로 가해지는 자장에 대해서는 다음과 같이 간단해 진다.

$$\nabla^2 \begin{Bmatrix} \mathbf{J} \\ \mathbf{A} \\ \mathbf{B} \end{Bmatrix} = \left(\frac{1}{\lambda_L^2} \right) \begin{Bmatrix} \mathbf{J} \\ \mathbf{A} \\ \mathbf{B} \end{Bmatrix} \tag{8.14}$$

정적인 전기장에서는 다음과 같아진다.

$$\nabla^2 \mathbf{E} = \frac{1}{\lambda_L^2} \mathbf{E} \tag{8.15}$$

$x = 0$ 에 위치하는 반공간에 접하는 선속 밀도가 $\mathbf{B} = B_z \mathbf{k}$ 인 균일 자장에 대해서 초전도체 내의 자장, 벡터 퍼텐셜, 그리고 전류 밀도 감쇠는 다음의 식을 따르게 되며

$$\begin{Bmatrix} J_y \\ A_y \\ B_z \end{Bmatrix} = \begin{Bmatrix} J_y \\ A_y \\ B_z \end{Bmatrix}_0 \exp\left(-\frac{x}{\lambda_L} \right) \tag{8.16}$$

그러므로 이 장들의 요소들은 초 전도체 내부에서 기하급수적으로 감소한다.

8.3 선속 양자화(Flux quantization)

선속 양자화는 런던 침투 깊이보다 훨씬 큰 두께를 가지는 초전도체 고리(ring)를 이용해서 유도할 수 있다. 고리 내부의 전류는 0 이며 식 (8.2)는 다음과 같이 된다.

$$\hbar \nabla \varphi = 2e\mathbf{A} \tag{8.17}$$

초전도체 고리를 따라가는 닫힌 경로를 따라서 이 식을 적분하면 다음을 얻을 수 있다.

$$\hbar \oint_\Gamma \nabla \varphi \cdot dl = 2e \oint_\Gamma \mathbf{A} \cdot dl \tag{8.18}$$

여기서 파동 함수의 단일값화(single-valuedness)에 의해서 다음의 식을 얻게 된다.

$$\oint_{\Gamma} \varphi \cdot d\ell = 2n\pi \tag{8.19}$$

초전도체 고리 내부에 들어 있는 총괄 선속은 다음과 같이 주어진다.

$$\oint_{\Gamma} \mathbf{A} \cdot d\ell = \iint_{\text{surf}} \nabla \times \mathbf{A} \cdot d\mathbf{a} = \iint_{\text{surf}} \mathbf{B} \cdot d\mathbf{a} = \Phi \tag{8.20}$$

적분으로 양자화된 이 선속은 양자 선속의 곱으로, 즉 다음과 같이 구한다.

$$\Phi = n\frac{h}{2e} = n\Phi_0 = n \cdot 2.07 \cdot 10^{-15}\, Wb \tag{8.21}$$

다음의 결과는 보어-좀머펠트(Bohr-Sommerfeld) 양자화 조건을 이용하고 전자 쌍 $p = 2(m\mathbf{v} + eA)$ 의 운동량을 대입하면 얻을 수 있다.

$$\oint_{\Gamma} \mathbf{p} \cdot dl = nh \tag{8.22}$$

다음의 결과는 초전도체 고리의 선속 밀도 스레딩(threading)의 한 표현이다.

$$\Phi = n\frac{h}{2e} - \frac{m}{n_s e^2}\oint_{\Gamma} \mathbf{J}_s \cdot d\ell \tag{8.23}$$

여기서 초전도 전류 $\mathbf{J}_s = n_s e\mathbf{v}$ 는 침투 깊이가 얼마 깊지 않아도 감쇠하므로 양자화 조건을 얻을 수 있다.

8.4 제 1종, 제 2종 초전도체

형이 다른 초전도체를 구분하는 핵심적인 양은 긴즈버그-란다우(Ginzburg-Landou) 매개변수이다.

$$\kappa \equiv \frac{\lambda}{\xi} \tag{8.24}$$

여기서 결맞음(coherence) 길이 ξ 는 일반적인 영역과 초전도 영역 사이의 천이(transition)를 의미하며, λ 는 런던 침투 깊이이다. 초전도체가 $\kappa < 1/\sqrt{2}$ 인 작은 값을 가지면 제 1 종이라고 하며 양의 표면 에너지로 특성이 결정된다. 제 1 종 초전도체는 만일 샘플에 일반 영역과 초전도 영역이 존재한다면 그 일반 영역과 초전도 영역의 계면 면적을 최소화 하려는 경향이 있다. 반면 제 2 종 초전도체는 매개 변수의 값이 $\kappa > 1/\sqrt{2}$ 이며 음의 표면 에너지와 계면 면적을 최대화 하려는 경향이 있다. 긴즈버그-란다우 이론을 이용하면 선속이 침투하지 못하는 제 2 종 초전도체 아래의 하 임계장(lower critical field) h_{C1} 을 다음과 같이 구한다.

$$h_{C1} \cong \frac{\Phi_0}{4\pi\lambda^2} \ln \kappa \tag{8.25}$$

제 2 종의 초전도체의 상임계장(critical field) h_{C2} 은 다음과 같이 주어진다.

$$h_{C2} \cong \frac{\Phi_0}{2\pi\xi^2} \tag{8.26}$$

만일 수송 초전도 전류 $\mathbf{J}_s$ 도 소용돌이 전류에 포함되어서 흐른다면, 소용돌이에 작용하는 로렌츠의 힘 $F = \mathbf{J}_s \times \Phi_0$ 도 존재할 것이다. 여기서 Φ_0 는 초전도체로 침습하는 선속의 방향을 가리킨다.

외부장에 놓인 초전도체를 퀵필드로 계산하는 것은 다음에 나오는 경계 조건들과 물성들을 함께 조절해 주어야 한다.

8.5 초전도체의 구조와 경계 조건

구조의 영향

납과 같은 제 1 종 초전도체는 온도가 증가함에 따라 감소하는 열역학적 임계장 h_c 보다 큰 자장 안에서는 일반 전도체가 된다. h_c 보다 충분히 약한 장에 대해서는 선속은 샘플 덩어리의 약 50nm 정도의 표면 층 λ_L 근처 이외에서는 배제된다. 배제된 장은 초전도체의 모서리 근처에서 큰 선속 밀도를 형성한다. 장의 세기가 h_c 보다 큰 구역에서는 임계장의 부근에서는 탈자기 현상이 발생하며 초전도와 일반 영역이 공존하는 중간상태가 생기게 된다. 이 초전도성 영역과 일반 영역의 계면은 이 시스템의 총괄 에너지를 최소화 하려는 경향으로 구조가 복잡해 진다.

비선형 초전도체

Nb_3Sn 와 같은 제 2 종 초전도체의 특성은 h_{c1} 과 h_{c2} 두 개의 임계장(critical field)에 의해서 결정된다. 선속이 h_{c1} 이하라면 배제되고, h_{c2} 이상 이라면 샘플은 일반 전도체가 된다.이 장의 값들 사이에서 초전도체는 한 선속 양 $\Phi_0 = 2.07 \cdot 10^{-15} Wb$ 으로 꿰어진 일반 코어를 가지는 선속의 와동(vortex)으로 침습된다. 자장의 크기가 h_{c1} 보다 큰 경우에는 비선형의 $B(H)$ 특성을 고려할 필요가 있다. 자기 공명 영상장치, 가속 자석, 누전 리미터(fault current limiter)과 같은 고자장(high field)의 응용에 있어서는 이로 인해 생겨나는 장의 분포를 계산하기 위해서 비선형의 $B(H)$ 곡선을 자료 파일로 입력 한다.

경계 조건들

이 장에서는 초전도체로 장이 침투하는 것을 완전히 무시하고 계산한다. 초전도체가 크기가 λ_L 보다 충분히 크다면 이런 근사값을 구하는 방식을 적용할 수 있다. 초전도체를 모델링 할 때 탈자기(demagnetization) 효과가 발생하지 않는다면 경계조건으로 초전도체 표면에 수직인 선속밀도로는 0 을 이용한다. 이 경계조건은 $\mathbf{B} \cdot n = 0$ 로 둔다면 초전도체의 모든 표면에 대해 명시적으로 적용할 수 있으며, 초전도체의 상대 유전율을 0 으로 둔다면 암시적으로 적용할 수 있다.

초전류 밀도(supercurrent density)의 계산

장을 계산했다면, 초전도체 표면의 초전도 전류 밀도는 장의 세기 $\mathbf{H}_t$ 의 접선 성분에서의 불연속성을 이용해서 구할 수 있다.

그물망에 필요한 사항들

초전도체에서 떨어져서 장이 천천히 변하는 풀이 영역에 비해서 큰 공간 장의 변화가 있는 초전도체 부근에서는 계산 정확도를 높일 필요가 있다. 이것은 장의 분포를 좀 더 정확히 계산해야 하는 곳에는 세밀한 유한 요소 그물망을 이용하고 떨어진 영역에는 거친 그물망을 이용하면 가능하다. 특정한 영역에 대한 에너지의 변화에 따라서 점의 간격에 적응 그물망 개선 법을 이용하면 된다. 그림 8.1 은 초전도 사발(bowl) 외부의 FEM 그물망이다. 이 그물망을 보면 초전도 사발 근처에서 좀 더 세밀한 그물망이 있다는 것을 확인 할 수 있다. 풀이 영역에 비해서 약 1/10 의 크기이다. 선형인 경우에는 초전도체 내부 영역의 장은 0 으로 취급하므로 그물망을 구성할 필요가 없다는 것을 알아 두자.

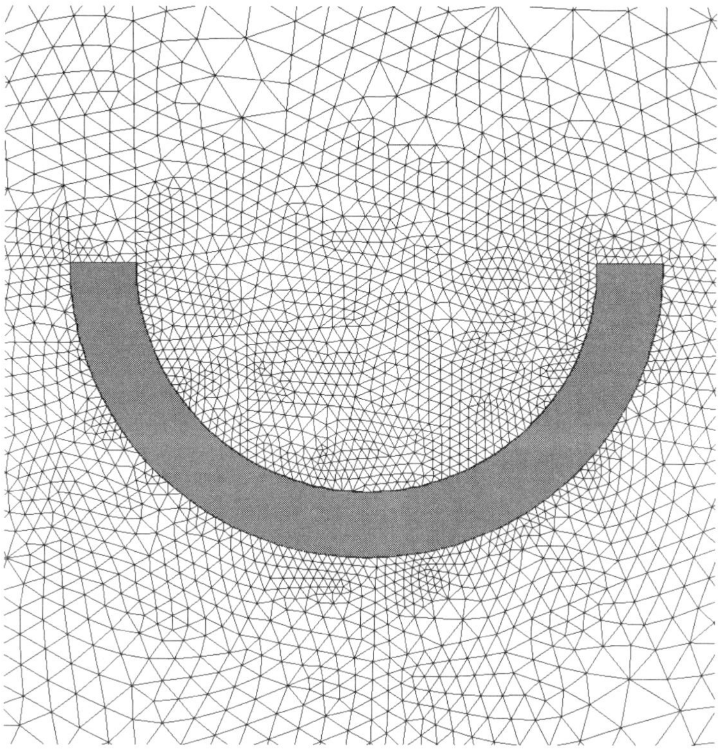

그림 8.1 초전도 사발을 x-y 대칭에서 모델링 한 유한 요소 그물망.

8.6 초전도 판

초전도 띠(strip)

초전도 띠는 등각 사상을 이용해서 이차원에서 해석적으로 모델링을 할 수 있다. 장이 띠의 면에 수직인 경우 초전도 띠에 의한 선속 선들의 편향(deviation)을 그림 8.2 (a)에 보인다. 10cm 폭의 띠를 x-y 좌표에서 $\mathbf{B}\cdot\hat{\mathbf{n}}=0$ 의 경계조건을 이용해서 모델링 할 수 있다. 그림 8.2 (b)와 같이 외부장(external field)이 초전도 디스크에 접선 방향일 경우에는 장의 선들의 왜곡이 보이지 않는다. 그림 8.3(a)는 무한한 선 소스가 초전도체 디스크의 중심 위에 위치할 때의 선속 선들을 보이고 있다. 그림 8.3 (b)는 쌍극자가 디스크의 한 쪽 모서리에 위에 위치할 때의 선속 선들을 보이고 있다.

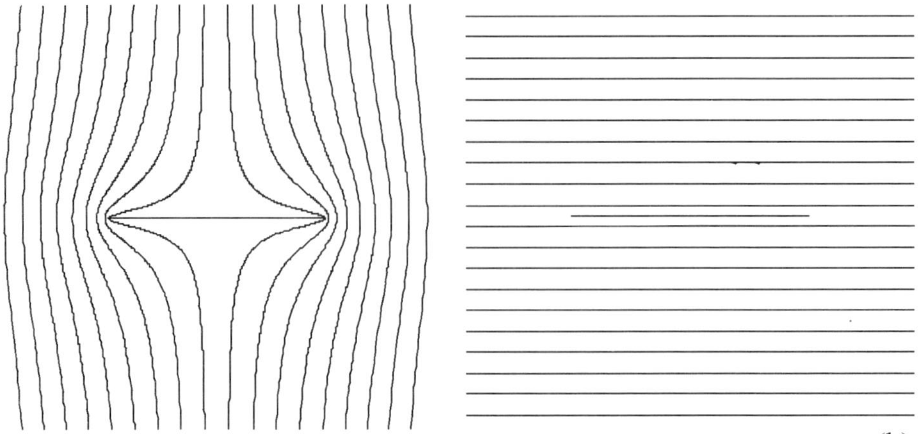

(a) (b)

그림 8.2 초전도체가 자장에 (a)수직으로, (b) 접해서 놓였을 때의 x-y 좌표에서의 모델링.

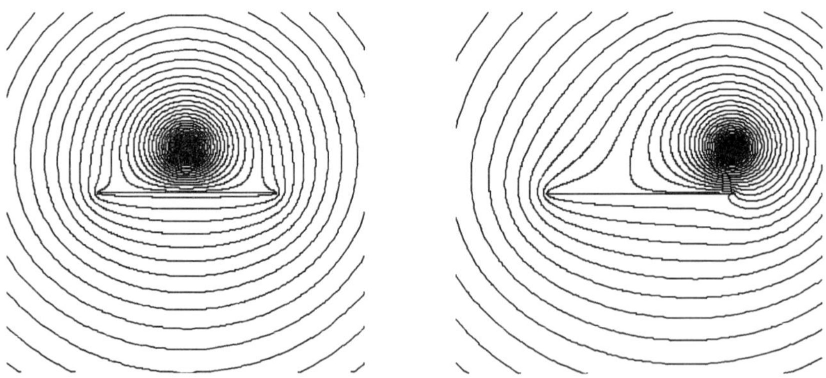

(a) (b)

그림 8.3 선 전류가 (a)중심에 있는 초전도 띠와 (b) 중심에서 벗어난 경우를 x-y 대칭에서 모델링 함.

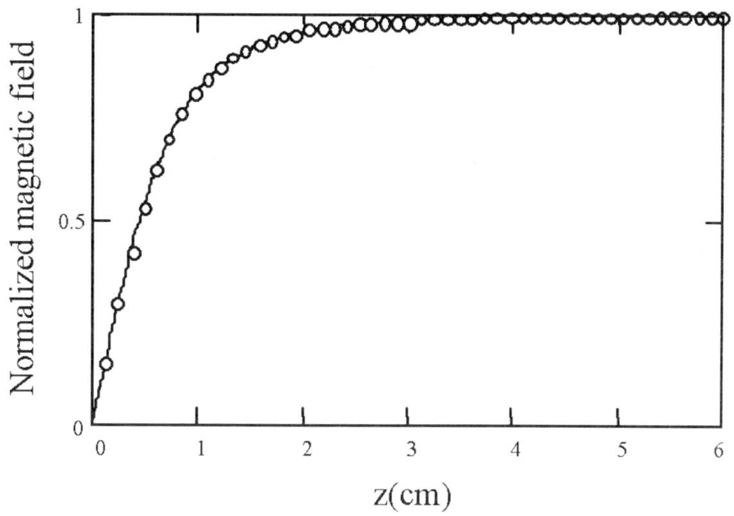

그림 8.4 반지름 5cm 초전도 원판의 축방향을 따라서 균일한 축방향 장의 감쇠를 FEM 계산(선)과 해석적 해(점선)의 비교.

초전도 디스크

외부의 장에 대한 원형의 초전도 디스크는 편구(oblate) 좌표계에서 모델링 될 수 있다. 그림 8.4 는 10cm 지름의 얇은 초전도 디스크의 축을 따라 균일한 축 방향의 장이 감쇠하는 것을 퀵필드로 계산한 것과 해석적 풀이를 이용해서 구한 것을 비교한 것이다.

8.7 속이 빈 초전도체 껍질

영자기 냉각(zero field cooling)

관 또는 고리와 같은 다중 연결 초전도체(MCS, multiply connected superconductor)가 자장이 있을 때 냉각되면 선속은 초전도체 덩어리로부터 밀려나지만 열려진 입구로는 침습이 된다. 외부의 자장을 없애면 선속은 열린 입구에 잡혀 있게 된다. 만일 자기가 없는 상태에서 냉각 되고(ZFC) 장을 가하게 되면 MCS 를 통과하는 총괄 선속을 0 으로 유지하기 위해서 가해지는 자장을 차폐하기 위한 전류가 흐르게 된다. 적절한 MCS 경계조건은 초전도 상태가 될 때의 장의 존재 여부에 따라 결정된다. 이차원에서는 벡터 퍼텐셜이 0 이라는 제약을 두는 것이 초전도체의 무선속(zero flux) 조건을 만족하게 된다.

선속 가둠(Flux trapping)

고리나 관과 같은 형태의 다중 연결 초전도 물체는 초전도 상태로 전이 할 때 초전도체의 구멍에 존재하는 모든 선속을 가둬 버린다. 만일 초전도 상태가 된 후 장이 변한다면 장을 차폐하기 위한 전류가 흘러서 갇힌 장의 양은 일정하다. 이런 식으로 ZFC 초전도체는 외부에 자장이 가해지더라도 무선속(zero flux) 상태를 유지한다.

초전도 고리

그림 8.5 (a)에 장이 존재하는 상태에서 냉각된 와셔(washer) 형태의 초전도체에 축방향의 배경 장이 있는 경우에 대한 모사를 보인다. 와셔의 단면은 x-y 좌표에서는 두 개의 띠가 있는 것처럼 보인다. 이 때 배경의 장은 와셔의 옆면에서 우회되는 것을 볼 수 있지만 초전도체의 구멍으로 침습하는 것을 볼 수 있다. 이 때 초전도체에 적용된 경계조건은 $\mathbf{B}\cdot\hat{n}=0$ 이다. 이 경계조건은 가는 틈이 있어서 초전도 경로가 완성되지 않는 초전도 와셔를 모델링 하는 경우에도 적용할 수 있다. 이 경우 이 영역의 선속 선의 밀도가 증가하는 것이 명백한 것처럼 와셔의 열린 부분에서 선속 밀도는 증가한다. 와셔는 이 때 초전도 선속 초점기(flux focuser)처럼 동작한다. 그림 8.5(b)에서 경계조건 $A_z=0$ 를 선속 선들이 내부에서 밀려나는 ZFC 조건을 띠처럼 여겨지는 와셔를 모사하는데 적용하였다. 균일한 축방향 자장에 놓인 ZFC 초전도 고리에 경계조건 $A_\phi=0$ 를 초전도체에 적용하면서 r-z 좌표에 있는 경우를 스토크의 정리를 이용해서 모델링하면 다음의 전체 플럭스는 0 으로 제한된다.

$$\Phi_M = \int B_z da = \int A_\phi dl \tag{8.27}$$

일반적으로 선속 선들은 총 선속이 0 으로 유지됨에도 불구하고 여전히 고리로 침습한다. r-z 좌표에서는 $\int B_z da = 2\pi\int B_z r dr = 0$ 이므로 고리의 중심에서 테두리까지 반지름 방향의 등고선을 따라가는 중 B_z 의 부호가 변해야 한다. 고리 내부에서 자장의 축방향 성분이 완전히 사라지는 궤적의 한 점 또는 고리 형태의 지점이 있는 것이 주목할 만하다.

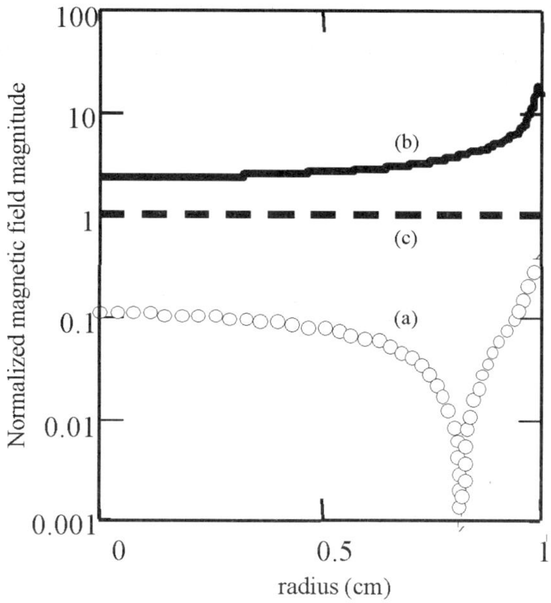

그림 8.6 외부 반지름이 5cm 이고 내부 반지름이 1cm, r-z 좌표에서 모델링된 초전도체의 반지름 방향의 등고선을 따라 표준화 된 B_z . (a) 영자기 냉각, (b) 자기장이 존재하는 상태에서의 냉각, (c) 일반 상태일 때의 고리

장이 존재하는 상태에서 냉각된 초전도체 고리(혹은 선속 초점기), ZFC 고리, 그리고 일반 상태의 고리의 반지름 방향 등고선을 따라 표준화된 $|B_z|$의 플롯을 그림 8.6 에 보인다. 고리의 외경(O.D.)은 10cm, 내경(I.D.)은 1cm[1] 이다. 일반 상태일 때 자장은 감쇠하지 않으며 장이 있는 상태에서 냉각된 고리의 경우는 중심에서 2.3 배로 증가 되었다. ZFC 고리의 중심에서 장은 10 배로 감쇠하며 B_z 의 부호가 바뀌는 마디점(nodal point)에서는 0 이다.

초전도 관

그림 8.7(a)는 초전도 관이 축 방향으로 균일한 장에 놓인 것을 보이고 있다. 관은 x-y 좌표에서는 경계조건 $A_z = 0$ 을 가지는 두 개의 평행한 띠(strip)로 모델링 할 수 있다. 그림 8.7(b)는 같은 관을 x 방향으로 가로지르는 장에 놓았을 때와 비교하고 있다. 축 방향의 장에 비해서 가로지르는 장에서 관 안으로 더 많은 장이 침습하는 것 볼 수 있다.

---

[1] 역자 주 : 그림 8.6의 주석을 보면 내부 반지름이 1cm이므로 내경은 2cm가 되어야 하나, 본문에서는 1cm로 적고 있는 걸로 보아서는 오자인 것 같다.

회전 대칭(rotational symmetry)의 초전도체 관에서는 장은 관의 축을 따라서 다음의 식들과 같이 입사 장(incident field)의 축방향과 가로지르는 성분에 대해서 지수함수적으로 감쇠한다.

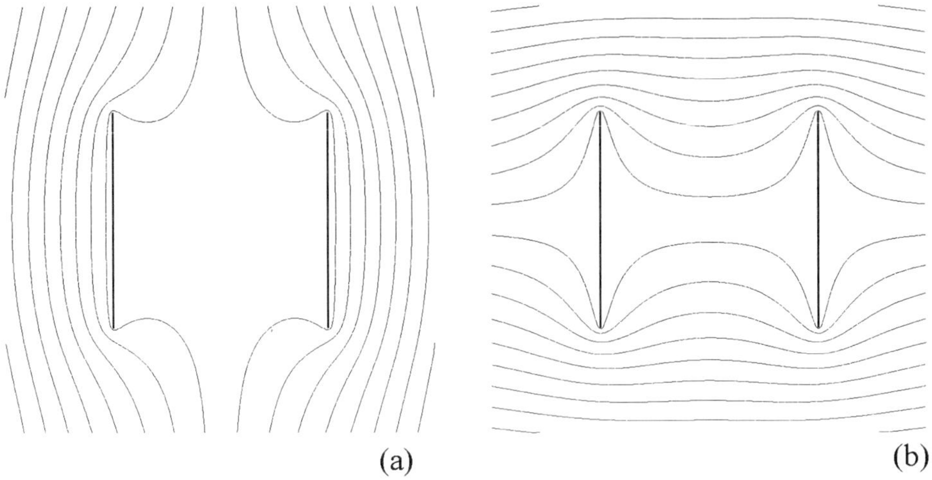

그림 8.7 초전도체 튜브가 (a)축 방향과 (b)가로지르는 방향으로 장에 놓였을 때의 x-y 좌표에서의 모델링

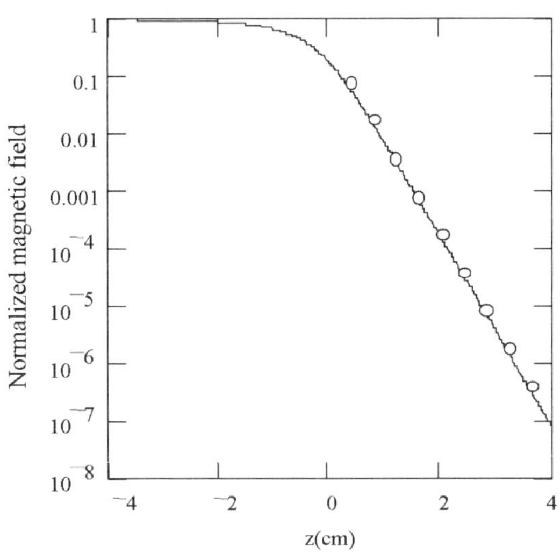

그림 8.8 r-z 좌표에서 모델링 한 반지름이 1.0cm 인 초전도 튜브의 축 방향에 따른 장의 감쇠를 FEM 계산(선)과 해석적 해(점선)의 비교.

$$B_{\text{axial}} \propto \exp\left(-3.832\frac{z}{a}\right) \tag{8.28}$$

$$B_{\text{trans}} \propto \exp\left(-1.84\frac{z}{a}\right) \tag{8.29}$$

관의 축을 따라 자장의 z 성분을 플로팅 한 그림 8.8 은 이론적 감쇠 인자 (8.9)와 일치하는 것을 보인고 있다. 높은 투자성 관의 가로 감쇠 인자는 같은 반지름의 초전도체 관의 축방향 감쇠 인자와 같다. 이 사실은 고 투자성의 물질과 초전도체를 결합해서 차폐용도로 사용할 수 있음을 의미한다.

8.8 층으로 된 초전도체와 투자성의 차폐

초전도체 껍질이 선속을 배출하는 반면 고 투과성의 뮤메탈은 차폐 영역으로부터 선속을 전달하게 된다. 뮤메탈은 가로지르는 장을 효과적으로 차폐하는 반면 초전도체는 축 방향의 장을 효과적으로 차폐한다. 다음의 예제는 초전도체와 투자성 금속을 겹침으로서 가로지르는 장의 차폐 성능을 높이는 것을 보인다.

초전도체와 고 투과성 금속의 샌드위치

3 층으로 구성된 초전도체와 뮤메탈 디스크가 가로지르는 장에 있는 것을 그림 8.9 에 보인다. 측면에 튀어나온 뮤메탈은 초전도체 디스크 사이로 선속이 통과하는 것을 도와준다. 초전도체 바로 위에 접하는 장은 뮤메탈이 없을 때와 비교해서 약 2 배로 줄어 든다.

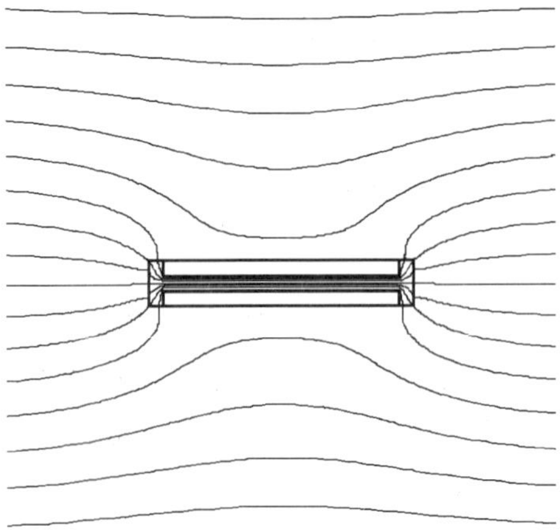

그림 8.9 가로지르는 장에서의 초전도체와 유메탈로 세겹으로 구성된 원판. 양 끝의 유메탈 탭은 초전도체 사이의 경로 선속을 돕는다.

8.9 제 2종 초전도체의 모델링

퀵필드에서 제 2 종 초전도체의 내부로 자속이 부분적인 침습하는 것을 모사하는 것은 그림 8.10 에 보인 것과 같은 비선형 자장 곡선 편집기를 이용해서 할 수 있다. 값들은 윈도우 오른편의 표에 입력하고 연속적인 $B-H$ 곡선은 입력된 값들을 맞추기 위한 3 차 스플라인(cubic spline) 맞추기를 이용해서 만들어 진다.

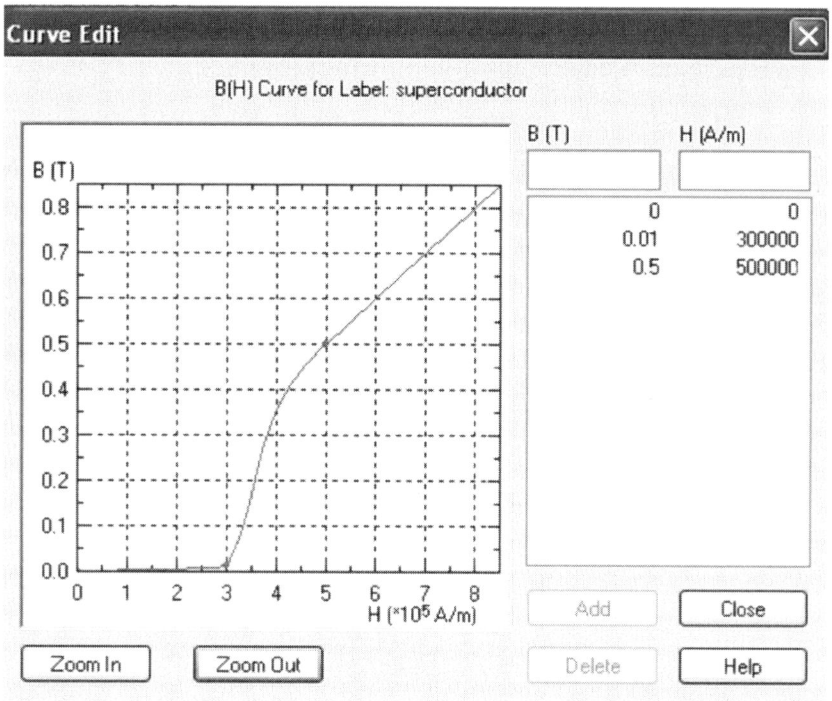

그림 8.10 제 2 종 초전도체의 비선형 *B–H* 곡선을 곡선 편집기에서 지정

$B-H$ 곡선에 따르면 자장의 강도가 $3 \cdot 10^5 \mathrm{A/m}$ 이하 이면 내부 선속 밀도는 0 이다 그림 8.11 은 선속이 사각형의 단면을 가지며 그림 8.10 에 보인 것과 같은 비선형 $B-H$ 곡선의 2 종 초전도체 내부로 선속이 침습하는 것을 보인다. 외부 선속 밀도 $B=0.07T$ (a) 자장이 초도체 내부로 침습하지 못한다. 선속은 $B=0.2T$ 일 때부터 침습하기 시작하며(b), $B=0.7T$ 일 때는 (c) 좀 더 큰 선속이 침습한다.

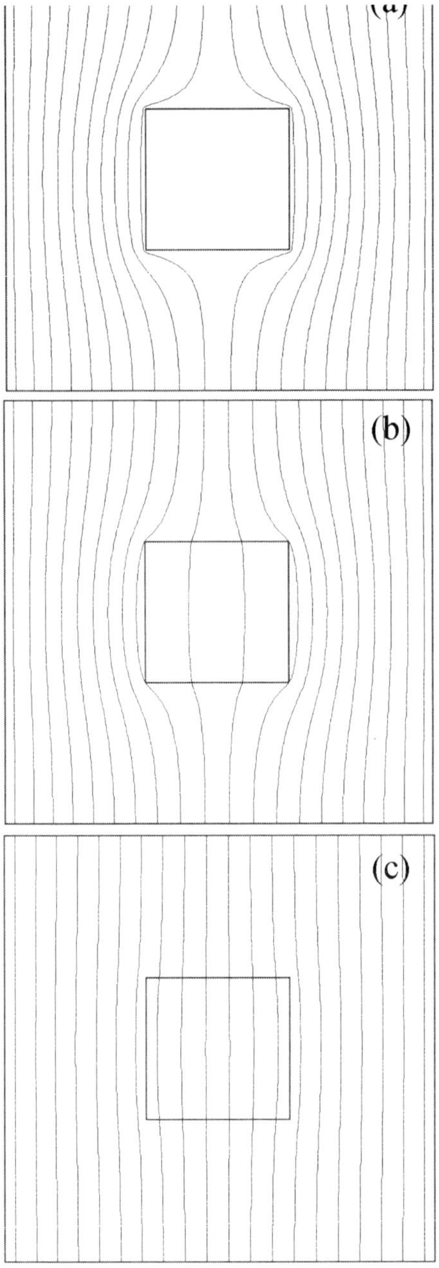

그림 8.11 주어진 B-H 곡선에 대한 제 2종 초전도체로의 선속 침습. (a) B=0.07T, (b) B=0.2T, (c) B=0.7T

참고 문헌

R. P. Feynman, R. B. Leighton, and M. Sands. (1966). Volume III The Feynman Lectures on Physics, Addison-Wesley Publishing Company. *Chapter 21: The Schrödinger Equation in a Classical Context: A Seminar on Superconductivity.*

Charles Kittle. (1986). *Introduction to Solid State Physics*, 6th edition, John Wiley & Sons, Inc. *Chapter 12: Superconductivity*.

A. C. Rose-Innes and E. H. Rhoderick. (1994). *Introduction to Superconductivity*, Pergamon.

J. R. Reitz, F. J. Milford, R. W. Christy. (1992). *Foundations of Electromagnetic Theory 4th edition*. Addison-Wesley Publishing Company. (Current edition includes discussions of numerical methods (finite difference) and superconductivity.)

연습문제

8.1 속이 차 있는 초전도 구체가 균일한 자기장에 축 대칭으로 놓여 있다. (a) 구체의 외부에서 z 축을 따라서 자장이 감쇠하는 것을 그려라. (b) 초전류 밀도와 같은 H-장의 접선을 구의 경계 등고선을 따라서 그려라.

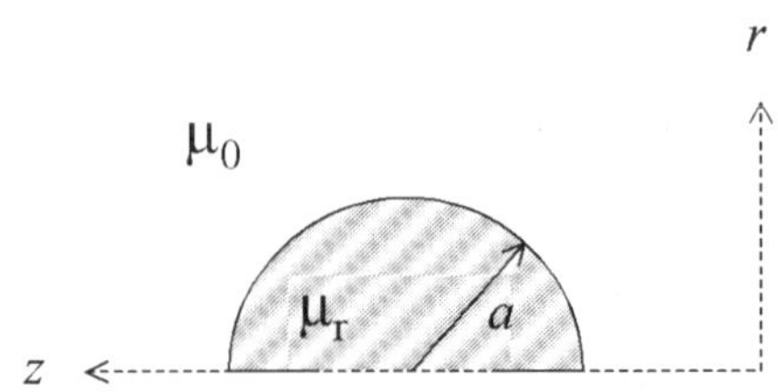

그림 E-8.1 균일장에서의 초전도 구체. 구조:축 대칭

8.2 속이 차 있는 초전도 구체가 전류 루프 주변에 있는 것을 축 대칭으로 모사하여라.

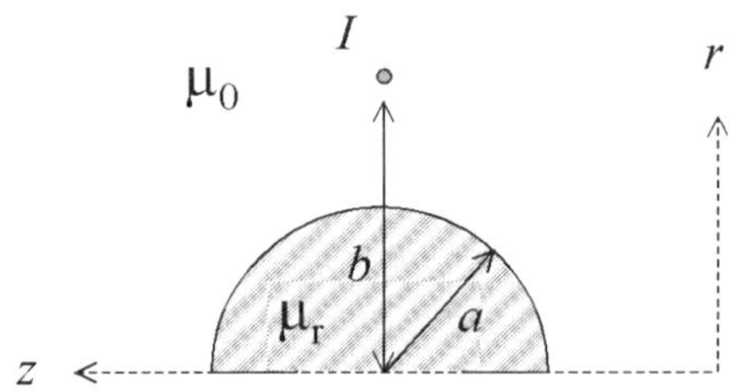

그림 E-8.2 전류 루프가 주변에 있는 초전도 구체. 구조: 축 대칭

8.3 속이 비어 있는 초전도 구체 내부의 전류 루프를 축 대칭으로 모델링 하여라. 초전도체 껍질을 $\mathbf{B}\cdot\hat{n}=0$ 인 단일 경계로 취급하여라. (a) 몇몇 반지름에 대한 구체 내부의 총 자기장 에너지를 계산하여라. (b) 구체 내부 표면에 유도되는 **H** 에 접하는 초전류 밀도를 플로팅 하여라.

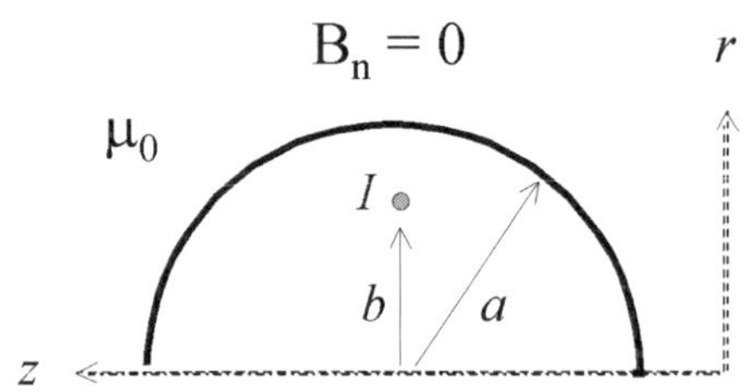

그림 E-8.3 속이 비어있는 구체 내부의 전류 루프. 구조: 축 대칭

8.4 자기 부상(magnetic levitation): 초전도 평면 위의 영구자석을 x-y 대칭 구조에서 모델링 하여라. (a) 보자력이 초전도 평면에 수직인 경우와 접하는 경우에 자석과 초전도 평면 간의 힘을 비교하여라. (b) 각 경우에 대해서 초전도체 표면에서 **H** 에 접하는 초전류 밀도를 비교하여라.

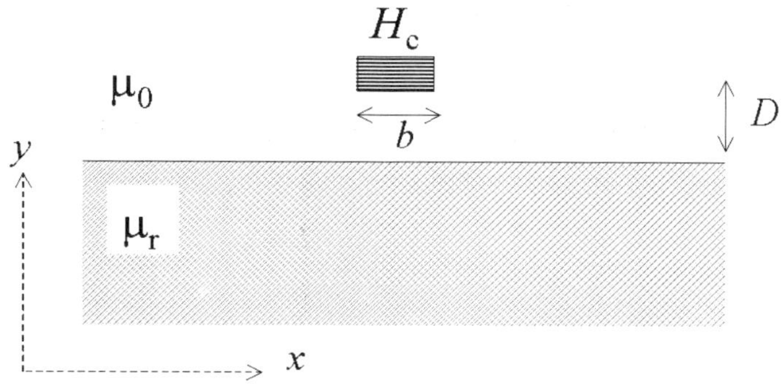

그림 E-8.4 초전도체 위의 영구자석. 구조: x-y 대칭

8.5 x-y 대칭인 경우 (a) 초전도 원기둥의 외부와 (b) 투자성 원기둥의 선 전류를 모사하여라. 원기둥이 초전도 상태이며 $\mu_r = 10^{-6}$ 일 때, 선 전류와 원기둥 간의 힘을 계산하여라. 그리고 같은 구조일 때 원기둥이 투자성이며 $\mu_r = 10^4$ 일 때 계산한 값과 비교하여라.

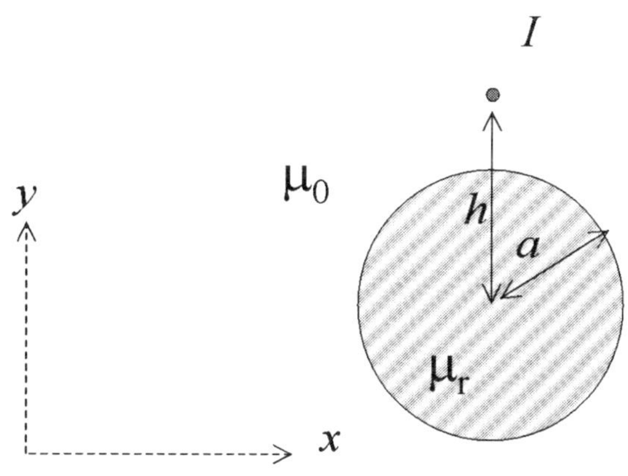

그림 E-8.5 초전도체 또는 투자성 원기둥 외부의 선 전류. 구조 : x-y 대칭

8.6 반지름이 a 인 초전도 디스크가 균일한 장에 놓였을 때 r-z 좌표에서 모델링하고 초전도 디스크의 축을 따라서 자장의 z 성분을 플로팅 하여라. 해석적 해와 비교하여라.

$$B_z = B_0\left[1 - \frac{2}{\pi}\left(\tan^{-1}\frac{a}{z} - \frac{az}{a^2 + z^2}\right)\right]$$

여기서 z는 디스크에서 높이이고, B_0 는 원판이 없을 때의 선속 밀도 이다.

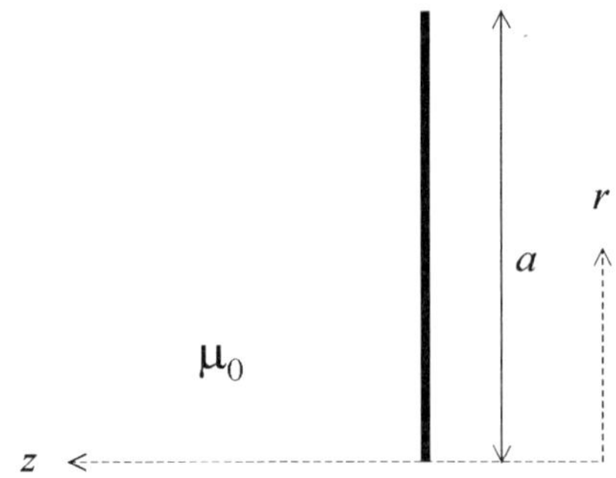

그림 E-8.6 초전도 원판. 구조: 축 대칭

8.7 초전도 튜브를 r-z 좌표계에서 모델링 하여라. 튜브를 0 벡터 퍼텐셜을 가지는 단일 경계로 취급하여라. 초전도체 튜브의 축을 따라서 자기장의 z 성분을 플로팅 하고 근사값과 비교하여라.

$$B_z = A\exp\left(-3.832\frac{z}{a}\right)$$

여기서 z는 반지름이 a 인 튜브 내부의 거리이며 A 는 상수이다.

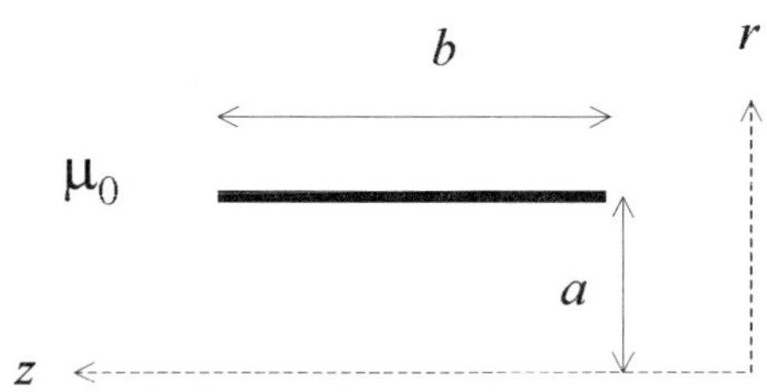

그림 E-8.7 초전도 튜브. 구조: 축 대칭

8.8 내부 및 외부 반지름을 지정한 초전도 고리를 r-z 좌표에서 모델링 하여라. 고리를 단일 경계로 취급하여라. 장 냉각(field-cooled, fc)이 있는 경우와 장 냉각이 없는(zero field-cooled, zfc) 경계 조건에 대해서 고리의 내부 반지름 방향의 등고선을 따라가는 자장의 z 성분을 비교하여라.

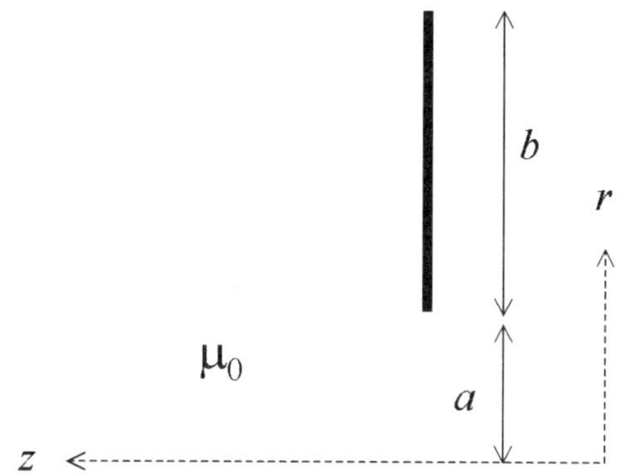

그림 E-8.8 초전도 고리. 구조: 축 대칭

8.9 자기 부상: 초전도 평판 위의 영구 자석을 r-z 대칭에서 모델링 하여라. (a) 영구 자석과 초전도 평판 사이의 힘을 보자력 벡터가 초전도 평판에서부터 수직일 때 계산하여라. (b) 초전도체의 표면에서 **H** 에 접하는 초전류 밀도를 계산하여라.

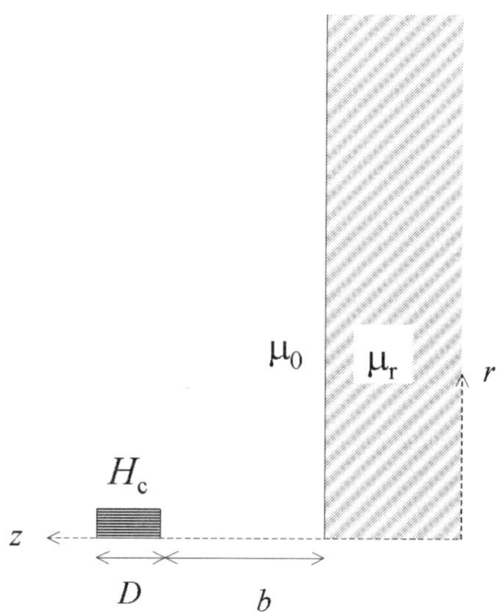

그림 E-8.9 초전도 평판 위의 영구 자석

8.10 반지름이 a 인 초전도체 캔이 축방향의 자장에 놓인 것을 모델링 하여라. B_z 의 등고선 플롯을 컵의 축방향을 따라 플로팅 하여라. 컵의 바탕에서 z 만큼 떨어진 곳의 컵 내부의 B_z 값이 다음과 같다는 것을 보여라. 여기서 A 는 상수이다.

$$B_z = A\sinh\left(3.832\frac{z}{a}\right)$$

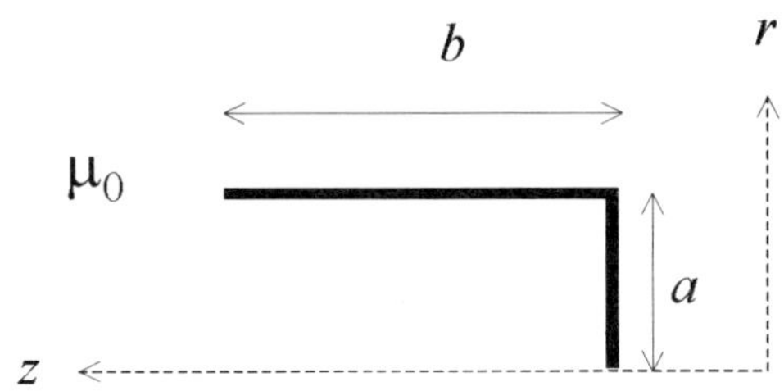

그림 E-8.10 초전도 캔. 구조: 축 대칭

8.11 균일한 자기장에 놓인 겹 층의 초 전도 뮤 메탈 사발을 축 대칭으로 모델링 하여라. 접선 장에 대하여 내부에 뮤메탈이 있는 경우와 내부에 뮤메탈이 없는 경우에 대해서 사발의 내부를 따라서 등고선 플롯을 그려서 비교하여라.

8.12 속이 빈 제 2 종의 초전도 구체가 균일 장에 놓인 것을 모델링 하여라. 외부 장의 값을 변경하면서 구체 내부로 침습하는 선속을 플로팅 하여라.

8.13 초전도 편구(oblate spherioidal)가 균일하게 z 방향으로 향하는 장에 놓여 있다. 변수 분리를 이용해서 편구 좌표에서 스칼라 자기 퍼텐셜 Ω 에 대한 라플라스 방정식을 풀어라. 편구의 표면에는 수직 장이 0 인 경계조건을 적용하여라.

8.14 연습문제 8.13 의 계산을 균일장에 놓인 장구(prolate spheroid)에 대해서 다시 해 보아라.

8.15 연습문제 8.13 의 계산을 장 냉각이 있는 균일한 z 방향의 초전도 환상체(toroid)에 대해서 다시 해 보아라.

8.16 장 냉각이 없는 환상체가 z 방향의 균일한 장에 놓인 것을 모델링 하여라. 환상 좌표에서 변수 분리법을 이용해서 축 대칭인 경우 A_ϕ 에 대한 벡터 라플라시안을 풀이하여라. 환상체의 경계에 대해서 장 냉각이 없는 조건을 $A_\phi = 0$ 적용하여라. 고리의 중심에서부터 B_z 가 감쇠하는 지점을 찾아라.

9. 직류 전도 해석

이 장에서 다루는 내용들

- 직류 전류 흐름 이론
- 퀵필드를 이용한 직류 전도 해석
- 대체 에너지 분야에의 응용
- 비저항의 측정
- 인쇄 회로 기판

9.1 직류의 전류 흐름 이론

정상상태 전류의 흐름에 대한 기본 식은 $\nabla \cdot \mathbf{J} = 0$ 또는 $\nabla \cdot (\mathbf{E} / \rho) = 0$ 이며, 여기서 $\mathbf{E} = -\nabla U$ 이므로 다음의 식을 얻을 수 있다.

$$\nabla \cdot \left(\frac{1}{\rho} \nabla U \right) = 0 \tag{9.1}$$

여기서 ρ 는 비저항(resistivity)이며 단위는 $\Omega \cdot \mathrm{m}$ 이다. 참고로 $\rho = 1/\sigma$ 이며, σ 는 전기 전도율(electrical conductivity)이며 단위는 S/m 이다. U 가 정해지면 전류밀도는 옴의 법칙 $\mathbf{J} = \sigma \mathbf{E}$ 를 이용해서 계산하거나, 다음과 같이 나타낼 수 있다.

$$\mathbf{J} = -\frac{1}{\rho} \nabla U \tag{9.2}$$

식 (9.1)에서 스칼라 퍼텐셜은 비저항이 일정한 영역에서 라플라스 방정식 $\nabla^2 U = 0$ 을 만족한다.

9.2 퀵필드를 이용한 직류 전도의 해석

직각 좌표에서, 정상 상태 전류 흐름에 대한 식 (9.1)은 다음과 같다.

$$\frac{\partial}{\partial x}\left(\frac{1}{\rho_x}\frac{\partial U}{\partial x}\right)+\frac{\partial}{\partial y}\left(\frac{1}{\rho_y}\frac{\partial U}{\partial y}\right)=0 \tag{9.3}$$

축 대칭인 원통 좌표에서는 다음과 같다.

$$\frac{1}{r}\frac{\partial}{\partial r}\left(r\frac{1}{\rho_r}\frac{\partial U}{\partial r}\right)+\frac{\partial}{\partial z}\left(\frac{1}{\rho_z}\frac{\partial U}{\partial z}\right)=0 \tag{9.4}$$

전기장(electric field)은 4장에서 했던 것과 같이 스칼라 퍼텐셜의 기울기로부터 계산할 수 있다. 전체 에너지는 전류 흐름 밀도로부터 계산할 수 있다.

$$W=\frac{1}{2}\iiint_{\text{vol}}(\mathbf{E}\cdot\mathbf{J})dV \tag{9.5}$$

경계 조건들

디리클레의 경계 조건

비전위(specific electric potential) U 의 값을 외부 경계 또는 풀이 영역의 테두리에 대해서 지정해 준다. 이 조건은 풀이 영역에 대해서 적어도 한 점에는 적용되어야 한다. 위치에 따른 디리클레 조건들은 함수 편집기를 이용해서 입력할 수 있다.

노이만 경계 조건

외부 경계에 대한 직류 전류 밀도의 수직 성분은 $J_n=\hat{\mathbf{n}}\cdot\mathbf{J}$ 또는 내부 경계에 대한 직류 전류 밀도의 수직 성분은 $\Delta J_n=(\mathbf{J}^{+}-\mathbf{J}^{-})\cdot\hat{\mathbf{n}}$ 와 같이 지정한다. 특별히 명시되어 있지 않다면 모든 경계의 바깥은 노이만 조건은 $J_n=0$ 이다.

주기 경계 조건

모델의 마주보는 테두리에 대한 경계조건을 지정할 수 있다. 퍼텐셜은 짝수 주기에는 $U_1 = U_2$, 홀수 주기에는 $U_1 = -U_2$로 주어진다.

일정한 퍼텐셜 또는 부유(floating) 경계 조건

이 경계 조건들은 표면이 일정하지만 알 수 없는 퍼텐셜을 가지는 절연된(isolated) 전도체에 사용된다. 일정한 부유 퍼텐셜 경계 조건이 지정된 테두리들은 고정된 퍼텐셜 디리클레 경계들과 붙으면 안 된다. 그림 9.1 에 직류 전류 흐름 문제를 위한 테두리 레이블 데이터 편집창을 보인다. 이 테두리 레이블 윈도우를 열기 위해서는 화면의 왼쪽에 있는 트리 다이아그램에서 해당하는 테두리 레이블을 클릭하면 된다.

물성들

블록 레이블들(block labels)은 등방성(isotropic) 또는 이방성(anisotropic)이며 $\Omega \cdot m$ 의 단위를 가지는 비저항과 관계있다. 비저항이 명시되지 않은 블록 레이블은 풀이 영역에서 제외된다. 그림 9.2 는 직류 전류 문제에서 블록 레이블 데이터를 편집하는 윈도우를 보이고 있다. 이 블록 레이블 윈도우를 열기 위해서는 화면의 왼쪽에 있는 트리 다이아그램에서 해당하는 블록 레이블을 클릭하면 된다.

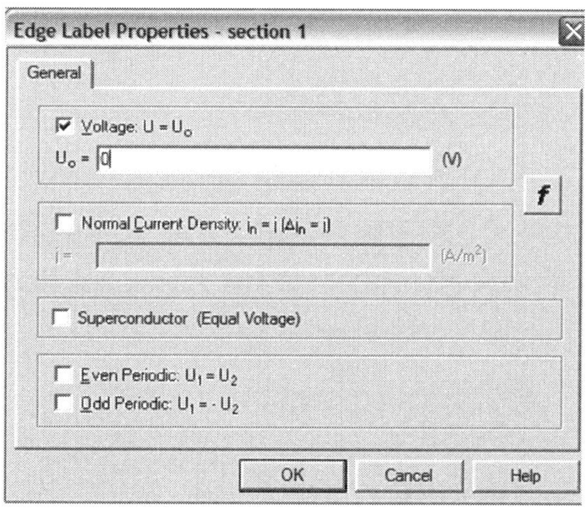

그림 9.1 DC 전류 흐름 문제에 대한 테두리 레이블 데이터를 편집하는 윈도우: 테두리 레이블 윈도우를 열기 위해서는 화면의 왼쪽에 있는 트리 다이어그램에서 해당하는 테두리 레이블을 클릭한다.

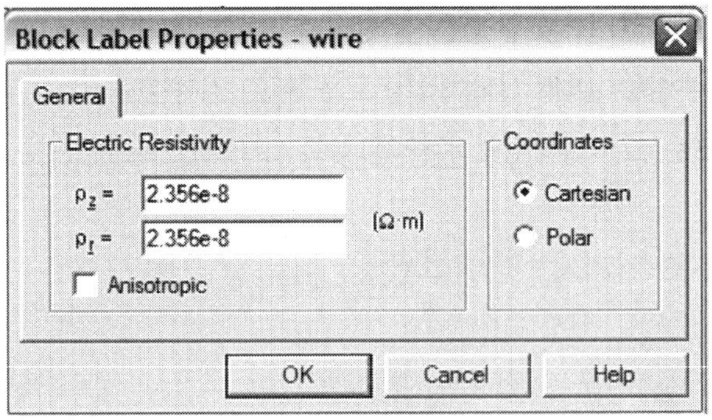

그림 9.2. DC 전류 흐름 문제를 위한 블록 레이블 데이터를 편집하는 윈도우: 블록 레이블 윈도우를 열기 위해서는 화면의 왼쪽의 트리 다이아그램에서 해당하는 블록 레이블을 클릭한다.

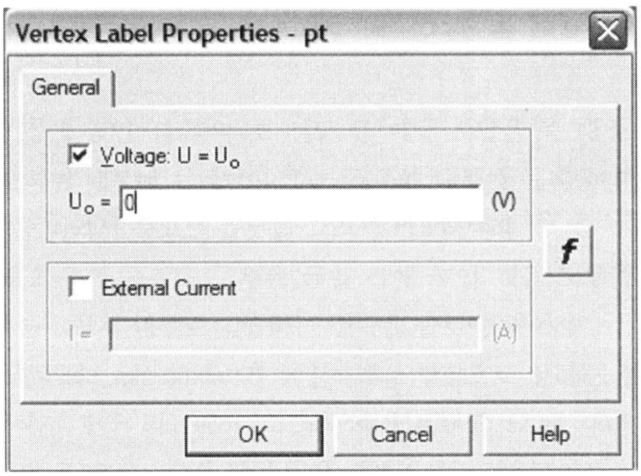

그림 9.3 DC 전류 흐름 문제를 위한 꼭지점 레이블 데이터를 편집하는 윈도우: 꼭지점 레이블 윈도우를 열기 위해서는 화면의 왼쪽의 트리 다이아그램에서 해당하는 블록 레이블을 클릭한다.

꼭지점 조건들

각 꼭지점의 전위 또는 전류 값들을 지정할 수 있다. 전위와 전하 값들은 수치 또는 수식 편집기를 이용해서 좌표에 대한 함수로 입력할 수 있다. 그림 9.3 은 꼭지점의 레이블을 직류 전류 흐름 문제를 위해서 편집하는 것을 보이고 있다. 꼭지점 레이블 윈도우를 열기 위해서는 왼쪽 화면의 트리 다이어그램에서 해당하는 꼭지점을 클릭한다.

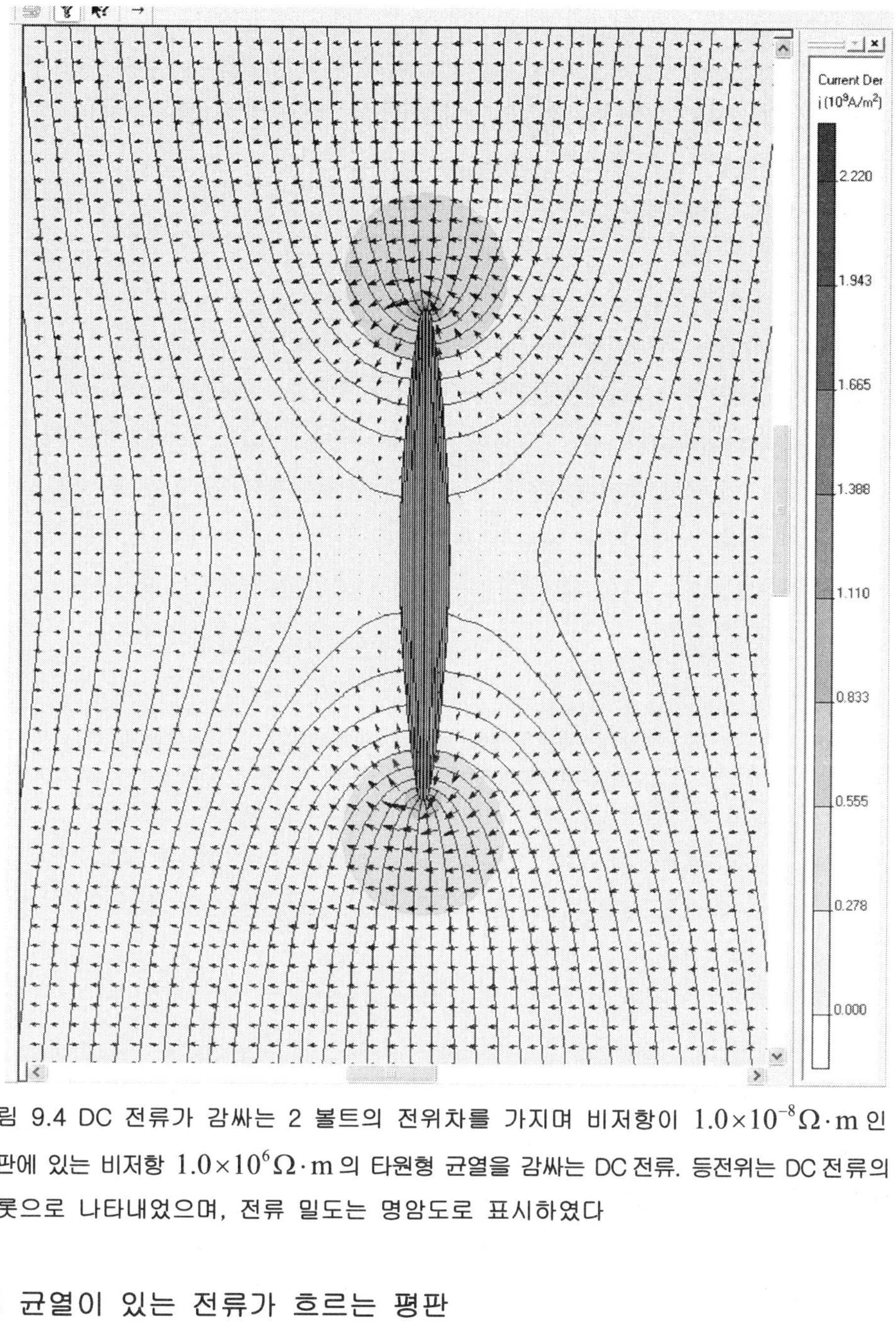

그림 9.4 DC 전류가 감싸는 2 볼트의 전위차를 가지며 비저항이 $1.0\times10^{-8}\Omega\cdot\mathrm{m}$ 인 100cm 평판에 있는 비저항 $1.0\times10^{6}\Omega\cdot\mathrm{m}$ 의 타원형 균열을 감싸는 DC 전류. 등전위는 DC 전류의 화살표 플롯으로 나타내었으며, 전류 밀도는 명암도로 표시하였다

타원형 균열이 있는 전류가 흐르는 평판

z-방향으로는 구성요소가 없는 얇은 판을 지나는 전류의 흐름은 x-y 대칭을 이용해서 모델을 구성할 수 있다. 그림 9.4 는 ρ 이 $1.0\times10^{-8}\Omega\cdot\mathrm{m}$ 인 금속판에 타원형의 균열이

생겼을 때 직류전류의 흐름을 보여주고 있다. 균열의 비저항은 $1.0\times10^6\,\Omega\cdot m$ 로 설정했다. 전류는 100cm 사각 판에 2 볼트 전위차를 발생시켜 흐르게 했다. 플롯은 등전위 선을 보여주고 있으며 화살표는 직류 전류와 전류 밀도의 강도에 대한 지도를 나타낸다.

9.3 대체 에너지 분야에의 응용

배터리

전지(battery)는 화학결합 에너지를 전기에너지로 바꿔서 전력을 공급한다. 두 개의 다른 금속을 식염수나 묽은 산과 같은 전해용액에 담그는 것으로 쉽게 전기화학 전지(cell)를 만들 수 있다. 다른 금속들이 천천히 용해되면서 금속의 이온들이 다른 전극보다 덜 음극인 전극을 떠나서 용액 속으로 다른 속도로 녹아 들어간다 표 9.1 에 몇몇 금속의 수소를 기준으로 했을 때의 기전력(electromotive)을 보인다. 배터리의 전압은 배터리를 구성하는 금속들의 종류에 의해서 결정되지 그 크기나 형태와는 관련이 없다.

표 9.1 몇몇 금속의 기전력

리튬(Lithium)	-3.0V
알루미늄(aluminum)	-1.7V
아연(Zinc)	-0.76V
납(lead)	-0.13V
구리(copper)	+0.34V
은(silver)	+0.80V

두 개 이상의 전기화학 셀을 직렬로 연결해서 멀티 셀 배터리를 구성할 수 있다. 볼타(Volta)에 의해서 처음 만들어진 전지는 식염수를 적신 두꺼운 종이를 은과 아연판 사이에 끼워 넣은 형태로 되어 있다. 이 금속과 종이로 이뤄진 층을 쌓아 올려서 전압을 높인 볼타 전퇴(voltaic pile)를 만들었다. 이 판들의 무게는 판들을 쌓을 때에는 맨 밑의 층의 종이에 스며든 식염수가 쌓인 무게에 의해서 세어 나오지 않도록 제한된다. 그림 9.5 는 아연 케이스와 염화은 반죽(silver chloride paste), 탄소 봉으로 이루어진 근대의 건전지의 구조를 보이고 있다. 전압을 높이기 위해서는 직렬로 연결을 하고, 전류를 늘리기 위해서는 병렬로 연결을 해야 한다.

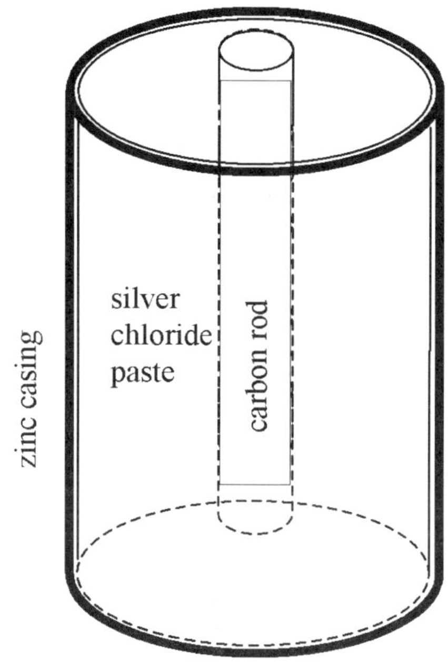

그림 9.5 아연 케이스와 중심의 탄소 봉 그리고 염화은 반죽으로 구성된 건전지

연료전지

셀 안에 전기 화학 반응물들이 저장되는 배터리와는 달리 연료전지는 셀 외부에 저장해 놓은 연료를 셀이 동작하는 동안 계속 공급하게 된다.

연료 전지의 예로는 고체 산소, 금속 수소 그리고 수소 연료 전지 등 다양한 있다. 양성자 교환막(PEM, Proton Exchange Membrane) 수소 연료전지는 수소와 산소를 결합해서 전기를 생산하고 부산물로 물과 열을 내어놓는다. 수소-산소 PEM 연료전지들은 환경친화적이며 이산화탄소나 독성 오염물을 방출하지 않는다. 연료전지는 동작하는 부분이 없기 때문에 내연기관과 비교해서 고효율로 동작한다.

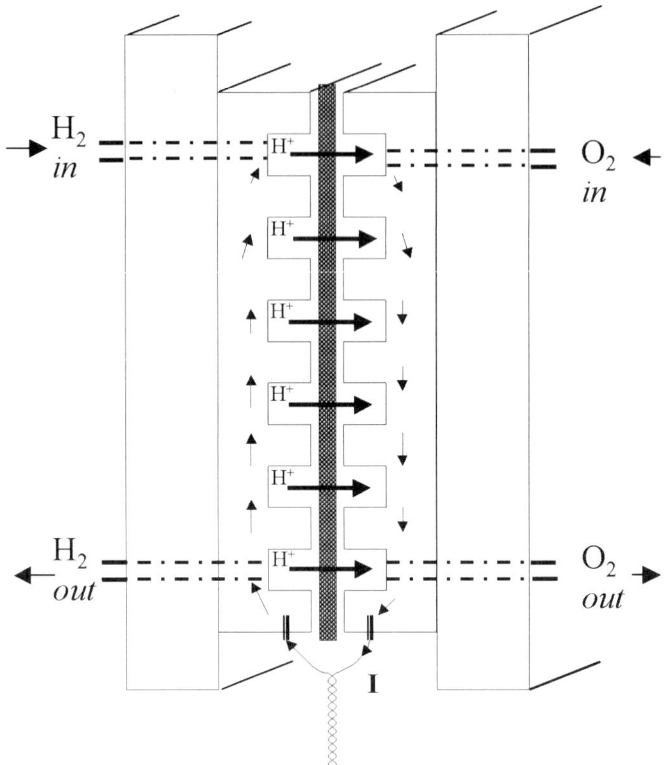

그림 9.6 양성자 교환막 연료전지의 구조도에 개스 흐름 채널을 포함하는 교환막 전극과 이온과 전류, 개스의 흐름을 보인다.

그림 9.6 은 양극(anode)과 음극(cathode)을 가지며 그 가운데에 양성자 교환막이 있는 PEM 연료전지의 한 개의 구조를 보이고 있다. 수소 가스는 수소를 양성자와 전자로 분리되는 것을 촉진하기 위해서 백금으로 코팅된 연료전지의 양극으로 공급된다. 연료전지의 중앙에 있는 양성자 교환막은 양성자 만이 교환막을 통해서 음극으로 이동하게 한다. 양성자 만이 PEM 을 통과할 수 있는 반면 전자는 외부의 회로에 연결된 저항부하에 전류를 공급하며 흐르게 된다. 회로에 전력을 공급한 전자는 산소와 양성자 그리고 전자가 열을 발생하며 물을 생성하는 것을 돕기 위해 역시 백금 코팅이 되어 있는 음극의 영역으로 흘러간다. GlobeTech 에서 제작한 PEM 연료전지 어셈블리 한 개를 그림 9.7 에 보인다. 여기서 (a)는 분리된 한 파트이며, (b)는 내부의 가스가 흐르는 채널과 개스킷 부분이다.

그림 9.7 GlobeTech 에서 만든 양성자 교환막 연료 전지는 (a) 교환막 전극 구조물과 (b) 테플론 개스킷으로 둘러쌓인 개스 흐름 채널로 구성된다.

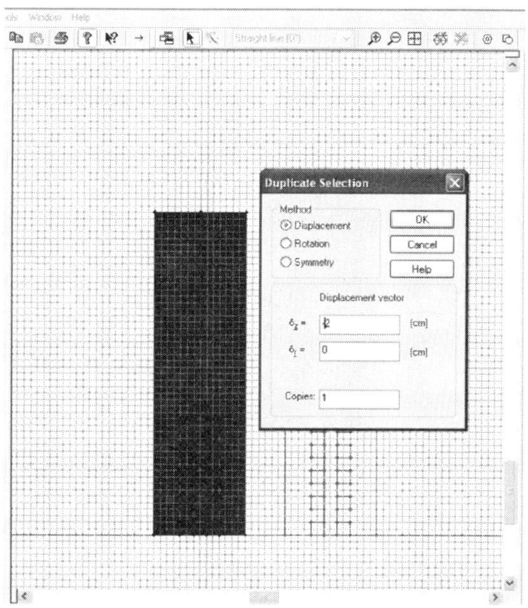

그림 9.8 반복되는 연료전지의 구조물 요소들을 복사해서 옮긴다. 선택되어진 교환막 전극 구조물은 흑연 블록과 함께 PEM 을 감싸는 개스 흐름 채널로 구성된다. Duplicated Selection 윈도우는 복사된 요소가 수평의 z 축을 따라서 2cm 이동하는 것을 보인다.

각각의 연료전지는 직렬로 쌓을 수 있으며 전체 전지의 수는 전체 전압에 비례한다. 각 셀의 단면적은 전체 전류에 비례한다. 연료전지들은 높은 전류를 위해서 병렬로 연결하며 높은 전압을 위해서는 직렬로 연결한다. 배터리, 연료전지 또는 적층 연료전지의 총 전력은 $P = IV$, 즉 전류와 전압의 곱으로 계산된다.

연료전지의 스택(stack)은 같은 기하학적 구조를 가지는 여러 개의 구조 요소들로 구성된다. 퀵필드에서 연료전지 모델을 만들 경우에는 한 개의 구조 요소를 만든 뒤 필요한 만큼 복사해서 사용할 수 있다. 그림 9.8 은 축대칭일 때 원형의 연료전지 구성체를 복사해서 쌓은 것을 보인다. 선택된 교환막 전극 어셈블리(assembly)는 PEM 을 둘러 싸고 있는 개스 흐름 채널을 가지는 흑연 블록으로 구성되어 있다. Duplicate Selection 윈도우는 복사된 요소가 수평의 z 축을 따라서 2.0cm 이동시킨 것을 보이고 있다.

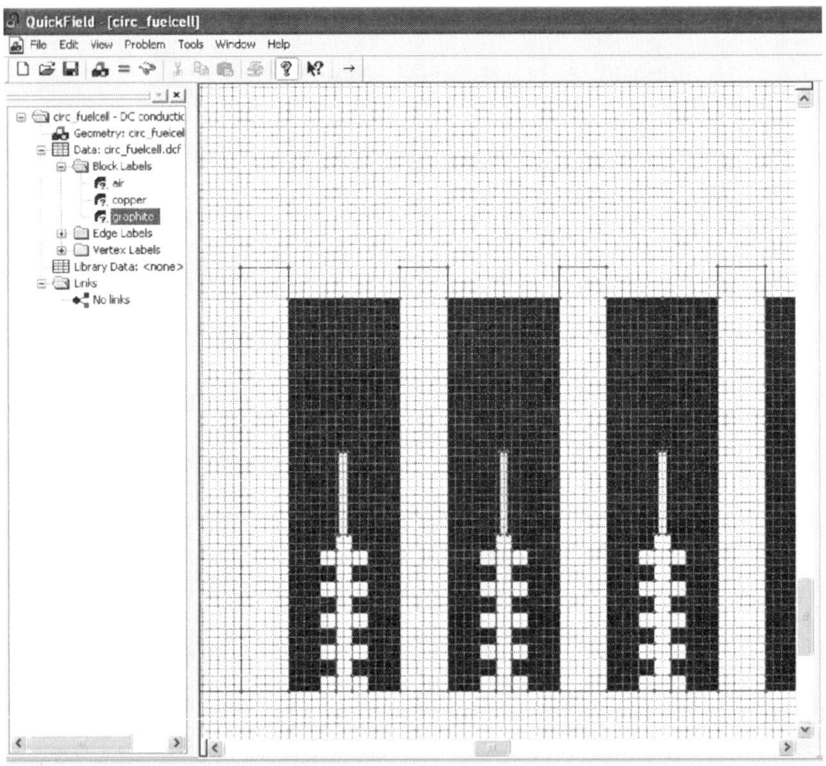

그림 9.9 연료 전지 구성요소에 대해서 레이블을 붙이고 물성을 지정함. 위의 그림에서는 PEM 과 개스 흐름 채널을 감싸는 흑연 영역이 선택되어져 있다.

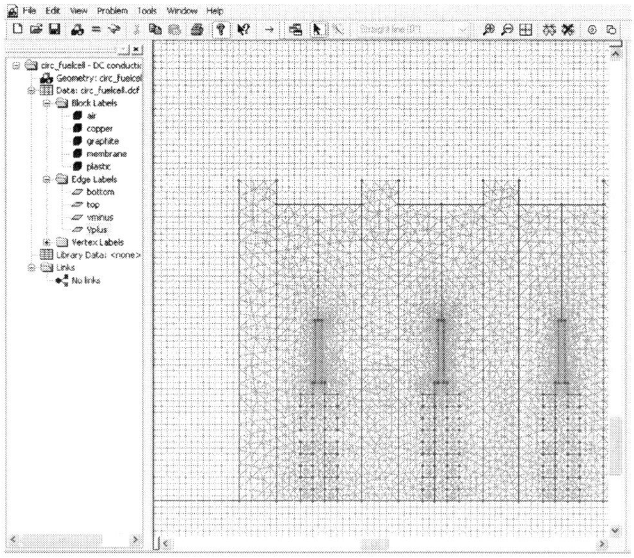

그림 9.10 연료전지 스택의 각 영역에 유한요소 그물망을 만들었다.

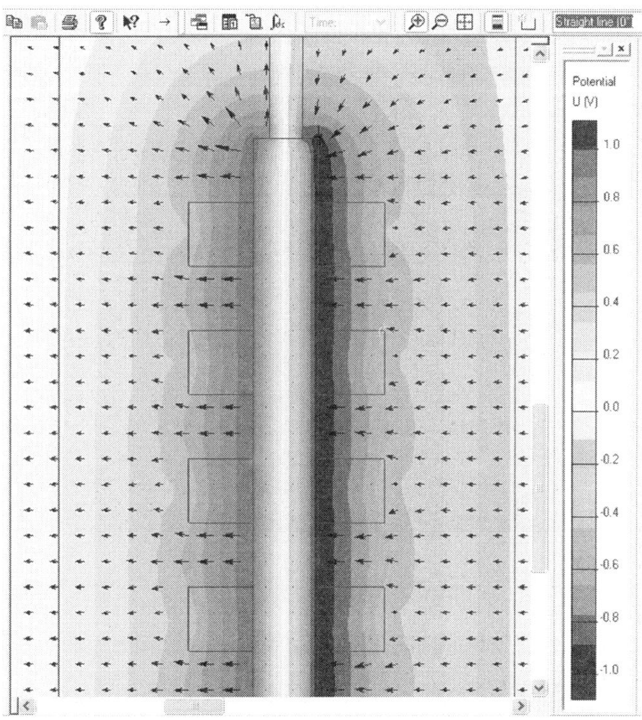

그림 9.11 교환막 전극 구조물 주위의 전류 흐름과 전위의 벡터 플롯

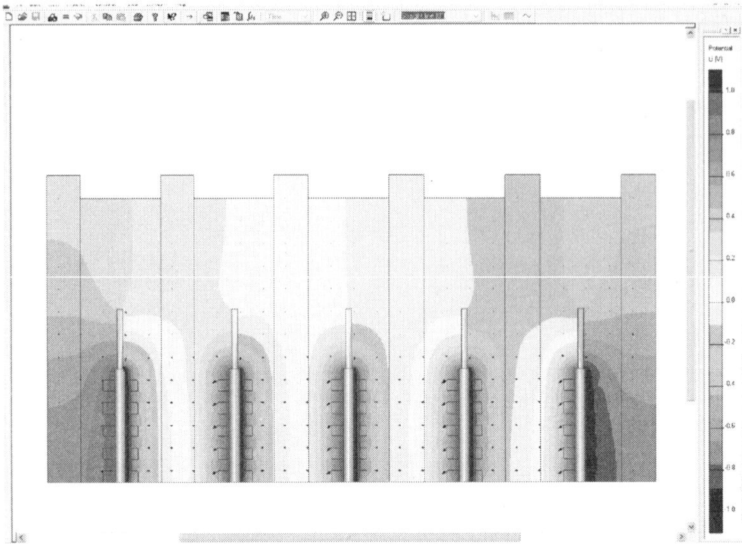

그림 9.12 열린 회로 전압과 연료전지 스택 내부의 전류 흐름. 연료 전지 양 끝에는 전류 밀도를 0 으로 지정한다.

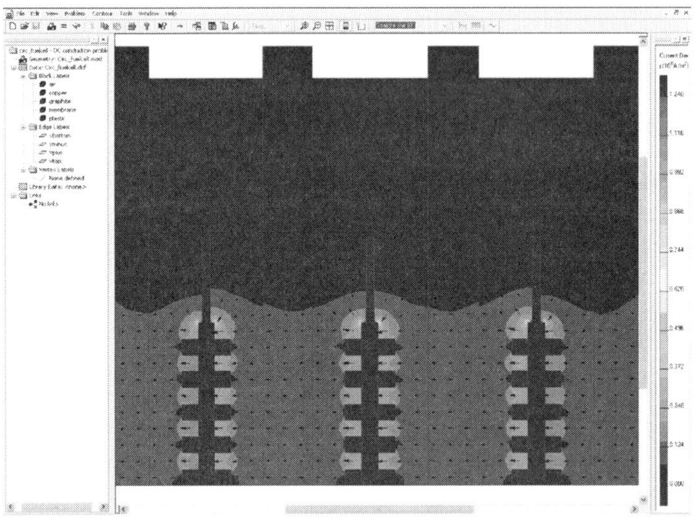

그림 9.13 연료 전지 스택에 외부 부하가 없을 때의 잔류 전류 밀도의 세기와 화살표 플롯. 홀수 주기의 전압 경계 조건들이 연료 전지 스택의 마주 보는 끝에 적용되었다. 전류 밀도는 PEM 의 모서리 근처가 제일 높다.

그림 9.9 는 연료전지의 구성요소에 레이블을 붙이고 물성을 지정하는 것을 설명하고 있다. 이 그림에서는 PEM 을 둘러싸는 흑연 영역과 기체가 흐르는 채널이 선택되어있다. 기체가 흐르는 채널은 PEM 의 옆면에 대한 원형의 홈으로 구성되어 있다.

그림 9.10 에 각 연료 전지 스택의 유한 요소 그물망을 보인다. 그림에서 PEM 의 테두리 부분의 그물망의 밀도가 높은 것을 볼 수 있다.

그림 9.11 에 전류 흐름의 벡터 플롯과 멤브레인 전극 어셈블리(assembly) 근처의 전기 퍼텐셜의 세기에 대한 플롯을 보인다. 그림 9.12 는 열린 회로(open-circuit)의 퍼텐셜과 연료 전지 스택 내의 잔류 전류(residual current) 흐름을 보이고 있다. 영전류(zero current) 밀도 조건을 연료전지의 끝부분에 지정하였다. 연료전지가 부하 저항에 연결되어 있지 않다면 열린 회로의 전압은 각 멤브레인의 양단에 계속 존재하게 된다.

그림 9.13 은 부하 저항이 0 인 연료 전지 스택 내부의 전류 밀도의 회색조 화살표 플롯이다. 홀수 주기의 전압 경계 조건이 연료전지 스택의 반대편 끝에 적용되었다. 이 플롯에서는 전류 밀도는 PEM 의 모서리(corner) 부근에서 가장 높은 것을 볼 수 있다. 국지적인 고전류 밀도는 멤브레인을 태우고, 파국적 고장을 일으키게 된다. 연료 전지 내부의 온도 분포는 11 장에서 알아 볼 것이다.

9.4 비저항 측정

그림 9.14 에 저항이 있는 판의 표면에 있는 전극에 반대 전위를 인가했을 때의 전류 밀도 벡터와 등전위를 보인다. 유효 비저항(effective resistivity)을 측정하기 위한 회로는 그림의 윗부분에 그려져 있다. 전극 간의 거리가 주어 졌을 때, 판의 겉보기 비저항(apparent resistivity)은 다음과 같이 측정한다.

$$\rho_a = -\frac{2\pi V}{I}\left(\frac{1}{r_1}-\frac{1}{r_2}-\frac{1}{r_3}+\frac{1}{r_4}\right)^{-1} \tag{9.6}$$

여기서 처음의 두 전극 간의 거리는 r_1, 두 번째와 네 번째 전극의 거리는 r_2, 첫 번째와 세 번째의 전극의 거리는 r_3, 그리고 세 번째와 네 번째 전극의 거리는 r_4 이다. 식 (9.6)은 균일한 판에 대한 실제 비저항을 계산할 수 있다. 이 방법은 그림 9.14 와 같은 측정 구조를 이용해서 유효 지면 비저항을 측정하는 것과 같이 지구물리를 예측하는 데 사용할 수 있다. 여러 층의 비균질 매질에서는 겉보기 저항은 전극의 간격에 의존한다. 각기 다른 전극의 간격에 대한 ρ_a 를 플로팅하면 표층의 두께를 예측할 수 있다.

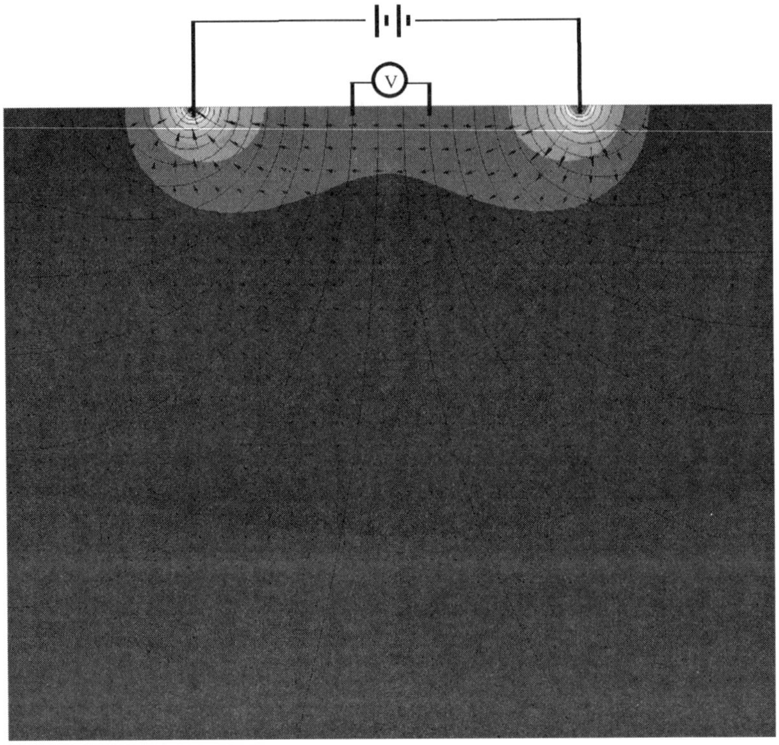

그림 9.14 인쇄 회로 기판의 전류 세기 밀도 지도

9.5 인쇄 회로 기판

회로 기판을 흐르는 전류는 z 방향으로는 전류가 흐르지 않으므로 x-y 대칭 조건을 이용해서 계산할 수 있다. 그림 9.15 는 12 개의 평행한 전도체가 있는 인쇄 회로 기판의 전류 밀도 세기에 대한 지도를 보이고 있다.

기판의 양쪽 끝 전압이 차이가 나도록 인가하였다. 그림 9.16 에 기판의 중앙에서 전도체들에 대해 수직인 경로에 대한 전류 밀도의 등고선 플로팅을 보인다. 각 전도체들의 전류는 일정하지 않으며 기판의 중앙의 전류는 가장 바깥 쪽의 전도체 보다 거의 두 배이다. 이것은 전류의 경로가 길어짐에 따라서 저항이 커지기 때문이다.

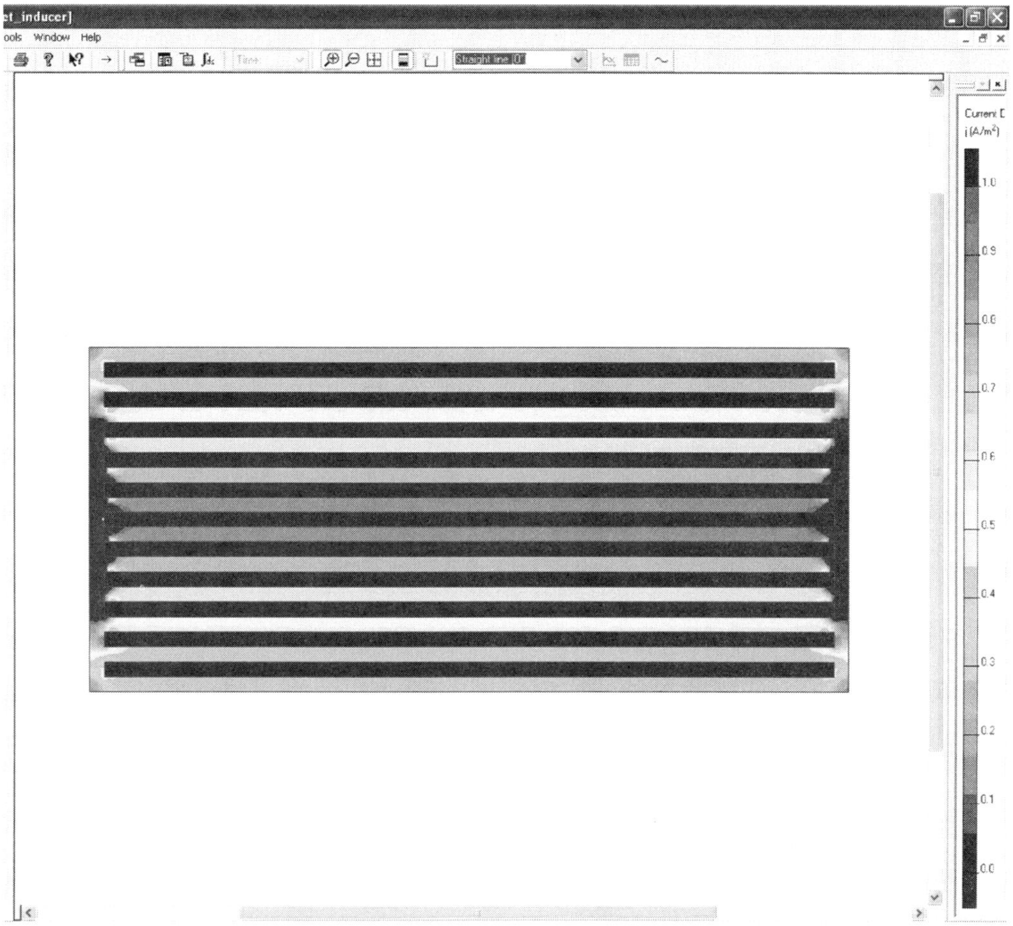

그림 9.15 표면 전극이 반대 전위를 유지함으로 생기는 저항 판 전류 밀도. 유효 저항을 측정하는 회로를 이 그림의 상단에 보인다.

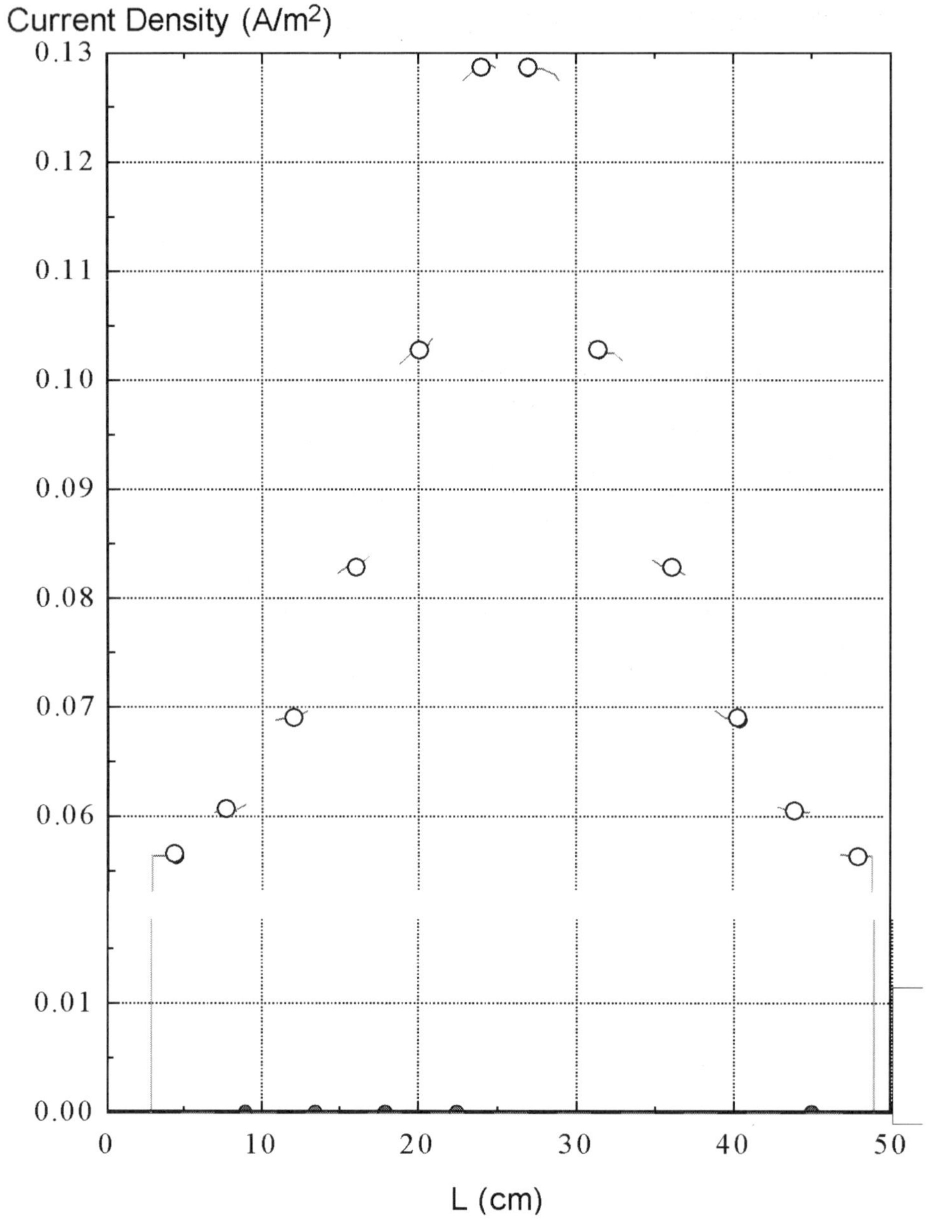

그림 9.16 인쇄 회로 기판의 가운데 단면에서의 전류 밀도. 각각의 전도 경로의 전류가 같지는 않지만 테두리에 비해서 중앙이 약 2배 이다.

참고 문헌

QuickField User's Guide: Tera Analysis Ltd. (2007). *Chapter 2: Introductory Guide; Chapter 10. Theoretical Description.*

William R. Smythe. (1989). *Static and Dynamic Electricity, Taylor & Francis Chapter VI: Electric Current.*

Rhett Herman. (2001). "An introduction to electrical resistivity in geophysics," American Journal of Physics, **69** (9) pp. 943-952.

연습 문제

9.1 그림 E-9.1 과 같이 단면이 줄어드는 판의 전류의 흐름을 구하여라.

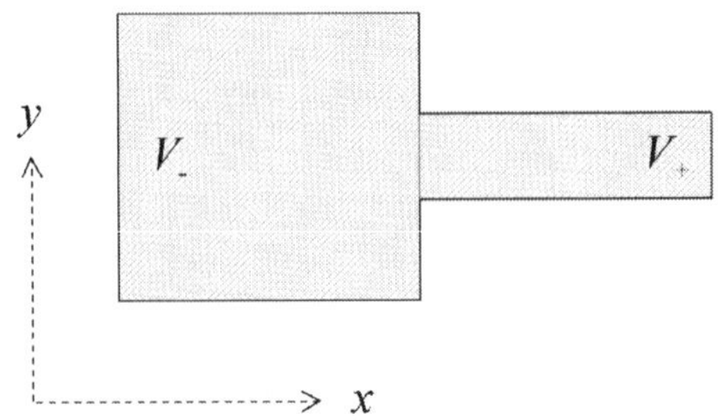

그림 E-9.1 단면적이 감소하는 구조를 가진 전류 흐름 판. 구조: x-y 대칭

9.2 내부 저항이 그림 E-9.2 와 같은 건전지의 전류 밀도를 그려보아라.

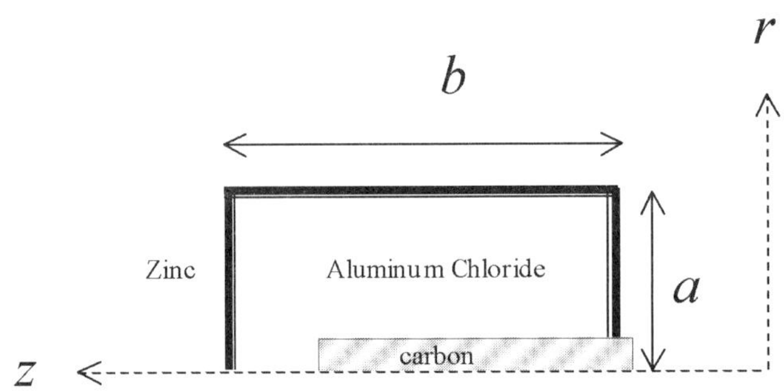

그림 E-9.2 건전지. 구조: 축 대칭

9.3 그림 E-9.3 과 같이 구형의 공동(void)을 가지는 원기둥 형태의 전선을 모델링 하여라. 전류 밀도를 벡터장 화살표 플롯을 이용해서 표시하여라.

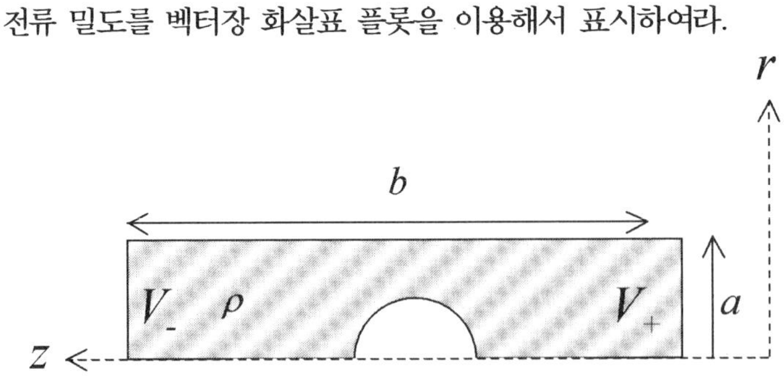

그림 E-9.3 원형의 빈 공간이 있는 원기둥 형태의 전선 구조: 축 대칭

9.4 전류가 흐르는 전선에 타원형의 공동이 있는 경우를 그림 E-9.4 에 보인다. 전류 밀도를 벡터 장 화살표 플롯으로 표시하여라.

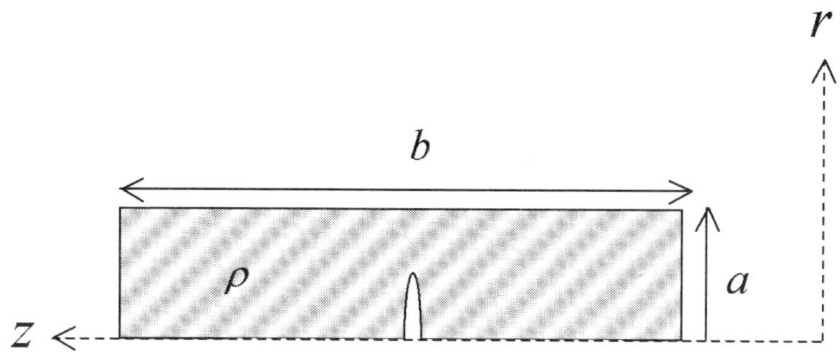

그림 E-9.4 타원형의 빈 공간을 가진 원기둥 형태의 전선. 구조: 축 대칭

9.5 그림 E-9.5 에 보인 것과 같이 적층 전도 매체(conducting medium)에 외부의 두 전극들에 전위차를 인가하는 것을 모델링 하여라. 등전위와 전류 밀도를 벡터 플롯으로 그려라.

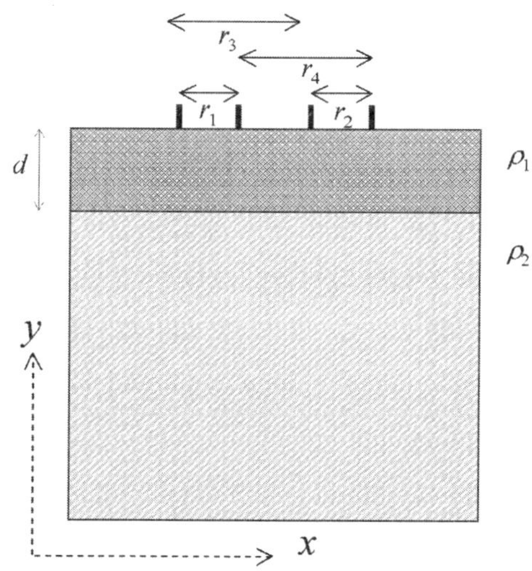

그림 E-9.5 적층 전도 매질. 구조: x-y 대칭

9.6 그림 E-9.6 에 보인 볼타 습식 전지 내부의 전류 흐름을 모사하여라. 전류 밀도의 벡터 장 플롯을 그려라. 유효 저항을 전극의 간격에 대한 함수로 구하여라.

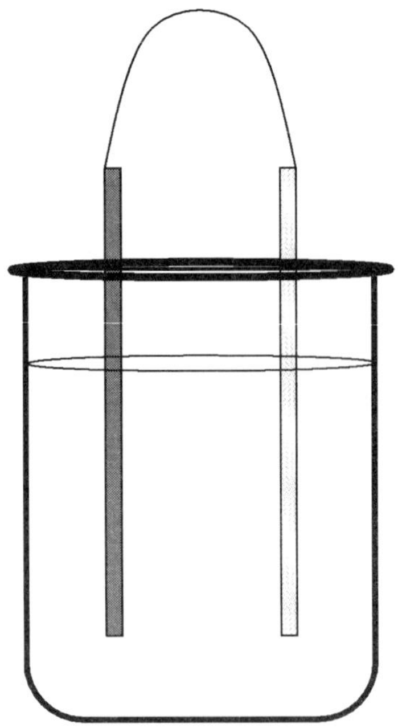

그림 E-9.6 습식 전지. 구조: x-y 대칭

9.7 저항성 구체의 양 극에 반대 전위를 걸어줄 때 전류 흐름을 모사하여라. 구체의 중심에서 적도까지 반지름 방향의 전류 밀도 플롯을 그려라.

9.8 두 개의 원기둥 형태의 반대 전위를 가지는 전극이 쌍원주(bicylinderical) 좌표에 있다. 전극들은 비저항을 가지는 무한의 저항체에 삽입되어 있다. 쌍원주 좌표에서 변수 분리법을 이용해서 스칼라 퍼텐셜에 대한 라플라스 방정식을 풀어라. 전극 주변의 전류밀도를 구하여라.

10. 교류 전류의 흐름

이 장에서 다루는 내용들

- **교류의 전도 이론**
- **퀵필드를 이용한 교류의 전도 해석**
- **생체 물리 측정에의 적용**

10.1 이론적 배경

연속 방정식은 전류 밀도의 발산을 시간에 따른 부피 전하 밀도를 이용해서 $\nabla \cdot \mathbf{J} + \partial \rho / \partial / t = 0$ 과 같이 구할 수 있다. 필드가 시간에 따라서 $\exp(i\omega t)$ 와 같이 주기적으로 변하는 경우 연속 방정식은 다음과 같이 표현된다.

$$\nabla \cdot \mathbf{J} = -i\omega\rho \tag{10.1}$$

옴의 법칙 $\mathbf{J} = \sigma\mathbf{E}$ 와 $\nabla \cdot \varepsilon\mathbf{E} = \rho$ 를 식 (10.1)에 대입하면 다음의 식을 얻을 수 있다.

$$\nabla \cdot \sigma\mathbf{E} = -i\omega\nabla \cdot \varepsilon\mathbf{E} \tag{10.2}$$

여기서 $\mathbf{E} = -\nabla U$ 이므로 다음의 식을 얻게 된다.

$$\nabla \cdot \left(\varepsilon - \frac{i\sigma}{\omega}\right)\nabla U = 0 \tag{10.3}$$

이 방정식은 AC 전기 퍼텐셜, 유전율 그리고 전도율이 변하는 영역에서의 전류 흐름에 관련된 문제를 풀이하는데 사용된다.

10.2 퀵필드를 이용한 교류 전도 해석

퀵필드에서 식 (10.3)을 풀이하면 교류 전도 해석을 할 수 있는데, 이 식은 x-y 대칭에 대해서 다음과 같이 나타낼 수 있다.

$$\frac{\partial}{\partial x}\left[\left(\varepsilon_x - \frac{i\sigma_x}{\omega}\right)\frac{\partial U}{\partial x}\right] + \frac{\partial}{\partial y}\left[\left(\varepsilon_y - \frac{i\sigma_y}{\omega}\right)\frac{\partial U}{\partial y}\right] = 0 \qquad (10.4)$$

여기서 $(\varepsilon_x, \varepsilon_y)$와 (σ_x, σ_y)는 유전율과 전도율의 x와 y 방향의 각 요소들을 의미한다. 축대칭에서는 다음과 같은 식으로 표현된다.

$$\frac{1}{r}\frac{\partial}{\partial r}\left[r\left(\varepsilon_r - \frac{i\sigma_r}{\omega}\right)\frac{\partial U}{\partial r}\right] + \frac{\partial}{\partial z}\left[\left(\varepsilon_z - \frac{i\sigma_z}{\omega}\right)\frac{\partial U}{\partial z}\right] = 0 \qquad (10.5)$$

여기서 $(\varepsilon_r, \varepsilon_z)$와 (σ_r, σ_z)는 유전율과 전도율의 r과 z방향의 각 요소들을 의미한다.
퍼텐셜을 구했다면 정자기학과 마찬가지로 전기장은 $\mathbf{E} = -\nabla U$ 로 부터 구할 수 있다. 유효 및 무효 전류 밀도 성분들은 $\mathbf{J}_{\text{active}} = \sigma\mathbf{E}$ 와 $\mathbf{J}_{\text{reactive}} = -i\omega\varepsilon\mathbf{E}$ 를 이용해서 얻을 수 있다. 겉보기 전류 밀도는 $\mathbf{J}_{\text{apparent}} = \mathbf{J}_{\text{active}} + \mathbf{J}_{\text{reactive}}$, 즉 유효(active) 전류 밀도와 무효(reactive) 전류 밀도의 합이다. 국소(local) 시간 평균과 순간 전력 손실 밀도는 $Q = \mathbf{J}\cdot\mathbf{E}$와 유효 전류 밀도 Q_{active}, 무효 전류 밀도 Q_{reactive}, 겉보기 전류 밀도Q_{apparent} 를 이용해서 계산 된다.

적분량

주어진 표면에 대한 총괄 유효 전류, 무효 전류, 또는 겉보기 전류는 다음과 같이 주어진다.

$$I = \iint_{\text{surf}} \mathbf{J}\cdot\mathbf{n}\,da \qquad (10.6)$$

부피 V 에서 방출되는 유효, 무효, 또는 겉보기 전력은 다음과 같이 주어진다.

$$P = \iint_{\text{surf}} \mathbf{E} \cdot \mathbf{J} dV \tag{10.7}$$

또한 시간 평균과 최고 값으로도 계산되어진다. 시간 평균과 순간 전기력과 토크는 정자기학에서 했던 것처럼 계산된다.

그림 10.1에 AC 전류 흐름 문제의 특성을 편집하는 윈도우를 보인다. AC 전류의 형태를 선택한 다음 주파수를 지정하게 된다.

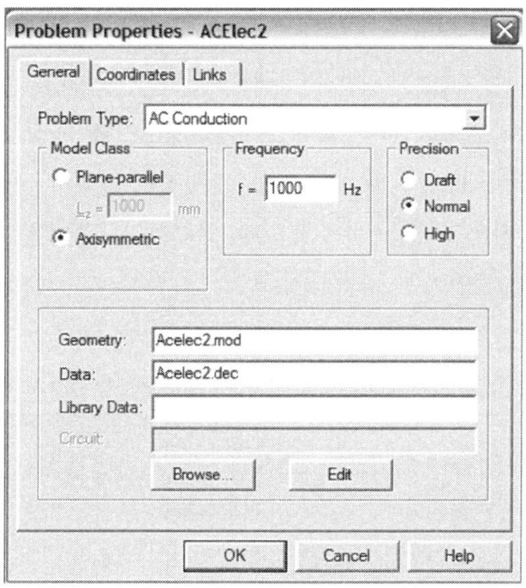

그림 10.1 AC 전류 흐름에 대한 문제의 특성들을 편집하는 윈도우. 문제 특성 윈도우를 열기 위해서는 메뉴 바의 문제 탭에 있는 문제 특성(problem properties)을 클릭한다. 모델의 클래스(평면 병열 또는 축 대칭), 주파수, 정밀도를 선택할 수 있다.

물성

유전체의 유전율 성분들과 전기 전도도 (S/m단위)와 연관된 블록 레이블들은 등방성 또는 비등방성이다. 그림 10.2에 등방성 또는 비등방성의 유전율과 전도율 성분들을 포함하는 AC 전류 흐름 문제의 블록 레이블을 편집하는 윈도우를 보인다.

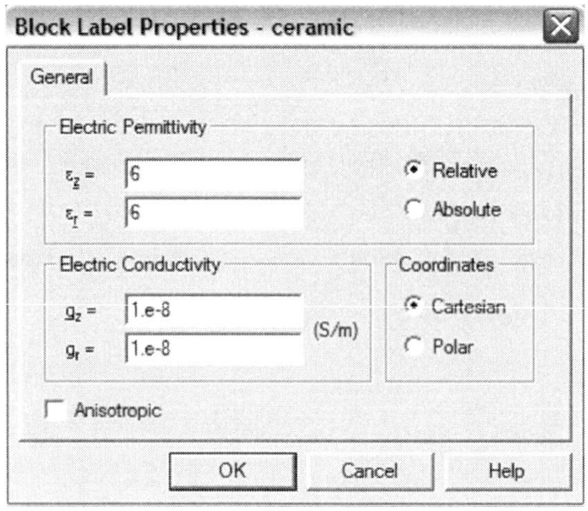

그림 10.2 AC 전류 흐름 문제를 위한 블록 레이블 데이터를 편집하는 윈도우. 블록 레이블 윈도우를 열기 위해서는 화면 왼쪽의 트리 다이아그램에서 해당하는 블록 레이블을 클릭하면 된다. 전기 유전율과 전기 전도도값을 입력한다. 이방성 박스를 체크하면 r 과 z 성분 값을 각각 입력할 수 있다.

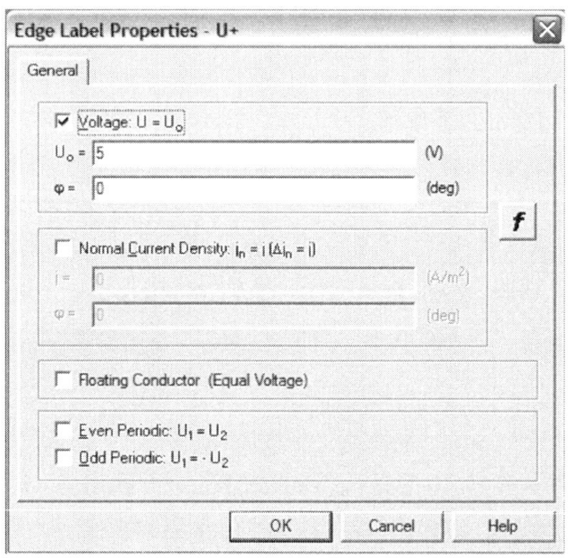

그림 10.3 AC 전류 흐름 문제를 위한 테두리 레이블 데이터를 편집하는 윈도우: 이 테두리 레이블 데이터 편집 윈도우를 열기 위해서는 화면 왼쪽의 트리 다이아그램에서 해당하는 테두리 레이블을 클릭한다.

경계조건들

그림 10.3에 AC 전류 흐름 문제의 테두리 레이블 데이터를 편집하는 윈도우를 보인다. 경계 조건들은 DC 자기학 문제와 같다. 선택사항들은 전압, 정상 전류 밀도, 유동 도체 (floating conductor) 그리고 짝수 혹은 홀수 주기 경계 조건들이다.

디리클레 경계 조건들

풀이 영역 안의 외부 경계들 또는 테두리에 특정 전기 퍼텐셜 U 값들을 지정한다. 이 조건들은 적어도 풀이 영역의 한 지점에는 적용되어야 한다.

노이만 경계 조건들

외부 경계들에 대해서 $J_n = J$ 또는 내부 경계들에 대해서 $J_n^+ - J_n^- = J$ 인 정상 전류 밀도를 지정한다. 노이만 조건 $J_n = 0$ 은 경계 조건들이 지정되지 않은 모든 외부 경계의 기본 값이다.

등전위 경계 조건들

이 경계 조건은 표면들은 일정하지만 모르는 전위값을 가지는 고립된 전도체를 위해 사용한다. 등전위 경계조건이 지정된 테두리에는 디리클레 고정 전위가 지정된 점이 있어서는 안된다.

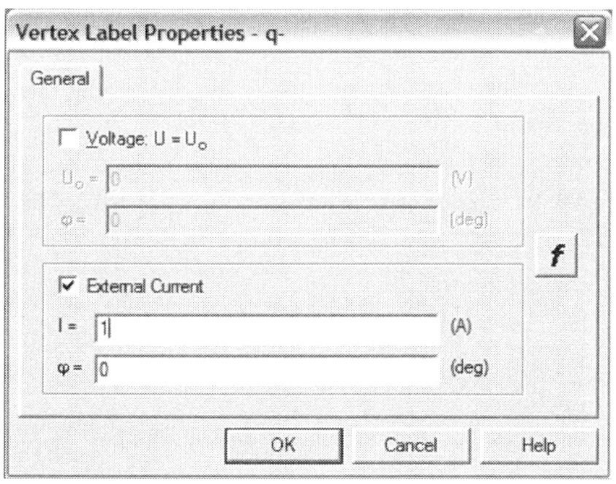

그림 10.4 AC 전류 흐름 문제를 위한 꼭지점 레이블 데이터를 편집하는 윈도우: 이 꼭지점 레이블 데이터 편집 윈도우를 열기 위해서는 화면 왼쪽의 트리 다이아그램에서 해당하는 모서리 레이블을 클릭한다.

주기적인 경계 조건들

모델의 맞은편 테두리에 지정할 수 있다. 퍼텐셜은 짝수 주기의 경계조건에 대해서는 $U_1 = U_2$ 인 반면, 홀수 주기의 경계조건에 대해서는 $U_1 = -U_2$ 이다.

꼭지점 조건들

그림 10.4에 AC 전류 흐름 문제에 대해서 꼭지점 레이블 데이터를 편집하는 것을 보인다. 국지적 전위 또는 전류값들은 각각의 꼭지점에 부여할 수 있다. 퍼텐셜과 전하값은 숫자로 입력하거나 수식 편집기를 이용해서 좌표에 대한 함수로 입력할 수 있다.

10.3 생체 물리 측정에의 응용

유효 전도율과 유전율의 측정

생체 조직의 대부분은 물로 구성되어 있으며 약한 전도성을 가지고 있으며 교류 전자기장에 대해서는 손실 유전체(lossy dielectric) 거동을 보인다. 일반적으로 전기 자극으로 인해 생체 조직에 흐르는 교류 전류는 전도와 변위 전류 밀도의 합으로 구성된다.

$$J = \sigma E + i\omega\varepsilon E \tag{10.8}$$

전류 밀도 J 의 유효 성분과 무효 성분은 다음과 같이 주어진다.

$$J_{\text{active}} = \sigma E \qquad J_{\text{reactive}} = \omega\varepsilon E \tag{10.9}$$

그러므로 전도도와 유전율은 실험적으로 측정된 전류 성분으로부터 계산되어진다.

$$\sigma = \frac{J_{\text{active}}}{E} \quad \varepsilon = \frac{J_{\text{reactive}}}{E\omega} \tag{10.10}$$

생물학적 생체 조직은 전도도와 유전율이 국소 변화에 대해서 높은 비균질성을 가진다. 그러므로 식 (10.10)은 주어진 생체 조직 샘플 또는 세포 부유물(cell suspension)에 대한 유효값을 제시한다. 유용한 값인 손실 탄젠트(loss tangent)는 손실 인자(loss factor)라고도 하며 다음과 같이 정의된다.

$$\tan\delta = \frac{J_{\text{active}}}{J_{\text{reactive}}} = \frac{\sigma}{\omega\varepsilon} \tag{10.11}$$

손실 탄젠트는 한 주기당 평균(rms) 또는 순간 에너지 손실을 한 주기당 저장된 에너지로 나눈 값이다. 손실 각도는 다음과 같고,

$$\delta = \tan^{-1}\frac{\sigma}{\omega\varepsilon} \tag{10.12}$$

이 값은 저항성 손실이 없는 축전기의 경우는 0이다. 균일한 전류 밀도 $J = I/A$ 에 대해서 총괄 전류는 옴의 법칙 $V = IZ$ 를 이용해서 나타낼 수 있다. 전류는 어드미턴스(admittance)와 전압의 곱인 $I = Y^{*}V$ 로, 또는 식 (10.8)로부터 다음의 식을 얻을 수 있다.

$$I = \left(\frac{\sigma A}{d} + i\omega\frac{\varepsilon A}{d}\right)V \tag{10.13}$$

여기서 $E = V/d$ 이며 Y^{*} 는 복소 어드미턴스(complex admittance)이다.

$$Y^{*} = G + i\omega C \tag{10.14}$$

전도도 G 와 전기용량 C 는 전도율과 유전율에 각각 비례한다. 비균질인 생체 조직 영역에 대해서 C 와 G 는 유전율과 전도율에 아주 복잡한 형태로 의존하게 된다. 식 (10.8)은 종종 $J = \sigma^{*}E$ 로 나타내기도 하는데, 여기서 복소 전도도는 $\sigma^{*} = \sigma' + i\sigma''$ 이며, $\sigma = \sigma' = \mathrm{Re}\,\sigma^{*}$ 이고, $\varepsilon = \mathrm{Im}\,\sigma^{*}/\omega$ 이다. 복소 유전율과 복소 비저항을 포함시키는 다른 관례도 존재한다. 또한 문헌에 따라서 표기법이 조금씩 다른 경우도 있다. 식 (10.8)과 비교해 보는 것이 각 표기방식에 따른 의미를 이해하는 데 도움이 될 것이다.

조직 내와 부유 상태의 세포의 유전 분광학

교류 전기장에 놓여진 생체 세포들의 전기적 응답은 조직 내에 있는 세포와 부유상태의 세포가 비슷한 거동을 보인다. 일반적으로 주파수가 증가할 때 생물학적 물질의 유효 유전상수는 감소하는 반면 전도도는 증가한다.

각기 다른 공정이 생물학적 물질에 대한 유전율과 전도율에 영향을 미쳐서 생기는 3군데

의 어느 정도 넓은 주파수 범위를 확인할 수 있다. 이 주파수 영역들은 각각 $\alpha-$, $\beta-$, $\gamma-$분산(dispersion)이라고 한다.

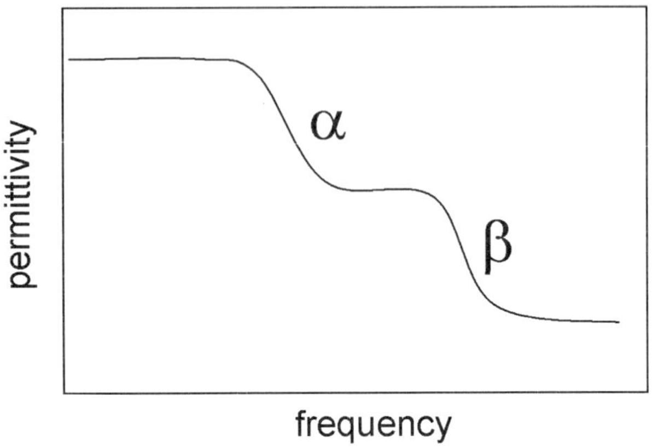

그림 10.5 부유 상태 또는 조직 내에서의 생체 세포의 주파수 종속 유전율의 그림

$\alpha-$분산

주파수 범위는 mHz~kHz 이다. 전하의 움직임 또는 상대 유전율이 10^7이상인 부유 상태의 세포 원형질 막(plasma membrane)에 이웃하는 반대 이온(counter ion)에 의해서 발생한다. 퀵필드를 이용해서는 이 반대 이온을 직접적으로 모사할 수 없다.

$\alpha-$분산은 조직 내와 부유 상태의 세포에서 발생하는 원리가 다르다. 연결된 세포들 사이의 간극 결합(gap junction)의 교류 응답은 조직의 낮은 주파수의 유전율의 원인이 된다. 이 간극 결합은 퀵필드에서 연결된 세포들 간의 약한 전도 결합의 형태로 모사할 수 있다.

$\beta-$분산

주파수 범위는 0.1~100MHz 이다. 세포막에 영향을 받는 막스웰 바그너(Maxwell-Wagner) 효과 또는 수동 세포 전기용량(cell capacitance)에 의해서 생긴다. 이 $\beta-$분산은 퀵필드를 이용해서 모사할 수 있다.

$\gamma-$분산

주파수 범위는 0.1~100GHz 이다. 이 분산 영역은 물, 소금, 그리고 지방과 같은 분자 쌍극자 모멘트 완화로 인해 발생한다. 퀵필드의 세포 모델은 영구 장(eternal field)에서의 γ – 분산을 포함하지 않는다.

변화하는 전기장 안의 살아 있는 세포

살아 있는 세포는 얇지만 전기적으로 절연된 지질막(lipid membrane)이 세포 기관이 들어 있는 약한 전도성의 세포질(cytoplasm)을 감싸고 있다. 세포 멤브레인을 통과하며 생기는 이온 농도 구배는 AC 장에서는 변조될 수 있는 정적인 멤브레인 퍼텐셜이 생긴다. 세포가 전기장에 노출 되었을 때 유도 멤브레인 퍼텐셜이 발생한다.

낮은 주파수의 전기장은 세포 내부의 이동성 반대 이온과 지질 이중 층의 충전으로 차폐된다. 그러므로 세포 기관의 멤브레인 퍼텐셜은 낮은 주파수의 장에는 영향을 받지 않는다. 높은 주파수 장에 대해서는 반대 이온이 AC장을 막을 만큼 이동성이 뛰어나지 않은 반면, 이 주파수의 장은 멤브레인을 통과하는 용량성 결합(capacitively couple)을 한다.

세포들은 그 크기가 마이크론 단위인 반면 멤브레인은 그 두께가 약 5-10nm 정도이다. 크기의 변화가 크기 때문에 세포의 유한 요소 모델을 구성하고자 할 때 멤브레인 주변에는 수 천 개의 노드가 존재하는 극세 그물망이 필요하다. 이렇게 전체 공간에 비해서 상대적으로 두께가 얇은 멤브레인을 구성하는 경우 가장 쉬운 방법은 Model 툴바에 있는 Insert Shape 기능을 이용해서 5-10nm 정도 크기의 반지름이 다른 두 개의 원을 만드는 것이다. 호를 만들기 위해서는 불필요한 부분을 잘라내는(crop) 방법이 있다.

기능이 제한적인 학생판 퀵필드를 사용해서 멤브레인의 안팎의 유도 퍼텐셜을 플로팅하고 셀 근처의 장과 전류 분포를 가시화 할 정도로 정밀한 결과를 얻기 위해서는 멤브레인의 두께를 과장해서 두껍게 할 필요가 있다.

그림 10.6 (a)는 약 $0.5 \cdot 10^6$ 개의 노드를 가지는 단일 멤브레인 주변의 유한 요소 그물망을 보이고 있다. 이 그림은 대칭성을 이용해서 반지름 $0.25\mu m$ 두께 5nm 인 세포의 적도면(equatorial plane)의 1/4을 모델링 한 것이다. 적도면의 z 방향의 장은 등전위이다.

멤브레인이 마이크로(10^{-6}) 크기인 세포에 비해서 5-nm의 폭을 가지기 때문에 멤브레인 주변에는 좀더 세밀한 그물망이 필요하다. 투자율과 전도도는 세포 내부 공간에 대해서는 $\varepsilon_r = 87.7$, $\sigma = 0.95\,S/m$, 원형질 멤브레인에 대해서는 $\varepsilon_r = 16.8$, $\sigma = 5.0 \cdot 10^8\,S/m$, 세포 외부 영역에 대해서는 $\varepsilon_r = 80$, $\sigma = 2\,S/m$ 의 값을 적용한다.

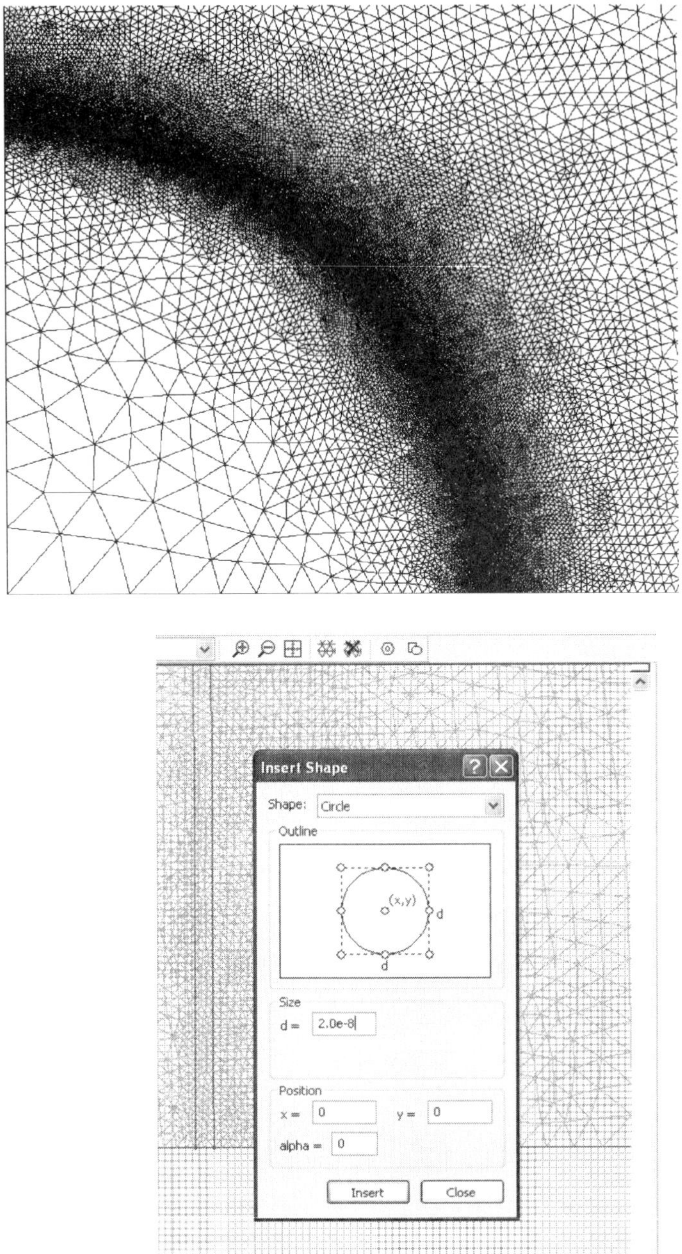

그림 10.6 구체 형태의 세포에 대한 유한 요소 그물망은 생물학적 멤브레인 주변에서 아주 세밀한 그물망을 보인다. 대칭이기 때문에 유기체의 1/4 만 모사하였다.

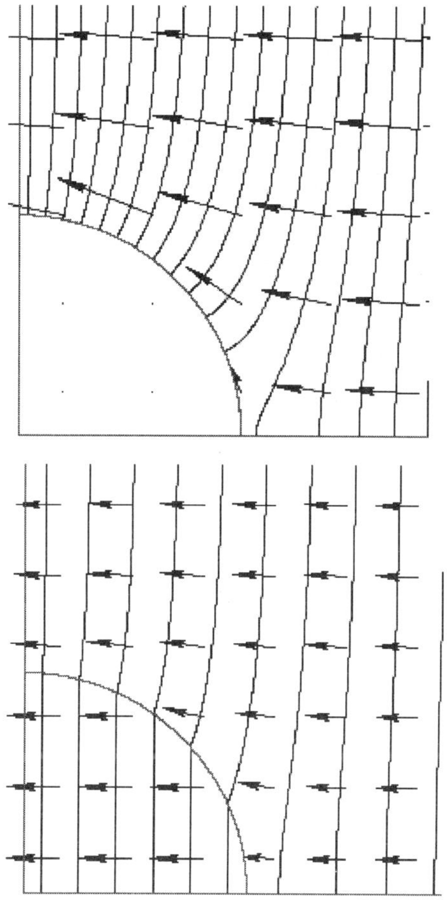

그림 10.7 (a) 50Hz (b) 1.0MHz 여기에 대한 등전위와 전류 흐름 벡터를 나타내었다. 낮은 주파수에 대한 세포 내부의 전류 밀도는 거의 0이다. 높은 주파수에서는 AC 전류가 쉽게 세포 내로 침습한다. 세포 내의 전류 밀도는 높은 주파수와 낮은 주파수에서 일정하다.

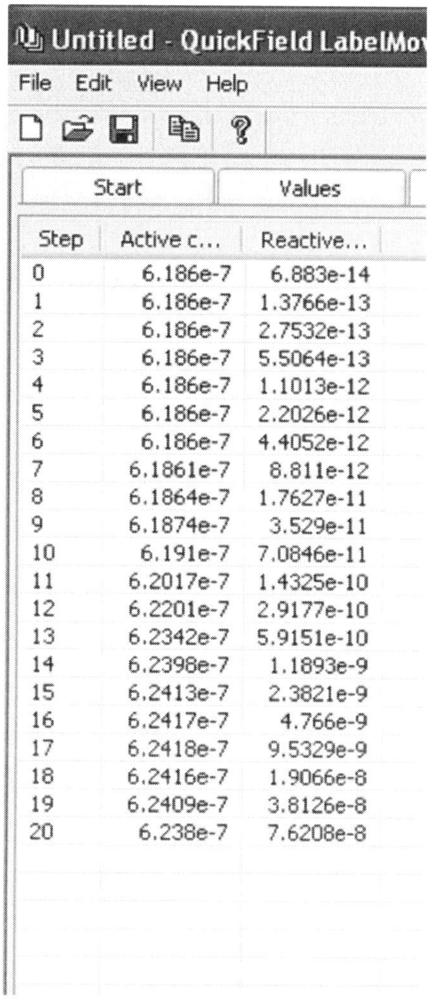

Untitled - QuickField LabelMov

File Edit View Help

Start Values

Step	Active c...	Reactive...
0	6.186e-7	6.883e-14
1	6.186e-7	1.3766e-13
2	6.186e-7	2.7532e-13
3	6.186e-7	5.5064e-13
4	6.186e-7	1.1013e-12
5	6.186e-7	2.2026e-12
6	6.186e-7	4.4052e-12
7	6.1861e-7	8.811e-12
8	6.1864e-7	1.7627e-11
9	6.1874e-7	3.529e-11
10	6.191e-7	7.0846e-11
11	6.2017e-7	1.4325e-10
12	6.2201e-7	2.9177e-10
13	6.2342e-7	5.9151e-10
14	6.2398e-7	1.1893e-9
15	6.2413e-7	2.3821e-9
16	6.2417e-7	4.766e-9
17	6.2418e-7	9.5329e-9
18	6.2416e-7	1.9066e-8
19	6.2409e-7	3.8126e-8
20	6.238e-7	7.6208e-8

그림 10.8 레이블 무버를 이용해서 여기 주파수를 50Hz에서 50MHz로 변경시켰을 때에 대한 유효 전류와 무효 전류 성분들

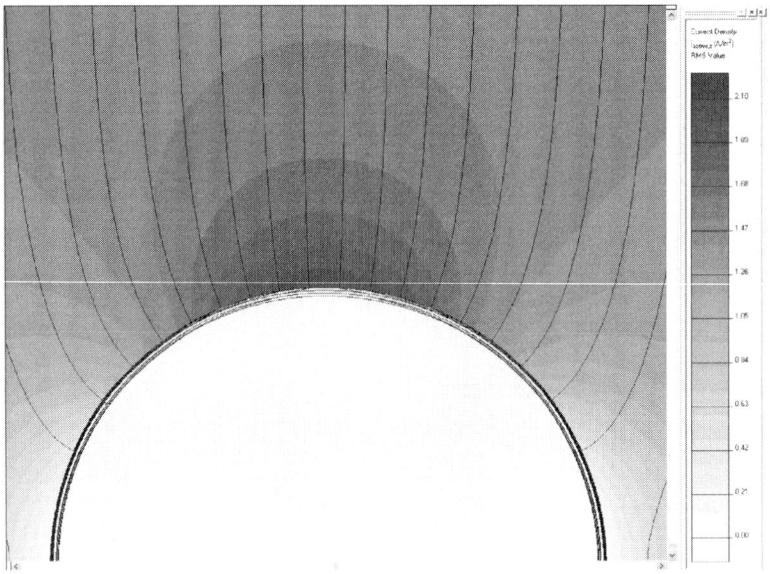

그림 10.9 외부 장에 놓인 두 개의 껍질을 가진 미토콘드리아의 등전위와 RMS 전류 밀도

그림 10.7은 (a) 50Hz와 (b) 1.0MHz의 여기에 대한 등전위와 전류 흐름 벡터를 보이고 있다. 낮은 주파수에 대해서는 세포의 내부의 전류 밀도는 거의 0이다. 높은 주파수인 경우에는 AC 전류가 세포 내부로 침습하는 것을 볼 수 있다. 낮은 주파수와 높은 주파수 두 경우에 대해서 전류 밀도는 일정하다는 것을 볼 수 있다. 그림 10.8은 레이블 무버를 이용해서 자극 주파수를 50Hz에서 50MHz까지 변화 시키면서 유효 전류와 무효 전류 요소를 표와 함께 보인다. 이 값들은 적도면 또는 모델의 왼쪽 테두리를 통과해서 흐르는 총괄 전류 흐름을 의미한다.

변하는 전기장 안의 세포 기관

외부 세포 멤브레인은 고역 통과 필터의 역할을 하므로 멤브레인 퍼텐셜은 높은 주파수의 신호가 가해질 때 생긴다. 세포로부터 분리해 낸 세포기관을 전기적으로 자극을 가하거나, 미소 전극을 세포 내에 삽입해서 세포기관에 전기적 자극을 가하게 된다.

구형의 미토콘드리아 모델

미토콘드리아는 외부 멤브레인과 내부 세포간질과 내부 멤브레인의 공간을 세포 내부의 다른 공간에서 분리시켜 주는 둘둘 말린 형태의 내부 멤브레인으로 이뤄진 이중 멤브레인 세포기관이다. 미토콘드리아는 가장 간단하게 아주 근접한 두 층의 절연성의 구체들로 모델링한다. 그림 10.9는 이중 껍질(two-shelled)을 가지는 구형의 미토콘드리아가 외부 장에 놓였을 때 생기는 등전위와 RMS 전류 밀도를 보이고 있다.

낮은 주파수에서는 멤브레인들의 내부의 전류 밀도는 무시할 만 하다. 전도도와 유전율은 미토콘드리아의 외부 배지(medium)에 대해서는 $\varepsilon_r = 40$, $\sigma = 5.0\text{S/m}$, 외부와 내부의 멤브레인들에 대해서는 $\varepsilon_r = 7$, $\sigma = 2.0\text{S/m}$, 내부 멤브레인의 공간에 대해서는 $\varepsilon_r = 5.0$, $\sigma = 0.001\text{S/m}$, 그리고 세포간질에 대해서는 $\varepsilon_r = 54$, $\sigma = 0.001\text{S/m}$ 라는 값들을 적용했다. 미토콘드리아 모델은 바깥쪽의 반지름은 0.25μm 이며 멤브레인 내부 공간의 두께는 5nm 이다.

복잡한 구조의 미토콘드리아

그림 10.10은 축 대칭에서 좀 더 복잡한 유한 요소 미토콘드리아를 모델링 한 것이다. 이 모델은 실제 미토콘드리아의 약 10배 크기이다. 그림에서 미토콘드리아의 내부와 외부 막이 선택되어 있다.

세포 매질 안에 있는 미토콘드리아 외부의 전도도와 유전율은 ($\varepsilon_r = 40$, $\sigma = 5.0\text{S/m}$)로, 멤브레인은 ($\varepsilon_r = 7$, $\sigma = 2.0\text{S/m}$), 멤브레인 내부 공간은 ($\varepsilon_r = 5.0$, $\sigma = 0.001\text{S/m}$)로 설정한다.

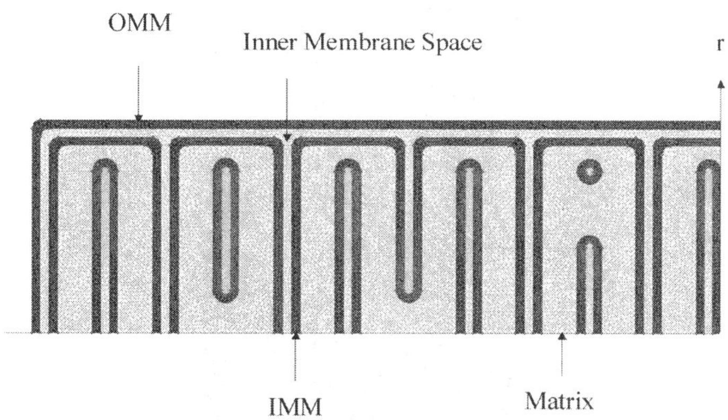

그림 10.10 복잡한 미토콘드리아의 구조를 축 대칭 구조의 유한 요소 그물망으로 표현하고 있다. 외부 미토콘드리아 멤브레인(OMM)과 내부 미토콘드리아 멤브레인(IMM)이 선택되어 있다.

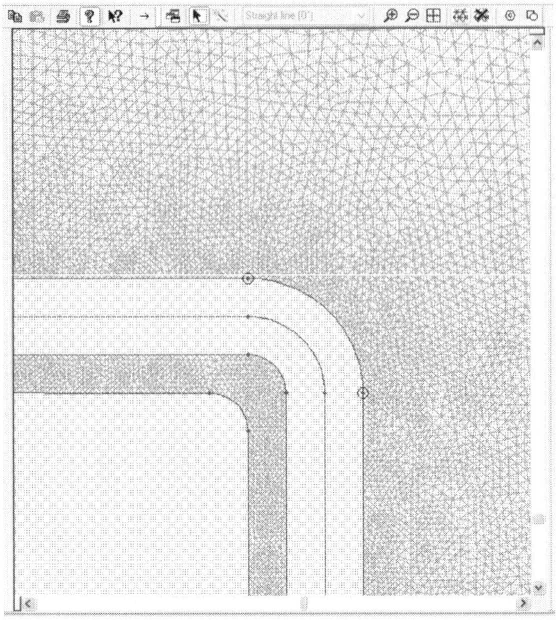

그림 10.11 부분적인 FEM 그물망을 보이는 미토콘드리아의 구석 모서리 부분. 세포 내부와 IMM 영역만 그물망을 표시하였다. 모서리는 90 도 호를 이용하였다.

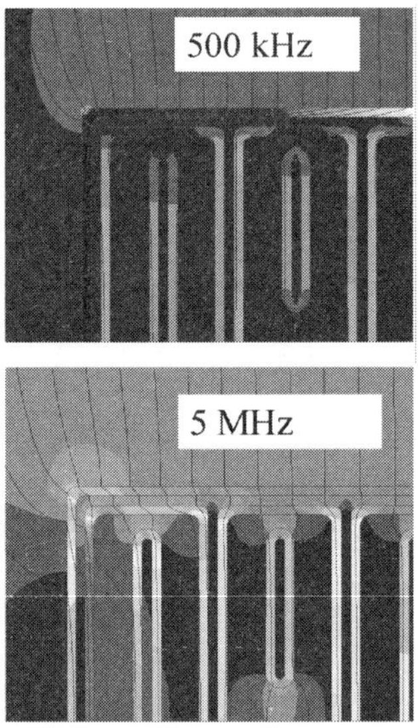

그림 10.12 AC 전류 흐름에 대한 미토콘드리아의 내부의 등전위와 전기장의 크기 (a) 500kHz, (b)5MHz

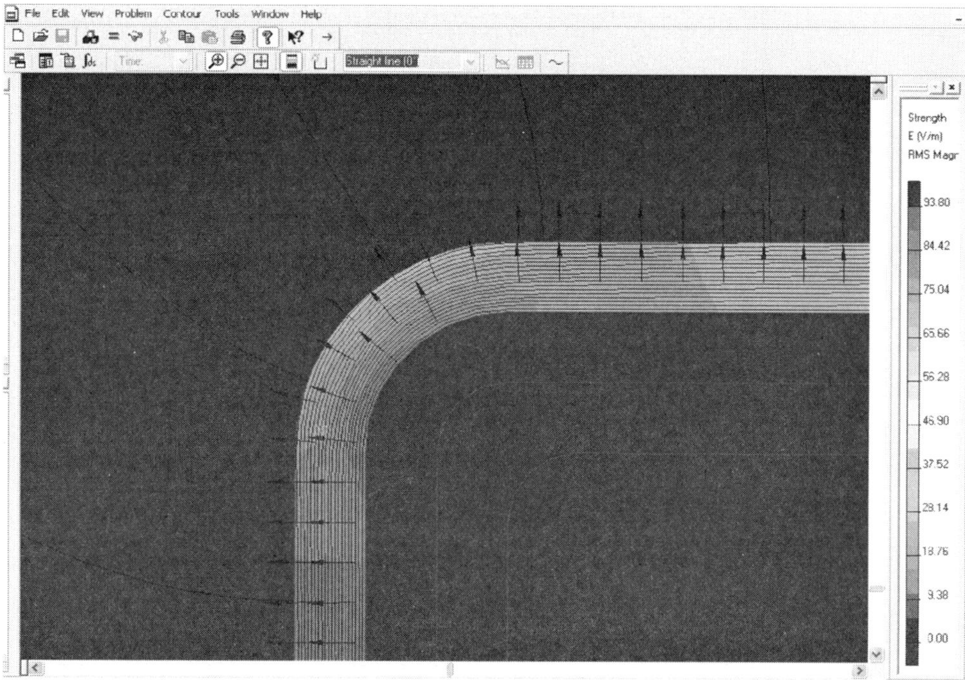

그림 10.13 500kHz에서의 능동 전류, 등전위, 전기장의 세기를 보이는 미토콘드리아 멤브레인의 외부의 확대

그림 10.11에 미토콘드리아의 오른쪽 코너 부분의 그물눈이 표시된 세포 내간과 내부 미토콘드리아 멤브레인 영역을 보인다. 둥글게 처리된 모서리는 90도 곡선 요소를 각 변의 노드에 연결시켜서 만들 수 있다.

미토콘드리아에 (a) 5kHz, (b) 5MHz 의 신호가 가해질 때, 등전위장과 전기장 크기를 그림 10.12에 보인다. 외부 미토콘드리아 멤브레인 근처의 영역을 확대한 외부 자극이 500kHz일 때 전기장의 세기와 유효 전류 등전위를 그림 10.13에 보인다.

반복적인 구조의 미토콘드리아

반복적인 요소를 가지는 모델을 구성할 때 반복되는 부분을 매번 새롭게 구성하기 보다는 복사해서 붙이기 기능을 이용하면 시간을 절약할 수 있다. 그림 10.14는 이상화된 미토콘드리아 모델의 반복되는 구조를 복제해서 옮기는 과정을 보인다.

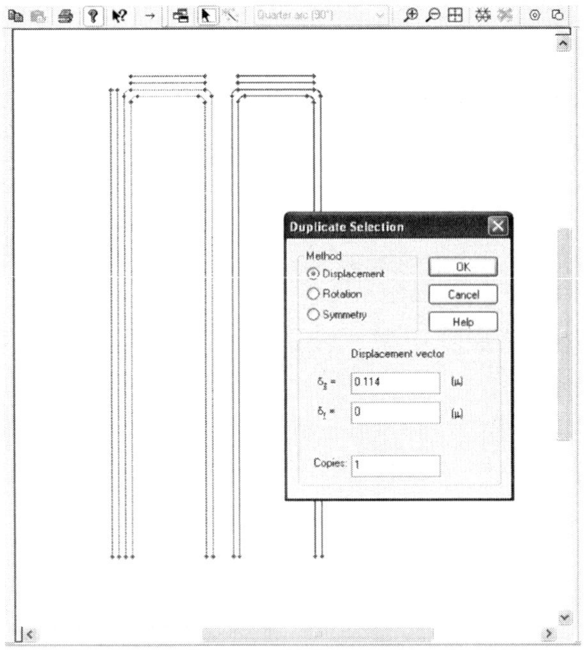

그림 10.14 반복되는 구조를 복사해서 옮김. 복사된 요소는 z 축을 따라서 오른쪽으로 0.114μm 이동

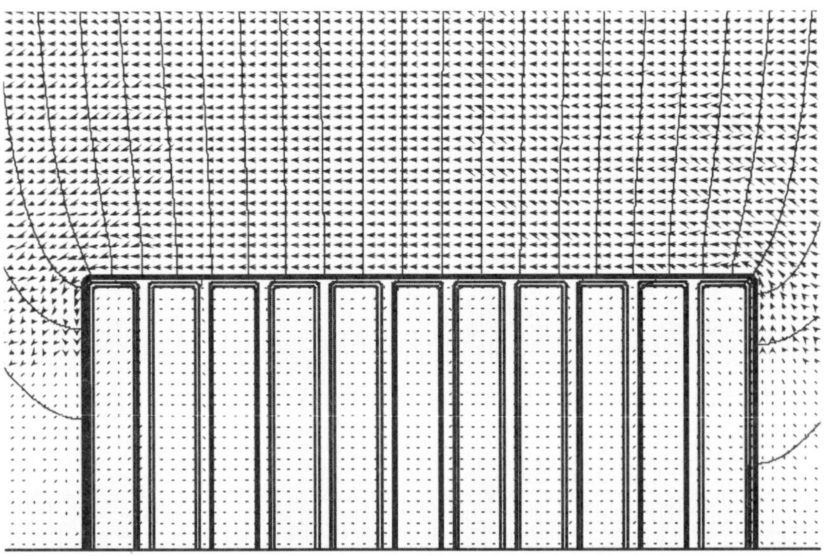

그림 10.15 100kHz 의 외부 장에 놓인 미토콘드리아의 유효 전류 밀도와 등전위의 플롯.

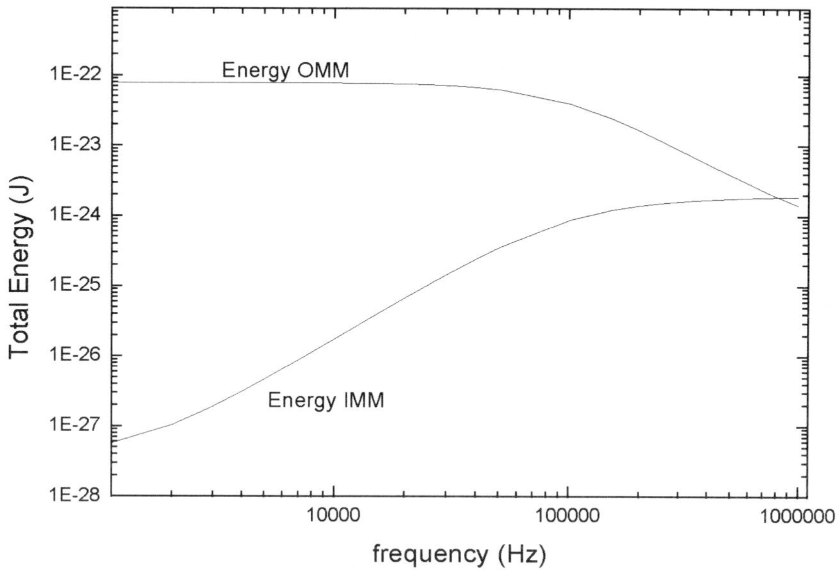

그림 10.16 1V/cm 의 여기 장의 주파수에 대한 함수로 구한 미토콘드리아 내부와 외부에 저장된 총괄 전기 에너지

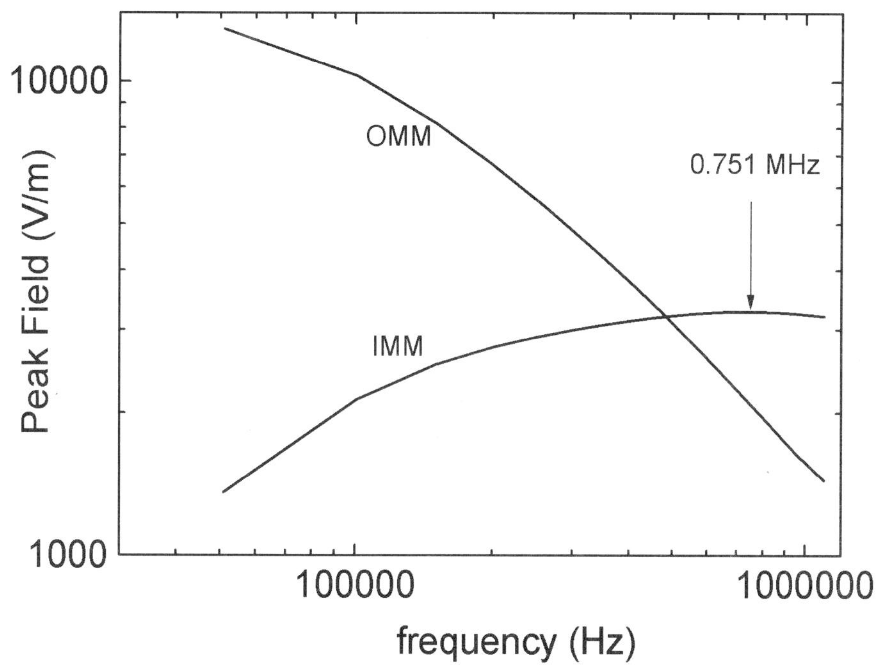

그림 10.17 1V/cm 의 여기 장의 주파수에 대한 함수로 구한 전기장의 순간 최대치

이 그림에서 복제된 요소는 오른쪽으로 z 축을 따라서 0.114㎛ 이동되었다. 상대 유전율과 전도율 값들은 세포 매질에 대해서는 ($\varepsilon_r = 40$, $\sigma = 5.0\,\mathrm{S/m}$)로, 멤브레인에 대해서는 ($\varepsilon_r = 7$, $\sigma = 2.0\mathrm{S/m}$), 멤브레인 내부 공간에 대해서는($\varepsilon_r = 5.0$, $\sigma = 0.001\,\mathrm{S/m}$)을 사용한다.

그림 10.15는 100kHz, 1V/cm의 장에 고립된 미토콘드리아의 모델을 완성한 후 미토콘드리아 근처의 유효 전류 밀도와 등전위의 벡터 플롯을 한 결과를 보인다.

레이블 무버 기능은 주파수 변경 및 거의 대부분의 모델 매개변수 또는 구조 요소를 변경시킬 수 있다. 그림 10.16은 외부와 내부 미토콘드리아 멤브레인에 저장되는 총 에너지를 주파수에 대한 함수로 표시한 것이다. 낮은 주파수에서는 외부 멤브레인의 AC 차폐로 인해 외부의 총괄 멤브레인 에너지가 내부 총괄 멤브레인 에너지의 약 5배이다. 내부 멤브레인에 저장되는 총괄 에너지는 주파수가 높아짐에 따라 증가하며 0.75MHz 부근에서는 외부 멤브레인에 저장되는 에너지와 같아진다. 그림 10.17은 1V/cm의 자극에 대한 외부와 내부의 멤브레인의 순간 최고 전기장을 주파수에 대한 함수로 보인다. 순간 최고 유도 멤브레인 퍼텐셜을 구하기 위해서는 이 값들에 멤브레인의 두께 $\delta = 7.0\mathrm{nm}$ 를 곱해야 한다.

참고 문헌

Quick Field Users' Guide: Tera Analysis Ltd. (2007). *Chapter 6: Electric Circuits Definition.*

Roland Glaser. (2001). *Biophysics*, Springer-Verlag. *Chapter 3.5: Electric Fields in Cells and Organisms*.

S. Grimnes and Ø. G. Martinsen. (2009). *Bioimpedance and Bioelectricity Basics*, Academic Press, London.

T. Kotnik and D. Miklavčič. (2000). "Theoretical Evaluation of the Distribution Power Dissipation in Biological Cells Exposed to Electric Fields," *Bioelectromagnetics* 21, 385-394.

연습문제

10.1 레이블 무버(Label Mover)를 이용해서 그림 E-10.1에 보인 것과 같은 비균질 커패시터를 통해 흐르는 주파수에 대한 총괄 유효 전류와 총괄 무효 전류 성분을 계산 하여라.

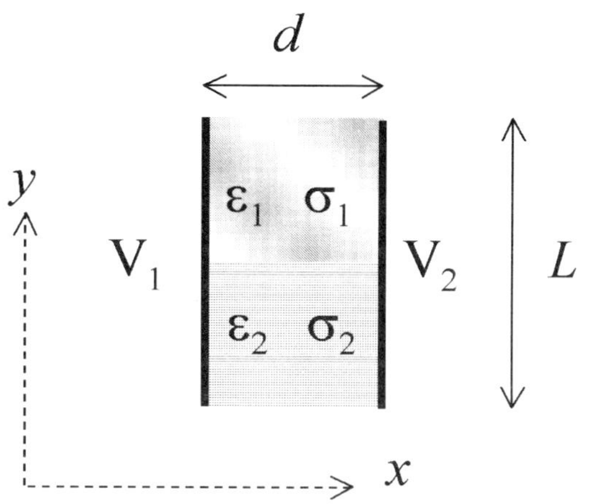

그림 10.1 다른 전도도와 유전율의 영역을 병렬로 쌓은 커패시터

10.2 레이블 무버를 이용해서 그림 E-10.2에 보인 것과 같은 비균질 커패시터를 통해 흐르는 주파수에 대한 총괄 유효 전류와 총괄 무효 전류 성분을 계산 하여라.

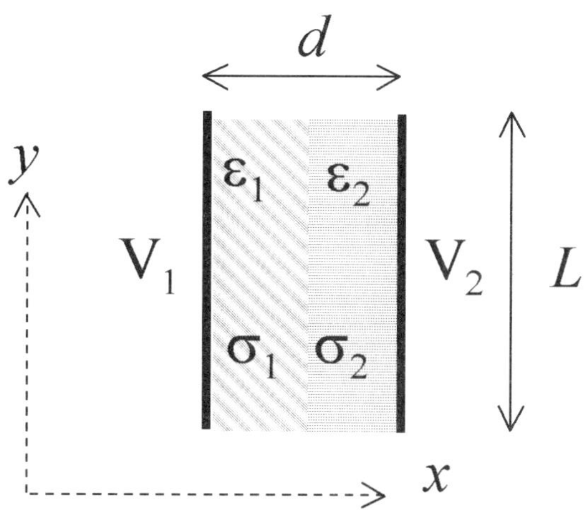

그림 E-10.2 다른 전도도와 유전율의 영역을 직렬로 쌓은 커패시터

10.3 레이블 무버를 이용해서 그림 E-10.3에 보인 것과 같은 비균질 커패시터를 통해 흐르는 주파수에 대한 총괄 유효 전류와 총괄 무효 전류 요소를 계산 하여라.

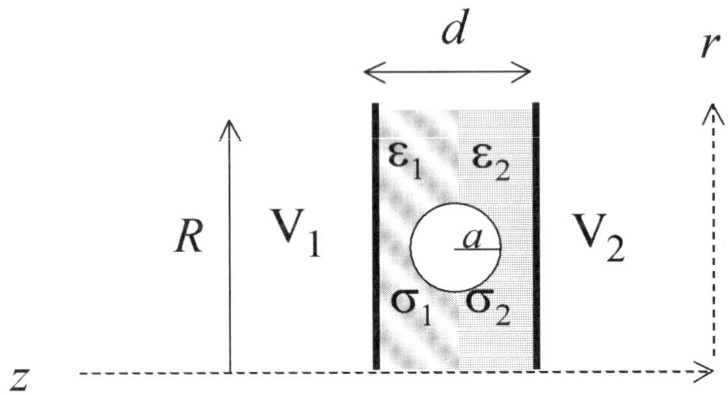

그림 E-10.3 다른 전도도와 유전율 영역을 직렬로 쌓아서 만든 원기둥 형의 커패시터. 구조: 축 대칭

10.4 레이블 무버를 이용해서 간극 접합(gap junction)으로 연결된 2개의 세포에 대해서 순간 최대 유도 막전위 퍼텐셜을 주파수에 대한 함수로 계산하여라. 간격은 그 크기가 멤브레인의 두께 정도인 약한 전도성의 조각이라고 가정하여라. 몇몇 간격에 대해서 계산 결과를 모사한 것과 비교해 보아라. 모델을 구성할 때 반복되는 요소는 복사해서 사용할 수 있다. 모사를 축 대칭에서 해보아라. x-y 대칭을 이용했을 때에도 정성적으로 같은 결과를 얻을 수 있을 것이다.

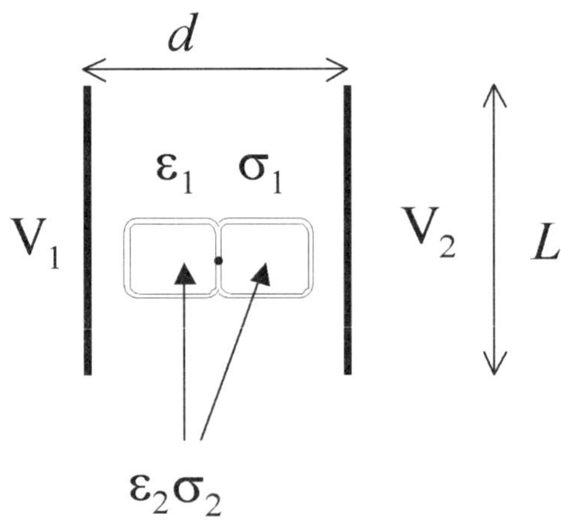

그림 E-10.4 간격 접합으로 연결된 두 세포

10.5 유사분열(mitosis) 중인 세포의 전기적 응답을 축 대칭에 대해서 모델링 하여라. 그림 E-10.5 에 보인 것과 같은 각 단계에 대해서 주파수 종속 순간 최대 막전위 퍼텐셜을 계산해 보아라.

그림 E-10.5 유사분열 과정에서 생기는 원형질 막의 변형. 구조: 축 대칭

10.6 현탁액 속의 적혈구 세포에 AC 전기 자극을 가하는 것을 모델링 하여라. 레이블 무버를 이용해서 주파수 종속 막전위를 플로팅 하여라.

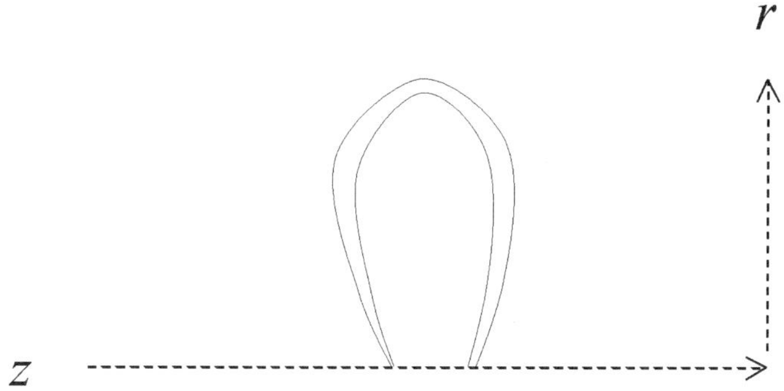

그림 E-10.6 적혈구 세포. 구조: 축 대칭

10.7 세포핵을 포함하는 세포가 현탁액에 있을 때 AC 전기 자극을 가하는 것을 모사하여라. 레이블 무버를 이용해서 외부 멤브레인과 핵 멤브레인의 주파수 종속 막전위를 플로팅 하여라.

10.8 세포의 외부에서 미소 전극 4개로 이루어진 탐침을 이용해서 퍼텐셜을 측정할 때, 탐침의 위치에 따라서 퍼텐셜이 변화하는 것을 모사하여라.

10.9 세포핵, 소포체 그리고 미토콘드리아를 포함하는 현탁액에서 각각의 세포기관이 유효 유전 상수에 미치는 영향을 계산하여라. 세포는 축 대칭으로 모델링 하여라.

10.10 두 개의 구형 세포가 근접했을 때의 전기적 응답을 모델링 하여라. 축 대칭인 모델을 만들어라. 세포가 접근한 부분과 그 반대편 부위의 주파수 종속 막전위를 비교 하여라.

10.11 반지름이 R인 구형의 세포에 대한 교류 막전위는 다음의 식으로 표현 된다.

$$\Delta\Phi = \frac{3}{2}\cos\theta \frac{E_0 R}{1 + i\omega\tau}$$

여기서 E_0는 장의 크기이고, ω는 각 주파수, τ는 멤브레인 충전 시상수, θ는 입사 장(incident field)의 방향으로부터 측정한 극 각도(polar angle)이다. MATLAB에서 각기 다른 τ에 대해서 $\mathrm{Re}\,\Delta\Phi$ 대 $\mathrm{Im}\,\Delta\Phi$를 주파수에 대한 함수로 플로팅 하여라.

11. 열분석

이 장에서 다루는 내용들

- 열 방정식
- 정상상태 열 흐름
- 전이 열 흐름
- 퀵필드를 이용한 열분석
- AC 자기장과 열전달이 결합된 문제
- 전류 흐름과 열전달이 결합된 문제

11.1 열 방정식(Heat Equation)

열전도는 높은 온도의 지역과 낮은 온도의 지역간의 온도차이를 같게 하려는 현상이다. 두께 Δx 의 절연물에 의해 분리된 T_1 의 저장조(reservoir)와 T_2 의 저장조간에 전달된 열에너지 Q 의 속도는 식 11.1 과 같다.

$$\frac{\Delta Q}{\Delta t} = \lambda A \frac{T_2 - T_1}{\Delta x} \tag{11.1}$$

여기서, A 는 단면적이고, λ 은 절연막의 열전도도이다. 저온의 저장조에서 $\Delta Q / \Delta t$ 가 양수이고 에너지는 고온의 저장조에서 저온의 저장조로 전달되기 때문에 반대의 경우도 가능하다. 물체에서 국부 열 흐름(local heat flow)을 1 차원 온도 구배로 나타내기 위해 식(11.1)을 편미분 방정식으로 쓸 수 있다.

$$\frac{\partial Q}{\partial t} = \lambda \frac{\partial T}{\partial x} \tag{11.2}$$

흩 스칼라장 $T(x,t)$ 에 관한 편미분 방정식을 식(11.2)으로 나타낸다. 온도가 일정할 때, 부피 의 물체에 저장된 열에너지는 $Q = mcT$ 로 주어지거나, 온도와 밀도 변수로 주어진다.

$$Q = c \iiint_{\text{vol}} T\rho dV \tag{11.3}$$

여기서, c 는 비열[$J/kg \cdot K$]이고, T 는 절대온도[K], ρ 는 밀도[kg/m^3]이다. 부피 V 의 경계표면을 통한 열에너지 소실로 인한 열량 감소는 식(11.4)로 나타낸다.

$$\frac{\partial Q}{\partial t} = \lambda \iint_{\text{surf}} \nabla T \cdot d\mathbf{a} \tag{11.4}$$

식(11.3)의 시간에 대한 미분을 식(11.4)와 같다고 하고, 가우스 발산 이론을 적용하면 식(11.5)와 같다.

$$c \iiint_{\text{vol}} \frac{\partial T}{\partial t} \rho dV = \lambda \iiint_{\text{vol}} T\rho dV \tag{11.5}$$

$$\frac{\partial T}{\partial t} = \alpha \nabla^2 T \tag{11.6}$$

여기서 $\alpha = \lambda / c\rho$ 이며, 주어진 열방정식(11.6)에 의해 피적분함수가 같아지므로, 식(11.5)은 임의의 부피에 대해서도 적용될 수 있다.

11.2 정상상태 열흐름

정상상태에서는 $\partial T / \partial t = 0$ 이며, 열원(heat source)이 없고 열전도도가 일정한 지역에서의 온도 분포는 라플라스 방정식으로 표현된다.

$$\nabla^2 T = 0 \tag{11.7}$$

열원 q 를 갖는 지역에서는, 온도는 푸아송 방정식을 충족시킨다.

$$\lambda \nabla^2 T = -q \tag{11.8}$$

그리고 열원과 균질성(또는 비등방성)을 가지는 영역인 경우

$$\nabla \cdot (\lambda \nabla T) = -q \tag{11.9}$$

λ 와 q 는 비선형 열흐름 방정식 형태의 온도에 의존함을 유념해야 한다. 일반적으로 열원은 복사성 열선속(heat flux)을 발생한다.

$$\nabla \cdot \mathbf{F} = q \tag{11.10}$$

여기서 선속 벡터는 $\mathbf{F} = -\nabla T$ 이다. 경계에 열원이 없을 때 식(11.11)을 조건을 만족하기 때문에 서로 다른 열전도율을 가지는 지역 1 과 지역 2 간의 접촉면에서 열선속과 온도는 연속임이 틀림없다.

$$\left\{ \begin{array}{c} T_1 = T_2 \\ \lambda_1 \dfrac{\partial T_1}{\partial n} = \lambda_2 \dfrac{\partial T_2}{\partial n} \end{array} \right\} \tag{11.11}$$

정상상태 열흐름 분석은 T 와 $\mathbf{F}$ 와 닮은 퍼텐셜 V 와 전기장 $\mathbf{E}$ 을 가진 정전기학과 유사하다. 2 장에서 라플라스 방정식과 푸아송 방정식을 해결하는 방식이 평형상태의 온도분포 문제를 해결하는데 사용된다.

반무한 평판에서의 온도 분포

만약 z 방향으로 대류나 복사에 의한 손실이 없는 절연 박막이나 반무한 반공간의 끝을 따라서 일정한 온도가 설정된다면, 정상상태 온도분포는 반공간에 대한 푸아송의 적분공식에 의해 얻을 수 있다.

$$T(x, y) = \frac{1}{\pi} \int_{-\infty}^{\infty} \frac{yG(x')dx'}{y^2 + (x - x')^2} \tag{11.12}$$

경계온도 $G(x')$ 는 x 축을 따라 설정된다. 예로서 경계 온도 분포를 고려하자.

$$G(x') = \begin{cases} T_0 & x' \le -1 \\ 0 & -1 < x' < 1 \\ T_0 & x' \ge 1 \end{cases} \tag{11.13}$$

$y \ge 0$ 인 반공간에서 온도는 다음과 같이 주어진다.

$$T(x,y) = \frac{T_0}{\pi}\int_{-\infty}^{-1}\frac{y\,dx'}{y^2+(x-x')^2} + \frac{T_0}{\pi}\int_{1}^{\infty}\frac{y\,dx'}{y^2+(x-x')^2} \tag{11.14}$$

$$T(x,y) = T_0\left(1+\tan^{-1}\left(\frac{-x-1}{y}\right)-\tan^{-1}\left(\frac{1-x}{y}\right)\right) \tag{11.15}$$

이 식을 관찰해 보면 값이 큰 x 와 y 에 대해서는 $T(x,y) \to T_0$ 임을 알 수 있다.

원판에서의 온도 분포

경계에서 특정온도를 가지는 반지름 R 인 원의 정상상태 온도 분포는 원에 대한 푸아송 적분 공식에 의해 얻을 수 있다.

$$T(r,\theta) = \frac{1}{2\pi}\int_0^{2\pi}\frac{(R^2-r^2)F(\theta')}{R^2-2Rr\cos(\theta-\theta')+r^2}\,d\theta' \tag{11.16}$$

여기서 $F(\theta')$ 는 $r = R$ 인 경우에 대해서 주어진 경계 온도이다.

등각 변환

그림 11.1(a)이 보여주듯이 한 경계가 T_0 인 평면에서 정상상태 온도 분포는 다음과 같다.

$$T(x,y) = \frac{4}{\pi}\sum_{n=1,3,5,\ldots}^{\infty}\frac{1}{n}\frac{\sinh\left(n\pi\frac{y}{a}\right)}{\sinh\left(n\pi\frac{b}{a}\right)}\sin\left(\frac{n\pi x}{a}\right) \tag{11.17}$$

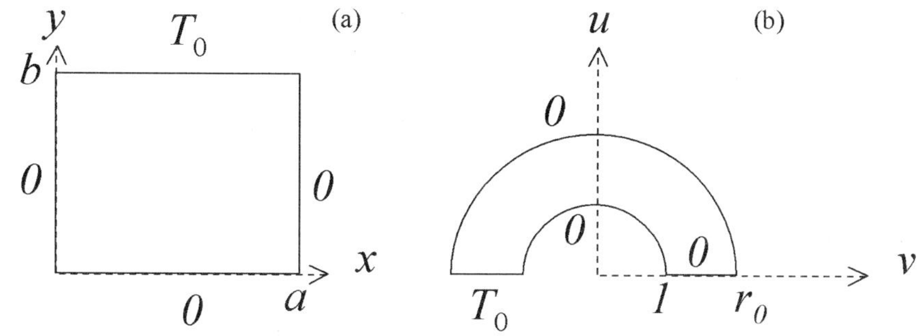

그림 11.1 직사각형(a)과 반고리(b)의 등각함수

그림 11.1(b)이 보여주듯이 반 고리(half ring)에서 온도 정상상태 분포는 등각함수 $w = e^z$ 에 의해 얻을 수 있다.

$$T(r,\theta) = \frac{4}{\pi}\sum_{n=1,3,5,\ldots}^{\infty}\frac{1}{n}\frac{\sinh\left(\frac{n\pi\theta}{\ln r_0}\right)}{\sinh\left(\frac{n\pi^2}{\ln r_0}\right)}\sin\left(\frac{n\pi\ln r}{\ln r_0}\right) \tag{11.18}$$

고유한 푸아송 적분공식이 온도 분포를 계산하는데 사용된다는 점에서 등각 사상은 반평면이나 원보다 복잡한 영역을 변형하는데 사용될 것이다.

11.3 과도 열전달

시간이 $t = a$ 이고, 일정한 온도 T_0 인 반무한 열전도체가 $x = 0$ 인 상태에 있다고 생각하자. 경계 조건을 갖는 열방정식은 다음과 같다.

$$\frac{\partial T}{\partial t} = \alpha\frac{\partial^2 T}{\partial x^2} \quad \begin{Bmatrix} T(x,0) \\ T(0,t) \\ T(\infty,t) \end{Bmatrix} = \begin{Bmatrix} 0 \\ T_0\Theta(t-a) \\ 0 \end{Bmatrix} \tag{11.19}$$

열방정식의 양변에 라플라스 연산자를 적용하고 경계 조건 $t(x,s) = LT(x,t)$ 를 적용하면 다음의 식을 얻을 수 있다.

$$\frac{s}{\alpha}t(x,s)=\frac{\partial^2 t(x,s)}{\partial x^2} \qquad \begin{Bmatrix} t(x,0) \\ t(0,s) \\ t(\infty,s) \end{Bmatrix} = \begin{Bmatrix} 0 \\ T_0\dfrac{e^{-as}}{s} \\ 0 \end{Bmatrix} \tag{11.20}$$

상미분방정식을 $t(x,s)$ 에 대하여 풀면 다음과 같다.

$$t(x,s)=A\exp\left(\sqrt{\frac{s}{\alpha}}x\right)+B\exp\left(-\sqrt{\frac{s}{\alpha}}x\right) \tag{11.21}$$

상수 $A=0$ 과 $B=T_0(e^{-as}/s)$ 의 값이 주어지면 다음의 식을 얻을 수 있다.

$$t(x,s)=T_0\frac{e^{-as}}{s}\exp\left(-\sqrt{\frac{s}{\alpha}}x\right) \tag{11.22}$$

MATLAB®은 식(11.22)의 역 라플라스 변환을 바로 할 수 없음을 유념하여라. 우선 그 결과를 이용할 필요가 있다.

$$L^{-1}\{e^{-as}F(s)\}=\begin{pmatrix} f(t-a) & t\geq a \\ 0 & t<a \end{pmatrix} \tag{11.23}$$

이 때 $L^{-1}F(s)=f(t)$ 이면

$$T(x,t)=T_0\cdot \operatorname{erfc}\left(\frac{x}{s\sqrt{\alpha(t-a)}}\right) \quad t\geq 0 \tag{11.24}$$

여기서 $\operatorname{erfc}(z)$ 는 식 (7.10)에서 정의된 여오차 함수(complementary error function)이다. $x=0$ 에서 유한 지속 온도 펄스(finite duration temperature pulse)에서 나온 온도 분포는 식(11.24)의 해의 중첩으로 구성될 것이다.

11.4 퀵필드를 이용한 열분석

퀵필드에서의 열분석은 대류, 복사, 열선속, 그리고 온도 경계 조건을 가지는 열방정식을 기초로 한다. 온도 분포와 열손실이 매우 중요하다. 과도해석은 시간의존성 경계 조건을 부여하고 열전달에 대하여 다른 온도의 물체에 대하여 모의실험을 해봄으로써 수행한다. 2 차원의 x-y 대칭에 대한 열방정식은 다음과 같다.

$$\frac{\partial}{\partial x}\left(\lambda_x \frac{\partial T}{\partial x}\right)+\frac{\partial}{\partial y}\left(\lambda_y \frac{\partial T}{\partial y}\right)=-q+c\rho\frac{\partial T}{\partial t} \qquad (11.25)$$

λ_x , λ_y 는 열전도 계수들 이며, q 는 열원 용적열량이다. 축대칭에 대한 열방정식은 다음과 같다.

$$\frac{1}{r}\frac{\partial}{\partial r}\left(\lambda_r r \frac{\partial T}{\partial r}\right)+\frac{\partial}{\partial z}\left(\lambda_z \frac{\partial T}{\partial z}\right)=-q+c\rho\frac{\partial T}{\partial t} \qquad (11.26)$$

이 때 λ_r , λ_z 는 는 열전도도 계수이다. x-y 대칭에서 온도 의존성 열전도도, 열원, 비열을 갖는 열방정식은 다음과 같다.

$$\frac{\partial}{\partial x}\left(\lambda(T) \frac{\partial T}{\partial x}\right)+\frac{\partial}{\partial y}\left(\lambda(T) \frac{\partial T}{\partial y}\right)=-q(T)+c(T)\rho\frac{\partial T}{\partial t} \qquad (11.27)$$

축대칭에서 비선형 계수를 갖는 열방정식은 다음과 같다.

$$\frac{1}{r}\frac{\partial}{\partial r}\left(\lambda(T) r \frac{\partial T}{\partial r}\right)+\frac{\partial}{\partial z}\left(\lambda(T) \frac{\partial T}{\partial z}\right)=-q(T)+c(T)\rho\frac{\partial T}{\partial t} \qquad (11.28)$$

이 때 비선형의 경우에는 등방성 열전도도만 증명된다. 정상상태 열전달 문제에서는 식(11.25)에서 식(11.28)까지의 마지막 항은 0 이다. 식(11.27)과 (11.28)에서 온도 의존성 계수방정식은 아래에 설명된 상응 물질 특성 곡선 편집기(corresponding material properties curve editors)에 들어가는 데이터에 대한 3 차 스플라인 근사법(cubic spline approximation)에 의해 결정된다.

적응 시간 간격(Adaptive Time step)

퀵필드에서 시간 간격은 그물망의 특성과 전위 편차에 의해 조절된다. 초기 시간 간격 Δt_0 는 $\Delta t_0 = \min(\xi^2 / 4\alpha)$ 로 계산되며, 여기서 ξ 는 그물망 성분의 특성 크기이고 α 는 $\alpha = \lambda / \rho C$ 로 얻는다. 다음 시간 간격은 $\Delta t_{n+1} = k\Delta t_n$ 에 따라 갱신되고, 여기서 k 는 비례 계수로써 퍼텐셜, 열원, 경계 조건의 공간적, 시간적 움직임에 따라 0.25, 0.5, 1.0, 2.0, 4.0 으로 결정된다.

물성들

그림 11.2 는 열전도도 성분, 열원의 용적열량(volume power), 비열과 밀도를 포함하고 있는 블록의 값을 편집하는 창을 보여주고 있다. 다른 열전도성 성분을 조건으로 지정하려면 '비등방성(Anisotropic)'을 선택하면 된다. 단어 'none' 은 명기된 열전도도가 0 이면 나타날 것이다. 0 의 열전도도를 가진 영역은 해의 영역에서 배제된다.

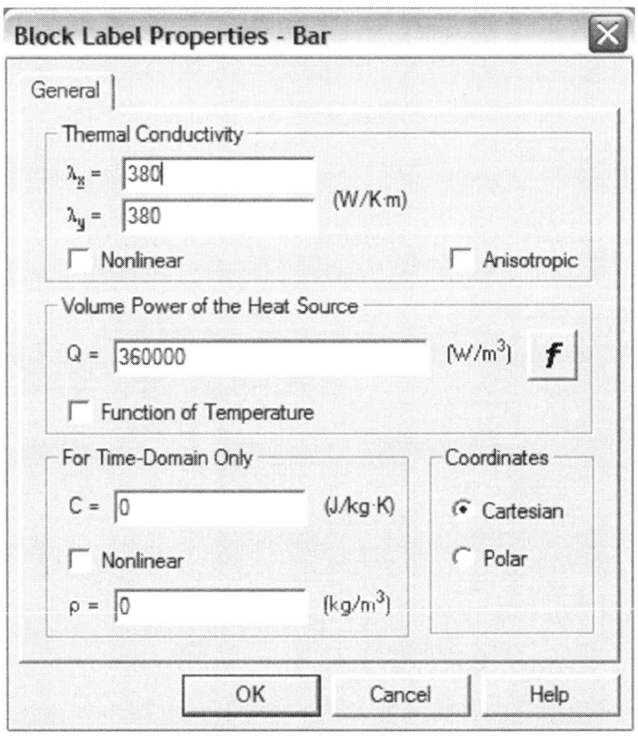

그림 11.2 열전달 문제에서 블록 레이블 데이터를 편집하는 화면: 블록 레이블 화면을 열기 위해서는 화면 왼쪽에 있는 세 개의 도형에서 블록 레이블에 상응하는 것을 클릭하여라.

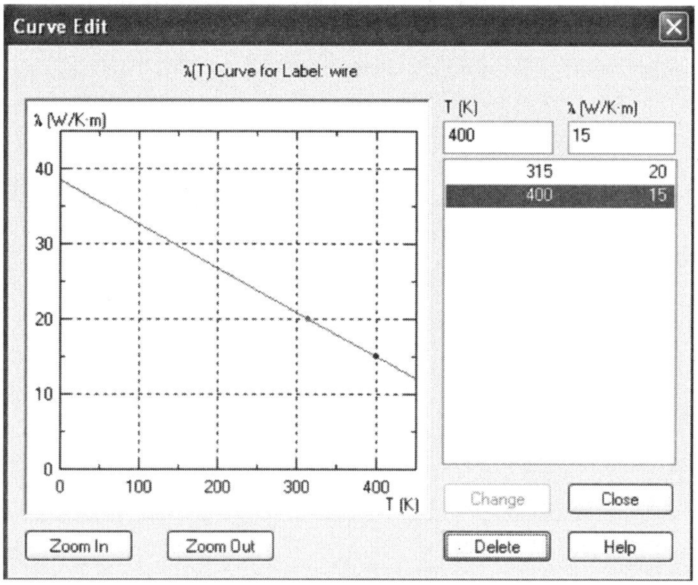

그림 11.3 온도에 따른 열전도도를 보여주는 화면. 3 차 스플라인 곡선은 λ-T 표에 입력되는 값과 일치한다.

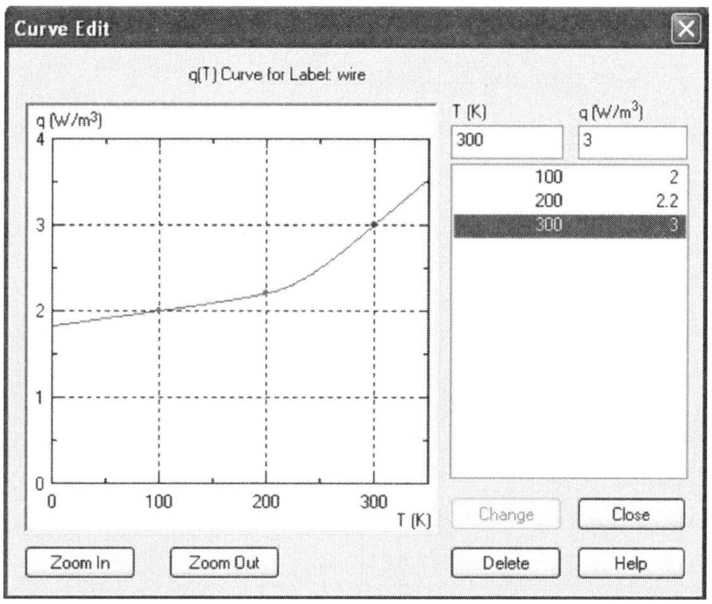

그림 11.4 온도에 따른 용적열량을 보여주는 화면. 3 차 스플라인 곡선은 q-T표에 입력되는 값과 일치한다.

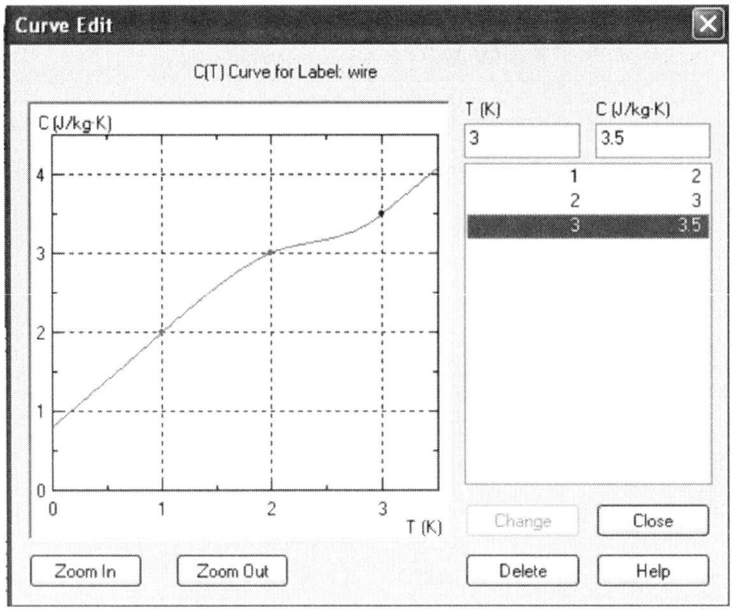

그림 11.5 온도에 따른 비열을 보여주는 화면. 3 차 스플라인 곡선은 C-T 표에 입력되는 값과 일치한다.

Thermal conductivity 그룹에서 Nonlinear 를 선택하면 열전도도는 온도 함수로 정의될 것이다. 그림 11.3 은 온도에 따른 열전도도 $\lambda(T)$ 를 보여주는 곡선 편집기를 나타내고 있다. 열원은 공식 편집기를 이용한 과도해석 또는 그림 11.4 에서 보여지듯이 $q(T)$ 곡선 편집기를 이용한 온도에서 시간함수로써 정의될 것이다. 온도에 따른 비열 $C(T)$ 은 Time Domain only 그룹에서 Nonlinear 을 선택함으로써 지정된다. 곡선 편집기는 그림 11.5 에 나타내었다.

경계조건

테두리 레이블 특성은 온도 열 선속, 대류, 복사, 항온, 우수와 기수의 주기 경계 조건을 지정한다. 테두리 레이블의 특성을 지정하는 화면을 그림 11.6 에 나타내었다.

기지 온도(known temperature) 경계 조건

디리클레 경계 조건은 경계 조건에서 온도를 지정한다. 이는 단일 노드에 적용될 것이다. 좌표의 선형 함수로써 명시될 것이다. 디리클레 조건은 제 1 종 경계 조건으로 인식된다.

열 선속 경계 조건

노이만 조건은 해 영역의 외부경계 조건과

$$F_n = -q_s \tag{11.29}$$

내부 경계 조건에서

$$F_n^+ - F_n^- = -q_s \tag{11.30}$$

열 선속 밀도 F_n 의 일반성분을 지정한다.

q_s 의 단위는 W/m^2 이다. $q_s = 0$ 의 값이 0 이면 동차 경계 조건과 상응한다. 균질 경계 조건은 외부 경계 조건에서 기본 경계 조건이고, 모형의 대칭면으로 사용되는 외부 경계 조건에 적용된다.

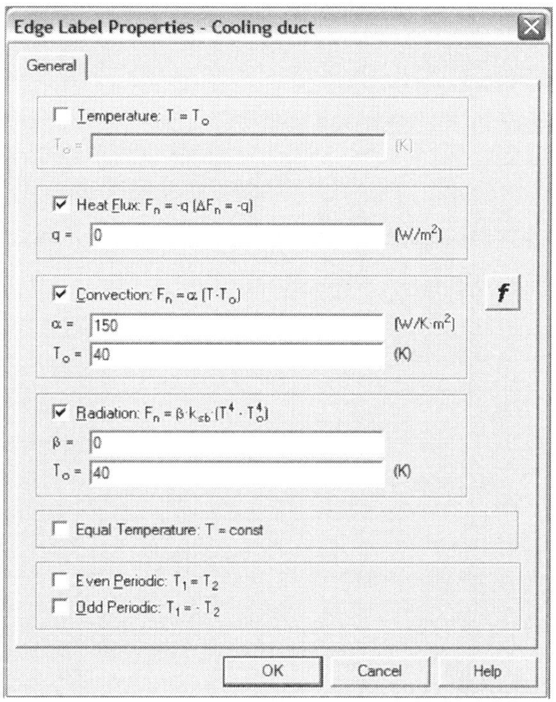

그림 11.6 열교환 문제에서 테두리 레이블 값 편집 화면: 테두리 레이블 화면을 열기 위해서는 화면 왼쪽에 있는 세 개의 도형에서 테두리 레이블에 상응하는 것을 클릭하여라.

대류 경계 조건

대류 열전달은 다음과 같이 쓸 수 있다.

$$F_n = \alpha(T - T_0) \tag{11.31}$$

영역의 외부 경계 조건으로 α 는 $\mathrm{W/K \cdot m^2}$ 의 단위를 가지는 막계수이고, T_0 는 주변온도이다.

복사 경계 조건

단위면적당 복사열량은 다음과 같다.

$$F_n = k_{SB}\beta(T^4 - T_0^4) \tag{11.32}$$

여기서 $k_{SB} = 5.67 \cdot 10^{-8}\,\mathrm{W/m^2K^4}$ 이고, β 는 물질에 따른 방사율, T_0 는 대기온도이다. 열 선속, 대류, 복사 경계 조건은 열원의 조합에 의해 열이 흐르는 단일 테두리에 적용될 것이다.

항온 경계 조건

경계 조건의 온도이다. 항온의 물체 내부는 경계 조건의 안쪽에서는 온도가 모두 동일한 값을 가지기 때문에 해 영역에서 배제될 것이다. 이 조건은 정전기학의 완전 전도체에 적용되는 일정한 퍼텐셜 경계 조건에 상응한다.

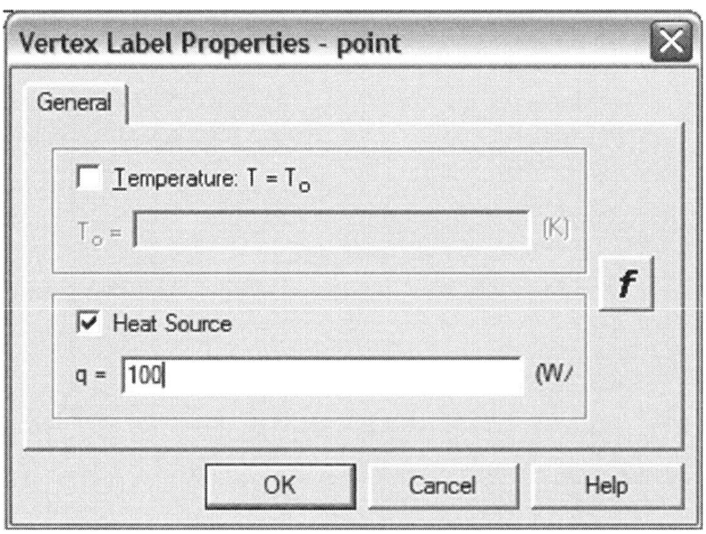

그림 11.7. 열전달 문제를 위한 꼭지점 레이블 데이터를 편집하는 윈도우

꼭지점 조건

꼭지점 레이블은 항온 또는 좌표에 따른 열원이 할당될 것이다. 시간에 따른 온도와 열원은 과도 열전달 문제에서 꼭지점 레이블과 관련이 있을 것이다. 그림 11.7 은 꼭지점 레이블 데이터를 편집하기 위한 화면을 보여주고 있다. 그리고 시간과 좌표에 따른 값은 열원 또는 온도 상자에서 공식에 대입함으로써 동일한 레이블을 가지는 모든 꼭지점들은 연결 될 것이다.

계산 값

x-y 대칭일 때 $\mathbf{F} = -\lambda \nabla T$ 에서 계산된 열 선속 밀도의 성분은 다음과 같다.

$$F_x = -\lambda \frac{\partial T}{\partial x} \quad F_y = -\lambda_y \frac{\partial T}{\partial y} \tag{11.33}$$

축대칭에서 반경과 z-성분 선속 밀도는 다음 식에 의해 계산된다.

$$F_z = -\lambda_z \frac{\partial T}{\partial z} \quad F_r = -\lambda_r \frac{\partial T}{\partial r} \tag{11.34}$$

총 열 선속은 열린 평면이나 닫힌 평면에서 표면적 적분으로 계산된다.

$$\Phi = \oiint_{\text{surf}} \mathbf{F} \cdot \mathbf{n} dS \tag{11.35}$$

구에서의 정상상태 열흐름

정상상태 열전달의 예로서, 77K 에서 액화질소 용액에 반이 잠긴 직경 100cm 의 금속구를 고려하자. 구의 상부는 273K 의 공기에 노출되었다. 대류와 복사 경계 조건은 상부와 하부의 반구 표면에 적용된다. 금속의 등방성 열전도율 λ 는 25 W / k · m 이다. 열전달 대류 계수 α 는 액화질소와 공기의 접촉면에 대하여 각각 100 과 11.4 W / k · m^2 이다. 방사율 $\beta = 0.9$ 는 구의 각 면에 대한 복사경계 조건이다. 그림 11.8 은 구의 내면에서의 온도 명암도와 열 선속 벡터를 보여준다. 열 선속 벡터는 공기와 접한 고온의 표면에서 액화 질소와 접한 저온 표면으로 가리킨다.

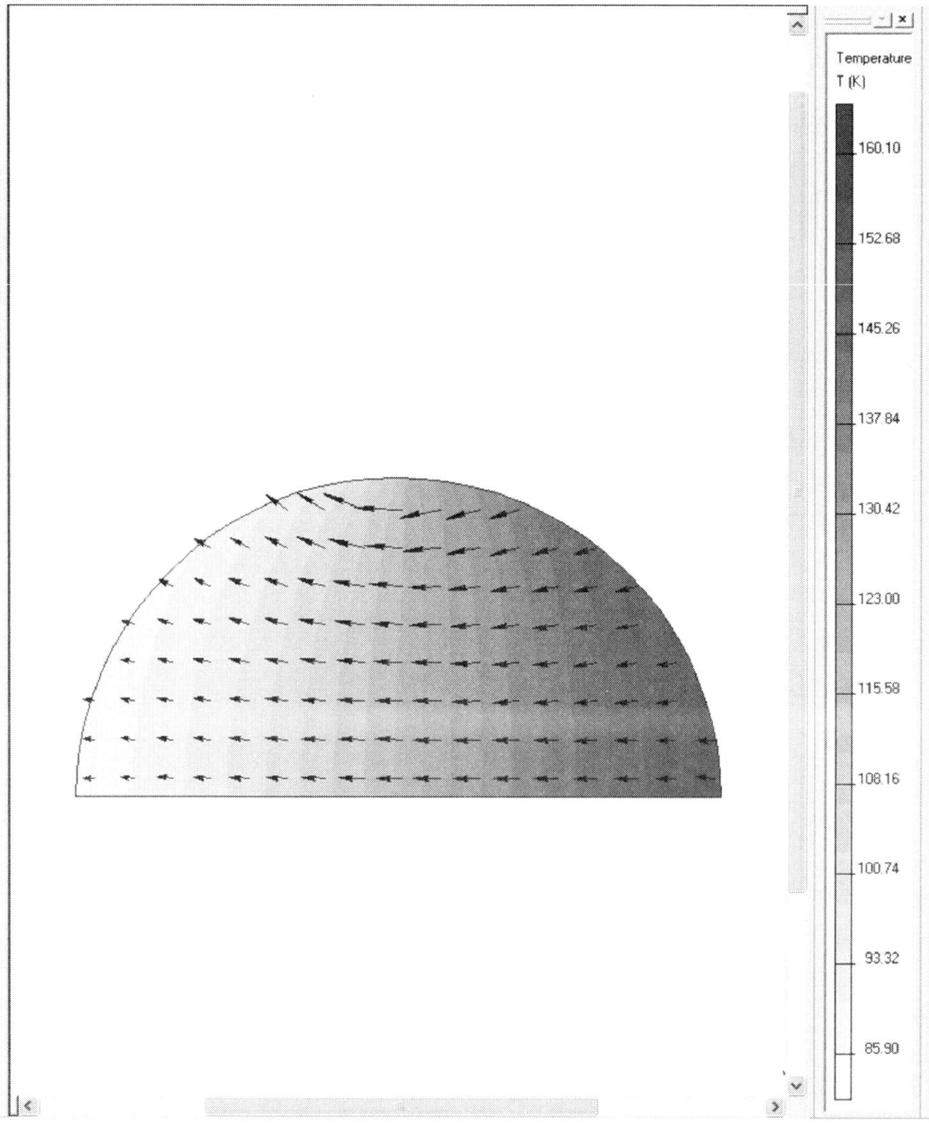

그림 11.8 액화 질소에 반이 잠긴 금속구의 온도 명암도와 열 선속 벡터. 열 선속 벡터는 공기와 접촉한 고온 표면에서 액화질소와 접한 저온 표면으로 가리킨다.

실린더에서의 과도 열흐름

액화질소를 구리 실린더 안으로 넣은 후 일어나는 과도 열흐름을 고려해 보자. 실린더의 초기온도분포는 동일한 모델 파일을 가지는 정상상태 열전달 문제로부터 도입된다. 구리 실린더는 외경이 7.5cm, 내경이 5cm 이다. 초기시간 $t=0$ 에서 실린더는 77K 의 액화질소로 채워진다. 실린더의 외부 경계는 273K 이다. 대류와 복사의 경계 조건은 실린더 내부와 외부에 적용된다. 열전달 대류 계수 α 는 액화질소와 공기에 각각 접한 표면에서 100 과 11.4 $W/k \cdot m^2$ 이다. 방사율 $\beta = 0.9$ 는 실린더 내부와 외부에 명시된다. 대칭성으로 인하여 단지 실린더의 1/4 만 모델링 한다. 선속이 밀도가 0 이라는 경계 조건은 평면 가장자리에 적용된다. 그림 11.9 에 질소가 실린더 내부로 유입된 180 초 후의 선속 밀도 화살표와 온도 구배 명암도를 보인다.

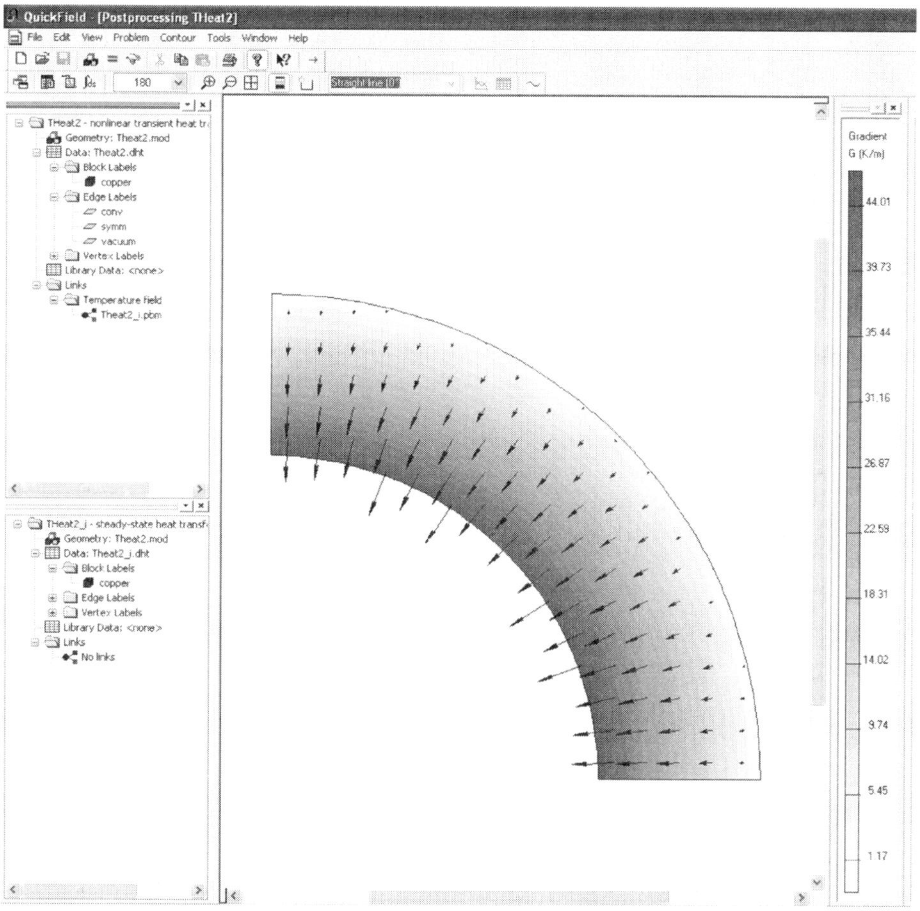

그림 11.9 77K 의 액화질소로 채워진 초기온도 273K 의 구리 실린더의 과도 열전달 문제. 초기온도 분포는 정상상태 열전달 문제에서 도입된다. 선속 밀도 화살표와 온도 구배의 명암도는 질소가 실린더 안으로 유입된 후 보여진다.

11.5 시간에 따라 변하는 자성과 열전달 문제의 결합

온도분포는 퀵필드에서 AC 또는 과도 자성 문제에서 줄 열원을 기본으로 해서 계산된다. 열전달과 시간에 따라 변하는 자성 문제의 결합은 동일한 모델 파일을 공유한다. 이 결합은 열전달 문제의 특성을 AC 또는 과도 자성문제에 적용함으로써 발생한다.

종양학의 발열요법 모델링

발열요법 치료는 고주파 전자기장을 사용하여 국부적으로 종양의 온도를 증가시킴으로써 암을 억제한다. 그 기술은 방사선과 화학요법을 함께 사용한다. 비흡수율(SAR)은 조직에서의 에너지 흡수율을 준다.

$$SAR = \frac{1}{\rho_m}\sigma E^2 \tag{11.36}$$

여기서 ρ_m 는 밀도[kg/m^3]이고 σ 는 전도도[S/m] 그리고 E 는 전기장[V/m]의 실효값(rms)이다. SAR 은 선대칭성 조직, 종양 그리고 변위 기여를 무시하는 여기 코일 구조에 대하여 AC 자기학으로 계산된다. 전도 전류가 흡수에 주요한 기여를 한다고 판명되었다. SAR 은 퀵필드에서 계산한 줄 열 밀도를 Q/ρ_m 와 같이 질량밀도로 나눔으로써 계산될 것이다. AC 자기학에서 계산된 줄 가열은 열분석에서 몸체 표면에 적용된 대류와 복사의 경계 조건에 대한 온도와 열 선속 밀도 계산에 도입된다.

11.6 전류흐름과 열전달 문제의 결합

AC 와 DC 전도 분석 문제에서 계산되는 전기력 손실은 열분석을 위한 자료로써 사용될 것이다. 온도 분포는 줄 열량으로부터 계산된다. 열전달과 전류흐름 문제의 결합은 동일한 모델 파일을 공유한다. 이 결합은 열전달문제의 특성을 AC 또는 DC 전류흐름 문제에 적용함으로써 발생한다.

연료전지 스택(stack)의 온도분포

PEM 연료전지에서 온도 분포는 DC 전도 모듈에서 계산된 줄 열원을 열분석에 도입하면 얻을 수 있다. 막 주변에서 온도분포에 대한 모델링은 수소와 산소가스의 교차와 연료전지 스택의 고장으로 인한 전소(burn-through)가 되기 쉬운 영역을 증명하는데 도움을 줄 것이다. 구리 연료전지 성분은 열전도도(λ)가 398W/K 일 때 저항(ρ)은 $1.7 \cdot 10^{-8} \Omega \cdot m$ 이다. 흑연 저항은 열전도도(λ) 가 50W/K 일 때 저항(ρ)은 $7.8 \cdot 10^{-6} \Omega \cdot m$ 이다 기체 흐름 통로는 저항이 없는 것으로 설정한다. 연료전지 막은 저항(ρ)$10^{3} \Omega \cdot m$ 의 값을 가지는 거의 완벽한 절연체로 설정한다. 기체 흐름 통로에 근접한 막은 양성자는 전달하고 전자는 전달하지 않는다. 연료전지의 외부 표면의 복사와 대류의 경계 조건은 주변온도 273K, 방사율 $\beta = 0.9$ 그리고 대류계수 (α)는 5.678 $W/k \cdot m^2$ 이다.

열린 회로 모드의 연료전지

그림 11.10 은 전지를 통한 순 전류흐름이 0 인 열린 회로 모드에서의 PEM 연료전지의 등온선을 보여주고 있다. 열린 회로 모드는 연료전지 스택의 끝점에서 정상 전류 밀도가 0 이라는 경계 조건을 적용하여 모의실험을 한다. 다른 열전도율을 가지는 어두운 부분은 구리, 흑연 그리고 양성자 교환막을 포함하는 다른 열전달 계수를 가지는 영역이다. 그림 11.11 에는 등온선, 그리고 원통형 PEM 연료전지 스택 부분에서의 열 선속 벡터의 명암도를 나타내었다. 열 선속 벡터는 이 그림에서 구리 영역에서 최대이다. 그림 11.12 는 등전위와 열린 회로 모드에서 원통형 PEM 연료전지의 동일부분에서 전기장 세기의 명암도를 가지는 전류흐름 벡터를 보여준다.

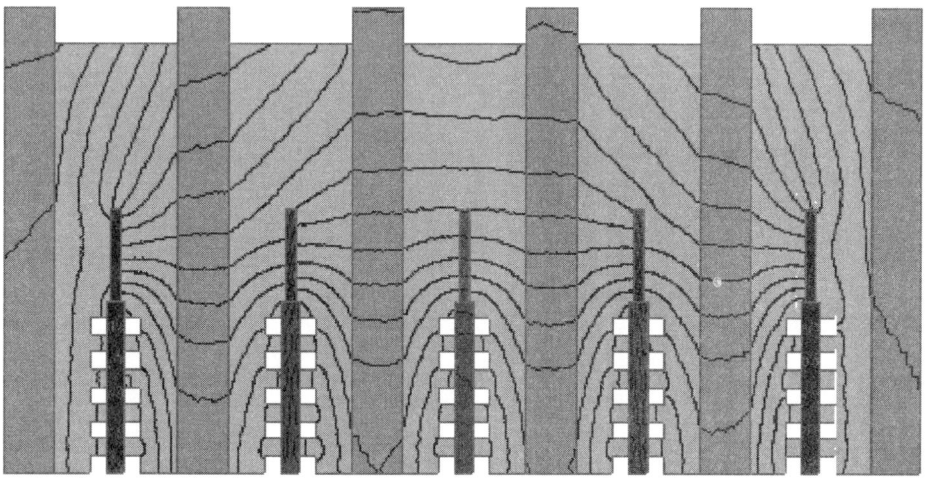

그림 11.10 열린(open) 회로 모드에서 원통형 PEM 연료전지 스택의 등온선. 다른 열전도율을 가지는 어두운 부분은 구리, 흑연, 양성자 교환막을 포함한다.

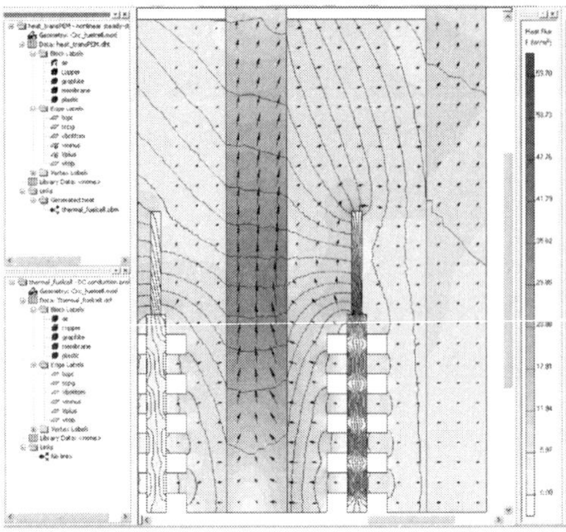

그림 11.11 스택을 통한 순전류(net current) 흐름이 0 인 열린 회로 모드의 원통형 PEM 연료전지 스택의 한 부분에서 등온선, 열 선속 벡터 그리고 열 선속 명암도. 보여진 영역은 구리, 흑연, 기체 흐름통로 그리고 PEM 막을 포함한다. 열 선속 벡터는 구리영역에서 최대이다.

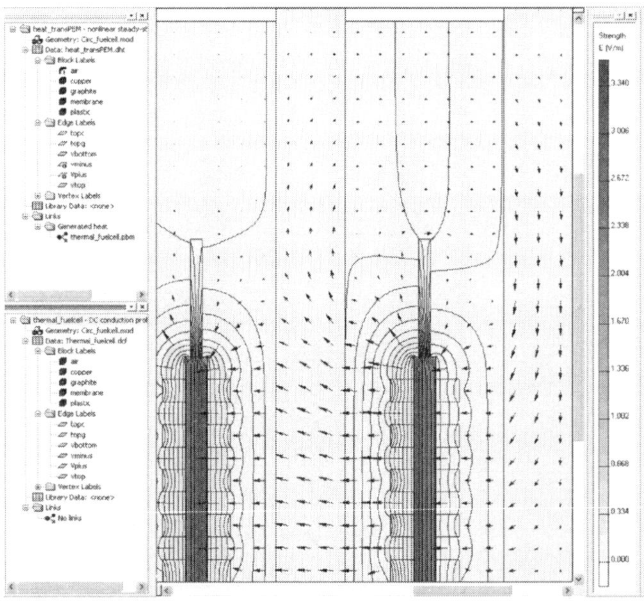

그림 11.12 스택을 통한 순전류 흐름이 0 인 열린 회로 모드에서 원통형 PEM 연료전지 스택의 한 부분에서의 등전위, 전기장세기의 명암도를 가지는 전류 흐름 벡터. 보여진 영역은 구리, 흑연, 가스흐름 통로, PEM 막을 포함한다.

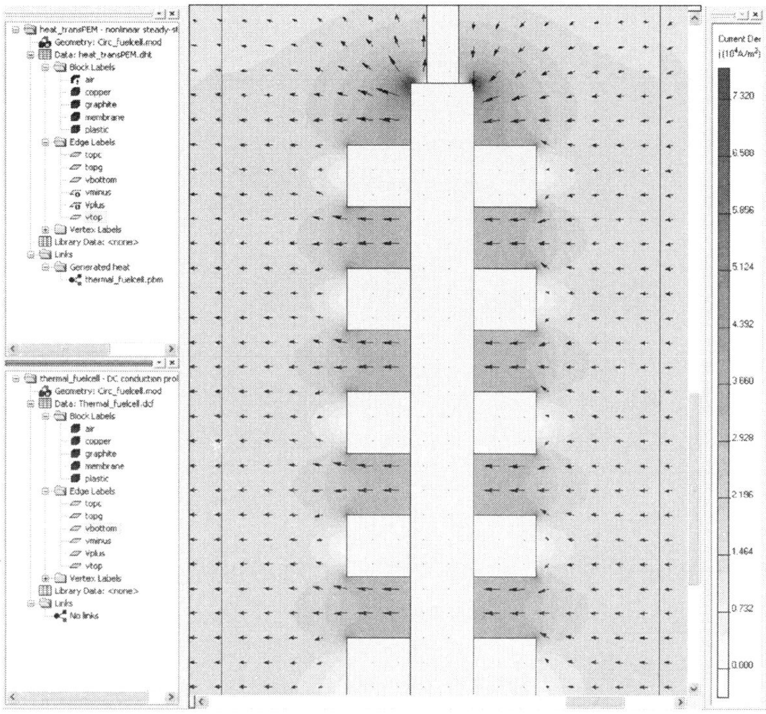

그림 11.13 스택을 통한 순전류 흐름을 가지는 원통형 PEM 연료전지 스택의 한 부분에서 전류 밀도의 명암도를 가지는 전류 흐름 벡터. 보여진 영역은 구리, 흑연, 가스흐름 통로, PEM 막을 포함한다.

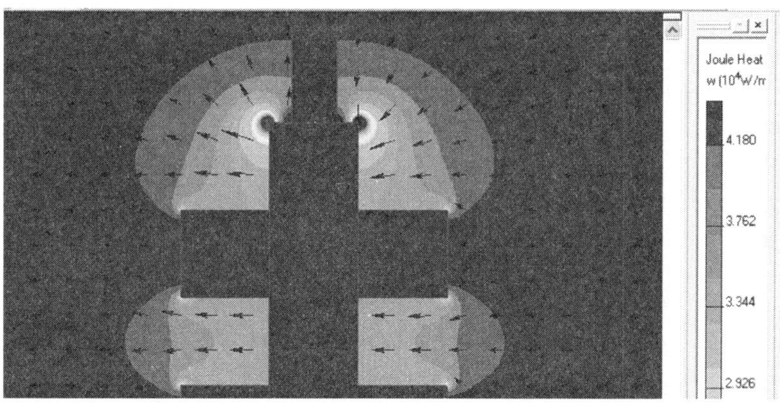

그림 11.14 스택을 통한 순전류 흐름을 가지는 원통형 PEM 연료전지 스택의 한 부분에서 줄(Joule) 열량의 명암도를 가지는 전류 흐름 벡터. 보여진 영역은 구리, 흑연, 가스흐름 통로, PEM 막을 포함한다.

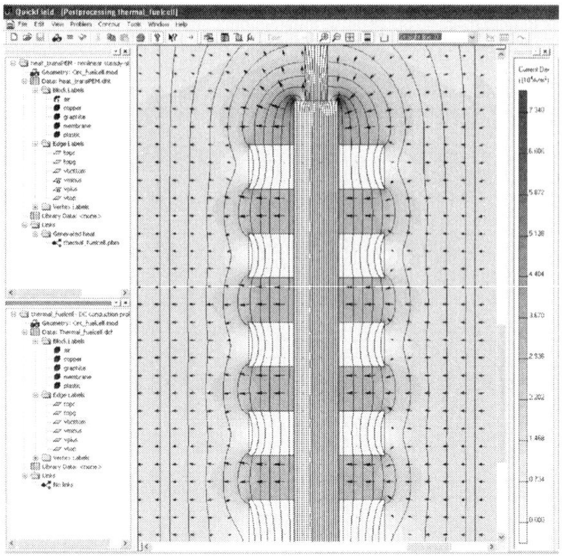

그림 11.15 스택을 통한 순전류 흐름을 가지는 원통형 PEM 연료전지의 한 부분에서 전기장 세기의 명암도를 가지는 전류 흐름 벡터와 등전위. 보여진 영역은 구리, 흑연, 가스흐름 통로, PEM 막을 포함한다.

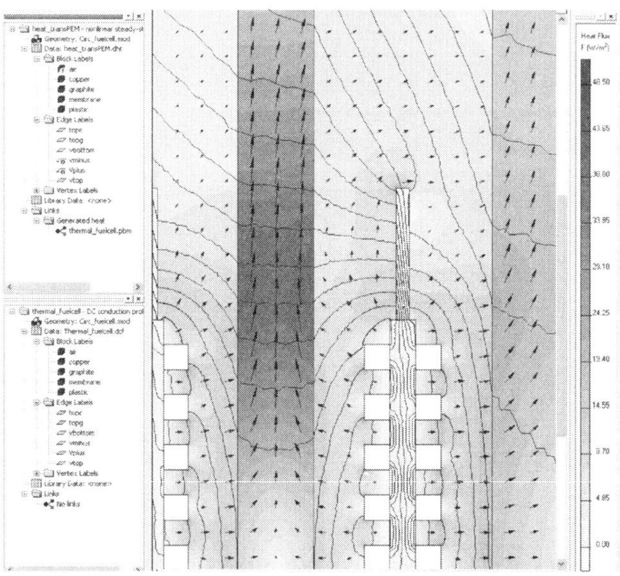

그림 11.16 셀(cell)을 통한 순전류 흐름을 가지는 열린(open) 회로 모드에서 원통형 PEM 연료전지의 한 부분에서 열 선속의 명암도, 등온선, 열 선속 벡터. 보여진 영역은 구리, 흑연, 가스흐름 통로, PEM 막을 포함한다. 열 선속 벡터는 구리영역에서 최대이다.

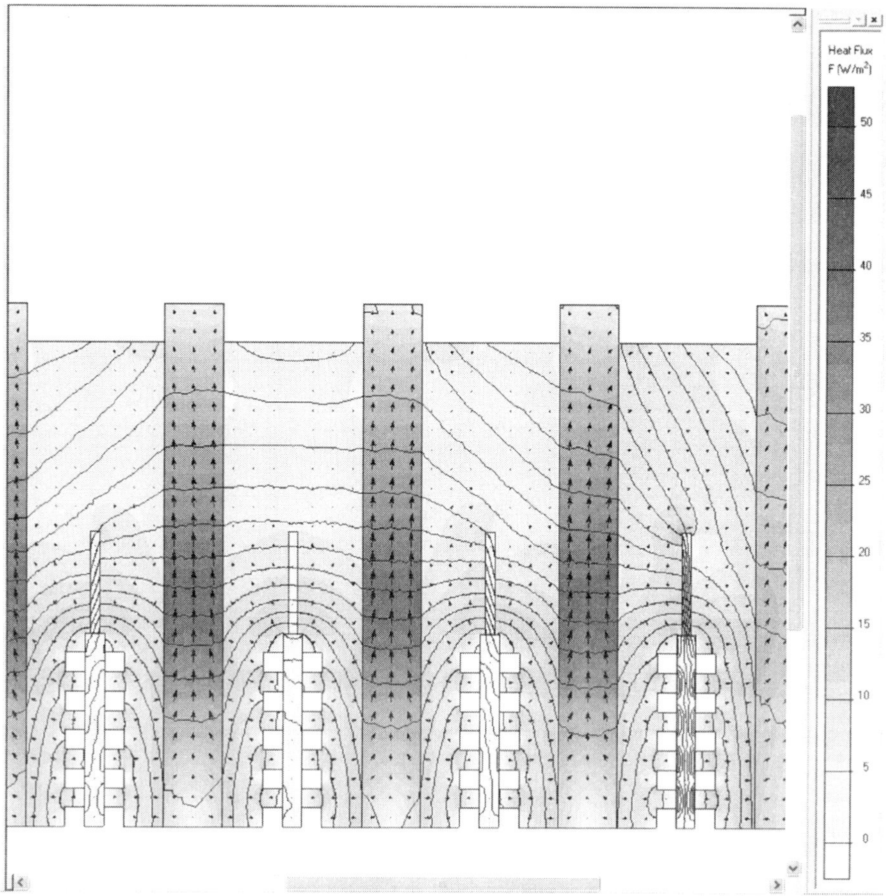

그림 11.17 셀(cell)을 통한 순전류 흐름을 가지는 열린 회로 모드에서 원통형 PEM 연료전지 스택의 한 부분에서 열 선속 벡터와 열 선속의 명암도, 등온선. 보여진 영역은 구리, 흑연, 가스흐름 통로, PEM 막을 포함한다.

부하가 없는 연료전지

그림 11.13 은 스택을 통해 흐르는 순 전류를 가지는 원통형 PEM 연료전지의 한 부분에서 전류밀도의 명암도를 가지는 전류 흐름벡터를 보여준다. 이 모의실험에서 전류흐름이 경계 조건에 수직이 되게 하기 위해 영전위(zero potential) 경계 조건이 연료전지의 끝점에 적용되었다. 이 경계 조건은 총전류가 스택의 내부 셀(cell) 저항과 반비례하기 위해서 연료전지 스택의 끝점을 누전하는 것과 같다.

실린더형 PEM 연료전지 스택 의 부분에서 줄 열량의 명암도를 가지는 전류 흐름 벡터는 그림 11.14 에 보인다. 이는 그림 11.15 에서 보여준 것처럼 등전위와 전류흐름 벡터를 가진다. 등온선, 열 선속 벡터 그리고 열 선속 명암도는 그림 11.16 에서 묘사하였다. 열 선속 벡터는 높은 열전도율을 가지는 구리 영역에서 최대이다. 등온선, 열 선속의 명암도 그리고 원통형 PEM 연료전지 스택 부분에서의 열 선속 벡터는 셀을 통한 순전류 흐름을 가지는 그림 11.17 에 보인다.

참고 문헌

H. S. Carslaw and J. c. Jaeger. (1959). *Conduction of Heat in Solids, 2nd edition*, Oxford University Press, London.

Stanley J. Farlow. (1993). *Partial Differenctial Equations for Scientists and Engineers*, Dover Publications, Inc., New York.

Morteza Shafii-Mousavi. (1991). *The ESSENTIALS of Laplace Transforms*, Research and Education Association.

QuickField User's Guide: Tera Analysis Led. (2007) *Chapter 2: Introductory Guide; Chapter 9: Theoretical Description.*

연습문제

11.1 시험해(trial solution) $T(x,t) = X(x)\Theta(t)$ 를 미분방정식으로 치환할 때 변수 분리를 이용, 11.2 절의 경계 조건을 가지는 열방정식을 풀어라.

11.2 뉴튼의 냉각 법칙 $dT/dt = \beta(T_{\text{env}} - T)$ 은 온도 T_{env} 의 환경 저장조와 접촉한 물체에 대하여 근사값을 제공한다. 초기조건 $T(t=0) = T_0$ 이 주어질 때 $T(t)$ 에 대한 1 차 미분방정식을 푸는 MATLAB 코드를 작성하여라. $T_0 > T_{\text{env}}$ 일 때와 $T_0 < T_{\text{env}}$ 일 때의 $T(t)$ 를 플로팅 하시오.

11.3 다음과 같이 주어지는 반공간(half-space)의 경계 온도가 $y=0$ 으로 주어질 때 온도분포를 계산하기 위해 푸아송 적분공식을 사용하여라.

$$G(x') = \begin{cases} T_0 & x' \le 0 \\ 0 & x' > 0 \end{cases}$$

MATLAB®을 사용해서 $-1 \le x \le 1$ 과 $0 \le y \le 1$ 의 영역에서 등온곡선과 열 선속 벡터를 플로팅 하여라.

11.4 다음과 같이 주어지는 반공간(half-space)의 경계온도가 $y=0$ 으로 주어질 때 온도 분포를 계산하기 위해 푸아송 적분공식을 사용하여라.

$$G(x') = T_0 \sin(2\pi x'/L) \quad -\infty < x' < \infty$$

MATLAB®을 사용해서 $-L \le x \le L$ 과 $0 \le y \le L$ 의 영역에서 등온곡선과 열 선속 벡터를 플로팅 하여라.

11.5 $r = R$ 의 경계온도가 다음과 같이 주어지는 원의 온도분포를 계산하기 위해 푸아송 적분공식을 사용하여라.

$$F(\theta') = T_0 \cos(\theta') \quad 0 < \theta' < 2\pi$$

퀵필드를 사용해서 이 경계온도를 가지는 반지름 R 인 원의 등온곡선과 열 선속 벡터를 플로팅 하여라.

11.6 열전도도가 λ 인 원판의 두 반원의 경계는 온도 T_1, T_2 의 상태이다. 판의 정상상태 온도 분포를 계산하고 푸아송 적분이론을 응용하여 얻은 해석 해와 퀵필드 해를 비교하여라.

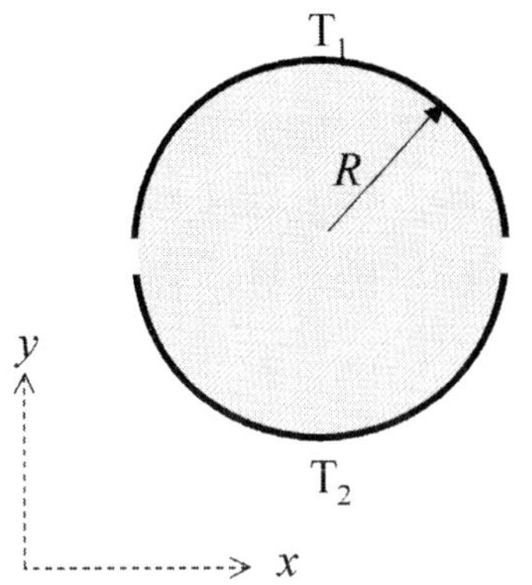

그림 E-11.6 열전도도가 λ 인 원판. 구조: x-y대칭

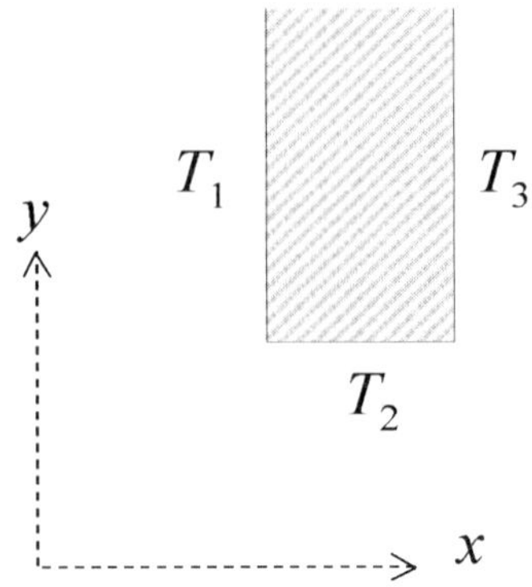

그림 E-11.7 열전도도가 λ 인 반무한 띠. 구조: x-y대칭

11.7 열전도도가 λ 인 반무한 띠(strip)의 각 테두리의 온도가 T_1, T_2, T_3 로 유지된다. 퀵필드를 이용해서 온도 분포를 계산하고 푸아송 적분공식의 응용에 따른 반공간으로 띠를 변환하여 얻은 등각사상 해와 퀵필드 해를 비교하여라. 퀵필드의 해는 FEM 모델의 위쪽 모서리에 가깝기 때문에 퀵필드를 이용해서 구한 해는 아래쪽 모서리에서 멀어 질수록 해석적 해에서 벗어난다.

11.8 열전도도가 λ 인 삼각 금속판의 세 각은 θ_1, θ_2, θ_3 이고, 세변 L_1, L_2, L_3 을 따라서 테두리의 온도가 T_1, T_2, T_3 이다. 퀵필드를 사용하여 온도분포를 계산하고 새로운 경계 $y=0$ 에서 온도를 지정하고 푸아송 적분 공식을 이용하여 삼각영역을 반무한 평판으로 변형하여 얻은 등각사상 해와 비교하여라. 정삼각형의 세변에 대한 온도 T_1, T_2, T_3 를 계산 하여라.

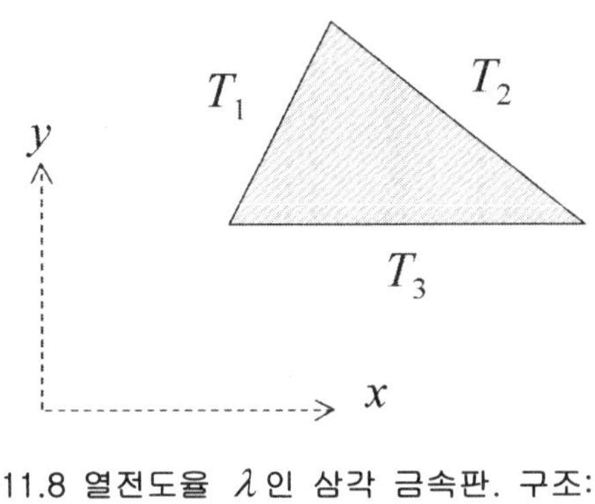

그림 E-11.8 열전도율 λ 인 삼각 금속판. 구조: x-y 대칭

11.9 열전도도가 λ 인 반무한 금속판 안의 반원 모양의 홈은 온도 T_1 이고, 나머지 경계에서 온도는 T_2, T_3 이다. 퀵필드를 사용하여 온도분포를 계산하고 푸아송 적분 공식의 응용에 따른 홈이 없는 반공간으로 변형하여 얻은 등각사상 해와 비교하여라. 해의 경계 끝에 근접하기 때문에 홈에서 멀어질수록 퀵필드의 해는 해석해에서 벗어남을 유의 하여라.

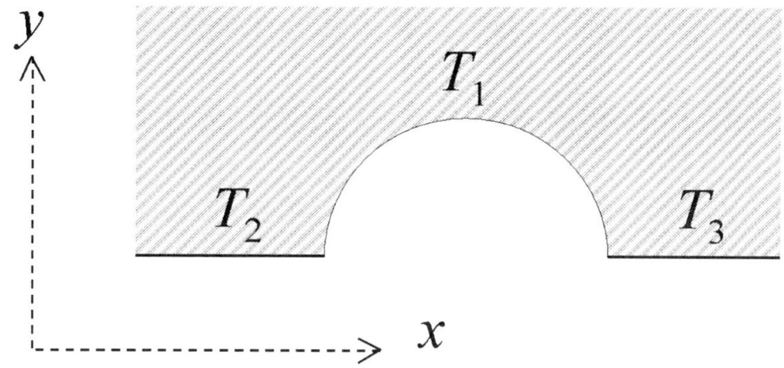

그림 E-11.9 열전도도가 λ인 반무한 평면에서 반원모양의 홈. 구조: x-y 대칭

11.10 열전도도가 λ 인 원형구멍을 가진 금속판은 1 사분면의 원형경계에서 온도가 T_1 이고, 270° 의 호인 나머지 경계에서는 온도 T_2 를 가진다. 퀵필드를 이용하여 구멍 근처에서의 온도 분포를 계산하고 푸아송 적분 공식의 응용에 따라 그 영역을 원으로 변환하여 구한 등각사상 해와 비교하여라. 해의 경계 끝에 근접하기 때문에 구멍에서 멀어질수록 퀵필드의 해는 해석해에서 벗어남을 유의하여라.

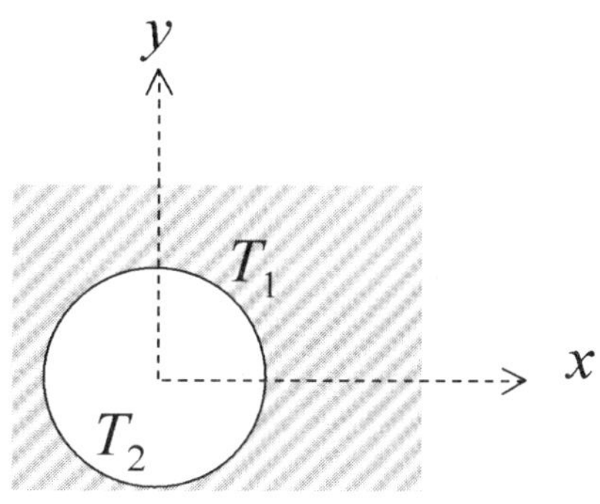

그림 E-11.10 열전도도가 λ인 금속판 내의 원형 구멍. 구조: x-y 대칭

11.11 열전도도가 λ 인 L 형 금속판의 각 테두리는 온도 T_1 과 온도 T_2 로 유지된다. 퀵필드를 이용하여 굴곡 근처에서의 온도분포를 계산하고 푸아송 적분 공식의 응용에 따라 그 영역을 반평면으로 변환하여 구한 등각사상 해와 비교하여라. 해의 경계 끝에 근접하기 때문에 굴곡에서 멀어질수록 퀵필드의 해는 해석해에서 벗어남을 유의하여라.

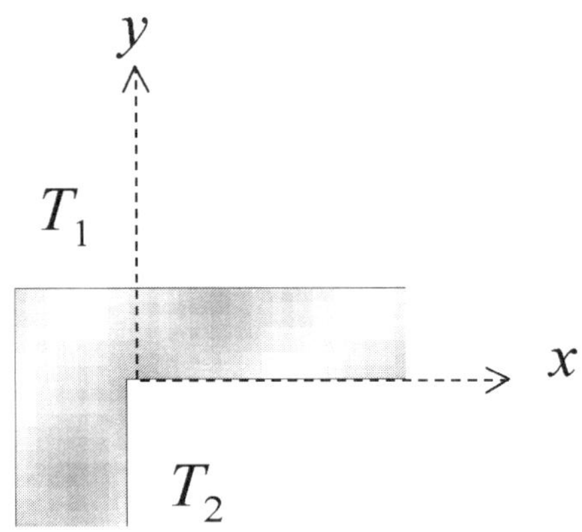

그림 E-11.11 열전도도가 λ 인 L 형 금속판. 구조: x-y 대칭

11.12 Heaviside 함수 $T(0,t)=T_0[\Theta(t-a)-\Theta(t-b)]$ 의 차이로 정의되는 시간 $a \le t \le b$ 동안 반무한 열전도체의 $x=0$ 평면이 온도 T_0 일 때 일차 열전달 문제를 생각해보자. 라플라스 변환을 이용하여 $T(x,t)$ 를 계산하여라. MATLAB®을 이용해서 초기 펄스 후의 몇몇 시간에 대한 공간 온도 분포를 플로팅 하여라.

11.13 반무한 열전도체의 $x=0$ 평면이 $T(0,t)=T_0\delta(t-a)$ 에 의해 규정되는 순간 온도 펄스에 지배 받는 일차 열전달 문제를 생각해보자. 라플라스 변환을 이용하여 $T(x,t)$ 를 계산하여라. MATLAB®을 이용해서 델타 함수 펄스 후의 몇몇 시간에 대한 공간 온도 분포를 플로팅 하여라.

11.14 반무한 열전도체의 $x=0$ 평면이 $T(0,t)=T_0\sin(\omega t)$ 처럼 바뀔 때 일차 열전달 문제를 생각해보자. 라플라스 변환법을 이용하여 $T(x,t)$ 을 계산 하여라. MATLAB®을 이용해서 몇몇 시간에 대한 공간 온도 분포를 플로팅 하여라.

11.15 초기온도가 300K 이고 반지름 R 인 금속구를 77K 의 액체질소에 담근다. 구는 열전도도 λ 를 가진다. 시간에 대한 함수로서 구의 내부의 온도 분포를 계산하여라. 구의 중심에서 온도를 시간에 대한 함수로 플로팅 하여라.

11.16 반지름 R 인 금속구의 위쪽 반구의 온도는 T_1 이고 아래의 반구의 온도는 T_2 이다. 구 내부의 정상상태 온도분포를 계산하여라.

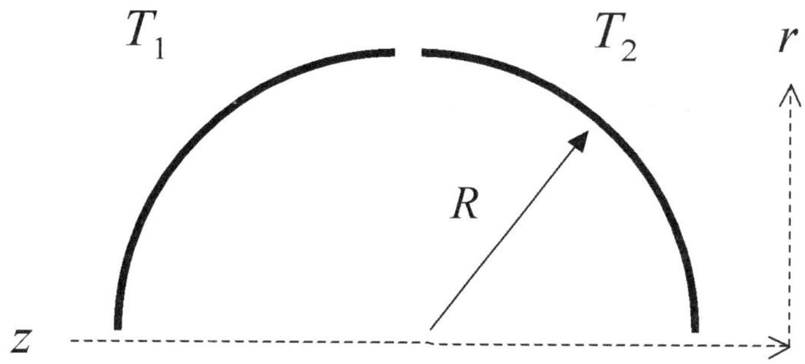

그림 E-11.16 반지름이 R 이고 열전도도가 λ 인 금속구. 구조:x-y 대칭

11.17 스타벅스의 그란데 커피는 초기온도가 350K 이다. 축대칭에서 시간함수 로써 커피의 냉각을 모델링 하여라. 액체의 상부표면에 대류와 복사 경계 조건을 적용하고 컵의 옆면과 바닥에 복사경계 조건을 적용하여라.

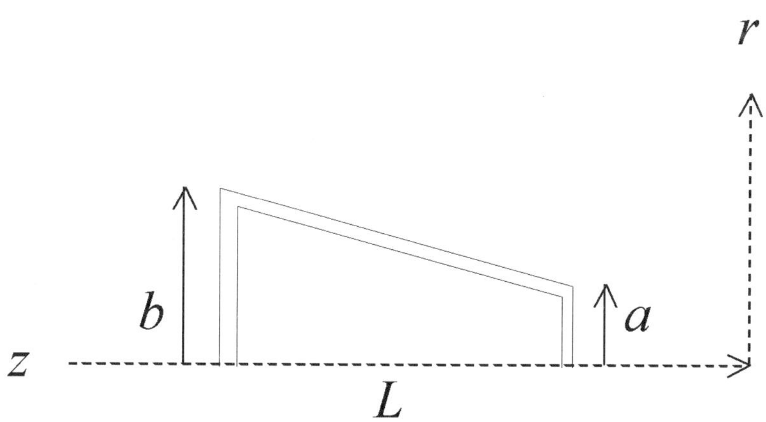

그림 E-11.17 스타벅스의 그란데 커피. 구조:축 대칭

11.18 시간 $t = 0$ 에 은화를 액체질소에 빠뜨린다. 축대칭에서 시간함수로써 모델링된 동전내의 온도분포를 계산하여라. 동전 중심에서 온도를 시간에 대한 함수로 플로팅 하여라.

11.19 직사각형의 금속판 초기온도는 T_1 이다. 평판의 한 모서리는 온도 $T_2\Theta(t)$ 이다. 금속판 내의 온도분포를 시간의 함수로 계산하여라.

11.20 직사각형 금속판에서 한 변의 초기온도는 T_1 이다. 반대편의 한 변의 온도는 T_2 이다. 금속판에서 정상상태 온도분포를 계산하여라. 등온선과 열 선속 벡터를 플로팅 하여라

11.21 아인슈타인의 몰 비열 공식은 다음과 같다.

$$C(T) = 3R\left(\frac{T_E}{T}\right)\frac{e^{\frac{T_E}{T}}}{\left(e^{\frac{T_E}{T}} - 1\right)^2}$$

여기서 T_E 는 아인슈타인 온도(다이아몬드는 1300K)이고, R= 5.97/3cal/mol · K 이다. 다이아몬드 면에는 복사 경계 조건이 적용되며, 양끝이 77K 와 4K 인 원통형 다이아몬드 막대의 온도분포를 계산하여라. 곡선편집기에 몇몇 온도를 입력하기 위해 위의 식을 이용하여라.

11.22 열 선속 벡터 **F** 가 다음 식을 만족함을 보여라.

$$\nabla \cdot \mathbf{F} + \rho c \frac{\partial T}{\partial t} = q$$

11.23 함수 $T(x,t) = xt^{-3/2}\exp(x^2/4at)$ 가 다음의 일차원 열 방정식을 만족함을 보여라.

$$\frac{\partial T}{\partial t} = a\frac{\partial^2 T}{\partial x^2}$$

MATLAB®을 사용해서 그물눈 플롯 $T(x,t)$ 를 만들어라.

11.24 면의 온도가 T_1 이고 양 끝의 온도가 T_2 이며, 열전도도가 λ 인 원기둥 좌표의 원통에서 정상상태 온도분포를 계산하기 위한 몬테 카를로 프로그램을 MATLAB 을 이용해서 작성하여라.

11.25 열전도도가 λ 이고 한 면의 온도는 T_1 이고 다른 다섯 면의 온도는 T_2 인 육면체에서 정상상태 온도분포를 계산하기 위해 3-D 직각좌표를 이용하는 몬테 카를로 프로그램을 MATLAB®을 이용해서 작성하여라.

11.26 AC 자기와 열분석의 결합: 원기둥 형태의 흉곽에 포함된 구형 종양에서 온도분포를 계산하여라. 여기 주파수의 주파수 함수로써 돌출부의 SAR 을 계산하여라.

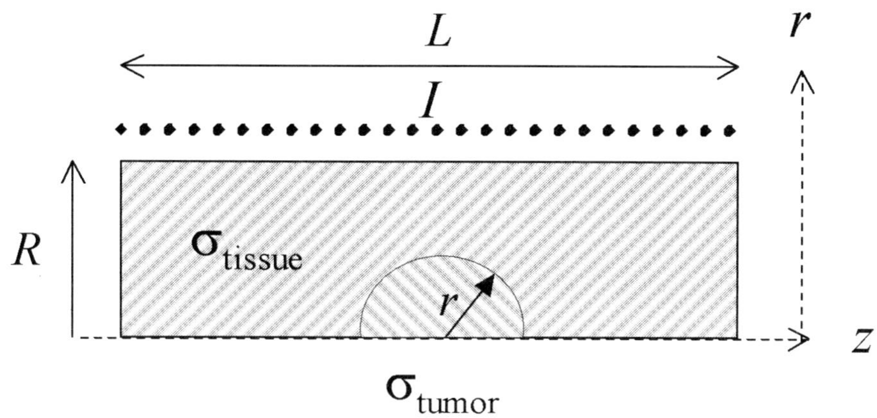

그림 E-11.26 AC 유도 코일로 둘러싸인 원통형 조직에 삽입된 구형 종양. 구조: 축 대칭

11.27 AC 전류와 열분석의 결합: 전기적 자극에 대한 원기둥 형태의 흉곽에 포함된 구형 종양에서 온도분포를 계산하여라.
여기 주파수의 주파수 함수로써 돌출부에서 SAR 을 계산하여라.

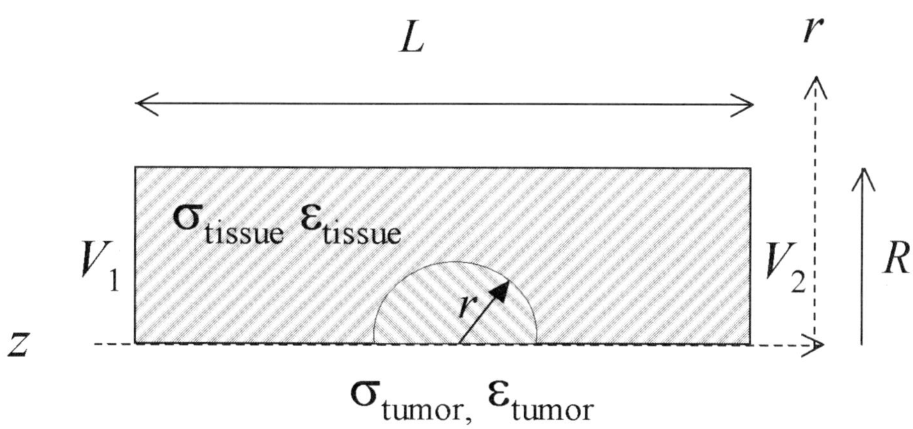

그림 E-11.27 AC 전압 여기를 가지는 원통형 조직에 삽입된 구형 종양. 구조: 축 대칭

11.28 AC 자기와 열분석의 결합: 단일 코일에 의해 공급된 AC 여기(excitation)로 인해 발생하는 종양을 가진 사람의 뇌의 온도 분포를 계산하여라. 두개골과 조직은 뇌를 둘러싸고 있다. 뇌종양에서 SAR 을 여기 주파수에 대한 함수로 계산하여라.

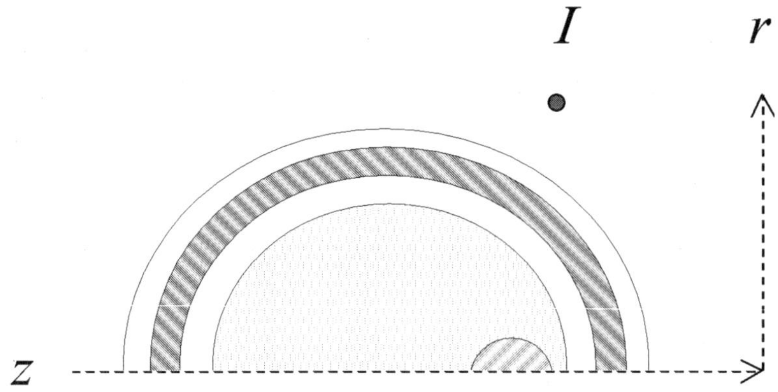

그림 E-11.28 뇌를 둘러싸고 있는 전류 루프 : 구조 축 대칭

12. 응력 분석

이 장에서 다루는 내용들

- 응력과 변형
- 빔(beam)
- 쿼필드를 이용한 응력 분석
- 열과 결합된 응력의 해석
- 전기력에 대한 응력의 해석
- 자기력에 대한 응력의 해석

12.1 응력과 변형

영률(Young's Modulus)

1807 년 Thomas Young 은 외부의 힘에 의해서 물체가 변형될 때의 특성에 대한 이론을 전개하였다. 이십여 년이 지난 후 1826 년 C. Navier 가 Young 의 이론을 수학의 형태로 정립하였다. 일차원에서 응력(stress) σ 는 물체에 가해지는 힘을 그 면적으로 나눈 $\sigma = F / A$ 로 정의 된다. 변형률 ε 는 무차원 인자로서 길이의 변화량 ΔL 을 원래 길이 L_0 로 나눈 값, 즉 $\varepsilon = \Delta L / L_0$ 이다. 영률은 탄성률(elastic modulus)이라고도 하며 물체를 늘리거나 압력을 가할 때의 응력을 변형으로 나눈 것이다.

$$E = \frac{\sigma}{\varepsilon} \tag{12.1}$$

영률은 각 물질의 형태와는 관계가 없는 고유의 성질이다. E 의 단위는 힘을 면적으로 나눈 N / m^2 또는 Pa 를 사용한다. 영률과 $F = k\Delta L$ 로 표시되는 훅의 법칙(Hooke's Law) 과의 관계는

$$E = \frac{F / A}{\Delta L / L_0} \qquad (12.2)$$

F 에 대해서 정리하면 다음과 같다.

$$F = \left(\frac{EA}{L_0} \right) \Delta L \qquad (12.3)$$

그러므로 익숙한 용수철 상수(spring constant)는 영률에 면적을 곱하고 원래의 길이로 나눈 값이 된다.

전단 계수(Shear Modulus)

전단 계수 S 는 라디안 차원에서 전단 응력 $\sigma_\perp = F_\perp / A$ 을 전단 변형률 $\varepsilon_\perp = \gamma$ 으로 나눈 것으로 정의된다.

$$S = \frac{\sigma_\perp}{\varepsilon_\perp} = \frac{F_\perp / A}{\gamma} \qquad (12.4)$$

전단 계수는 대부분의 물질들이 영률보다 약 2~3 배 작다.

공학에서 사용되는 다양한 물질들과 생체 조직에 대한 영률은 부록 4 와 5 에서 나타내었다.

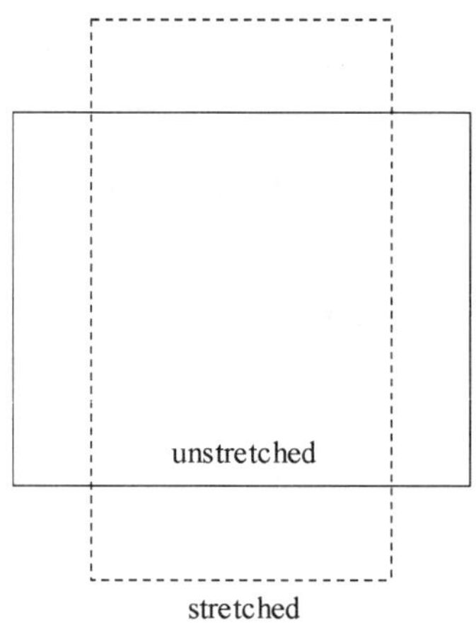

그림 12.1 가로지르는 축 방향으로 변형하여 수직 방향으로 늘어난 바(bar)로 설명하는 푸아송의 비

푸아송의 비(Poisson's Ratio)

물체를 한 방향으로 당기게 되면 일반적으로 그림 12.1 에 보인 것 과 같이 그 방향에 직교하는 방향으로는 수축하게 된다. 횡 수축 변형률을 축 신장 변형률로 나눈 값의 음수를 푸아송의 비라고 부른다.

$$\nu = -\frac{\varepsilon_{\text{trans}}}{\varepsilon_{\text{axial}}} \tag{12.5}$$

대부분의 물질들의 ν 값은 0~0.5 의 범위이며 많은 금속이 $\nu = 0.27 \sim 0.35$ 의 범위이다.

12.2 빔(beam)

간단한 구조 해석 문제 중의 하나는 작용한 힘 $F(x)$ 와 거리의 관계를 갖는 일차원 빔이다. 빔의 편향(deflection)은 4 차 미분 방정식으로 나타낼 수 있다.

$$EI\frac{d^4 y}{d^4 x} = F(x) \tag{12.6}$$

여기서 $y(x)$ 는 수직 변위(displacement)이고 EI 는 굽힘 강성(flexural rigidity)이다. 굽힘 강성은 영률 E 에 영역의 관성 모멘트를 곱한 것으로 정의된다. 휨강성은 영률 E 와 관성 면적 모멘트 I 의 곱으로 정의된다. 관성 면적(또는 2 차) 모멘트는 휨(각가속도에 반비례하는 관성모멘트와 혼동하지 않기 위해)에 대한 물질의 저항 측정값이다. 빔 방정식의 라플라스 변환은 다음과 같다.

$$s^4 Y(s) - s^3 y(0) - s^2 y'(0) - sy''(0) - y'''(0) = \frac{1}{EI} f(s) \tag{12.7}$$

여기서 $Ly(x) = Y(s)$, $LF(x) = f(x)$ 이다. $Y(s)$ 에 대해서 정리하면 다음과 같다.

$$Y(s) = \frac{y(0)}{s} + \frac{y'(0)}{s^2} + \frac{y''(0)}{s^3} + \frac{y'''(0)}{s^4} + \frac{1}{EI}\frac{f(s)}{s^4} \tag{12.8}$$

이 방정식에 라플라스 역변환을 취하면 다음의 식을 얻을 수 있다.

$$y(x) = y(0) + y'(0)x + \frac{1}{2}y''(0)x^2 + \frac{1}{6}y'''(0)x^3 + L^{-1}\left(\frac{1}{EI}\frac{f(s)}{s^4}\right) \qquad (12.9)$$

식 (12.8)의 경계조건은 지지하는 받침(support) 형태에 달려 있다. 경계조건들은 다음과 같다.

Ⅰ. 받침(support)에 연결된 빔 $y = 0$, $y' = 0$
Ⅱ. 단순히 받쳐진 빔 $y = 0$, $y'' = 0$
Ⅲ. 자유로운 빔 $y'' = 0$, $y''' = 0$

그림 12.2 는 빔의 양끝에 대한 다양한 받침의 구성을 보여주고 있다. 단순한 부하구성은 다양한 빔의 위치에 부과된 델타 함수와 Heaviside 계단 함수를 포함한다.

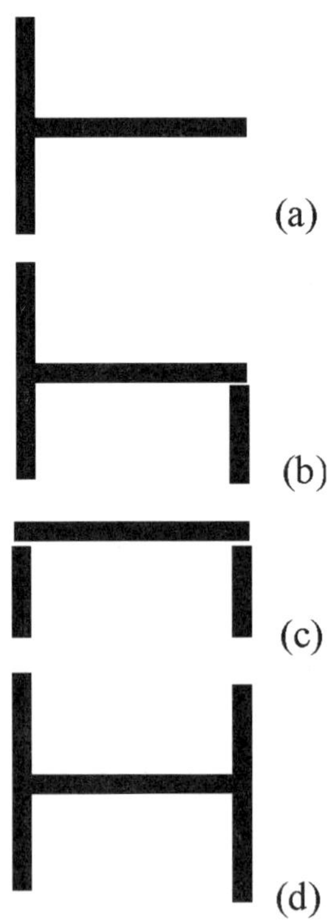

그림 12.2(a) 한쪽은 연결되었고 한쪽은 자유로운 빔; (b) 한쪽은 연결되었고 다른 한쪽은 단순히 받쳐진 빔; (c) 양쪽이 받쳐진 빔 : (d)양쪽이 연결된 빔;

12.3 퀵필드를 이용한 응력 분석

퀵필드에서 선형 응력 분석은 탄성의 Navier 방정식을 바탕으로 한다. 응력과 변형의 계산은 x-y 대칭과 축 대칭에 대해서 수행될 것이다.

X-Y 대칭

2 차원의 x-y 대칭에서 변위 장(displacement field)을 다음과 같이 정의한다.

$$\mathbf{d} = \delta_x \mathbf{i} + \delta_y \mathbf{j} \tag{12.10}$$

변형의 3 개 독립요소는 변위 장과 관련 있다.

$$[\varepsilon] = \begin{Bmatrix} \varepsilon_x \\ \varepsilon_y \\ \gamma_{xy} \end{Bmatrix} = \begin{Bmatrix} \dfrac{\partial \delta_x}{\partial x} \\ \dfrac{\partial \delta_y}{\partial y} \\ \dfrac{\partial \delta_x}{\partial y} + \dfrac{\partial \delta_y}{\partial y} \end{Bmatrix} \tag{12.11}$$

상응하는 응력 요소는 다음과 같다.

$$[\sigma] = \begin{Bmatrix} \sigma_x \\ \sigma_y \\ \tau_{xy} \end{Bmatrix} \tag{12.12}$$

평형방정식은 응력요소와 부피력(volume force) 벡터 $\mathbf{f} = f_x \mathbf{i} + f_y \mathbf{j}$ 와 관계 있다.

$$\frac{\partial \sigma_x}{\partial x} + \frac{\partial \tau_{xy}}{\partial y} = -f_x \tag{12.13}$$

$$\frac{\partial \tau_{xy}}{\partial x} + \frac{\partial \sigma_y}{\partial y} = -f_y \tag{12.14}$$

선형 탄성(linear elasticity)에서 응력과 변형의 관계는 다음과 같이 주어진다.

$$[\sigma]=[D]\cdot[\varepsilon-\varepsilon_0] \tag{12.15}$$

여기서 ε_0는 초기 열적 변형이다. 탄성계수 $[D]$의 행렬은 아래에 주어진 다양한 상황에 대한 영률의 요소와 푸아송 비를 포함할 것이다:

(1) 평면 응력과 등방성 물질

$$[D]=\frac{E}{1-v^2}\begin{bmatrix} 1 & v & 0 \\ v & 1 & 0 \\ 0 & 0 & \frac{1-v}{2} \end{bmatrix} \tag{12.16}$$

(2) 평면 응력과 직교성 물질

$$[D]=\begin{bmatrix} \frac{1}{E_x} & -\frac{v_{yx}}{E_y} & 0 \\ -\frac{v_{yx}}{E_y} & \frac{1}{E_y} & 0 \\ 0 & 0 & \frac{1}{S_{xy}} \end{bmatrix} \tag{12.17}$$

(3) 평면 변형과 등방성 물질

$$[D]=\frac{E(1-v)}{(1+v)(1-2v)}\begin{bmatrix} 1 & \frac{v}{1-v} & 0 \\ \frac{v}{1-v} & 1 & 0 \\ 0 & 0 & \frac{1-2v}{2(1-v)} \end{bmatrix} \tag{12.18}$$

(4) 평형 변형과 직교성 물질

$$[D]=\begin{bmatrix} \frac{1}{E_x}-\frac{v_{zx}^2}{E_z} & -\frac{v_{yx}}{E_y}-\frac{v_{zx}v_{zy}}{E_z} & 0 \\ -\frac{1}{E_y}-\frac{v_{zx}v_{zy}}{E_z} & \frac{1}{E_x}-\frac{v_{zy}^2}{E_z} & 0 \\ 0 & 0 & \frac{1}{S_{xy}} \end{bmatrix}^{-1} \tag{12.19}$$

$E_x\ E_y\ E_z$ 는 각 축에 따른 직교성 물질의 영률 요소이다. $v_{yx}\ v_{zx}\ v_{zy}$ 는 직교성 물질에 대한 푸아송 비이다. v 는 등방성 물질에 대한 푸아송 비이고 S_{xy} 는 전단계수이다.

축 대칭(Axisymmetry)

변위 벡터 장은 다음과 같다.

$$\mathbf{d}=\delta_r\hat{\mathbf{r}}+\delta_z\hat{\mathbf{z}} \tag{12.20}$$

변형 요소는 변위에 상응하는 도함수에 의해 주어진다.

$$[\varepsilon]=\begin{Bmatrix} \varepsilon_z \\ \varepsilon_r \\ \varepsilon_\theta \\ \gamma_{rz} \end{Bmatrix}=\begin{Bmatrix} \frac{\partial\delta_z}{\partial z} \\ \frac{\partial\delta_r}{\partial r} \\ \frac{\delta_r}{r} \\ \frac{\partial\delta_z}{\partial r}+\frac{\partial\delta_r}{\partial z} \end{Bmatrix} \tag{12.21}$$

ε_θ 는 지름 변형에 의한 평면변형의 이탈이다. 응력 요소는 다음과 같이 주어진다.

$$[\sigma]=\begin{Bmatrix} \sigma_z \\ \sigma_r \\ \sigma_\theta \\ \tau_{rz} \end{Bmatrix} \tag{12.22}$$

이는 축 대칭 평형방정식을 따른다.

$$\frac{1}{r}\frac{\partial(r\sigma_r)}{\partial r}+\frac{\partial\tau_{rz}}{\partial z}=-f_r \tag{12.23}$$

$$\frac{1}{r}\frac{\partial(r\tau_{rz})}{\partial r}+\frac{\partial\sigma_z}{\partial z}=-f_z \tag{12.24}$$

여기서 $\mathbf{f}=f_r\hat{\mathbf{r}}+f_z\hat{\mathbf{z}}$ 이다. 응력-변형 요소는 각각의 경우에 대하여 탄성 계수 행렬을 가지는 $[\sigma]=[D]\cdot[\varepsilon-\varepsilon_0]$ 에 따른다:

(1) 축대칭성이고 등방성인 물질

$$[D]=\frac{E(1-\nu)}{(1+\nu)(1-2\nu)}\begin{bmatrix} 1 & \frac{\nu}{1-\nu} & \frac{\nu}{1-\nu} & 0 \\ \frac{\nu}{1-\nu} & 1 & \frac{\nu}{1-\nu} & 0 \\ \frac{\nu}{1-\nu} & \frac{\nu}{1-\nu} & 1 & 0 \\ 0 & 0 & 0 & \frac{1-2\nu}{2(1-\nu)} \end{bmatrix} \tag{12.25}$$

(2) 축대칭성이고 직교성인 물질

$$[D]=\begin{bmatrix} \frac{1}{E_z} & -\frac{\nu_{rz}}{E_r} & -\frac{\nu_{\theta z}}{E_\theta} & 0 \\ -\frac{\nu_{rz}}{E_r} & \frac{1}{E_r} & -\frac{\nu_{\theta r}}{E_\theta} & 0 \\ -\frac{\nu_{\theta z}}{E_\theta} & -\frac{\nu_{\theta r}}{E_\theta} & \frac{1}{E_\theta} & 0 \\ 0 & 0 & 0 & \frac{1}{G_{zr}} \end{bmatrix}^{-1} \tag{12.26}$$

여기서 $E_r\,E_\theta\,E_z$ 는 각축에 따른 대한 직교성 물질의 영률들이다. $\nu_{rz}\,\nu_{\theta z}\,\nu_{\theta r}$ 는 직교성 물질에 대한 푸아송 비이다. ν 는 등방성 물질에 대한 푸아송 비이고 G_{zr} 는 전단계수이다.

열변형

평면 응력과 등방성 물질에 대한 열변형은 다음과 같다.

$$[\varepsilon_0] = \begin{Bmatrix} \alpha \\ \alpha \\ 0 \end{Bmatrix} \Delta T \tag{12.27}$$

평면 응력과 직교성 물질에 대한 열변형은 다음과 같다.

$$[\varepsilon_0] = \begin{Bmatrix} \alpha_x \\ \alpha_y \\ 0 \end{Bmatrix} \Delta T \tag{12.28}$$

등방성 물질에 대한 평면 변형은

$$[\varepsilon_0] = (1+v) \begin{Bmatrix} \alpha \\ \alpha \\ 0 \end{Bmatrix} \Delta T \tag{12.29}$$

직교성 물질에 대한 평면 변형은

$$[\varepsilon_0] = \begin{Bmatrix} \alpha_x + v_{zx}\alpha_z \\ \alpha_y + v_{zy}\alpha_z \\ 0 \end{Bmatrix} \Delta T \tag{12.30}$$

축대칭이고 등방성 물질의 경우

$$[\varepsilon_0] = \begin{Bmatrix} \alpha \\ \alpha \\ \alpha \\ 0 \end{Bmatrix} \Delta T \tag{12.31}$$

축대칭이고 직교성 물질은 다음과 같다.

$$[\varepsilon_0] = \begin{Bmatrix} \alpha_z \\ \alpha_r \\ \alpha_\theta \\ 0 \end{Bmatrix} \Delta T \tag{12.32}$$

물질의 특성과 부하 소스

그림 12.3 에서 12.5 는 응력분석을 위한 블록 레이블 데이터를 편집하는 화면을 보여주고 있다. 블록 레이블 화면을 열기 위해서는 화면의 왼쪽에 있는 트리 다이아그램에서 블록 레이블에 해당하는 버튼을 누르면 된다. 탄성, 부하, 그리고 허용 응력을 선택하여라.

탄성 데이터는 영률 성분, 푸아송 비, 전단계수를 포함한다. 등방성 물질의 경우 이들 값 중 2 개만이 독립변수이다. Anisotropic box 는 직교성 물질, 7 개의 독립변수 조건일 때 체크한다. 만약 Young 계수에서 "None" 선택된다면, label 에 상응하는 block 은 계산에 포함되지 않을 것이다. 0 의 값을 입력하면 "None" 이 표시될 것이다.

부하(load)는 열변형과 체적력을 포함한다. 열적 부하(loading)는 결합과 비결합일 때 다르게 처리된다. 비결합 열적 부하의 경우 온도의 차이는 변형과 비변형 상태간의 조건을 서술한다. 허용 장력과 압력을 포함하는 허용 응력 데이터는 조건이 지정될 것이다. 이 데이터는 문제의 해에는 영향을 주지 않지만, Mohr-Coulomb, Drucker-pager, 그리고 Hill 기준을 계산하는 후 공정에 사용된다.

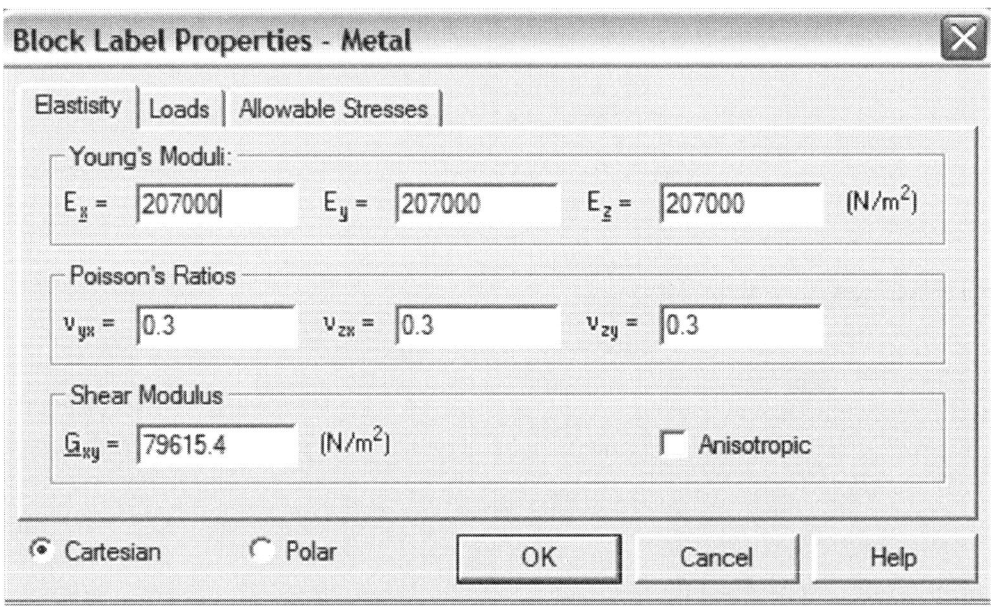

그림 12.3 탄성 블록 레이블 데이터를 편집하기 위한 화면; 블록 레이블 화면을 열기 위해서는 화면의 왼쪽에 있는 트리 다이아그램에서 해당하는 테두리 레이블을 클릭하면 된다. 탄성(elasticity) 탭을 선택하고 영률 성분, 푸아송 비 그리고 전단계수를 입력하여라(만일 이방성이라면)

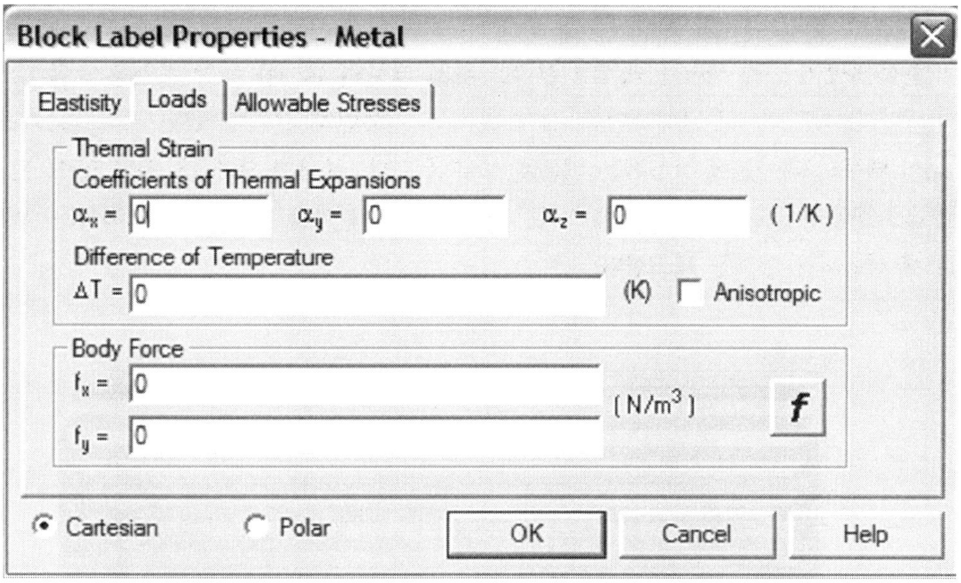

그림 12.4 load data 편집을 위한 화면; 블록레이블 화면을 열기 위해서는 화면의 왼쪽에 있는 트리 다이아그램에서 해당하는 테두리 레이블을 클릭하면 된다. Loads 를 선택하고 열팽창계수, 온도차, 함수관계에 따른 몸체력을 입력하여라.

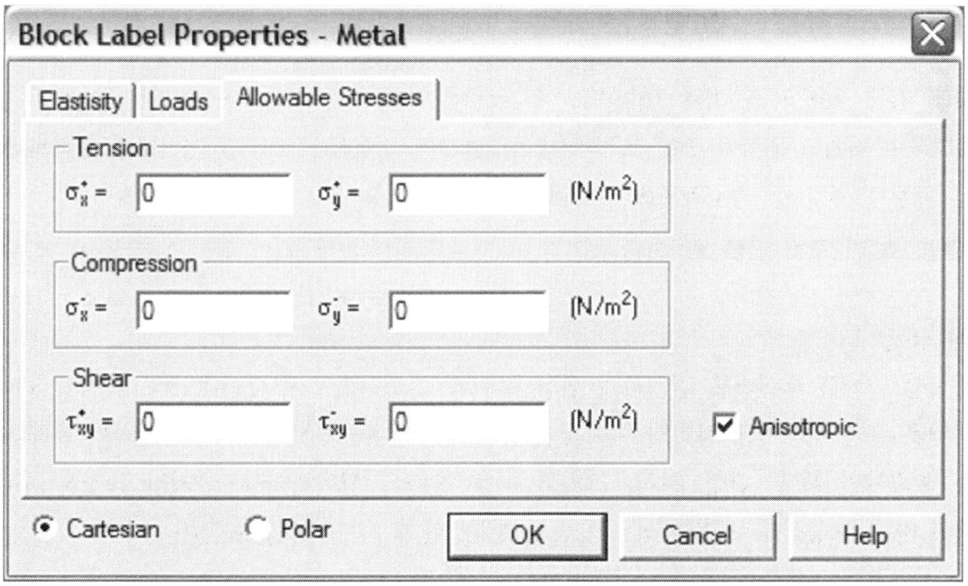

그림 12.5 허용응력 block label data 편집을 위한 화면, 이 데이터는 응력분석문제의 해에 영향을 주지 않는다. 그러나 다양한 응력기준을 계산을 할 때 용이하다. 허용장력, 압력, 전단성분을 입력하여라.

경계조건

응력분석에서 테두리 레이블 데이터 편집을 위한 테두리 레이블 특성 화면을 그림 12.6 에 나타내었다. 테두리 레이블 화면을 열기 위해서는 화면의 왼쪽에 있는 트리 다이아그램 중에서 테두리 레이블에 상응하는 버튼을 누르면 된다. 규정 변위의 값, 일반 압력, 표면력 성분을 선택하여라. 주어진 축에 따른 경계조건의 변위를 적용하기 위해서는 원하는 변위에 상응하는 상자를 체크한다.

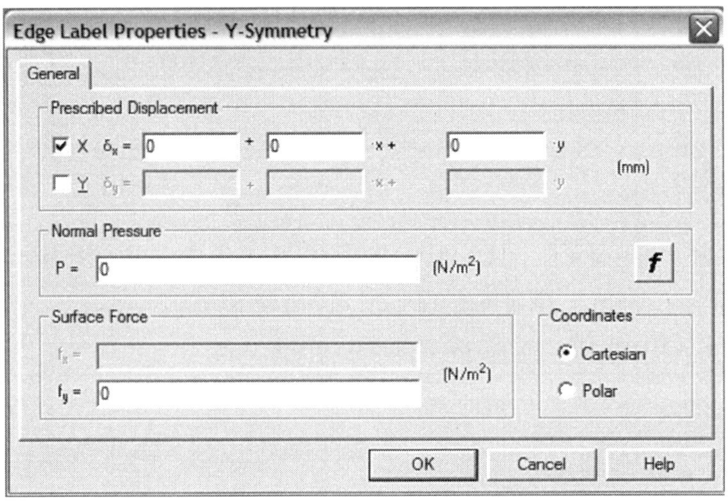

그림 12.6 테두리 레이블 데이터를 편집하기 위한 화면; 테두리 레이블 화면을 열기 위해서는 화면의 왼쪽에 있는 트리 다이아그램에서 해당하는 테두리 레이블을 클릭하면 된다. 규정 변위의 값, 함수좌표에 따른 일반 압력, 그리고 표면력 성분을 입력하여라.

꼭지점 조건

꼭지점 레이블 데이터를 편집하기 위한 화면을 그림 12.7 에 나타내었다. 꼭지점 레이블 화면을 열기 위해서는 화면의 왼쪽에 있는 트리 다이아그램에서 해당하는 꼭지점 레이블을 클릭하면 된다. 탄성, 부하, 그리고 허용 응력을 선택하여라. 꼭지점 특성은 주어진 축에 따른 강성조건, 지점에 적용된 외력 성분, 탄성 지지성분을 포함한다.

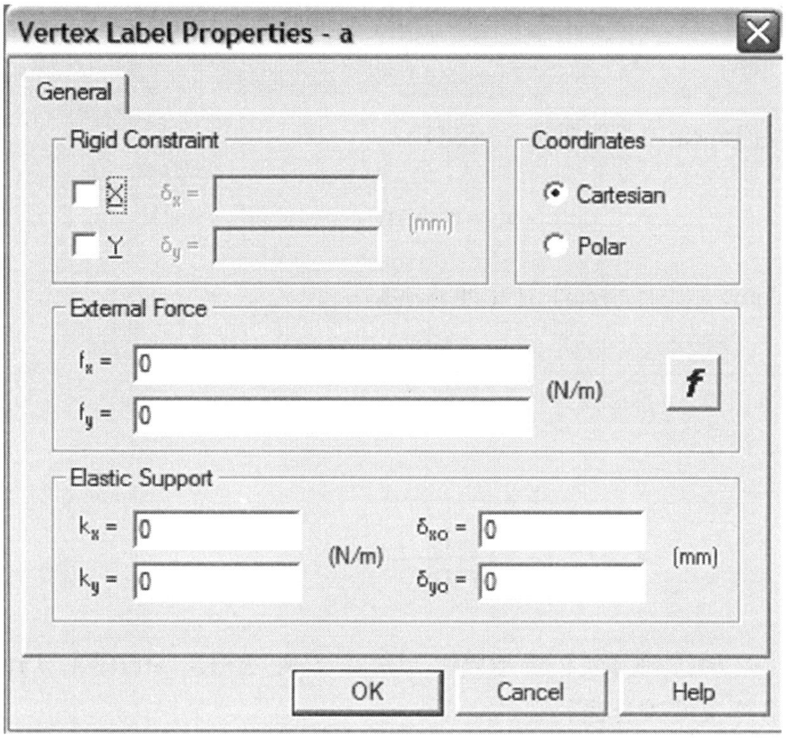

그림 12.7 꼭지점 레이블 데이터 편집을 위한 화면; 꼭지점 레이블 화면을 열기 위해서는 화면의 왼쪽에 있는 트리 다이아그램에서 해당하는 꼭지점 레이블을 클릭하면 된다. 제약조건, 외부적인 힘의 성분(함수 좌표에 따라), 탄성적 성분을 입력하여라

계산 값

후 공정의 결과는 크기를 가지는 변위장을 포함한다. x-y 대칭의 경우는 다음과 같으며

$$d = \sqrt{\delta_x^2 + \delta_y^2} \tag{12.33}$$

축 대칭의 경우는

$$d = \sqrt{\delta_r^2 + \delta_z^2} \tag{12.34}$$

이다. Von Mises 응력은 변형에너지와 관련이 있다.

$$\sigma_e = \sqrt{\frac{(\sigma_1 - \sigma_2)^2 + (\sigma_2 - \sigma_3)^2 + (\sigma_3 - \sigma_1)^2}{2}} \tag{12.35}$$

최대 전단은 Tresca 기준에 의해 주어진다.

$$\sigma_e = \sigma_1 - \sigma_3 \tag{12.36}$$

Mohr-Coulomb 기준은 다음과 같이 계산된다.

$$\sigma_e = \sigma_1 - \chi\sigma_3 \tag{12.37}$$

여기서

$$\chi = \frac{[\sigma_+]}{[\sigma_-]} \tag{12.38}$$

이다. 그리고 $[\sigma_+]$ 와 $[\sigma_-]$ 는 장력과 압축의 허용 응력을 나타낸다. Drucker-Prager 기준은 다음과 같이 계산된다.

$$\sigma_i = (1+\chi)\sigma_i - \frac{\sqrt{\chi} - \chi}{1+\sqrt{\chi}}\bar{\sigma} + \frac{1}{[\sigma_-]}\left(\frac{1-\sqrt{\chi}}{1+\sqrt{\chi}}\bar{\sigma}\right)^2 \tag{12.39}$$

여기서

$$\sigma_i = \sqrt{\frac{(\sigma_1 - \sigma_2)^2 + (\sigma_2 - \sigma_3)^2 + (\sigma_3 - \sigma_1)^2}{2}} \tag{12.40}$$

그리고

$$\bar{\sigma} = \frac{\sigma_1 + \sigma_2 + \sigma_3}{3} \tag{12.41}$$

직교성 물질에 대한 Hill 파손 지수(failure index)는

$$\text{F.I.} = \frac{\sigma_1^2}{X_1^2} - \frac{\sigma_1\sigma_2}{X_1^2} + \frac{\sigma_2^2}{X_2^2} + \frac{\tau_{12}^2}{S_{12}^2} \tag{12.42}$$

σ_1, σ_2, 그리고 τ_{12} 는 물질의 경향에 따른 계산된 응력이고

$$X_1 = \begin{cases} X_1^T & \text{if} \quad \sigma_1 > 0 \\ X_1^C & \text{if} \quad \sigma_1 < 0 \end{cases} \tag{12.43}$$

$$X_2 = \begin{cases} X_2^T & \text{if} \quad \sigma_2 > 0 \\ X_2^C & \text{if} \quad \sigma_2 < 0 \end{cases} \tag{12.44}$$

X_1^T, X_2^T 와 X_1^C, X_2^C 는 장력과 압축의 허용 응력이다.

$$S_{12} = \begin{cases} S_{12}^+ & \text{if} \quad \tau_{12} > 0 \\ S_{12}^- & \text{if} \quad \tau_{12} < 0 \end{cases} \tag{12.45}$$

여기서 S_{12}^+, S_{12}^- 는 허용 전단응력이다.

적분값

계산한 적분 값에는 적분에 의해 주어진 부피에 대하여 작용한 벡터력(vector force)을 포함한다.

$$\mathbf{F} = \oiint_{\text{surf}} (s \cdot \mathbf{n}) dS \tag{12.46}$$

σ 는 응력 텐서, $\mathbf{n}$ 은 표면에 대한 단위 법선이다. 부피에 작용한 토크는 표면적분에 의해 주어진다.

$$\mathbf{T} = \oiint_{\text{surf}} \mathbf{r} \times (s \cdot \mathbf{n}) dS \tag{12.47}$$

$\mathbf{r}$ 은 적분점에 대한 반지름벡터이다. 축대칭 문제에서서는 토크가 없음을 유념하여라.

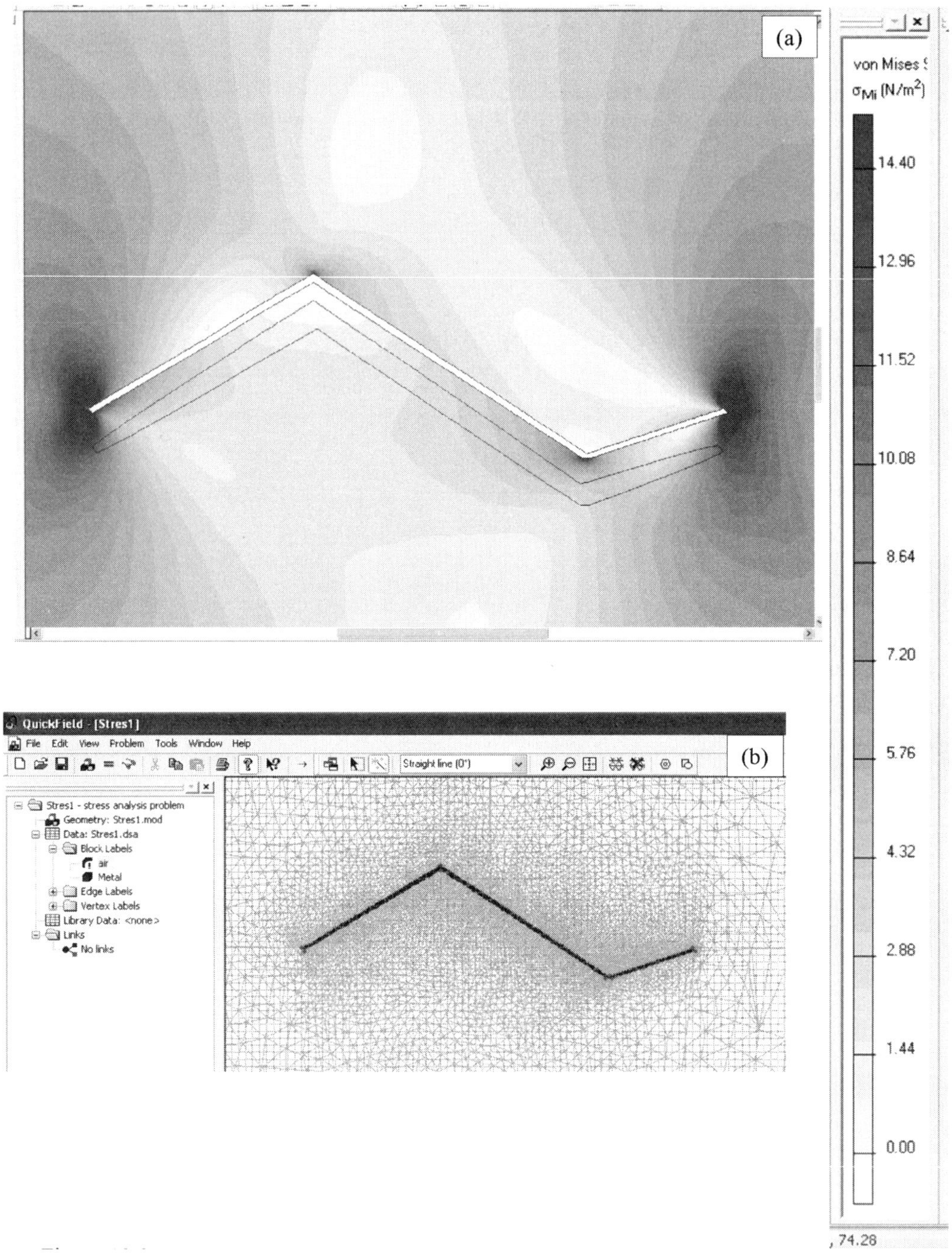

그림 12.8 (a) 수직방향으로 부하가 작용할 때 von Mises 응력과 변경된 경계(100 배 확대)를 보이는 금속 평판에서의 균열. 균열은 약 32 x 0.4mm 이다. (b)균열 주변에서 증가한 그물망 밀도를 보이는 유한 요소 그물망

균열 주변의 응력분포

그림 12.8(a)는 수직 부하에서 틈을 가지는 90×182cm 의 금속판에서 von Mises 응력분포에 대한 명암도이다. 그림 12.8(b)는 증가된 그물망 밀도를 보이는 틈 주변의 유한요소 그물망을 보여준다. 금속판은 영률이 $E = 2.07 \times 10^5$ N/m^2 이고, 각각의 직교방향에서 푸아송 비가 $v = 0.3$ 그리고 전단계수가 $G_{zr} = 7.96 \times 10^4$ N/m^2 이다. 균열은 영률이 0 이며 크기는 32×0.4mm 이다. 평판의 상부는 고정되었고 -1.0 N/m^2 의 수직 부하가 판의 아래 부분에 작용한다. 그림은 틈의 가장자리에서 응력이 가장 크다는 것을 보여준다. 변형된 균열의 경계를 100 배 확대해서 보인다.

12.4 열과 스트레스가 결합된 경우의 해석

열응력은 열전달 모듈에서 계산된 온도분포에 기초를 둔 퀵필드에서 계산될 것이다. 응력과 열전달을 결합한 문제는 동일한 모델 파일을 공유한다. 결합은 응력분석 문제 특성을 열분석 문제에 적용하면서 발생한다.

그림 12.9 대기권 재진입 시의 유인탐사선의 그림(구 모형), 이미지 출처: NASA

우주 캡슐 시뮬레이션

열과 응력분석의 결합한 예로 오리온 유인 탐사선(Orion Crew Exploration Vehicle(CEV))으로 제안된 별자리 프로그램(Constellation program)의 외형 크기를 가지는 우주선을 고려하자. 대기권 재진입 시의 오리온(Orion) 캡슐에 대한 그림을 그림 12.9 에 나타내었다. 오리온은 2014 년까지 6 명의 우주비행사를 우주 정거장으로 수송하고 2020 년까지 4 명의 우주비행사를 달에 수송하기 위해 설계되었다. Ares 로켓에 의해 우주로 보내질 캡슐의 모형을 그림 12.10 에 나타내었다. 캡슐의 부피는 700ft^3 이며 그림 12.11 에 보이는 것처럼 생명유지시스템, 우주비행사 도구, 컴퓨터, 항공 전자기기 그리고 열보호 시스템으로 채워진다.

그림 12.10 NASA 의 Dryden Flight Research Center 의 조립부에 의해 만들어진 오리온 승무원실 모듈의 모형, 이미지 출처: NASA

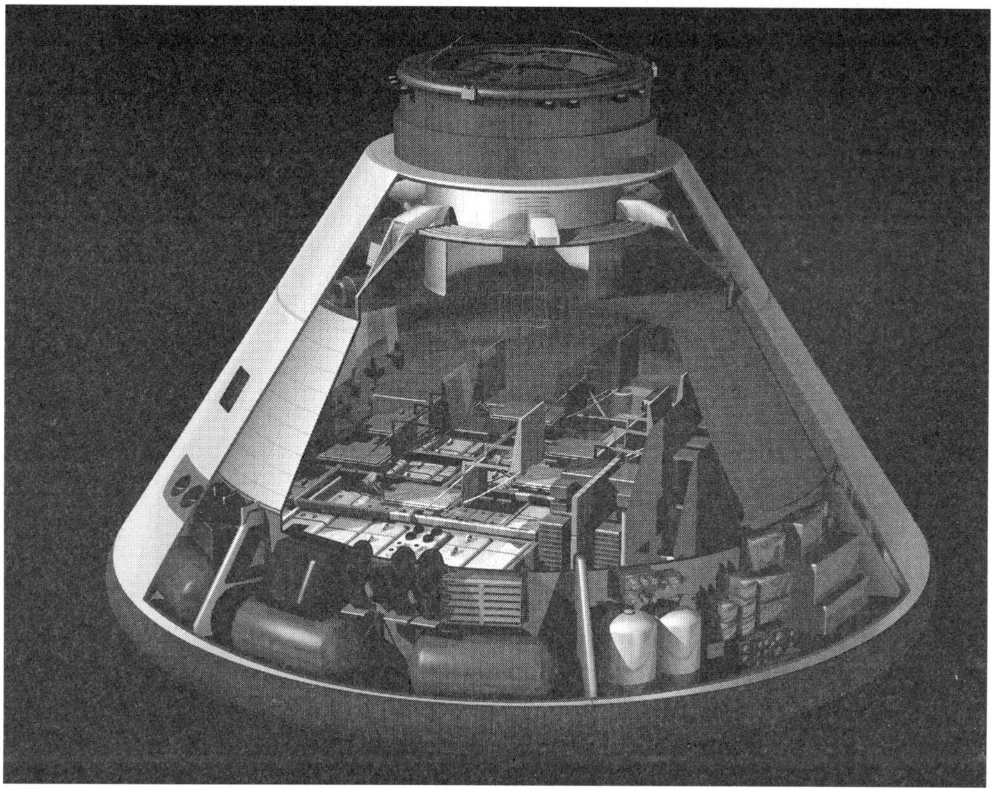

그림 12.11 외부 껍질(shell), 내부 압력 베셀(vessel), 장비 구획을 보여주고 있는 오리온 승무원실 모듈의 단면도. 이미지 출처: NASA

디자인에서 외부 껍질, 열 보호막, 내부 압력 껍질과 같은 몇몇의 구성요소가 아폴로(Apollo) 캡슐과 유사한 오리온 CEV 를 축대칭에 대하여 모의실험 할 것이다. 현재 캡슐의 높이는 약 3.62m, 최대 반경 2.25m, 원뿔의 각은 32.5 도 정도이다.

발사 중지 시스템

발사 중지와 착륙시스템 시험에 사용될 오리온 승무원실 모듈의 그림을 그림 12.12 에 나타내었다. 통합 발사 중지 시스템, 승무원실 모듈, 기계선(service module) 그리고 우주선 유도장치가 그림 12.13 에 묘사 된다. 그림 12.14 에는 발사대 포기 비행(pad abort flight) 시험 그림을 나타내었다.

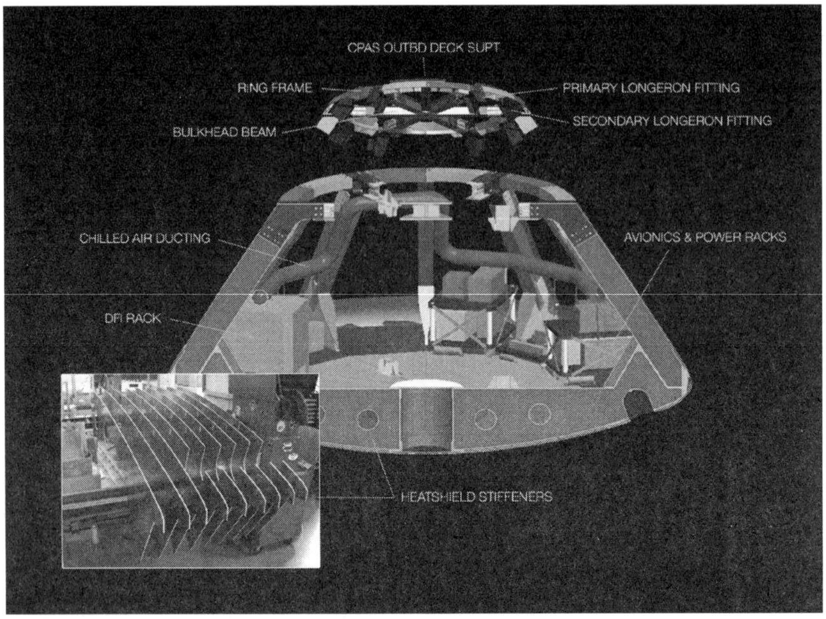

그림 12.12 New Mexico 의 White sands 미사일 시험장에서 발사 중지 시스템과 착륙 시스템 시험에 사용될 압연 강판으로 만든 오리온 승무원실 모듈의 단면도. 이미지 출처: NASA

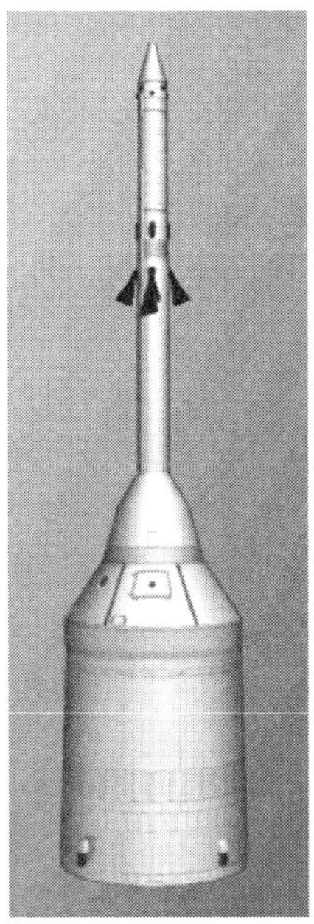

그림 12.13 발사중지시스템, 승무원실 모듈, 기계 선, 그리고 우주선 유도장치를 탑재한 통합형 오리온 유인 탐사선의 그림. 이미지 출처: NASA

그림 12.14 Orion 발사 중지 시스템의 발사대 포기 비행 시험의 그림. 이미지 출처: NASA

대기권 재진입

선대칭성 온도와 응력분포를 가지는 우주선의 대기권 재진입에 대한 이상적인 모듈을 생각하자. 캡슐을 둘러싼 기체역학은 열보호 시스템인 열 보호막의 전면에 형성되는 충돌층에 대한 상세 모델링이 필요하기 때문에 복잡해진다. 실제 기체 모델링을 포함해서 계산된 유체역학은 이 영역에서 공기분자의 분해와 재결합을 설명하는데 필요하다. 명백히 마찰은 충돌층에서 첫 번째 열원이 아니라 재결합하는 분자에서 발생하는 방사열의 부수적인 것이다. 게다가 열보호 시스템의 용발(ablation)은 기체역학에 영향을 줄 수 있다. 어떤 조건에서 최고 충돌층 온도[K]는 대략 재진입속도[m/sec]와 동일하다고 판명되었다. 그림 12.15 는 다양한 구조적 성분 요소간의 경계조건을 가진 스페이스 캡슐의 단순화된 선대칭성의 유한요소를 보여주고 있다. 지금까지 단지 열 보호막 지지대가 걸려있고 외부 껍질과 내부 압력 껍질 간의 구분은 없다. 캡슐 가장자리에 대한 상세도를 그림 12.16 에 나타내었다. 그림 12.16 은 (a)용발성 열보호막, (b)열보호시스템인 탄소-섬유 복합체, (c)에어 백(air bag) 구획 (d)에어 백 전개 시스템, (e)티타늄 선실 껍질, (f) 승무원실 구획을 묘사하고 있다. 그림 12.17 은 열보호막 경계조건인 3000K 에서 압연강판으로 만들어진 캡슐 모델에서 온도 분포를 보여주고 있다. 이 온도 분포는 응력 분석 모듈에서 가져왔으며, von Mises 응력 분포와 캡슐의 변형된 경계조건을 그림 12.18 에서 보여준다.

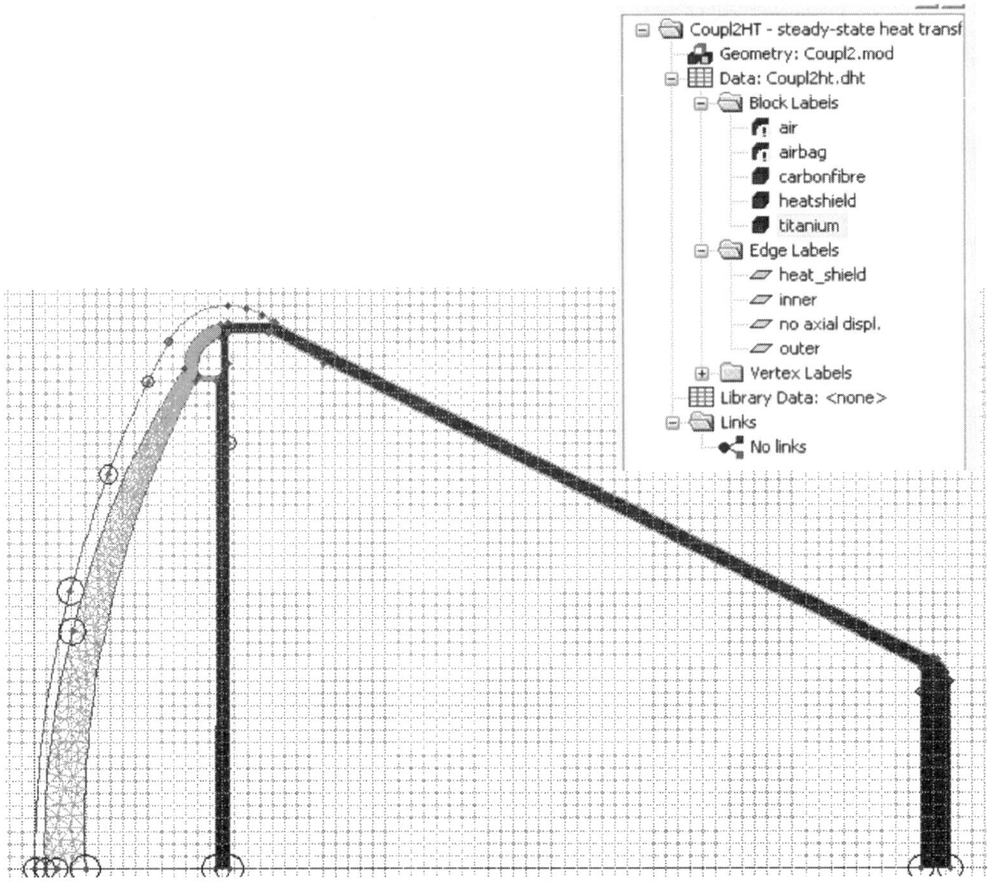

그림 12.15 다른 구조적 요소를 보여주는 스페이스 캡슐 유한요소 모델(건설 중), 지금까지 단지 열보호막 지지대만이 걸려 있었다.

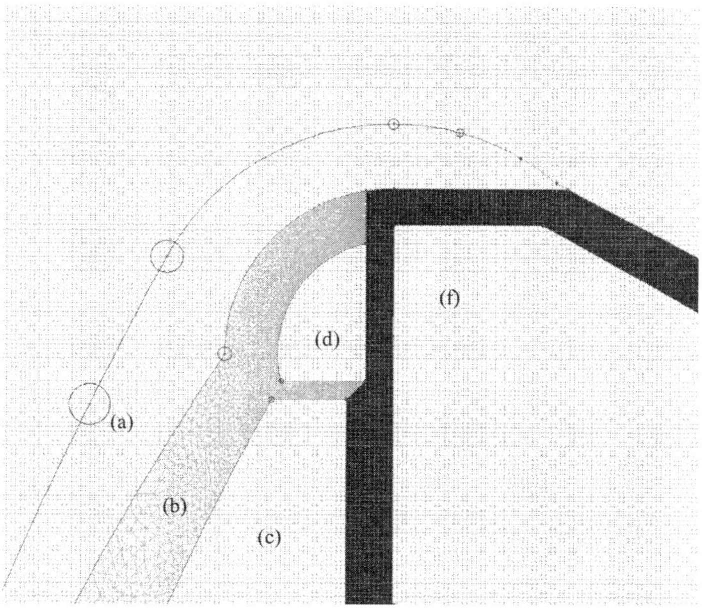

그림 12.16 (a)용발성 열보호막; (b)열보호 시스템, 탄소-섬유 복합체; (c)에어 백; (d)에어 백 전개 시스템; (e) 티타늄 선실 껍질; (f) 승무원실

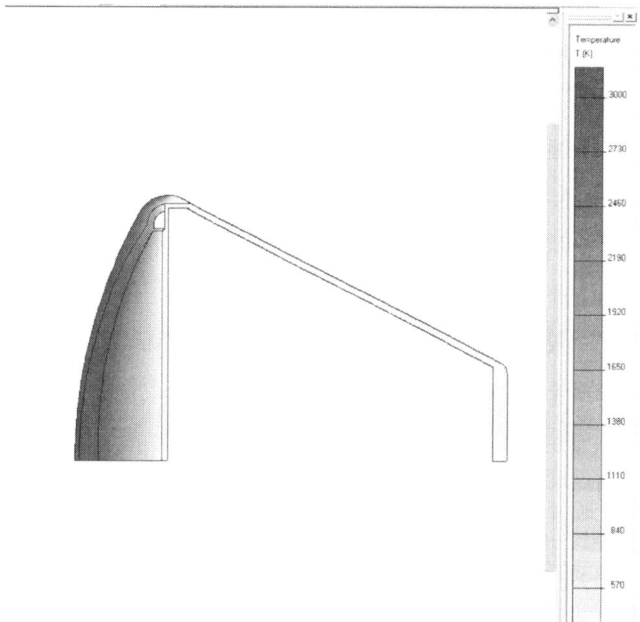

그림 12.17 열보호막 경계조건인 3000K 에서 오리온 유인탐사선 모델의 온도 분포

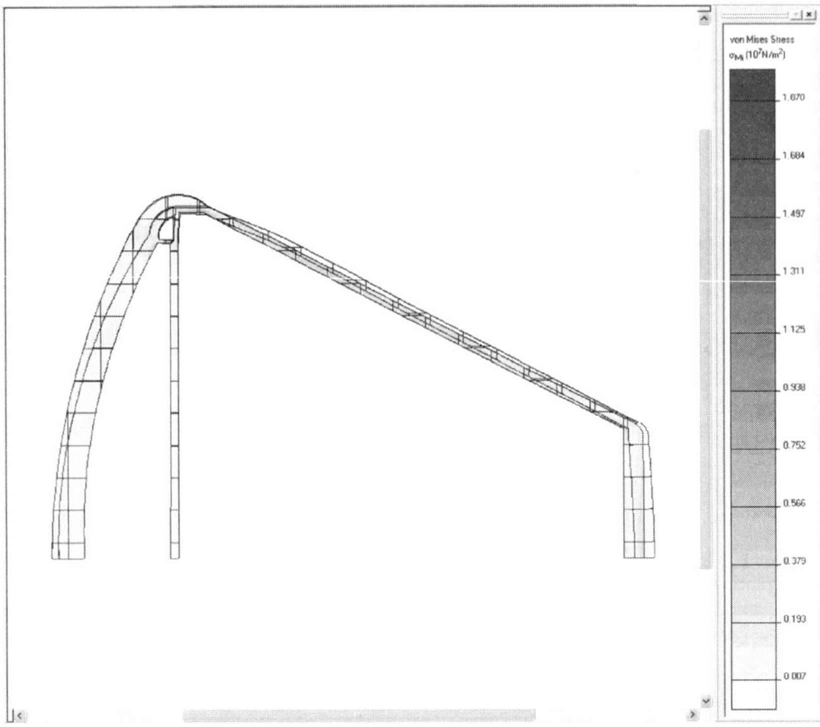

그림 12.18 열보호막 경계조건인 3000K 에서 초래된 오리온 CEV 모델의 변경된 경계조건과 von Mises 응력 분포.

12.5 전기력이 있는 경우의 응력 분석

퀵필드에서 응력 분석 문제에 전기력이 도입될 것이다. 응력과 정전기학 문제의 결합은 동일한 모델 파일을 공유한다. 결합은 응력분석 문제 특성을 정전기학 문제에 적용하면서 발생한다.

그림 12.19 는 선대칭에서 만들어진 유전체 평판 위에 대전자침을 둘러싸고 있는 등전위를 보여준다. 바늘의 길이는 20cm 이고 반경 30cm 인 유전체 평면위로 1cm 나와있으며, 상대절연상수는 $\varepsilon_r = 5.0$, 두께는 1 cm 이다. 퍼텐셜이 0 일 때 해의 영역의 가장자리에 관해서는 바늘이 100V 의 퍼텐셜을 가진다. 유도체 평판은 영률은 $E = 10^6 \mathrm{N/m^2}$ 이고, 각각의 직교방향에서 푸아송 비가 $\nu = 0.335$ 그리고 전단 계수가 $G_{zr} = 3.7 \times 10^5 \mathrm{N/m^2}$ 이다. 그림 12.20 은 von Mises 응력과 변위($\times 2 \cdot 10^8$ 배수)의 명암도를 보여준다.

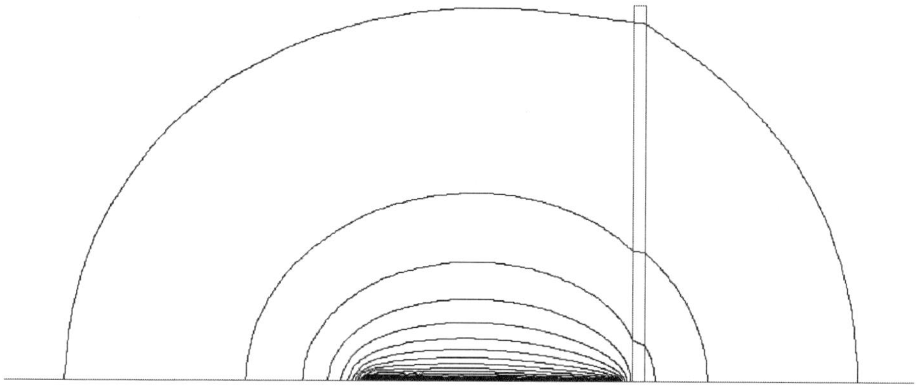

그림 12.19 선형대칭으로 모형화된 유전체 평판 위의 대전자침을 둘러싸고 있는 등전위

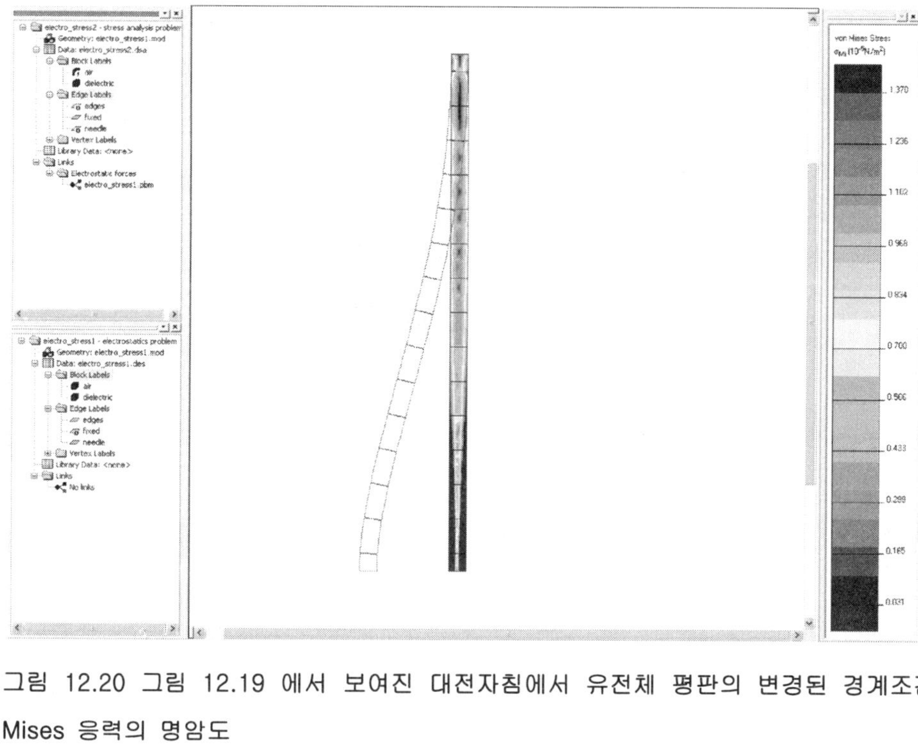

그림 12.20 그림 12.19 에서 보여진 대전자침에서 유전체 평판의 변경된 경계조건과 von Mises 응력의 명암도

12.6 자기력이 있는 경우의 응력 분석

정자기학, AC 자기학 또는 과도 자기학 모듈에서 계산된 자기력은 응력 분석 모듈의 자료로써 사용될 것이다. 응력과 자성문제의 결합은 동일 모델 파일을 공유한다. 이

결합은 응력 분석 문제 특성을 상응하는 자성문제에 적용함으로써 발생한다.
반대 방향으로 전류가 흐르고 있는 두 도체에서 나오는 선속 선들을 그림 12.21 에 나타내었다. 플라스틱 주물에 삽입된 도체는 역자성에서 변형된다. 정자기력은 플라스틱 주물의 적당한 경계조건을 가지는 응력 분석 문제에 도입된다. 그림 12.22 는 특정값에 의해 규정된 좌표에서 응력과 변형 성분에 대한 변위의 명암도를 보여준다. 변경된 경계가 기존의 경계조건 위에 겹쳐서 보여진다(2000 배 확대).

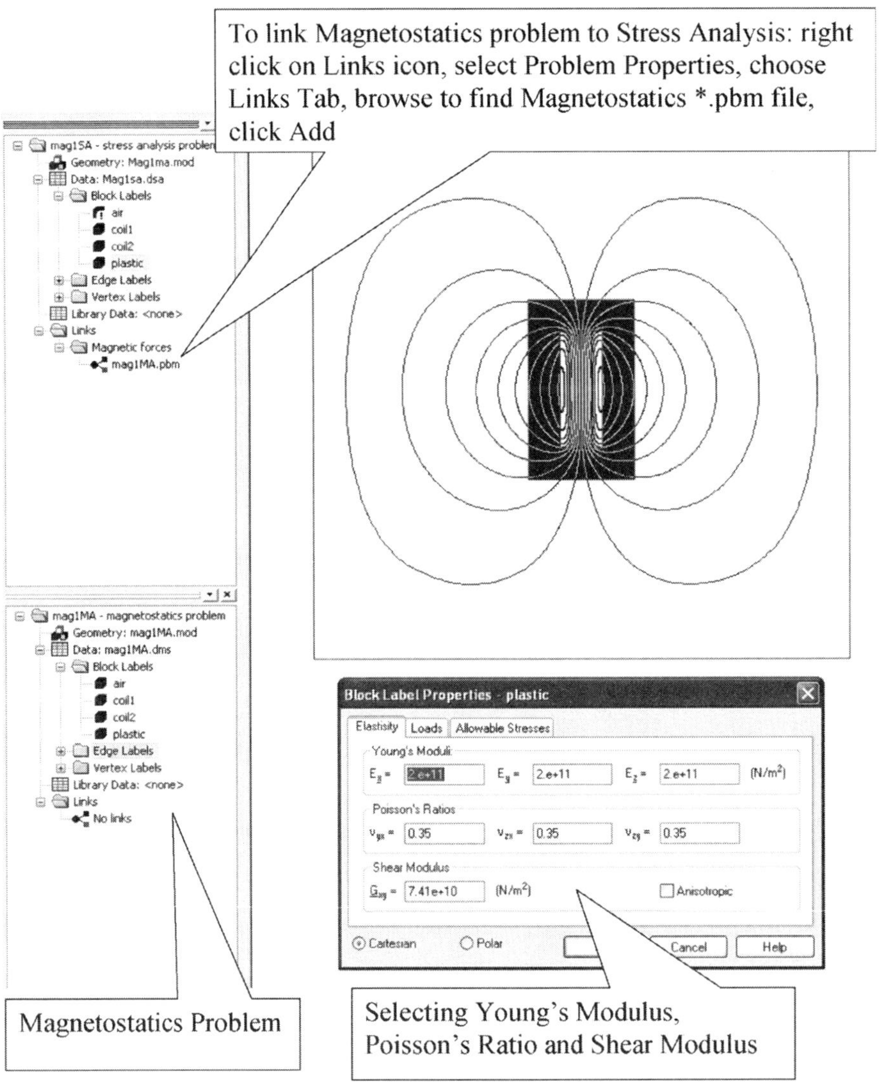

그림 12.21 정자기와 응력분석문제간의 연결 그림. 선속 선들은 반대방향으로 전류가 흐르고 있는 석판에서 나온 것이다.

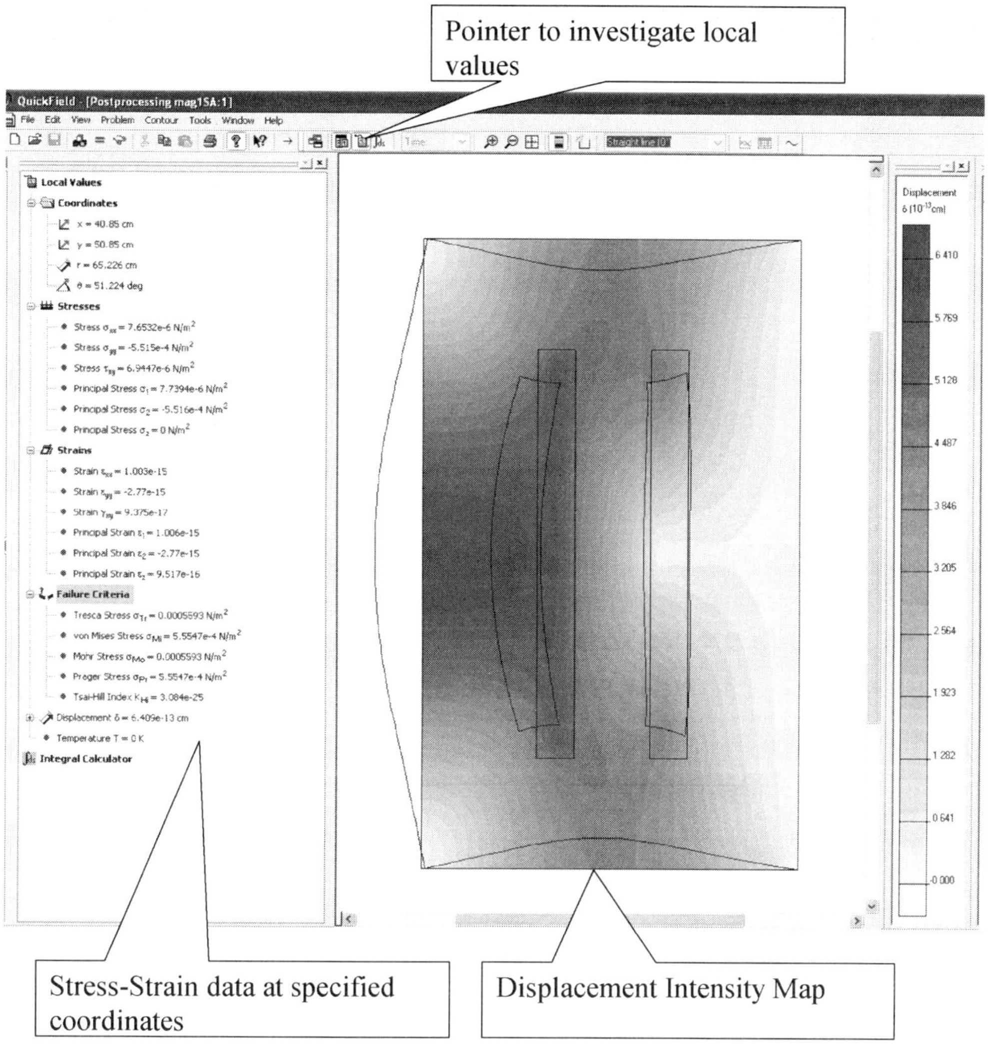

그림 12.22 전류가 흐르는 도체간의 역자성에 의한 변형된 경계와 변위 장. 응력과 변형 값은 위에서 규정된 좌표의 값이다(2000 배 확대).

정자기학과 응력 분석이 결합된 문제에 대한 두 번째 예로서 그림 12.23 과 같은 I-빔 구조와 자석을 고려하자. 선속 밀도는 자석과 I-빔 사이의 간격에서 약 7.0mT 이다. 자기 보자력은 x 축에서 90 방향으로 1000A/m 과 같다. I-빔은 폭 68cm, 높이 32cm 이다. 중심부의 두께는 2cm 이고 2cm 의 간격이 자석과 beam 을 분리한다. I-빔의 상대 투자율은 $\mu_r = 10^4$ 이다. I-빔의 영률은 전단계수는 $G_{xy} = 2.62\times10^{10}$ N/m^2 일 때 $E = 7\cdot10^{10}\,\mathrm{N/m^2}$ 이고, 각각의 직교방향에서 푸아송 비는 $\nu = 0.335$ 이다. 변형된 경계의 von Mises 응력의 명암도를 보여지고 있다(7×10^7 배 확대).

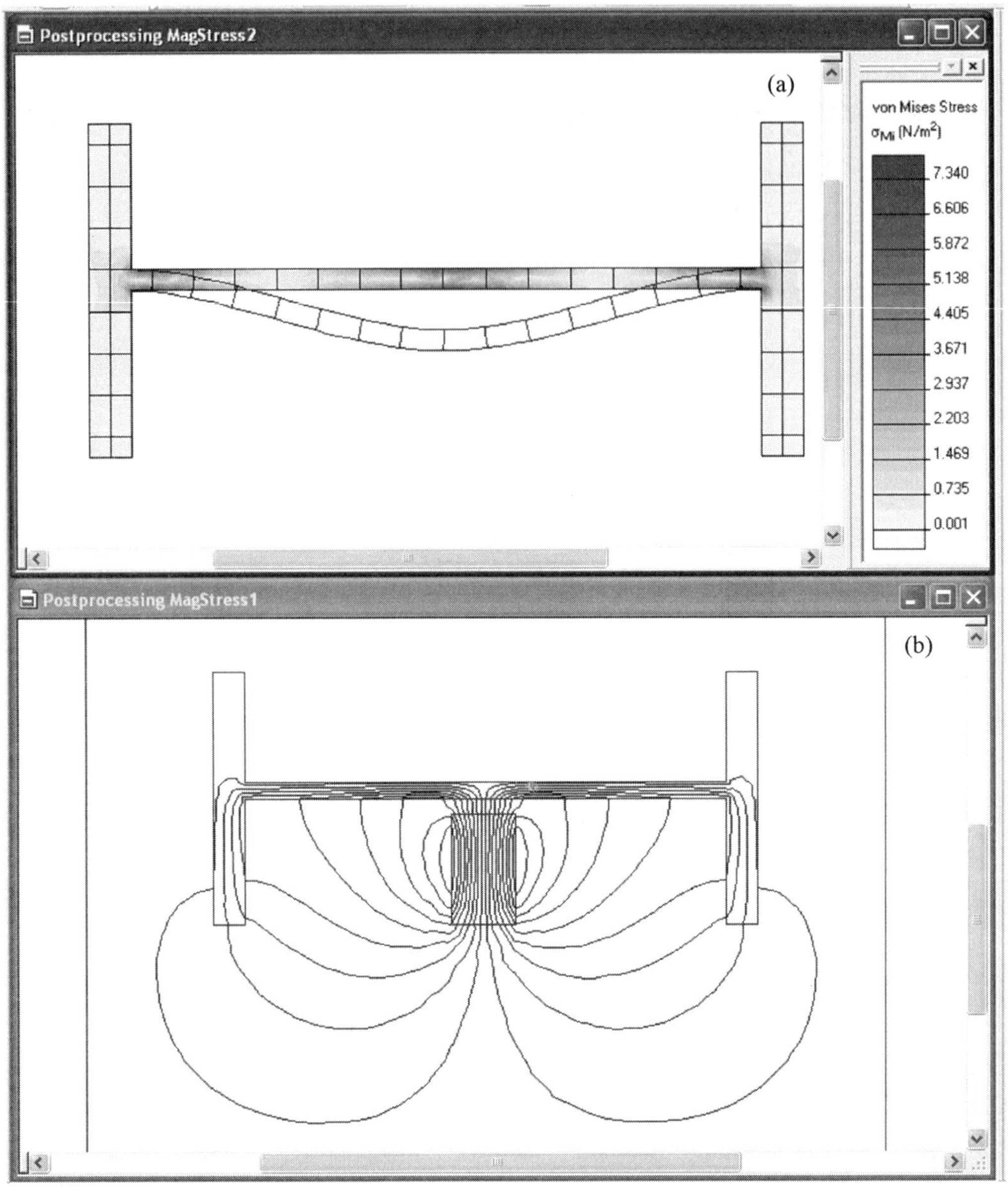

그림 12.23 I-빔 아래의 영구자석에 대한 정자기학과 응력분석문제의 결합; (a) von Mises 응력과 편차의 명암도(7×10^7 배 확대); (b) 자기 선속 선들 그림

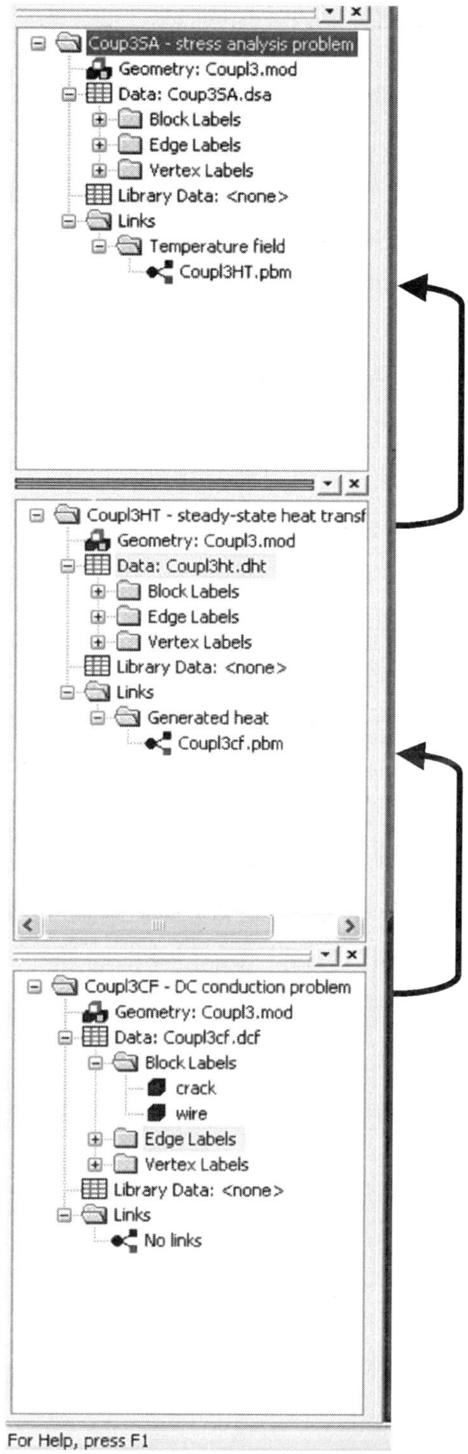

그림 12.24 DC 전도와 정상상태 열전문제간의 연결과 열전달과 응력분석간의 연결

12.7 전류, 열, 응력이 결합된 경우의 분석

전기 전류(과도 또는 시간조화(time-harmonic) 자기체에서 발생한 AC, DC, 유도 전류)에 의해 발생된 열적장(thermal field)는 응력분석 모듈의 자료로 사용될 것이다. 응력 열적 그리고 전기적(AC, DC) 또는 과도 자기학(과도 또는 시간 조화) 문제는 동일한 모델 파일을 공유한다. 응력 분석 문제 특성을 상응하는 열적 문제 파일에 연결하고, 이 열적 문제 파일은 전기적(또는 과도 자성)문제 파일에 연결할 수 있다.

전류흐름, 열전달 그리고 응력 분석을 결합한 예로써, 원판 형상의 결함을 가진 전선을 통한 전류흐름을 생각하자. 문제들의 연결은 그림 12.24 에 묘사하였다. 전류는 저항기의 균열을 비켜간다. 저항기 양단에 10^{-3} V 의 전위차를 적용하였다. 그림 12.25 는 (a)등전위 전류 벡터, 전류 밀도의 명암도를 보여주고 (b)는 온도와 열 선속 벡터의 명암도를 보여주는 결과로 얻어진 열적장 (c)는 von Mises 응력과 변형된 경계의 명암도이다 (4000 배 확대). 저항 성분은 1.0cm 의 길이와 0.5cm 의 반지름을 가진다. 틈은 두께가 0.1mm 이고 반경은 3.7mm 이다. 전선의 저항은 $2.37 \cdot 10^{-8} \Omega \cdot \mathrm{m}$ 이고, 틈은 $1.0\Omega \cdot \mathrm{m}$ 의 저항을 가진다. 경계 외부는 전류 밀도로 0 을 지정하고, 저항기 각 면에 1.0mV 의 전위차를 적용한다. 전선이 20W/mK 의 열전도율을 가질 때 틈은 1W/mK 의 열전도율을 가진다. 전선 외부의 주위온도가 20K 인 원기둥형 경계에서 대류 계수 $\alpha = 800\,\mathrm{W/m \cdot K^2}$ 를 가지는 끝점에 열 선속이 0 인 조건을 적용한다. 틈의 영률은 "None" 으로 표기된 값인 0 이고 전선의 영률은 $7.7 \cdot 10^{10}\,\mathrm{N/m^2}$ 이다. 전단계수가 $2.88 \times 10^{10}\,\mathrm{N/m^2}$ 인 전선의 경우 푸아송 비는 모두 0.335 이다. 전선의 열팽창계수는 $10^{-6} 1/\mathrm{K}$ 이다. 틈의 가장자리를 둘러싸고 있는 지역의 상세도를 변형된 경계를 따라 그림 12.26 에 나타내었다. Mohr 응력은 약 0.1mm 의 두께에 상응하도록 이 그림에서 그려졌다. 이전과 같이 더 큰 응력이 틈의 가장자리에서 관찰된다.

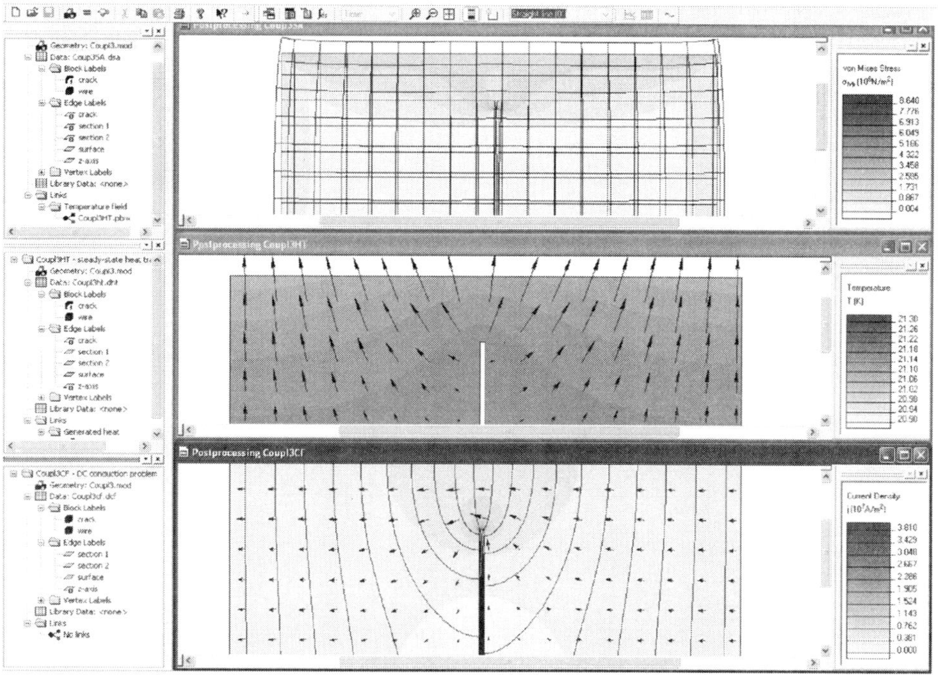

그림 12.25 전류 흐름, 열전달, 응력분석 문제의 결합; (a) 등전위성, 전류벡터, 전류밀도 명암도를 보여주는 원판 형의 결함을 가지는 저항성 전선을 통한 전류 흐름; (b) 온도와 열선속 벡터의 명암도를 보여주는 열적장; (c) von Mises 응력의 명암도와 변경된 경계조건 (4000 배)

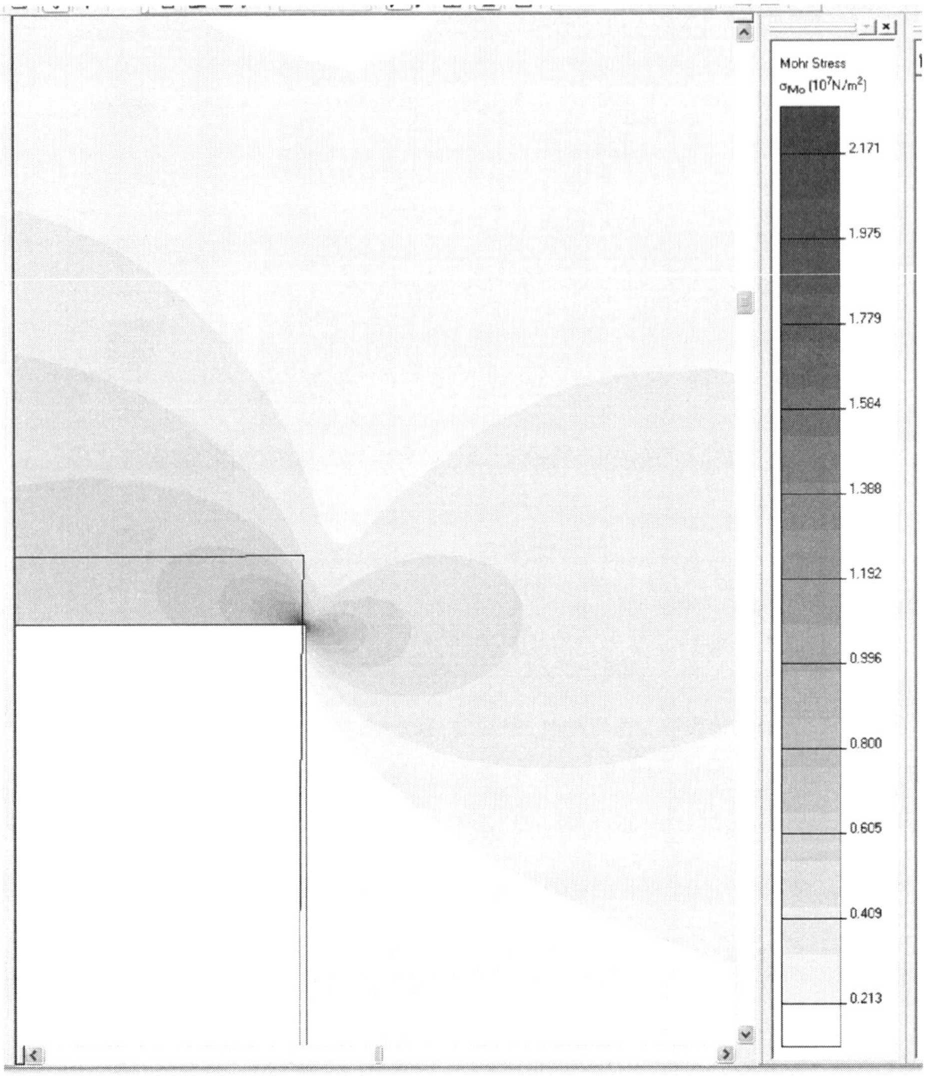

그림 12.26 변형된 경계조건과 Mohr 응력을 보여주고 있는 틈의 가장자리에 대한 상세도. 보고 있는 지역의 폭은 0.1mm 이다(2000 배).

참고 문헌

S. P. Timoshenko and J. N. Goodier. (1970). *Theory of Elasticity 3rd edition*, McGraw-Hill

Walter D. Pilkey. (1997). *Peterson's Stress Concentration Factors 2nd edition*, John Wiley & Sons.

QuickField User's Guide: Tera Analysis Ltd. (2007). *Chapter 2: Introductory Guide, Chapter 10:Theortical Description, Chapter 11: Examples*

William T. Thomson. (1962). *Laplace Transformation , 2nd edition*, Prentice-Hall. *Chapter 5: Structural Applications.*

Raymond J. roark and Warren C. Young. (1975). *Formulas for Stress and Strain, 5th edition*, McGraw-Hill.

Roland Glaser. (2001). Biophysics, Springer-Verlag. *Chapter 2.5.3:Mechanical Properties of Biological Membranes.*

연습문제

12.1 부하가 $x = L/2$ 에서 델타함수로 주어질 때 라플라스 변환을 이용하여 길이 L 인 일차원 빔의 편향 $y(x)$ 를 다음 조건에서 계산 하여라.

(a) $x = 0$ 에서는 빔이 고정되고 $x = L$ 에서는 자유로울 때

(b) 빔의 양끝을 단지 지지만 할 때

12.2 $x = L/2$ 에서 부하가 델타함수로 주어질 때 라플라스 변환을 이용하여 길이 L 인 일차원 빔의 편향 $y(x)$ 를 다음 조건에서 계산 하여라.

(a) $x = 0$ 에서 빔이 고정되고 $x = L$ 에서는 지지만 할 때

(b) 빔의 양끝이 고정되었을 때

12.3 $0 \le x \le L/2$ 에서 부하가 세타 함수로 주어질 때 라플라스 변환을 이용하여 길이 L 인 일차원 빔의 편향 $y(x)$ 를 다음 조건에서 계산 하여라.

(a) $x = 0$ 에서 빔이 고정되고 $x = L$ 에서는 자유로울 때

(b) 빔의 양끝을 단지 지지만 할 때

12.4 $x = L/2$ 에서 부하가 세타 함수로 주어질 때 라플라스 변환을 이용하여 길이 L 인 일차원 빔의 편향 $y(x)$ 를 다음 조건에서 계산 하여라.

(a) $x = 0$ 에서 빔이 고정되고 $x = L$ 에서 지지만 할 때

(b) 빔의 양끝이 고정되었을 때

12.5 $0 \le x \le L$ 에서 부하가 경사 함수 $w(x) = F_0 x / L$ 로 주어질 때 라플라스 변환을 이용하여 길이 L 인 일차원 빔의 편향 $y(x)$ 를 다음 조건에서 계산 하여라.

(a) $x = 0$ 에서 빔이 고정되고 $x = L$ 에서는 자유로울 때

(b) 빔의 양끝을 단지 지지만 할 때

12.6 $0 \le x \le L$ 에서 부하가 경사 함수 $w(x) = F_0 x / L$ 로 주어질 때 라플라스 변환을 이용하여 길이 L 인 일차원 빔의 편향 $y(x)$ 를 다음 조건에서 계산 하여라.

(a) $x = 0$ 에서 빔이 고정되고 $x = L$ 에서 지지만 할 때

(b) 빔의 양끝이 고정되었을 때

12.7 그림 E-12.7 에 보인 것과 같이 장력시험기계에서 홈이 파진 막대에 부하를 걸어 줄 때 영향을 받는 응력분포를 모델링 하여라. 스트레칭(신축)과 압력에 대하여 응력분포를 비교 하여라. 막대에서 부하에 대한 함수로써 최대 von Mises 응력을 플로팅 하기 위해 레이블 무버를 이용 하여라.

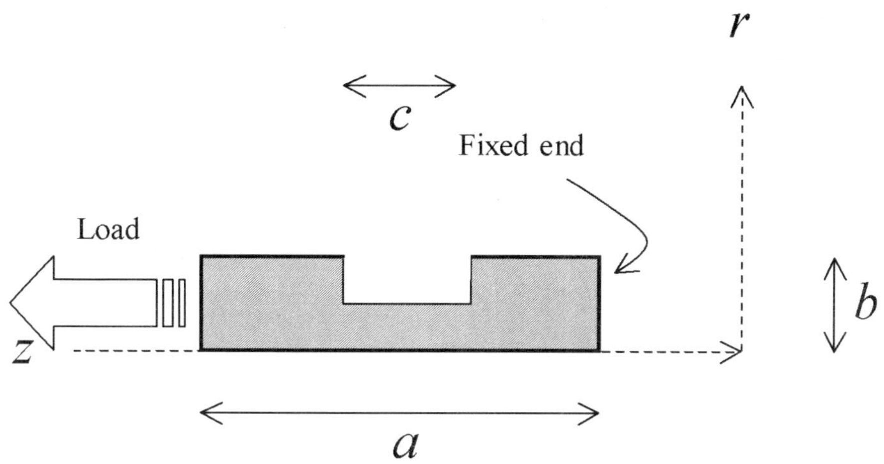

그림 E-12.7 장력시험기계의 홈이 있는 막대

12.8 열과 응력분석의 결합: 그림 E-12.8 에 보인 것과 같이 $t=0$ 에서 액체질소가 담긴 조에 금속 막대의 반이 잠겼다. 시간함수로써 막대에서 온도와 응력분포를 모델링 하여라.

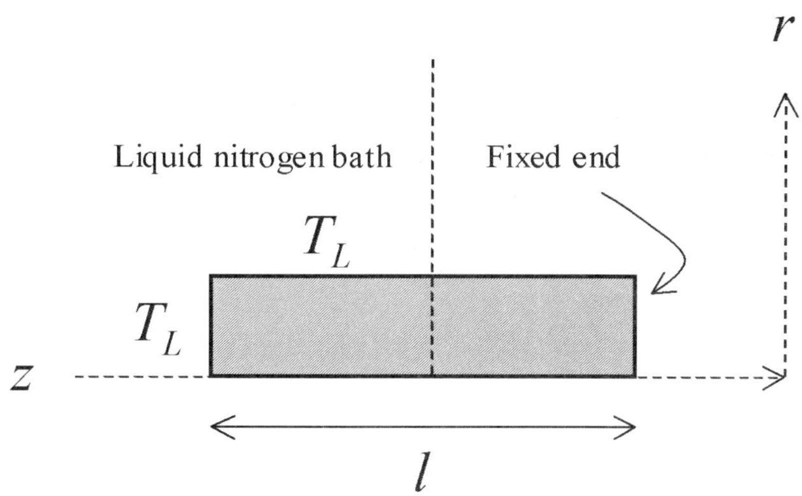

그림 E-12.8 액체 질소가 담긴 조에 반이 잠긴 금속막대

12.9 그림 E-12.9 에 보인 것과 같이 잠수함의 타원형 단면에서 배를 따라 세로로 움직이는 응력 틈(stress crack)이 있다. 만약 잠수함이 내부압력이 1 기압이고 외부압력이 25 기압인 깊이에 있다면 외피와 응력 틈(stress crack)주변에서 응력분포를 계산하여라.

더 작은 곡률 반경을 가지는 외피부분에 틈(crack)이 있을 때의 응력분포와 비교하여라.

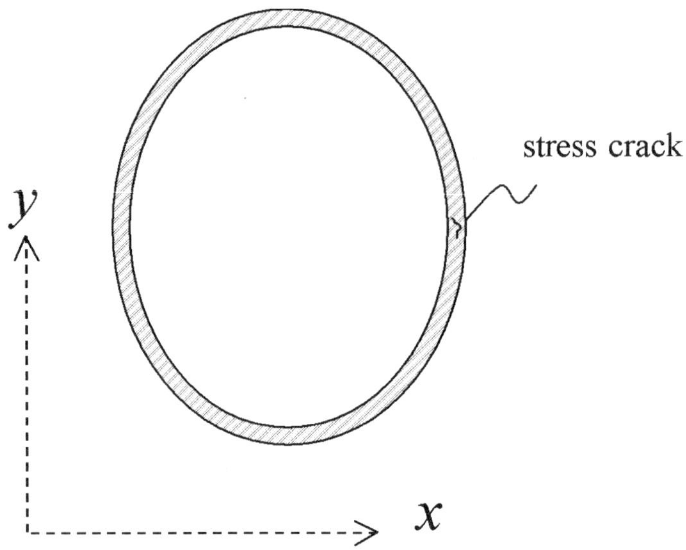

그림 E-12.9 외피와 평행하게 움직이는 응력 틈(stress crack)을 가지는 잠수함의 단면

12.10 배의 원주를 따라 움직이는 응력 틈을 가진 잠수함을 그림 E-12.10 에 나타내었다. 만약 잠수함이 내부압력이 1 기압이고 외부압력이 25 기압인 깊이에 있다면 외피와 응력 틈(stress crack)주변에서 응력분포를 계산하여라. 더 작은 곡률 반경을 가지는 외피부분에 틈(crack)이 있을 때의 응력분포와 비교 하여라.

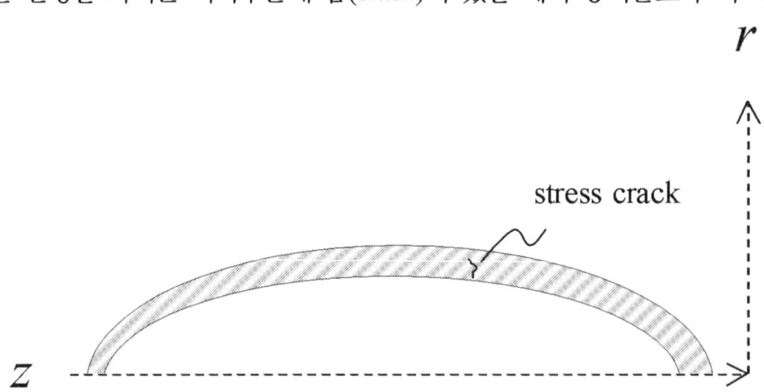

그림 E-12.10 배의 원주를 따라 움직이는 응력 틈(stress crack)을 가진 잠수함의 단면

12.11 열과 응력분석의 결합: 그림 E-12.11 에 보인 것과 같이 가공된 구멍이 있는 플라스틱 실린더가 액체 질소 조에서 제거되었다. 시간함수로써 열과 응력분포를 계산 하여라.

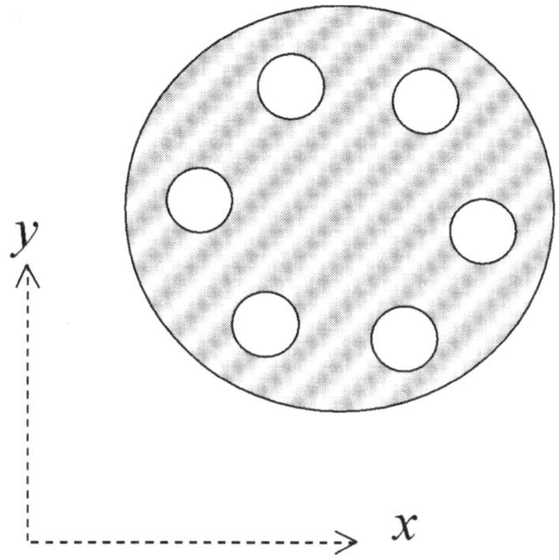

그림 E-12.11 가공된 구멍이 있는 플라스틱 실린더

12.12 정자기학과 응력 분석의 결합된 경우. 그림 E-12.12 에서 보인 것과 같이 플라스틱 실린더의 가공된 구멍에 전류 I 를 수송하는 전선이 있다. 다양한 전류구성에 대하여 응력분포를 계산 하여라.

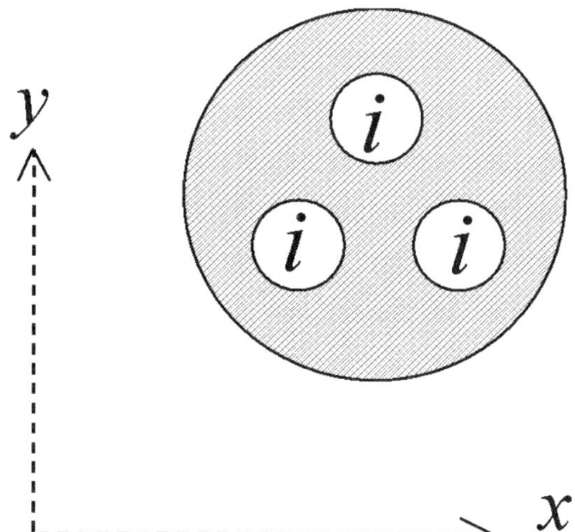

그림 E-12.12 전류를 운송하는 절연 전선

12.13 전류, 열 그리고 응력분석의 결합: 그림 E-12.13 에 보인 것과 같이 원형전선이 액화질소에 담겨 있고 100A 의 전류를 수송한다. 전선에서의 열과 응력분포를 계산 하여라.

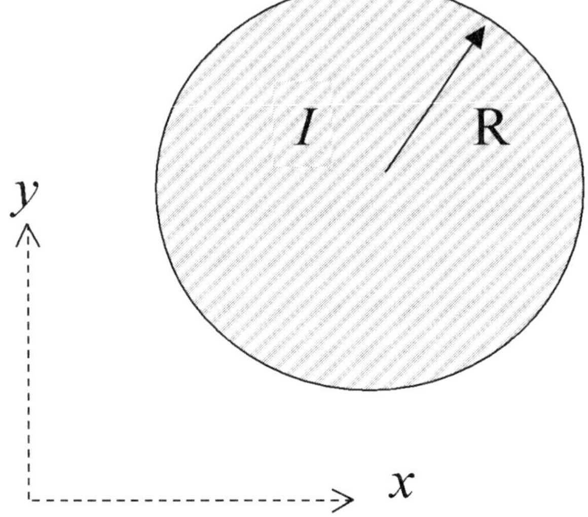

그림 E-12.13 반경이 R 인 전류를 수송하는 전선

12.14 그림 E-12.14 에 보인 것과 같이 리벳 주변의 응력분포를 계산하여라. x-와 y-의 변위가 0 인 등고선이 되기 위한 경계를 명시 하여라.

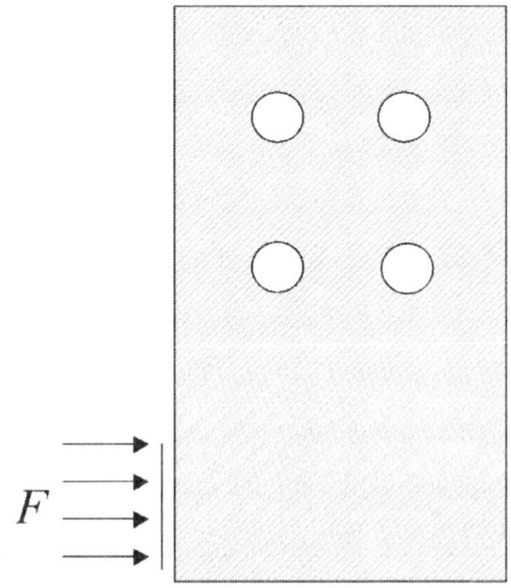

그림 E-12.14 전단 부하(shear loading) 조건에서 4 개의 리벳을 가지는 평판

12.15 그림 E-12.15 에 보인 것과 같이 x-y 대칭에서 진공 자켓이 있는 이중벽 G-10 유리섬유 액화질소 보온용기(Dewar)를 설계하여라. 보온 용기의 내부표면에서 복사경계조건을 적용하여라. 보온 용기의 외부표면에는 대류와 복사 경계조건을 적용하여라. G-10 유리섬유 성분에서 응력분포를 조사하기 위해 열과 응력분포의 결합을 수행 하여라.

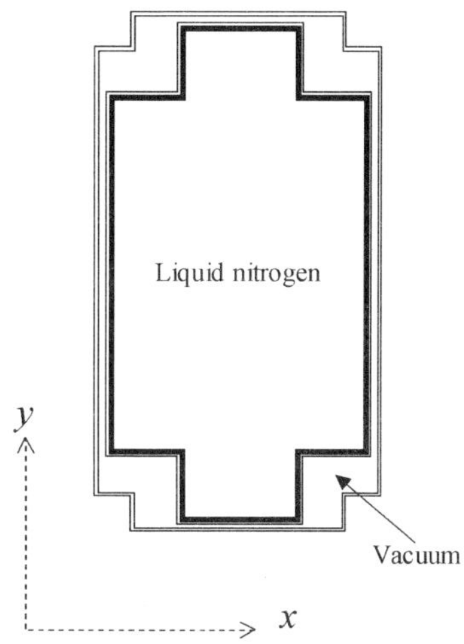

그림 E-12.15 x-y 대칭에서 모델링한 액화질소 보온용기

12.16 축대칭에서 12.15 의 원통형 보온 용기 모델링을 수행 하여라.

12.17 그림 E-12.17 에서 보여지듯이 주변이 초전도 구조물인 영구자석을 모델링 하여라. 초전도체에서 von Mises 응력분포와 변위 장을 계산하여라(초전도체는 상대침투도 $1.0e^{-6}$ 로 모델링 된다).

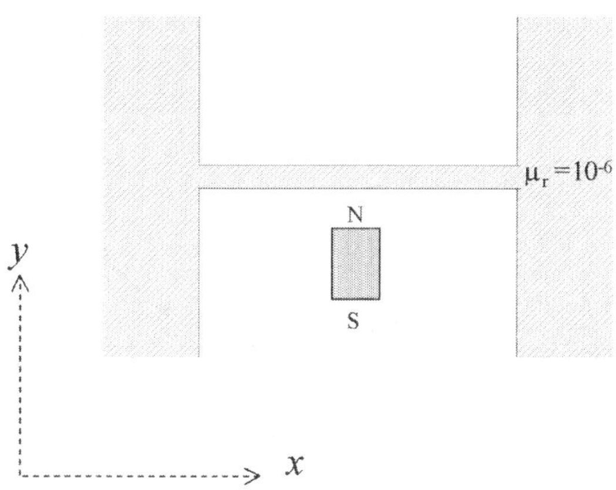

그림 E-12.17 주변이 초전도 구조물인 영구자석

12.18 정자기학과 응력 분석이 결합된 경우: 그림 E-12.18 에서 보인 것과 같은 Atomic Force Microscope(AFM) probe 를 모델링 하여라. 외팔보(cantilever)에서 von Mises 응력분포와 변위장을 계산 하여라.

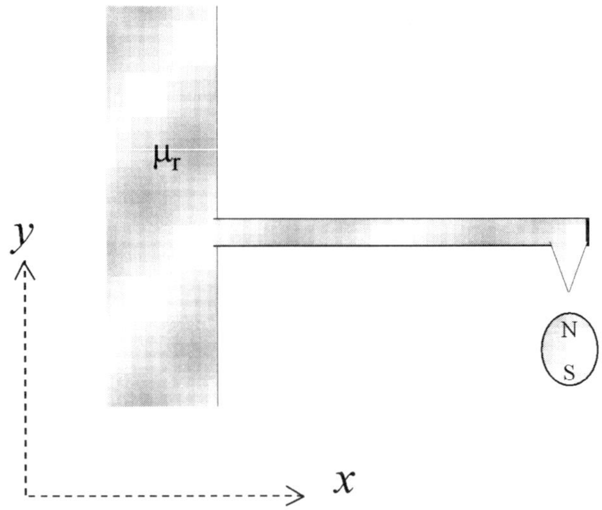

그림 E-12.18 자기 쌍극자 위의 AFM 외팔보

12.19 정자기학과 응력 분석이 결합된 경우: 그림 E-12.19 에 보인 것과 같은 4 개의 경계 포텐셜을 가지는 원형 절연판에서 von Mises 응력분포와 변위장을 계산 하여라.

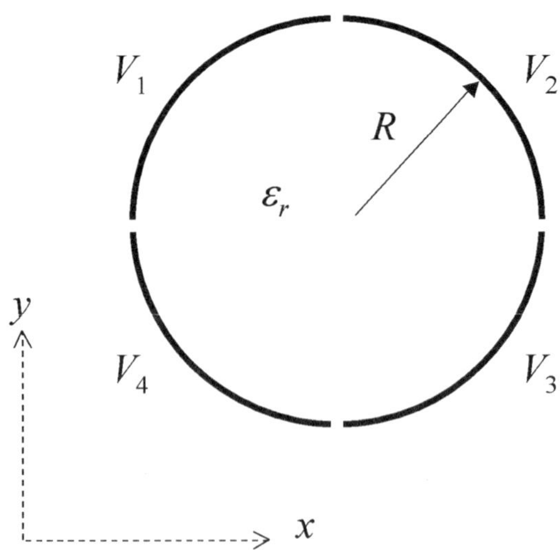

그림 E-12.19 4 개의 전위를 가지는 절연 원형판

12.20 정자기학과 응력 분석이 결합된 경우: 축대칭에서 그림 E-12.20 에 보인 것과 같은 비누거품(또는 절연막) 내부에서 대전한 바늘을 모델링 하여라. von Mises 응력분포와 변위장을 플로팅 하여라.

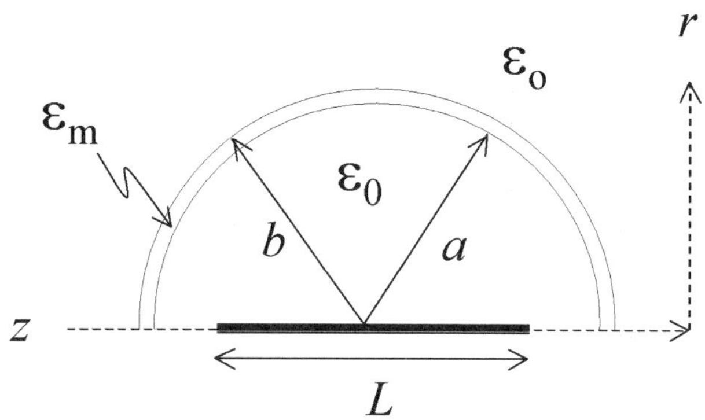

그림 E-12.20 비누거품 또는 절연막 내부의 대전한 바늘

12.21 정자기학과 응력 분석이 결합된 경우: 그림 E-12.21 에 보인 것과 같은 금속과 붙어있는 영구자석으로 인한 투자성 반공간에서 응력분포를 계산하여라. 선속선들과 von Mises 응력 분포와 변위장을 플로팅 하여라.

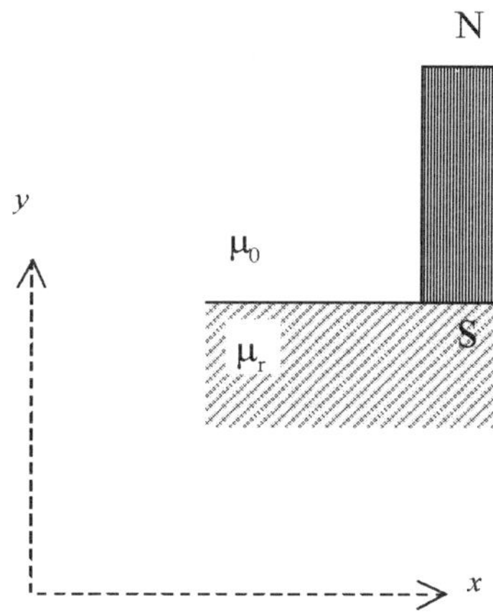

그림 E-12.21 고투자성 반공간에 붙어있는 영구자석

12.22 그림 E-12.22 에 보인 것과 같은 원통의 축으로 향하고 원판형 구멍으로 열려 있는 원뿔형 구멍이 있는 금속부분을 모델링 하여라. 원뿔형 구멍, 축, 구멍은 77K 의 액화질소로 채워졌다. 단면의 표면은 300K 이다. 물질에서 von Mises 응력분포를 계산하여라. 복사와 대류 경계조건을 부분의 외부 모서리에 적용하여라

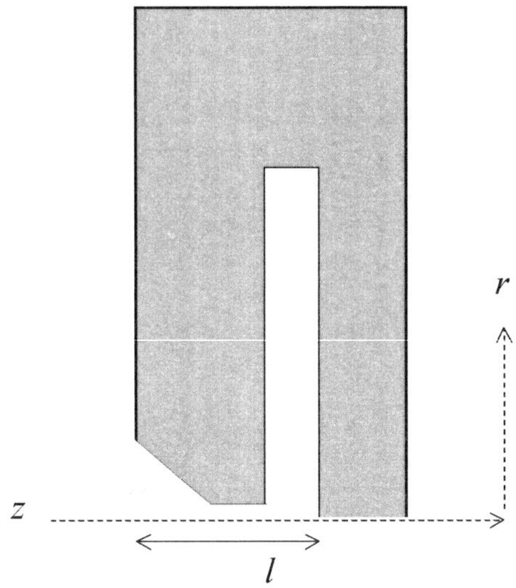

그림 E-12.22 액화질소로 채워진 구멍을 가지는 금속부분

12.23 다른 열팽창 계수를 가지는 두 평판이 그림 E-12.23 에 보인 것과 같이 실온 에서 같이 붙어있다. 만약 이것을 갑자기 77K 의 액체질소에 담글 때 평판에서의 응력분포를 계산 하여라.

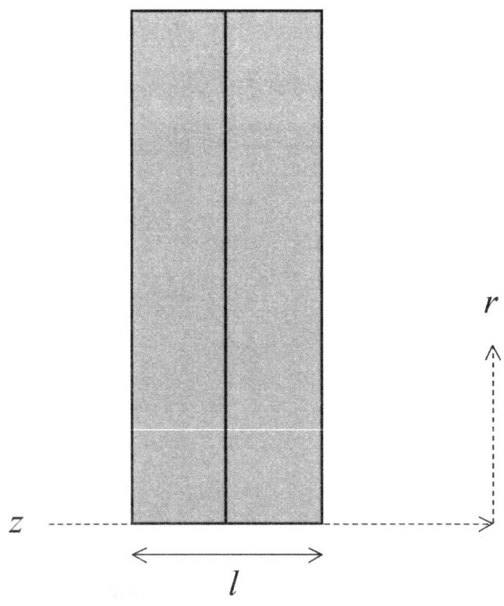

그림 E-12.23 다른 열팽창계수를 가지는 두 평판을 실온에서 함께 붙여놓았다. 구조: 축 대칭

12.24 정자기학과 응력 분석이 결합된 경우: 그림 E-12.24 에 보인 것과 같이 영구자석이 고투자성 껍질 안에 있다. 변위장 뿐만 아니라 껍질에서 von Mises 응력분포를 계산하여라. 매우 작은 값의 상대 투자율을 가진 초전도 껍질에 대하여서도 계산하여라.

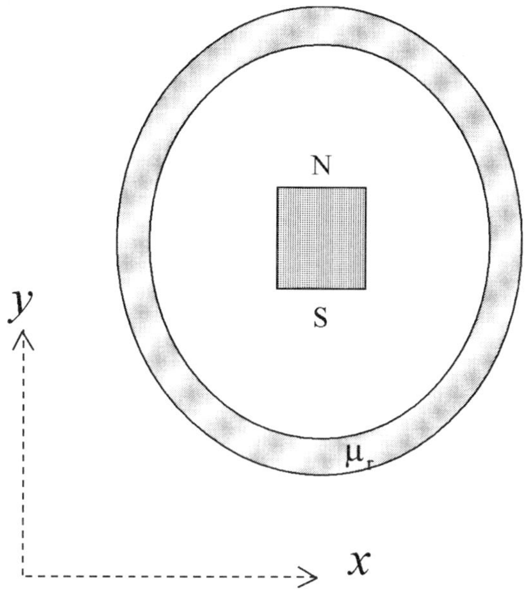

그림 E-12.24 고투과성 껍질 내부의 자석. 구조: x-y 대칭

12.25 정자기학과 응력 분석이 결합된 경우: 축대칭에서 중앙 격벽이 있는 고투자성, 원형튜브의 내부에 있는 자석을 모델링 하여라. 변위장 뿐만 아니라 뮤메탈 내부의 von Mises 응력분포를 계산하여라.

12.26 정자기학과 응력 분석이 결합된 경우: 축대칭에서 중앙 격벽이 있는 초전도성 원형 튜브 내의 자석을 모델링하여라. 초전도체 내부의 응력 분포를 계산하여라. 레이블 무버를 이용하여 z 축을 따라 자석을 움직이는 최대 von Mises 응력을 플로팅 하여라.

12.27 정자기학과 응력 분석이 결합된 경우: 축대칭에서 유전 막을 뚫은 대전한 바늘을 모델링 하여라. Von Mises 응력분포와 변위장을 플로팅 하여라.

12.28 열과 응력 분석이 결합된 경우: 대기 재진입 시의 오리온 유인 탐사선의 열과 응력분석의 결합을 모델링 하여라. 레이블 무버를 이용하여 1.0-7.0km/sec 사이의 재진입 속도에 상응하는 열보호막 외부온도를 가지게 하는 재진입 속도의 함수로써

캡슐에서 최대 von Mises 응력을 플로팅 하여라. 그림 12.11 에 따라서 외부 껍질과 내부 압력 베셀 간의 차이를 포함 하여라.

12.29 열과 응력 분석이 결합된 경우: 그림 12.13 과 그림 12.14 에 그려진 발사 중지 시스템에서 열과 응력분석의 결합을 모델링 하여라. 그림 12.12 의 단면도를 이용해서 모델의 크기를 조절하여라. von Mises 응력을 플로팅 하고, 중지 모터의 추력(abort motor thrust)의 함수로써 변형된 경계를 플로팅 하여라. 윗부분이 잘려진 원뿔의 표면에 대한 부하로 모델링 하여라. 원뿔 후미 표면(conical afterbody surface)에 일정온도 경계조건을 적용함으로써 몇몇의 중지 모터의 배출(abort motor exhaust) 온도를 조사 하여라.

13. 전기 회로

이 장에서 다루는 내용들

- 전류와 옴(Ohm)의 법칙
- 키르히호프(Kirchhoff)의 법칙
- 직렬 또는 병렬로 연결된 저항
- 직렬 또는 병렬로 연결된 전기용량
- 교류회로의 임피던스
- 전기 회로의 과도 전류
- 퀵필드를 이용한 전기 회로 모델링
- 필터의 사용
- 생체 시스템에 대한 전기 회로 모델링
- 츄아(Chua)의 혼돈 회로

13.1 전류와 옴의 법칙

전류 I는 다음과 같이 전도체에 시간당 흐르는 전체 전하의 양으로 정의 된다.

$$I = \frac{dQ}{dt} \tag{13.1}$$

전류의 SI 단위는 암페어(Ampere, A)이고, 초당 쿨롱(Coulomb, C)으로 정의된다. 벤자민 프랭클린(Benjamin Franklin)은 처음으로 양의 전하가 이동하는 방향으로 전류가 흐른다는 관례를 적용하였다. 음의 전하가 왼쪽으로 이동하는 만큼 양의 전류가 오른쪽으로 흐르게 된다. 회로에 있어서 전하 운반자(charge carrier)는 음의 전기를 띤 전자이기 때문에 전류의 방향은 전자의 반대 방향이다. 전류는 옴의 법칙(Ohm's Law)에 따라서 전도체의 전위차 V 에 비례해서 흐르며 물질의 저항 R 에 반비례해서 흐른다.

$$V = IR \tag{13.2}$$

전기 저항은 전도체의 결정 격자(crystal lattice), 포논(phonon) 그리고 불순물에 의한 전자의 확산에서 생겨난다. 저항의 단위는 옴(Ohm, Ω)이고 암페어 당 전압으로 정의 된다. Ohm 은 실험적으로 저항은 도체의 길이 L 에 비례하고 단면적 S 에 반비례한다는 것을 발견했다.

$$R = \rho \frac{L}{S} \tag{13.3}$$

비저항 ρ 는 물질의 구조와는 관계가 없는 특성이며 S.I. 단위로 $\Omega \cdot \mathrm{m}$ 를 사용한다. 대부분의 금속은 전기 전도성이 뛰어나다. 비저항은 온도가 낮아지면 감소하고 초전도체의 전이온도(transition temperature) T_c 이하가 되면 이상적으로는 비저항이 0 이 된다. 전도성이 나쁜 비금속 또는 절연체들은 전자들이 양의 핵전하(nuclear charge)에 의해서 가둬져 있으며 움직일 수 없다.

13.2 키르히호프(Kirchhoff)의 법칙

1859 년, 키르히호프는 전기회로에 적용할 수 있는 법칙들을 발견하였다.

루프의 법칙(Loop Rule)1

키르히호프의 루프의 규칙은 모든 폐루프의 전압 강하의 합은 0 이다라는 것을 말하고 있다. 이 법칙은 여러 개의 루프를 가지는 복잡한 회로에도 적용될 수 있다.

접합점의 법칙(Junction Rule)[2]

[1] 역자 주: 고리의 법칙, 폐회로 법칙 이라고도 한다.

접합점에 흘러 들어오는 전류의 합은 그 점에서 나가는 전류의 합과 같다는 것을 말하고 있다. 이것은 전하(electric charge)의 보존에서 유래한다. 단위 시간 당 회로의 접합점에 흘러 들어오는 전체 전하는 그 점을 떠나는 전하와 같다.

키르히호프의 법칙을 그림 13.1 에 보인 것과 같은 3 개의 루프로 이루어진 회로의 각 구획에서 흐르는 전류를 계산하는 데 사용할 수 있다. 루프와 접합점의 법칙을 이용하면 6 개의 식과 6 개의 미지수를 얻을 수 있다.

$$\left.\begin{array}{l} i_1 + i_2 = i_3 \\ i_4 + i_6 = i_5 \\ i_2 + i_6 = i_5 \end{array}\right\} \text{node rule}$$
$$\left.\begin{array}{c} 1V - i_3 \cdot 1\Omega - i_1 \cdot 1\Omega = 0 \\ 1V + 1V - i_3 \cdot 1\Omega - i_4 \cdot 1\Omega = 0 \\ 1V + 1V - i_6 \cdot 1\Omega = 0 \end{array}\right\} \text{loop rule} \tag{13.4}$$

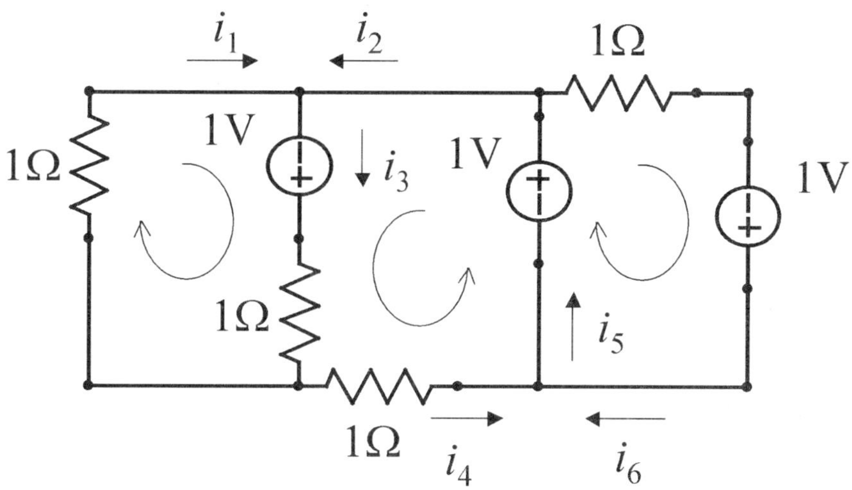

그림 13.1 전원과 저항으로 구성된 3 개의 루프 회로

---

[2] 역자 주 : 분기점의 법칙 이라고도 한다.

6개의 전류에 대한 방정식들을 MATLAB의 심볼 연산을 이용해서 풀이할 수 있다.

```
E1='i1+i2=i3'
E2='i4+i6=i5'
E3='i2+i6=i5'
E4='1-i3-i1=0'
E5='2-i3-i4=0'
E6='2-i6=0'
[i1,i2,i3,i4,i5,i6]=solve(E1,E2,E3,E4,E5,E6)
```

또는 식 (13.4)를 다음과 같이 행렬의 형태로 정리할 수 있다.

$$\begin{bmatrix} 1 & 1 & -1 & 0 & 0 & 0 \\ 0 & 0 & 0 & 1 & -1 & 1 \\ 0 & 1 & 0 & 0 & -1 & 1 \\ 1 & 0 & 1 & 0 & 0 & 0 \\ 0 & 0 & 0 & 1 & 0 & 0 \\ 0 & 0 & 0 & 0 & 0 & 1 \end{bmatrix} \begin{bmatrix} i_1 \\ i_2 \\ i_3 \\ i_4 \\ i_5 \\ i_6 \end{bmatrix} = \begin{bmatrix} 0 \\ 0 \\ 0 \\ 1 \\ 2 \\ 2 \end{bmatrix} \tag{13.5}$$

이 식은 간결하게 $\mathbf{AI} = \mathbf{V}$ 처럼 나타낼 수 있는데, 이 간결한 식에서 $\mathbf{A}$는 계수 행열이고, $\mathbf{V}$는 전압 값들로 이루어진 열 벡터이다. 전류값들로 구성되는 벡터에 대해서 풀이해 보면 $\mathbf{I} = \mathbf{A}^{-1}\mathbf{V}$를 얻을 수 있으며 MATLAB에서는 다음과 같이 풀이할 수 있다.

```
A=[1 1 -1 0 0 0;
   0 0 0 1 -1 1;
   0 1 0 0 -1 1;
   1 0 1 0 0 0;
   0 0 1 1 0 0;
   0 0 0 0 0 1];
V=[0 0 0 1 2 2]';
I=inv(A)*V
```

이 입력에 대한 결과는 다음과 같이 나오게 된다.

```
I=
   0
   1
```

```
1
1
3
2
```

이 결과는 $i_1 = 0$, $i_2 = 1$, $i_3 = 1$, $i_4 = 1$, $i_5 = 3$, $i_6 = 2$ 라는 것을 의미한다. 참고로 MATLAB®의 forward division을 사용하면 다음과 같이 계산할 수 있다.

```
I = A/V
```

이 방법은 좀 더 효율적인 가우스 소거법을 사용해서 같은 결과를 얻을 수 있지만, MATLAB®에서 다음과 같이 실행한다면

```
I = V/A
```

행렬의 차원에 대한 에러 메시지를 출력하게 된다.

```
??? Error using ==> /
Matrix dimensions must agree
```

13.3 직렬 또는 병렬로 연결된 저항

그림 13.2(b)는 병렬로 연결된 저항들의 회로를 보이며, 이 때의 유효 저항(effective resistance)은 다음과 같다.

$$\frac{1}{R_{\text{eff}}} = \frac{1}{R_1} + \frac{1}{R_2} + \frac{1}{R_3} \tag{13.6}$$

병렬로 연결된 저항의 양단에 걸리는 전압은 같다. 만일 N 개의 저항이 병렬로 연결되어 있다면 유효 저항은 다음과 같이 합의 형태로 표현할 수 있다.

$$\frac{1}{R_{\text{eff}}} = \sum_{i=1}^{N} \frac{1}{R_i} \tag{13.7}$$

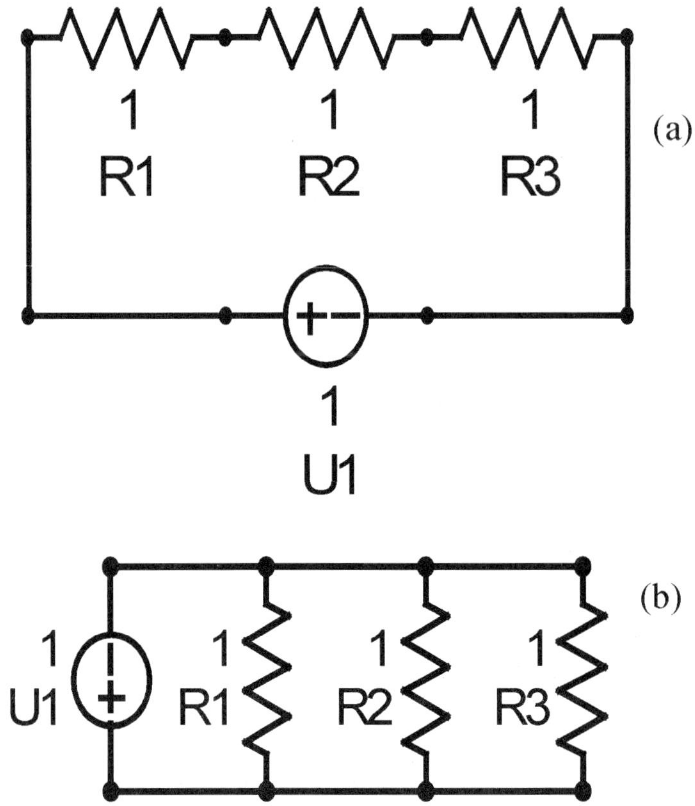

그림 13.2 (a) 직렬로 연결된 저항. (b) 병렬로 연결된 저항

만일 그림 13.2 (a)에 보인 것처럼 직렬로 연결된 3 개의 저항의 양단에 전압 V 를 가한다면 유효저항은 다음과 같다.

$$R_{\text{eff}} = R_1 + R_2 + R_3 \tag{13.8}$$

만일 N 개의 저항이 직렬로 연결되어 있다면 각 저항에 흐르는 전류는 같고 다음의 식을 얻을 수 있다.

$$R_{\text{eff}} = \sum_{i=1}^{N} R_i \tag{13.9}$$

13.4 직렬 또는 병렬로 연결된 전기용량

커패시터의 양단의 전압은 $Q = CV$ 의 식에서 알 수 있듯이 커패시터에 저장된 전하의 양에 비례한다. 직렬로 연결된 커패시터들의 종단 전하는 같다. 그림 13.3(a)에 보인 것처럼 직렬로 연결된 3 개의 커패시터의 유효 전기용량은 다음과 같다.

$$\frac{1}{C_{\text{eff}}} = \frac{1}{C_1} + \frac{1}{C_2} + \frac{1}{C_3} \tag{13.10}$$

N 개의 커패시터가 직렬로 연결되어 있다면 유효 전기용량은 다음과 같이 합의 형태로 나타낼 수 있다.

$$\frac{1}{C_{\text{eff}}} = \sum_{i=1}^{N} \frac{1}{C_i} \tag{13.11}$$

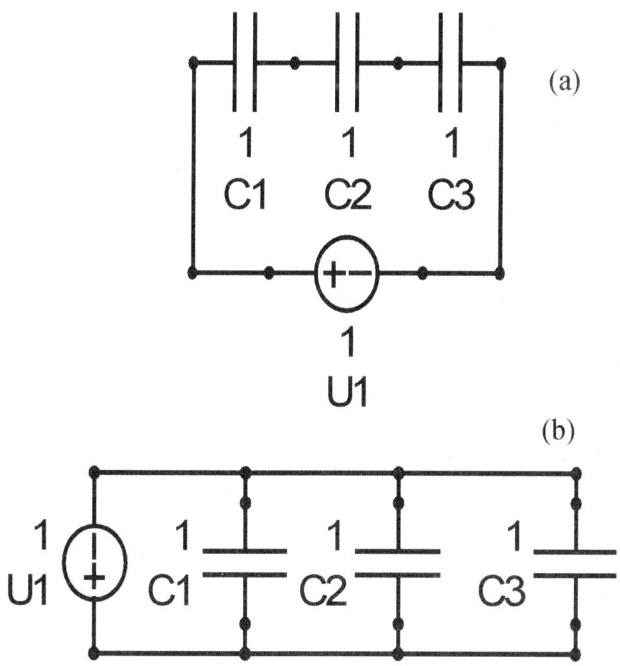

그림 13.3 (a)직렬로 연결된 커패시터. (b) 병렬로 연결된 커패시터

병렬로 연결된 커패시터 양단의 전압은 같다. 그림 13.3(b)에 보인 것처럼 병렬로 연결되었을 경우 다음의 식을 얻을 수 있다.

$$C_{\text{eff}} = C_1 + C_2 + C_3 \tag{13.12}$$

N 개의 커패시터가 병렬로 연결되어 있다면 유효 전기용량은 다음과 같이 합의 형태로 나타낼 수 있다.

$$C_{\text{eff}} = \sum_{i=1}^{N} C_i \tag{13.13}$$

13.5 교류 회로의 임피던스

유도성 임피던스(inductive impedance)

패러데이의 법칙은 코일에 의해서 발생하는 전압 또는 기전력(electromotive force)은 코일과 지나는 자기 선속 Φ 의 시간 변화율에 비례한다는 것을 예측한다. 자기 선속은 $\Phi = LI$ 이며 여기서 코일의 인덕턴스 L 은 그 단위가 헨리(Henry)이고 $1\text{H} = 1\text{V} \cdot \text{s} / \text{A}$ 이므로 $V = LdI/dt$ 를 얻을 수 있다. AC 회로에서 이 식은 $V = i\omega LI$ 가 되고, 유도 임피던스를 $Z_L = i\omega L$ 이라고 한다면 식은 $V = IZ_L$ 처럼 나타낼 수 있다. 전류 I 가 Z_L 에 반비례하기 때문에 인덕터는 고주파 전류를 감쇄하거나 또는 억제(choke)하는데, 이로 인하여 인덕터는 초크(choke)라고도 한다.

용량성 임피던스 (capacitive impedance)

커패시터의 전하는 식 $Q = CV$ 과 같이 전압에 비례하고, 전류는 $I = i\omega CV$ 이므로 $V = IZ_C$ 이다. 여기서 용량형 임피던스는 $Z_C = 1/i\omega C$ 이며 단위는 옴이다. 커패시터는 저주파 전류를 감쇄시킨다.

저항성 임피던스(resistive impedance)

저항의 임피던스는 $Z_R = R$ 의 관계를 만족하며 이 식에서 저항은 전류의 흐름을 모든 주파수에 대해서 방해한다는 것을 알 수 있다.

직렬과 병렬로 연결된 임피던스는 직렬과 병렬로 연결된 저항과 같이 계산할 수 있다. 만일 N 개의 임피던스가 병렬로 연결되어 있다면 유효 임피던스는 다음과 같다.

$$\frac{1}{Z_{\text{eff}}} = \sum_{i=1}^{N} \frac{1}{Z_i} \tag{13.14}$$

N 개의 임피던스가 직렬로 연결되어 있다면 유효 임피던스는 다음과 같다.

$$Z_{\text{eff}} = \sum_{i=1}^{N} Z_i \tag{13.15}$$

일반적으로 사용되는 몇몇 회로에 대한 임피던스는 다음과 같이 주어진다.
RC 직렬 회로:

$$Z_{\text{eff}} = R + \frac{1}{i\omega C} \tag{13.16}$$

RL 직렬 회로:

$$Z_{\text{eff}} = R + i\omega C \tag{13.17}$$

LC 직렬회로:

$$Z_{\text{eff}} = i\omega L + \frac{1}{i\omega C} \tag{13.18}$$

RLC 직렬회로:

$$Z_{\text{eff}} = R + i\omega L + \frac{1}{i\omega C} \tag{13.19}$$

위의 회로들에 대한 유효 임피던스는 $Z_{\text{eff}} = R + iX$ 의 형태로 표현할 수 있는데, 여기서 X 는 리액턴스이다. 복소 어드미턴스(complex admittance)는 $Y^* = 1/Z_{\text{eff}}$ 이므로 다음의 식을 얻을 수 있다.

$$\operatorname{Re} Y^* = \frac{R}{R^2 + X^2} \qquad \text{and} \qquad \operatorname{Im} Y^* = \frac{-X}{R^2 + X^2} \tag{13.20}$$

AC 회로의 주파수 응답은 복소 임피던스 또는 어드미턴스 면에 플로팅 할 수 있다.

13.6 전기회로에서의 과도 전류

전기 회로의 과도응답(transient response)은 상미분 방정식(ordinary differential equations)을 이용해서 그 모델을 만들 수 있다. 라플라스 변환을 이용해서 주기 또는 펄스 전압 입력에 대한 과도 응답을 구할 수 있다.

RL 회로

전압 $V(t)$ 에 의해서 구동되는 직렬로 연결된 RL 의 조합에 대해서 키르히호프의 루프 법칙을 이용하면 다음의 미분 방정식을 얻을 수 있다.

$$L\frac{dl}{dt} + IR = V(t) \tag{13.21}$$

여기서 인덕터 양단의 전위차는 LdI/dt 이며 저항 양단의 전위차는 IR 이다. 라플라스 변환을 양변에 취하면 식 (13.21)에서 다음의 식을 얻을 수 있다.

$$LsI(s) + RI(s) = V_0 \frac{\omega}{\omega^2 + s^2} \tag{13.22}$$

여기서 전압은 $V(t) = V_0 \sin \omega t$ 이며 초기 조건 $I(0) = 0$ 은 시간 $t = 0$ 일 때 전원이 연결된다는 것을 의미한다. $I(s)$ 에 대해서 정리하면 다음과 같다.

$$I(s) = V_0 \frac{\omega}{\omega^2 + s^2} \left(Ls + R\right)^{-1} \tag{13.23}$$

라플라스 역변환을 취하면 전류를 시간에 대한 함수의 형태로 구할 수 있다.

$$I(t) = V \frac{L\omega\left(e^{-\frac{Rt}{L}} - \cos\omega t\right) + R\sin\omega t}{R^2 + L^2\omega^2} \tag{13.24}$$

여기서 시간 $t = 0$ 일 때의 전류는 0 이다. 총 전류는 다음과 같은 전이 상태 전류와 정상상태 전류의 합이다.

$$I_{\text{trans}}(t) = V \frac{L\omega}{R^2 + L^2\omega^2} e^{-\frac{Rt}{L}} \tag{13.25}$$

$$I_{\text{steady}}(t) = V \frac{R\sin\omega t - L\omega\cos\omega t}{R^2 + L^2\omega^2} \tag{13.26}$$

전류는 처음에는 식 (13.25)과 같이 변화하며 식 (13.26)에 따라서 진동(oscillate)하며 감소한다.

LC 회로

시간에 따라 변하는 전압을 직렬로 연결된 LC 의 조합에 가하게 되는 경우, 키르히호프의 법칙을 이용해서 다음의 미분 방정식을 얻을 수 있다.

$$L\frac{dI}{dt} + \frac{q}{C} = V(t) \tag{13.27}$$

이 때, $I = dQ/dt$ 의 관계를 이용한다면 이 식은 $V(t) = V_0 \sin\omega t$ 일 때 전하에 대한 2 차 미분 방정식으로 정리 된다.

$$L\frac{d^2q}{dt^2}+\frac{q}{C}=V_0\sin\omega t \tag{13.28}$$

식 (13.28)의 양변에 라플라스 변환을 취하게 되면 다음의 식을 얻을 수 있다.

$$Ls^2Q(s)+\frac{1}{C}Q(s)=V_0\frac{\omega}{\omega^2+s^2} \tag{13.29}$$

시간 0 일 때 전원이 들어온다는 조건을 이용하면 다음의 식을 얻는다.

$$Q(s)=V_0\frac{\omega}{\omega^2+s^2}\left(Ls^2+\frac{1}{C}\right)^{-1} \tag{13.30}$$

라플라스 역변환을 취하면 시간에 대한 전하 함수를 얻을 수 있다.

$$q(t)=\frac{CV_0}{LC\omega^2-1}\left[\sqrt{LC}\,\omega\sin\left(\frac{t}{\sqrt{LC}}\right)-\sin\omega t\right] \tag{13.31}$$

시간에 따른 전류 $I(t)$ 는 식 (13.31)을 미분하면 구할 수 있고, 시간 0 일 때는 전류와 전하는 0 이라는 것을 알 수 있다.

RLC 회로

키르히호프의 법칙을 이용하면 RLC 가 직렬로 연결된 회로에서 전압 강하에 대한 미분방정식을 얻을 수 있다.

$$L\frac{dI}{dt}+IR+\frac{q}{C}=V(t) \tag{13.32}$$

이 식은 $V(t)=V_0\sin\omega t$ 인 경우에 전하에 대한 이차 미분방정식으로 정리할 수 있다.

$$L\frac{d^2I}{dt^2}+R\frac{dq}{dt}+\frac{q}{C}=V_0\sin\omega t \tag{13.33}$$

양변에 라플라스 변환을 취하면 다음의 식을 얻을 수 있다.

$$Ls^2 Q(s) + RsQ(s) + \frac{1}{C}Q(s) = V_0 \frac{\omega}{\omega^2 + s^2} \tag{13.34}$$

여기서 $Q(s) = \mathcal{L}q(t)$ 이고, $q(0) = \dot{q}(0) = 0$ 의 조건을 이용한다.

$$Q(s) = V_0 \frac{\omega}{\omega^2 + s^2}\left(Ls^2 + Rs + \frac{1}{C}\right)^{-1} \tag{13.35}$$

전하 $q(t)$ 는 $\mathcal{L}^{-1}Q(s)$ 를 이용해서 구할 수 있으며 전류는 dq/dt 에서 구할 수 있다. 또 다른 방법으로는 식 (13.33)은 미적분 방정식으로 정리될 수 있으며,

$$L\frac{dI}{dt} + IR + \frac{1}{C}\int_0^t I(t')dt' = V(t) \tag{13.36}$$

라플라스 변환을 취하면 다음의 식을 얻을 수 있다.

$$LsI(s) + RI(s) + \frac{1}{C}\frac{I(s)}{s} = V_0 \frac{\omega}{\omega^2 + s^2} \tag{13.37}$$

전류에 대해서 정리하면 다음과 같다.

$$I(s) = V_0 \frac{\omega}{\omega^2 + s^2}\frac{Cs}{1 + RCs + LCs^2} \tag{13.38}$$

시간에 대한 전류의 함수 $I(t)$ 는 이전과 같이 라플라스 역변환을 이용해서 구할 수 있다.

다중루프 회로

그림 13.4 와 같이 병렬로 연결된 LC 와 R 이 직렬로 연결된 다중루프 회로에 라플라스 변환을 적용할 수 있다. 키르히호프의 법칙을 각 루프에 적용하면 다음과 같은 미적분 방정식들을 얻을 수 있다.

$$\left.\begin{aligned} RI_1(t) + \frac{1}{C}\int_0^t I_2(t')dt' = V(t) \\ \frac{1}{C}\int_0^t I_2(t')dt' - L\frac{dI_3(t)}{dt} = 0 \end{aligned}\right\} \text{loop rule}$$
$$I_1(t) = I_2(t) + I_3(t) \qquad \text{node rule} \tag{13.39}$$

시간이 $t=0$ 일 때 임의의 전압 $V(t)$ 이 가해진다고 할 때 이 식들을 라플라스 변환을 취하면 다음의 식들을 얻을 수 있다.

$$\begin{aligned} &RI_1(s) + \frac{1}{C}\frac{I_2(s)}{s} = V(s) \\ &\frac{1}{C}\frac{I_2(s)}{s} - LsI_3(s) = 0 \\ &I_1(s) = I_2(s) + I_3(s) \end{aligned} \tag{13.40}$$

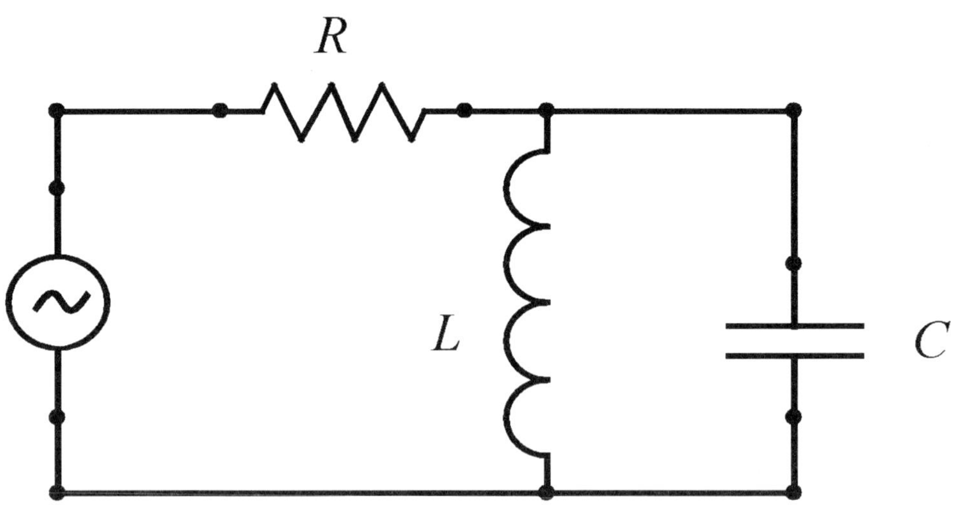

그림 13.4 LC 병렬 연결에 직렬로 연결 된 저항.

이 식들을 전류에 대한 식으로 정리하면 다음과 같다.

$$
\begin{aligned}
I_1(s) &= V(s)\frac{1+LCs^2}{R+Ls+RLCs^2} \\
I_2(s) &= V(s)\frac{LCs^2}{R+Ls+RLCs^2} \\
I_3(s) &= V(s)\frac{1}{R+Ls+RLCs^2}
\end{aligned}
\tag{13.41}
$$

각 분기점의 전류는 위의 식들의 라플라스 역변환을 이용해서 구할 수 있다.

13.7 퀵필드를 이용한 전기 회로의 모델링

회로 구성하기

저항과 커패시터, 인덕터의 조합과 사용자가 정의하는 전류와 전원 등으로 이뤄진 수동 전기 회로는 퀵필드를 이용해서 모사할 수 있다. 또한 AC 또는 전이 자기학에서 만들어진 기하 모델 블록들도 연결할 수 있다. 다양한 회로의 요소들은 선(wire)을 이용해서 연결된다. 퀵필드의 회로 편집기는 발표나 시험을 위한 회로도를 그리는 데에도 사용할 수 있다.

그림 13.5 는 편집기에서 전기 부품을 입력하는 것을 보여주고 있다. 그림을 보면 퀵필드의 회로 구성 윈도우에 LC 직렬회로를 그려놓은 것을 볼 수 있다. 새로운 부품들은 Insert 메뉴에 나오는 항목들을 클릭하거나 해당하는 툴바의 버튼을 눌러서 추가할 수 있다.

회로의 요소들은 편집, 이동, 회전, 그리고 삭제할 수 있다. 이러한 동작은 선택한 여러 요소들에 대해서 한번에 실행할 수 있다.

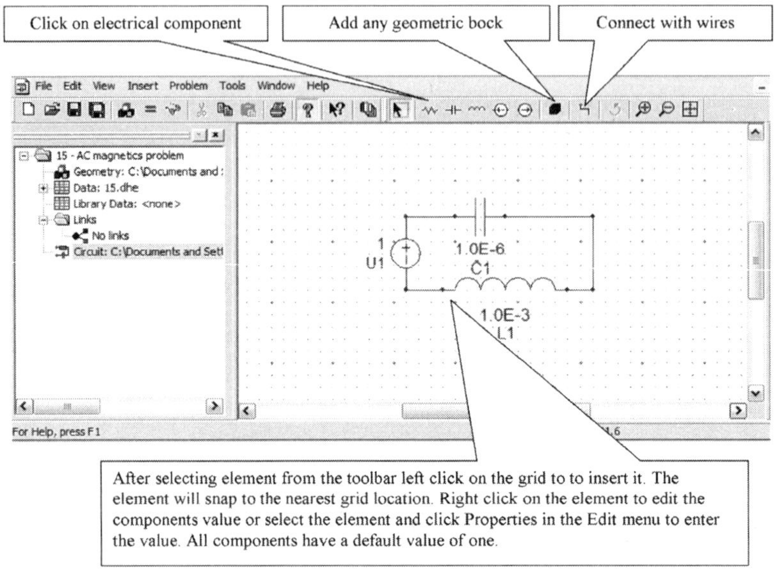

그림 13.5 퀵필드의 회로 만들기 윈도우를 이용한 회로의 구성

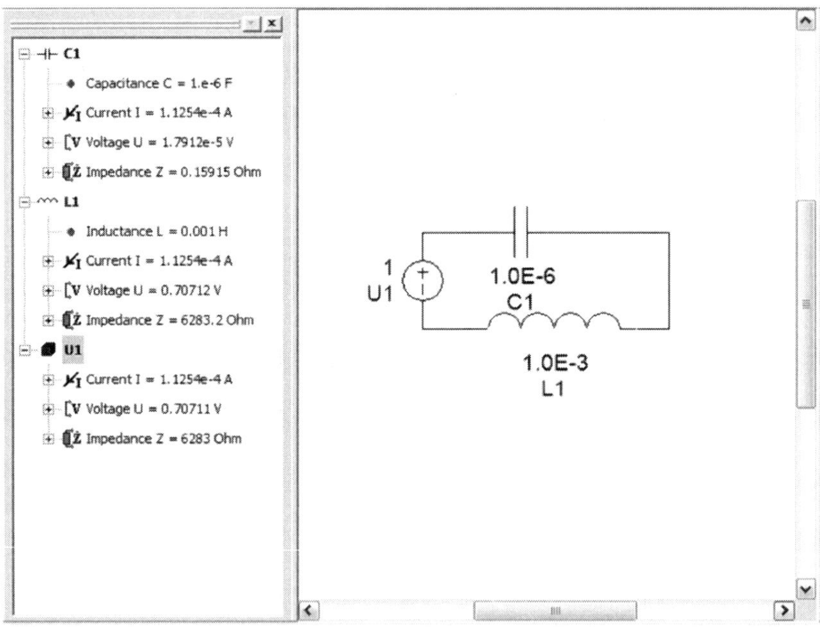

그림 13.6 10^6Hz 에 대해서 각 L 과 C 를 통과하는 전류, 전압, 그리고 임피던스의 계산

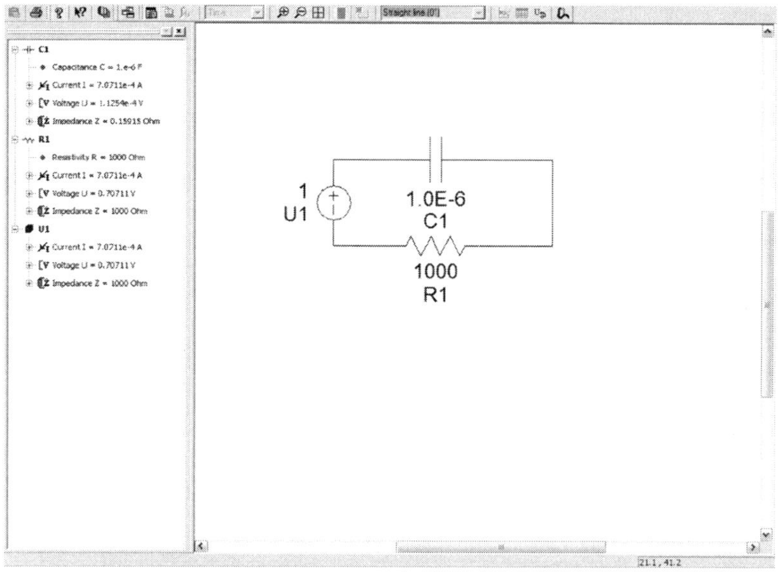

그림 13.7 10^6Hz 에 대해서 RC 회로의 각 구성 요소들의 전류, 전압, 그리고 임피던스의 계산

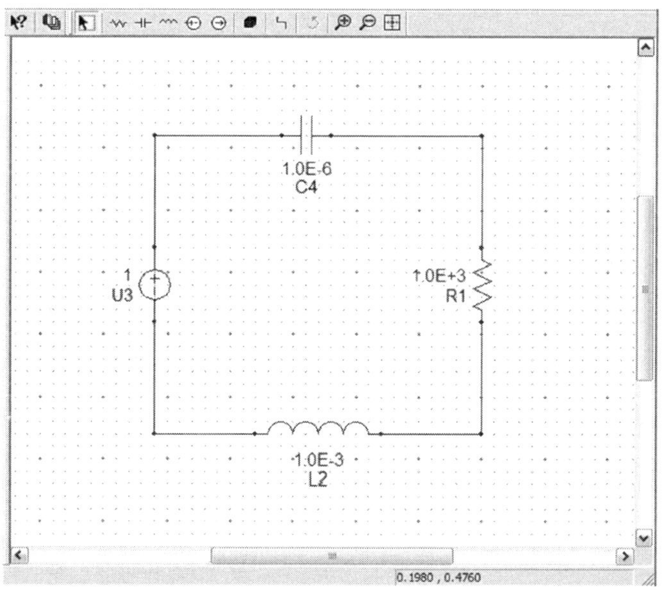

그림 13.8 퀵필드의 회로 만들기 윈도우에서 RLC 회로를 구성

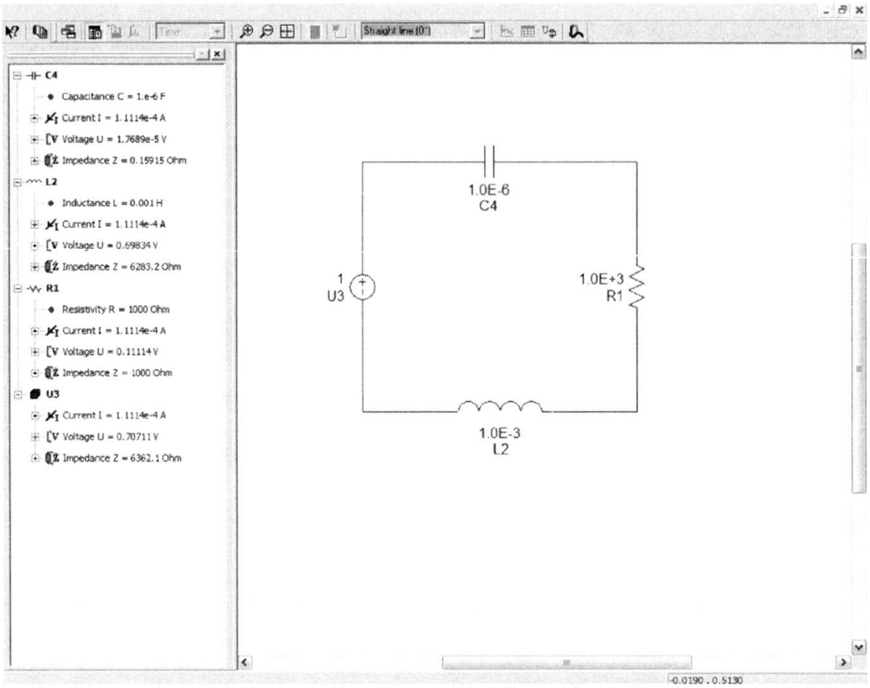

그림 13.9 10^6Hz 에 대해서 RLC 회로의 각 구성 요소들의 전류, 전압, 그리고 임피던스의 계산.

회로 모사 실행하기

회로 모델들은 AC 자기학 또는 전이 자기학 모듈을 이용해서 쉽게 계산할 수 있다. 만일 전압이나 전류 소스에 시간 의존성 함수가 명시되어 있지 않다면, 전이 자기학에서는 주어진 전압 또는 전류가 시간 $t=0$ 일 때 스위치가 켜지는 세타 함수 시간 의존성을 가지게 된다.

퀵필드에서 회로 시뮬레이션을 하기 위해서는 기하학적 모델 파일 *.mod 과 *.qcr 확장명을 가지는 회로를 포함시켜야 한다. 모델 파일 없이 회로 시뮬레이션을 실행할 수는 없다. 모델 파일이 회로 파일과 연결되지 않더라도 모델 파일이 있어야 한다. 회로를 시뮬레이션 하기 위해서는 회로와는 연결되지 않은 더미(dummy) 모델 파일을 만들어 두어야 한다.

툴바의 등호를 클릭하던가 Problem 메뉴에서 Solve 를 선택하면 회로를 풀이한다. 후처리 윈도우에서 마우스의 오른쪽 버튼을 클릭하고 결합된 회로(coupled circuit)을 선택하거나, 또는 View 메뉴에서 Coupled Circuit 항목을 선택하면 회로 시뮬레이션의 결과를 볼 수 있다. 예로서 LC 와 RC 회로에서 10^6Hz 를 가했을 경우에 전류, 전압 그리고 임피던스를 계산한 결과를 그림 13.6 과 13.7 에 각각 보인다. 그림 13.8 에는 퀵필드에서 RLC 회로를 만드는 것을 보였고, 10^6Hz 를 가했을 경우에 전류, 전압 그리고 임피던스를 계산한 것을 그림 13.9 에 보인다.

레이블 무버(Label Mover) 사용하기

회로의 매개변수에 대한 함수로 전기량을 플로팅 해주는 퀵필드의 레이블 무버를 이용해서 교류 회로의 주파수 응답을 모사할 것이다. 전류, 전압 그리고 임피던스를 물리적 매개변수의 함수로 계산하기 위한 레이블 무버 윈도우를 그림 13.10 에 보인다. 그림 13.10 (a)에서는 Base Problems, Add Values, Record Steps, Get Result 탭과 버튼들을 볼 수 있으며 (b)는 Add Values 윈도우를 보이고 있다.

주파수가 10Hz 에서 380Hz 까지 10Hz 간격으로 변할 때 RC 회로에서 저항 R_1 에 흐르는 전류를 표로 나타내고 플로팅 한 것을 그림 13.11 과 13.12 에 보인다.

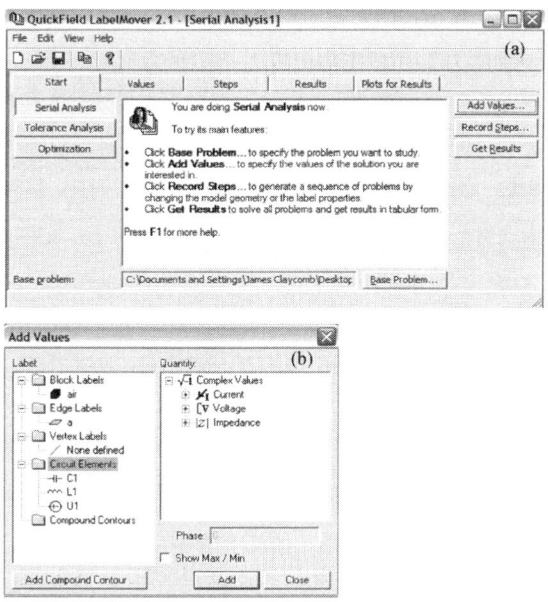

그림 13.10 변하는 변수에 대한 함수로 그 변량을 플로팅하는 레이블 무버 윈도우

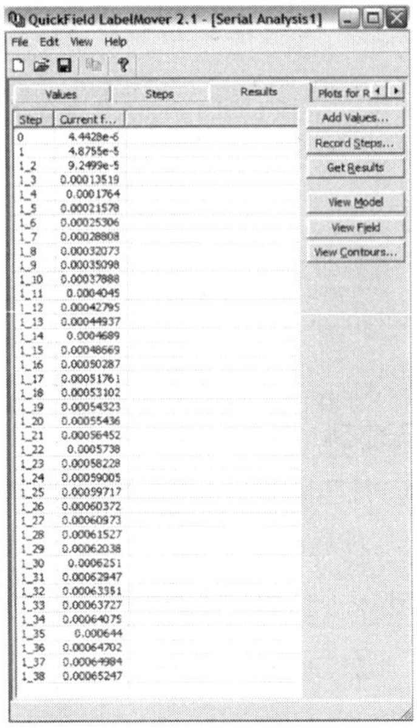

그림 13.11 주파수가 10Hz 에서 380Hz 까지 10Hz 간격으로 변할 때 RC 회로에서의 전류 값을 표로 구함

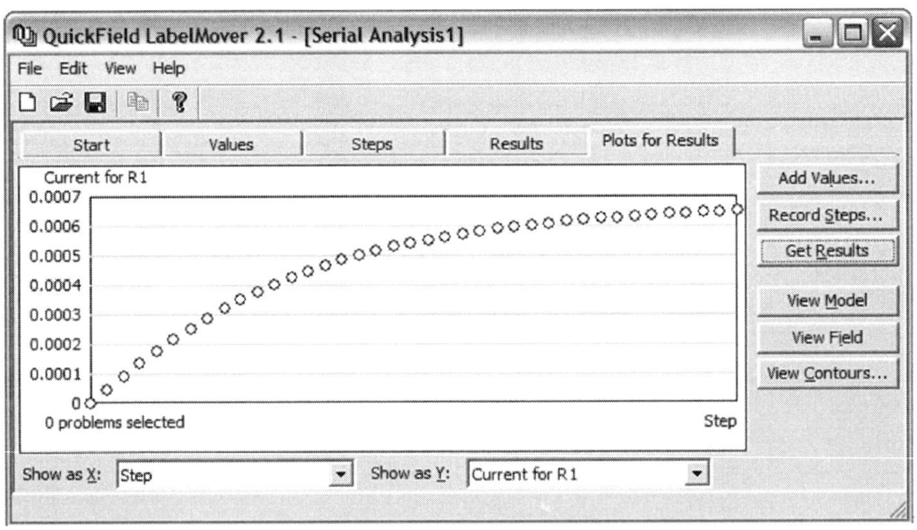

그림 13.12 주파수가 10Hz 에서 380Hz 까지 10Hz 간격으로 변할 때 RC 회로에서 전류와 주파수의 플로팅

13.8 필터 응용

특정한 범위의 주파수에 대한 신호를 감쇄하기 위한 필터 회로를 구성하기 위해 저항과 커패시터, 그리고 인덕터의 조합을 사용할 수 있다.

고역 필터

RC 회로는 고역 필터(high-pass filter)로 동작하는데, 전류는 다음의 식으로 표현된다.

$$I(\omega) = \frac{V}{R + \dfrac{1}{i\omega C}} \tag{13.42}$$

고주파에 대해서는 $I = V / R$ 이며 직류에 대해서는 0 이 된다.

저역 필터

저역 필터(low-pass filter)는 RL 직렬 연결로 구성할 수 있으며 전류는 다음의 식으로 표현된다.

$$I(\omega) = \frac{V}{R + i\omega C} \tag{13.43}$$

직류에 대해서 전류는 $I = V / R$ 이며 주파수가 높아 질수록 전류가 줄어든다.

대역통과 필터

RLC 직렬의 조합으로 대역통과 필터를 구성할 수 있으며 전류는 다음의 식으로 표현된다.

$$I(\omega) = \frac{V}{R + i\omega L + \dfrac{1}{i\omega C}} \tag{13.44}$$

공진주파수(resonant frequency) $\omega = 1/\sqrt{LC}$ 에서 전류가 최대가 되며 이 주파수 보다 주파수가 낮아지거나 높아진다면 줄어들게 된다. 대역통과 필터는 그림 13.3 에 보인 것처럼 RC 회로를 연결해서 구성할 수 있다.

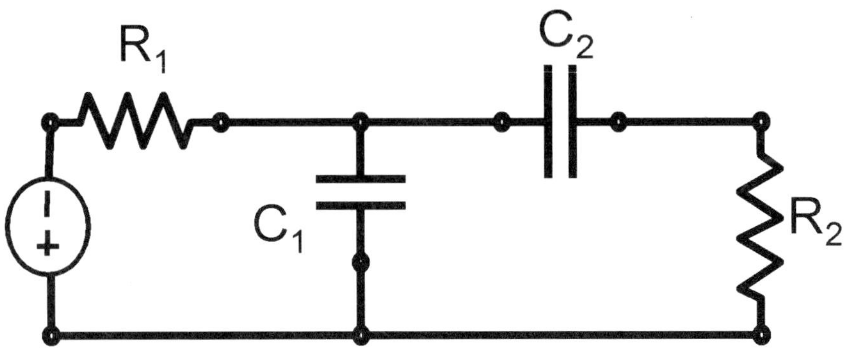

그림 13.13 2 단으로 구성된 대역통과 필터

13.9 전기 회로를 이용한 생체 시스템(biological system)의 모델링

세포(cell)와 세포막(membrane)의 전기적 응답을 모사하기 위해서 전기 회로로 등가 모델을 구성할 수 있다. 퀵필드를 이용해서 다양한 경우 대해서 전기적으로 여기(excited)된 세포와 조직의 교류와 과도응답을 모델링 할 수 있다.

전기적 자극에 대한 뉴런의 수동 응답 모델링

신경세포(nerve cell)는 수초(myelin sheath)로 둘러 쌓인 긴 축색(축색 돌기, axon)으로 구성되어있다. 수초는 세포핵을 감싸는 세포체가 끝단을 구성한다. 수지상 돌기(dendrite)들은 신경 세포 세포핵을 감싸는 촉수 형태이며 뉴런(neuron)들 간의 신호 전달 역할을 맡고 있다.

능동 신호 전달은 축색을 따라서 능동 전위의 전파에 의해서 일어난다. 1952 년 Hodgkin 과 Huxley 는 전위 작동 이온 채널(voltage gated ion channel)로 인해서 세포막을 가로지르며 완화되는 능동 전위의 모델을 개발하였다. 신경 임펄스를 전달하기 위해서는 능동 전달과 수동 전달 둘 다가 필요하다. 수지상 돌기는 이온 채널을 가지지 않기 때문에 50 배 이상 느리게 이동하며 능동 퍼텐셜이 몇 미터나 이동하는 반면 수 밀리 미터만 이동하는 신호 전압에 수동적으로 응답한다.

전기 자극에 대한 신경세포의 수동 응답을 모델링 하는데 저항과 커패시터의 망(network)을 이용하였다. 그림 13.14 는 수지상 돌기 등가 모델이며 R_i 는 단위 길이당 저항이고, R_m 과 C_m 은 멤브레인 단위길이의 저항과 전기용량이다. R_0 는 수지상 돌기 외부의 저항이다. 이 그림에서 수지상 돌기에 해당하는 회로의 요소들은 사각형으로 표시해 두었다.

그림 13.15 는 $(x,t)=(0,0)$ 일 때 1mV 의 전압 계단 입력으로 인해 발생하는 수동 전달망의 두 번째 커패시터에 가해지는 전이 전류와 전이 전압을 보이고 있다. 이 모사는 전이 자기학 문제의 기본 계단 입력을 이용해서 수행하였다. 이 모사에서 사용된 모든 저항은 $1m\Omega$, 커패시턴스는 $1\mu F$ 이다. 간단한 모델을 구성하기 위해서 3 개의 조각(segment)으로 구성하였다. 퀵필드의 회로 편집기에서 잘라 붙이기 기능을 이용하면 더 많은 조각들을 추가할 수 있다. 조각들이 무한으로 연결된 경우 전압 $v(x,t)$ 는 다음의 케이블 방정식(cable equation)으로 나타낼 수 있다.

$$\frac{R_m}{R_i}\frac{\partial^2 v(x,t)}{\partial x^2} - R_m C_m \frac{\partial v(x,t)}{\partial t} = v(x,t) \tag{13.45}$$

이 식은 다음과 같이 간단히 나타낼 수 있다.

$$\lambda^2 \frac{\partial^2 v(x,t)}{\partial x^2} - \tau \frac{\partial v(x,t)}{\partial t} = v(x,t) \tag{13.46}$$

매개변수 $\lambda = (R_m / R_i)^{1/2} = (r\rho_m / 2\rho_i)^{1/2}$ 에서 ρ_i 의 단위는 비저항이며, ρ_m 의 단위는 비저항에 길이를 곱한 것이다. 시간 상수는 $\tau = R_m C_m$ 으로 주어진다. 식 (13.35)의 해는 지수(exponential) 함수와 여오차(complementary error) 함수의 곱으로 나타낼 수 있다.

$$v(x,t) = \frac{1}{2}\begin{pmatrix} V_0 \\ \lambda R_i I_0 \end{pmatrix}\left\{ e^{-x/\lambda}\mathrm{erfc}\left(\frac{x/\lambda}{2\sqrt{t/\tau}} - \sqrt{t/\tau}\right) \pm e^{x/\lambda}\mathrm{erfc}\left(\frac{x/\lambda}{2\sqrt{t/\tau}} + \sqrt{t/\tau}\right)\right\} \tag{13.47}$$

여기서 왼쪽 괄호의 위와 아래의 인자들과 부호는 단위 계단 전압 V_0 또는 계단 전류 I_0가 $(x,t)=(0,0)$ 일 때 전원이 켜진다는 것이다.

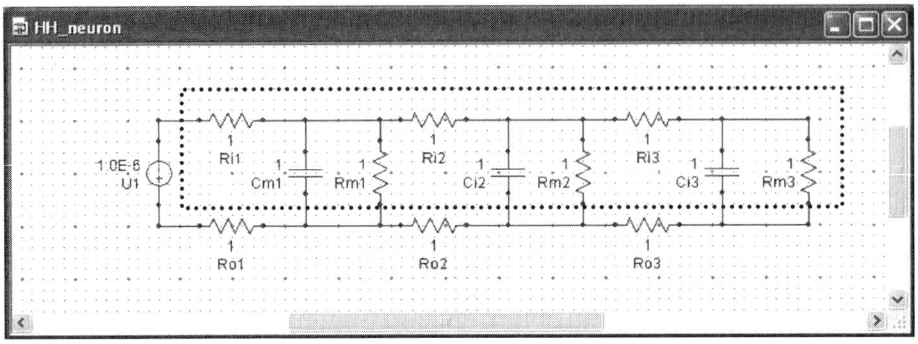

그림 13.14 수동 소자를 이용한 수지상 돌기(점선 박스 안)의 모델 Ri 는 단위 길이당 저항, Rm 과 Cm 은 멤브레인의 단위길이당 저항과 커패시턴스이다. Ro 는 수지상 돌기 외부의 저항이다.

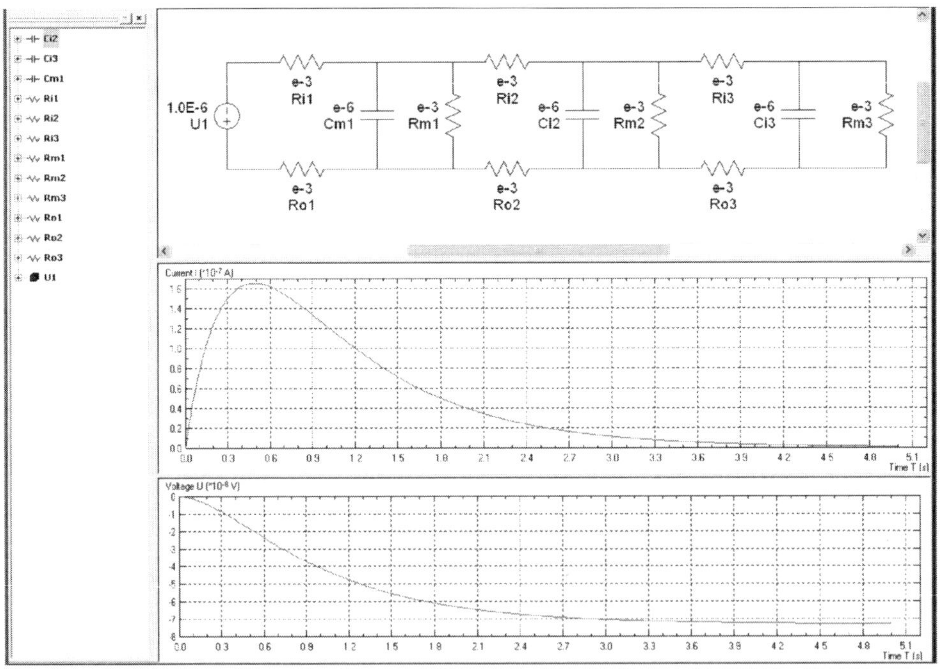

그림 13.15 시간이 $t=0$일 때 1mV 의 계단 입력이 가해 질 때 수동소자 회로망의 두 번째 커패시터를 통해서 흐르는 전류와 양단의 전압

디바이의 완화 모델

디바이의 완화 모델(Debye Relaxation Model)은 현탁액 속의 살아있는 세포 그리고 쌍극자 밀도로 이뤄진 고분자와 같은 시스템의 변화하는 장에 대한 AC 응답을 묘사한다. 디바이의 모델은 자극과 그 쌍극자의 응답 사이에 한 개의 완화 시간 τ 로 특성 지워지는 시간 지연 항을 가지고 있다. 유전 완화(dielectric relaxation)는 주파수 종속 복소 유전율로 묘사된다.

$$\varepsilon^*(\omega) = \varepsilon_\infty + \frac{\Delta\varepsilon}{1 + i\omega\tau} \tag{13.48}$$

여기서 $\Delta\varepsilon = \varepsilon_s - \varepsilon_\infty$ 이며 ε_s 는 DC 에 대한 유전율, ε_∞ 는 고주파에 대한 유전율이다. 복소 유전율은 종종 Cole-Cole 플롯이라고도 하는 ε' 에 대한 ε'' 의 플롯으로 표현되는데, 여기서 $\varepsilon^* = \varepsilon' - i\varepsilon''$ 이다. 유전율과 전도도의 실수 부분을 보면 $\varepsilon^* = \varepsilon + i\sigma/\omega$ 라는 관계식을 얻을 수 있으며 여기서 $\varepsilon = \mathrm{Re}\,\varepsilon^*$ 그리고 $\mathrm{Im}\,\varepsilon^* = \sigma/\omega$ 이다. 그림 13.16 은 퀵필드를 이용해서 RC-C 의 병렬 조합으로 구성한 디바이 단일 분산 등가 회로를 보인다.

막스웰 바그너 모델

막스웰 바그너 효과는 생체 세포 현탁액의 β -분산의 근원이 되는 다른 유전체 영역간의 계면에서 일어나는 공정을 모델링 한다. 유전체와 전도체들의 공간 분산이 외부 전기장에 대한 이 효과의 근원이 된다. 일반적으로 막스웰 바그너 효과는 유전 계면의 구조와 투입되는 장의 방향에 의존한다. 가장 간단한 전기적 모델은 이런 형태의 분산을 나타내는 두 개의 손실 유전 판들이 직렬로 연결 된 것이다. 이 효과는 외부 장에 평행한 계면을 가지는 유전체에서는 사라지는 것으로 밝혀졌다. 그림 13.17 은 퀵필드를 이용해서 두 개의 손실 유전 판(slab)이 직렬로 연결된 것과 같은 회로를 구성한 것을 보이고 있다.

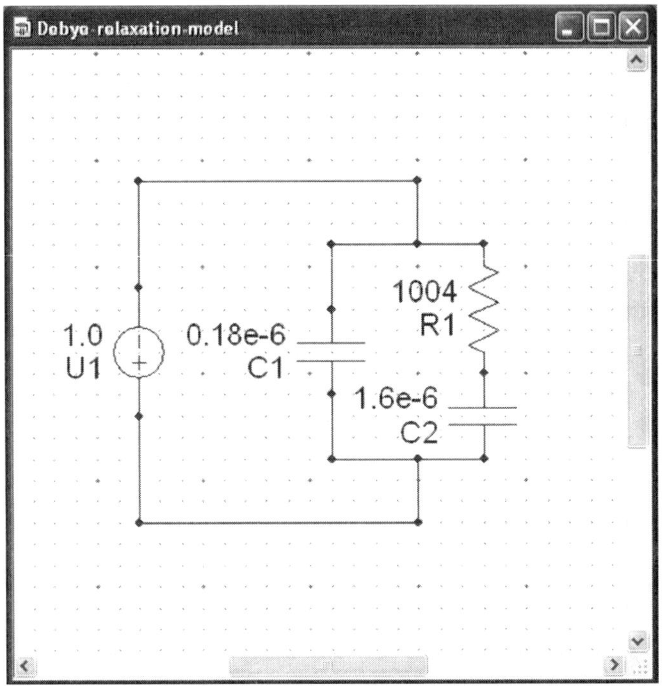

그림 13.16 드바이 완화 등가 회로 모델

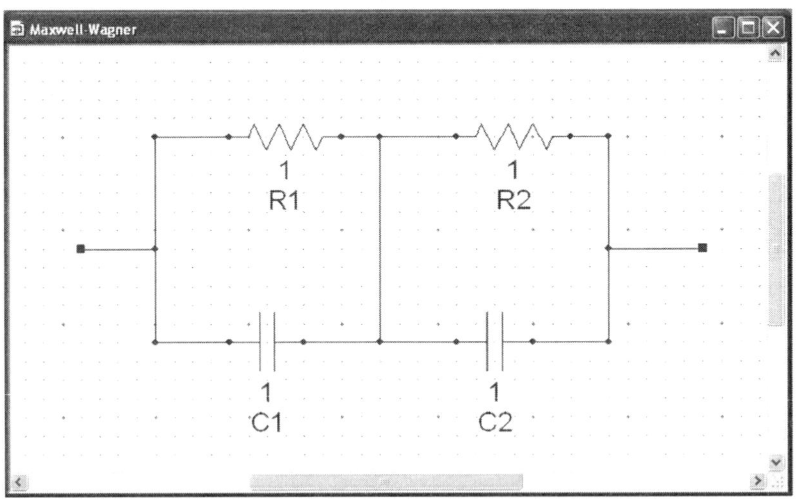

그림 13.17 막스웰-바그너 분산을 일으키는 두 개의 손실 유전 판의 직렬 연결

피부 임피던스의 모델링

1965 년 R. T. Tregear 는 피부 임피던스의 모델을 제안하였다. 트리기어(Tregear)의 전기 회로 모델은 12 개의 저항과 12 개의 커패시터의 망으로 이뤄지며, 전기 용량 C 는 같고 저항값은 $R_i = R, R/2, R/5, R/10, R/100, R/200, \ldots$ 처럼 줄어든다.

그림 13.18 은 트리기어의 피부에 대한 전기 회로 모델을 16 개의 같은 용량의 커패시터와 점차 값이 줄어드는 16 개의 저항을 이용한 회로로 확장한 것이다. 이 모델은 하나의 RC 병렬 연결의 조합을 이용해서 쉽게 구성할 수 있다. 또한 이 조합을 복사해서 4 개의 RC 병렬 조합을 만든 다음 선으로 연결해서 완성하면 된다.

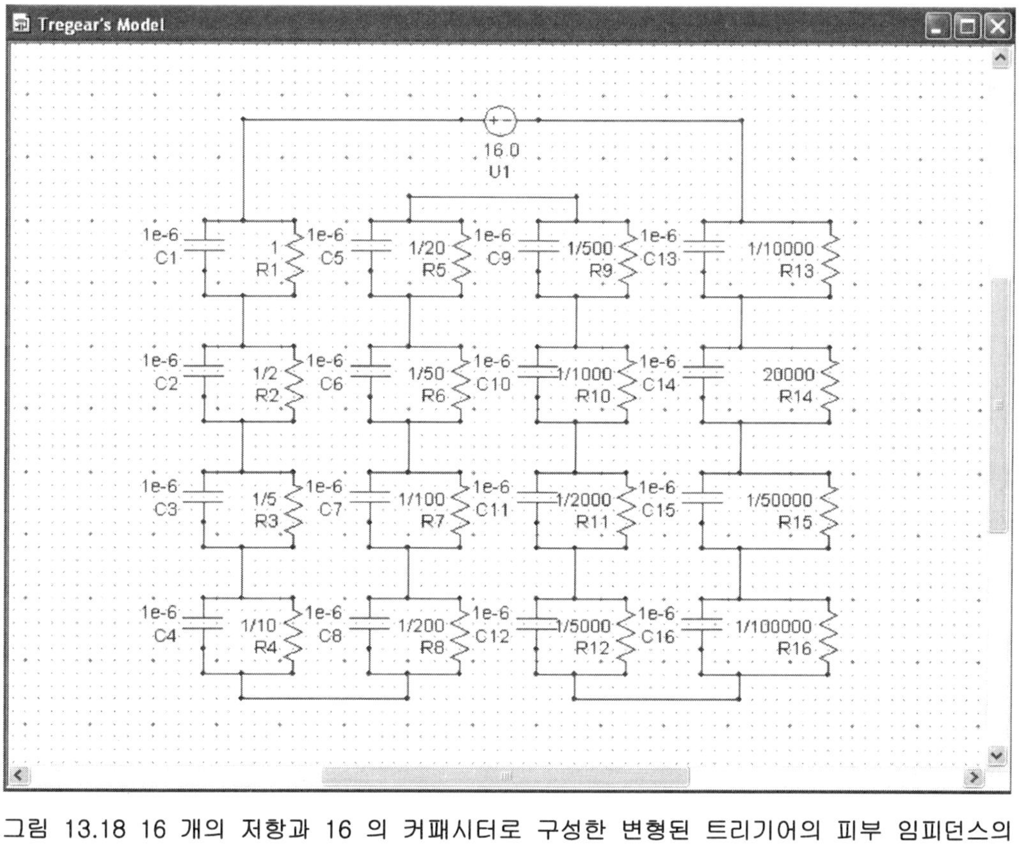

그림 13.18 16 개의 저항과 16 의 커패시터로 구성한 변형된 트리기어의 피부 임피던스의 전기 회로 모델. 커패시터들은 전부 같은 용량이다.

전극의 분극 모델링

전도성 용액에 금속 전극을 이용한 유전체 분광 측정은 분극 효과로 인해서 낮은 주파수에서는 큰 에러가 발생한다. 전극의 분극은 용액과 전극의 계면에서 생기는 전기적 이중 층으로 생성된다. 측정된 총 임피던스는 용액과 계면의 영향을 포함하게 된다. 측정된 저주파 유전체 응답은 이 분극의 영향에 막스웰-바그너와 α-분산의 영향도 받게 된다.

그림 13.19 은 전극 분극의 이상화된 회로 모델이며, 여기서 C_p 와 R_p 는 분극 전기용량과 저항이다. 현탁액의 저항과 전기용량은 C_2 와 R_2 로 주어진다. 분극의 임피던스는 전극과 전해질의 종류에 따라 달라지며 자극 주파수에도 영향을 받는다. 분극 임피던스를 제거하기 백금흑(platinum black) 전극과 판 분리 기법을 다른 간격의 전극들을 사용하며 공통 전극에 인공 신호를 제거하는 측정에 사용된다. 환상형(toroidal) 픽업을 이용한 토로이달 유도 또는 SQUID 자력계와 같은 비 접촉 방식을 전극 분극 효과를 피하기 위해서 사용된다.

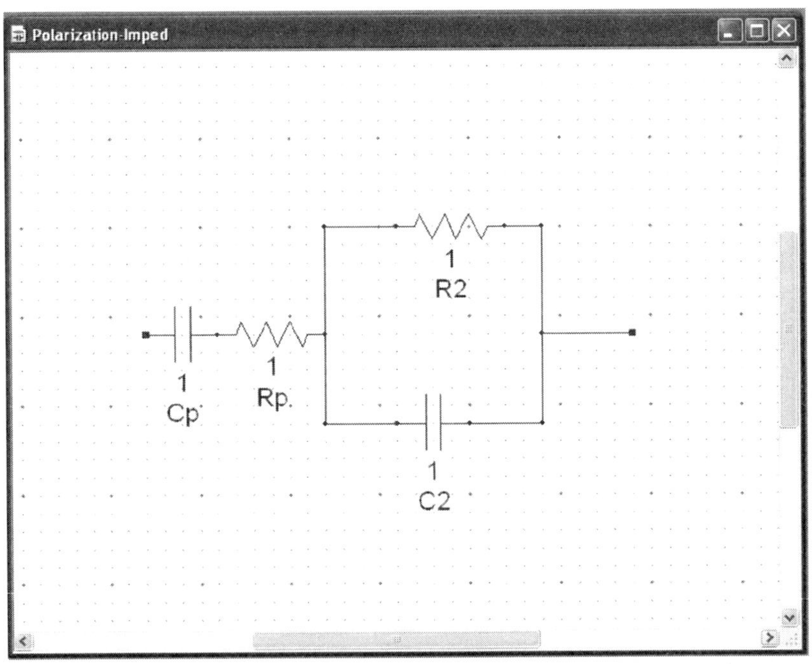

13.19 전극과 전해질 계면에서 일어나는 전극 분극의 등가 모델이 분극 전기용량과 저항은 C_p 와 R_p 이다.

추아(Chua)의 혼돈 회로

마지막으로 Chua 가 1985 년 발견한 혼돈의 특성(chaotic behavior)을 보이는 전기 회로를 예제로 사용할 것이다. 그림 13.20 에 복잡한 진동을 보이는 츄아의 회로를 보인다. 이 회로는 실험실에서 쉽게 실험해 볼 수 있다.

다른 저항값과 전기용량에 따라서 준주기의(Quasiperiodic), 혼돈의(chaotic), 간헐적인 혼돈의 특성을 관찰할 수 있다. 츄아의 회로에서 매개변수를 조정함으로써 주기를 두 배로 하는 경로도 관찰할 수 있다. 전류 I 와 전압 v_1, v_2 는 다음의 미분 방정식들을 따르게 된다.

$$\begin{pmatrix} RC_1\dot{v}_1 \\ RC_2\dot{v}_2 \\ L\dot{I} \end{pmatrix} = \begin{pmatrix} v_2 - v_1 - U(v_1)/R \\ v_1 - v_2 + IR \\ -v_2 \end{pmatrix} \tag{13.49}$$

이 시스템은 다음과 같이 무차원으로 나타낼 수 있다.

$$\begin{pmatrix} \dot{x}/\alpha \\ \dot{y} \\ \dot{z} \end{pmatrix} = \begin{pmatrix} y - x - U(x) \\ x - y - z \\ -\beta x - \gamma z \end{pmatrix} \tag{13.50}$$

여기서 $U(x)$ 는 다음과 같다.

$$U(x) = bx + \frac{1}{2}(a-b)(|x+1| - |x-1|) \tag{13.51}$$

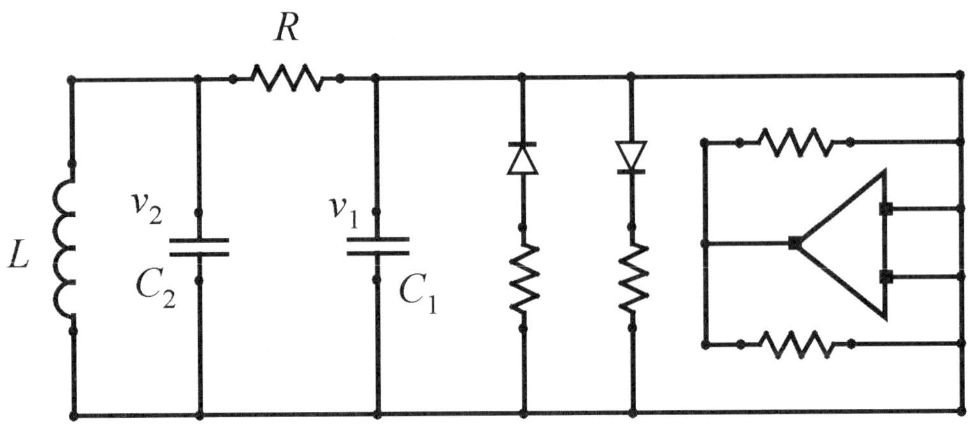

그림 13.20 추아의 혼돈 회로

다음의 MATLAB 코드는 1 차 오일러 법을 이용해서 추아의 회로의 진동을 시뮬레이션 한다.

```
% assign parameters
alpha=15;
betta=25.58;
b=-5/7;
a=-8/7;

% specify time step and number of time steps

nmax=10000;
dt=0.01;

% assign time and variable arrays

x=zeros(nmax,1);
y=zeros(nmax,1);
z=zeros(nmax,1);
t=zeros(nmax,1);

% specify initial conditions

x(1)=-1.6;
y(1)=0;
z(1)=1.6;
```

```
t(1)=0;

% perform Euler time stepping

for n =1:nmax-1
   f=b*x(n)+0.5*(a-b)*(abs(x(n)+1)-abs(x(n)-1));
   x(n+1)=x(n)+alpha*( y(n)-x(n)-f)*dt;
   y(n+1)=y(n)+(x(n)-y(n)+z(n))*dt;
   z(n+1)=z(n)-betta*y(n)*dt;
   t(n+1)=t(n)+dt;
end

% plot phase trajectory in the z-y plane

plot(x,y)
xlabel('x')
ylabel('y')
```

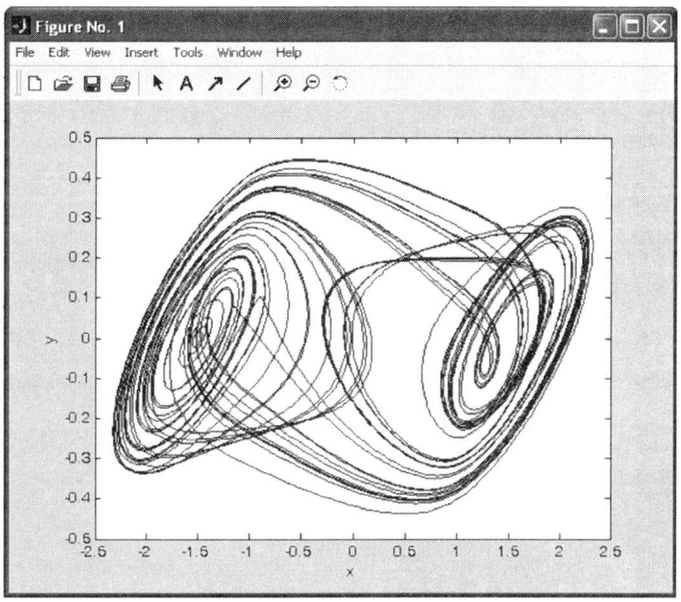

그림 13.21 추아의 회로 모사를 이용해서 만든 상공간 궤적

그림 13.21 에 위의 MATLAB 프로그램을 이용해서 만든 혼돈의 상 궤적(phase trajectory)을 보인다. 비슷한 플롯을 x-y 또는 x-z 면에서 만들 수 있을 것이다. 3 개의 변수 각각에 대한 시계열(time series)도 플로팅 할 수 있다.

참고 문헌

QuickField User's Guide: Tera Analysis Ltd. (2007). Chapter 6: Electric Circuit Definition.

W. T. Thompson. (1962). Laplace Transformation, second edition, Prentice-Hall, New Jersey. Chapter 3:Electrical Circuits.

Rodney Cotterill. (2003). *Biophysics An Introduction*, John Wiley & Sons.

Philip Neolson. (2004). *Biological Physics Energy*, *Information*, *Life*, W. H. Freeman and Company.

S. Grimnes and Ø. G. Martinsen. (2000). *Bioimpedance and Bioelectricity Basics*, Academic Press.

R. T. Tregear. (1995). "Interpretation of skin impedance measurements," *Nature* 205, 600-601.

K. H. Schoenbach, R. P. Joshi, J. F. Kolb, N. Chen, M. Stacey, P. F. Blackmore, E. S. Buescher, S. J. Beebe. (2004). "Ultra short Electrical Pulses Open a New Gateway Into Biological Cells," *Proceedings of the IEEE*, 92 1122-1137.

J. Gimsa and D. Wacner. (1998). "A Unified Resistor-Capacitor Model for Impedance, Dielectrophoresis, Electrorotation, and Induced Transmembrane Potential," *Biophysical Journal*, 75 1107-1116.

G. Smith, A. P. Duffy, J. Shen, C. J. Olliff. (1995) "Dielectric Relaxation Spectroscopy and Some Applications in the Pharmaceutical Sciences," *Journal of Pharmaceutical Sciences*, 84, 1029-1044.

R. N. Madan, (1993). Chua's Circuit: A Paradigm for Chaos, world Scientific, Singapore.

연습 문제

13.1 RC 회로에 세타 함수 $\theta(t)$, 사각 펄스 $\theta(t)-\theta(t-1)$, 델타 함수 $\delta(t)$ 형태의 신호가 가해질 때 전류의 흐름을 라플라스 변환을 이용해서 계산해 보아라.

13.2 RL 회로에 지수 함수 $\exp(-\lambda t)$, 사인파 $\sin(\omega t)$, 그리고 진폭이 서서히 커지는 $\exp(-\lambda t)\sin(\omega t)$ 함수 형태의 신호가 가해질 때 전류의 흐름을 라플라스 변환을 이용해서 계산해 보아라.

13.3 LC 회로에 세타 함수 $\theta(t)$, 사각 펄스 $\theta(t)-\theta(t-1)$, 델타 함수 $\delta(t)$ 형태의 신호가 가해질 때 전류의 흐름을 라플라스 변환법을 이용해서 계산해 보아라.

13.4 RLC 회로에 지수 함수 $\exp(-\lambda t)$, 사인파 $\sin(\omega t)$, 그리고 진폭이 서서히 커지는 $\exp(-\lambda t)\sin(\omega t)$ 함수 형태의 신호가 가해질 때 전류의 흐름을 라플라스 변환법을 이용해서 계산해 보아라.

13.5 그림 13.4 에 보인 것과 같이 병렬로 연결 된 LC 와 직렬로 연결된 저항 R 로 구성된 2 개의 루프가 있는 회로에서 세타 함수 $\theta(t)$, 사각 펄스 $\theta(t)-\theta(t-1)$, 델타 함수 $\delta(t)$ 형태의 신호가 가해질 때 각 구역의 전류 흐름을 라플라스 변환법을 이용해서 계산해 보아라.

13.6 그림 E-13.6 에 보인 것과 같이 2 개의 루프가 있는 회로에서 세타 함수 $\theta(t)$, 사각 펄스 $\theta(t)-\theta(t-1)$, 델타 함수 $\delta(t)$ 형태의 신호가 가해질 때 각 루프에서의 전류의 흐름을 라플라스 변환법을 이용해서 계산해 보아라.

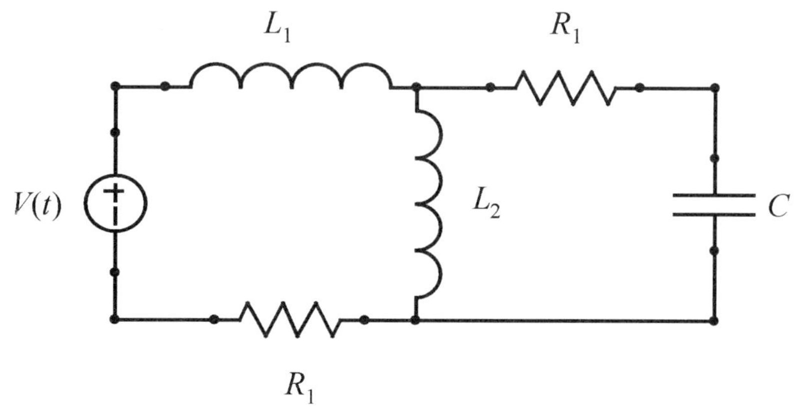

그림 E-13.6 두 개의 루프로 구성된 회로

13.7 그림 E-13.7 에 보인 것과 같이 3 개의 루프가 있는 회로에서 세타 함수 $\theta(t)$, 사각 펄스 $\theta(t)-\theta(t-1)$, 델타 함수 $\delta(t)$ 형태의 신호가 가해질 때 각 구역의 전류 흐름을 라플라스 변환법을 이용해서 계산해 보아라.

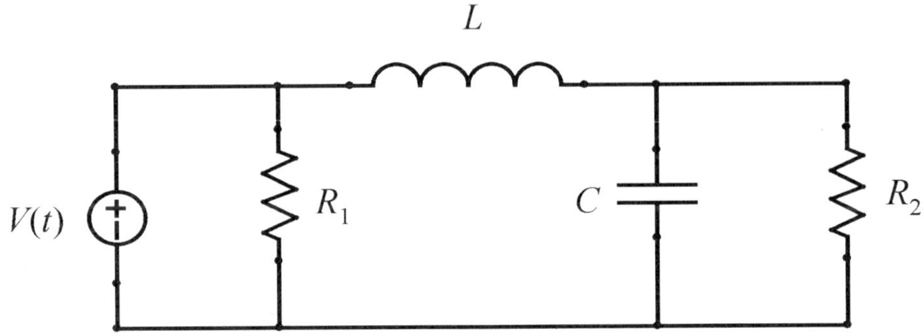

그림 E-13.7 세개의 루프로 구성된 회로

13.8 그림 E-13.6 과 E-13.7 에 보인 것과 같은 2 개 또는 3 개의 루프가 있는 회로에 AC 전류가 흐를 때 퀵필드를 이용해서 풀이하여라.

13.9 그림 E-13.6 과 E-13.7 에 보인 것과 같은 2 개 또는 3 개의 루프가 있는 회로에 세타 함수 $\theta(t)$ 의 전압 자극이 가해질 때 과도전류를 퀵필드를 이용해서 풀이하여라.

13.10 LC 회로의 AC 응답을 퀵필드를 이용해서 모델링 하여라. 레이블 무버 기능을 이용해서 회로에 흐르는 교류 전류의 흐름을 주파수에 대한 함수로 구하여라.

13.11 RC 회로의 AC 응답을 퀵필드를 이용해서 모델링 하여라. 레이블 무버 기능을 이용해서 회로에 흐르는 교류 전류의 흐름을 주파수에 대한 함수로 구하여라.

13.12 RL 회로의 AC 응답을 퀵필드를 이용해서 모델링 하여라. 레이블 무버 기능을 이용해서 회로에 흐르는 교류 전류의 흐름을 주파수에 대한 함수로 구하여라.

13.13 RLC 회로의 AC 응답을 퀵필드를 이용해서 모델링 하여라. 레이블 무버 기능을 이용해서 회로에 흐르는 교류 전류의 흐름을 주파수에 대한 함수로 구하여라.

13.14 LC 회로에 정류된 사인파 $V(t)=V_0\,|\sin(\omega t)|$ 가 여기(excite) 될 때 과도 전류를 MATLAB®을 이용해서 모델링 하여라. 이 때 구한 미분 방정식을 수치적으로 풀어서 시간에 따라 바뀌는 전류를 플로팅 하여라.

13.15 RL 회로에 시간에 따라 바뀌는 전압 $V(t)=V_0 t\exp(-\lambda t)$ 이 여기 될 때 과도 전류를 MATLAB®을 이용해서 모델링 하여라. 이 때 구한 미분 방정식을 수치적으로 풀어서 시간에 따라 바뀌는 전류를 플로팅 하여라.

13.16 RLC 회로에 톱니파 전압 $V(t)=V_0 saw(t)$ 이 여기 될 때 과도 전류를 MATLAB 을 이용해서 모델링 하여라. 이 때 구한 미분 방정식을 수치적으로 풀어서 시간에 따라 바뀌는 전류를 플로팅 하여라.

13.17 퀵필드를 이용해서 그림 13.13 에 보인 2 단으로 구성된 RC 대역 통과 필터를 모델링 하여라. 레이블 무버를 이용해서 출력 단의 저항 R_2 에 걸리는 전압을 주파수에 대한 함수로 플로팅 하여라.

13.18 단위 임펄스에 대한 수동 전달 방정식 (13.46)을 수치적으로 풀이하는 MATLAB 프로그램을 작성하여라. 곡면 플롯 $v(x,t)$ 를 만들어 보아라. 주어진 지점 x 에 대해서 수치 모사 결과를 주어진 한 지점의 시간에 대한 함수와, 주어진 한 시간에 대한 시간의 함수 해들과 비교해 보아라.

13.19 구형파 자극(excitation)에 대한 수동 전달 방정식 (13.46)을 수치적으로 풀이하는 MATLAB® 프로그램을 작성하여라.

13.20 퀵필드를 이용해서 뉴런의 수동 전달 모델을 만들고 단위 계단 전압 입력과 단위 계단 전류 입력 자극에 대한 회로 구성요소에 걸리는 시간 종속 전압을 비교해 보아라.

13.21 퀵필드를 이용해서 AC 자극에 대한 수동 뉴론의 응답을 모델링 하여라. 세포가 5, 10, 15 인 경우에 모델의 AC 에 대한 응답을 비교해 보아라. 각각의 세포는 아주 긴 모델을 만들기 위해서는 복사해서 붙이기를 이용하는 것이 편리하다는 것을 기억하라.

13.22 갑각류의 신경막에 대한 값들이 $r=15\mu\text{m}$, $\rho_m=5000\Omega-\text{cm}^2$, $\rho_i=50\Omega-\text{cm}^2$, $C_m=1\mu\text{F/cm}^2$ 이며, 이에 상응하는 길이와 시간 상수는 $\lambda=2.7\textbf{mm}$, $\tau=5\text{ms}$ 로 주어질 때 수동 전달 방정식 (13.47)의 공간과 시간에 대한 해를 MATLAB®을 이용해서 플로팅 하여라.

13.23 1941 년 Cole 과 Cole 은 생물 조직의 복소 유전 응답에 대한 실험식을 구하였다.

$$\varepsilon^*(\omega)=\varepsilon_\infty+\frac{\Delta\varepsilon}{1+(i\omega\tau)^{1-\alpha}}$$

여기서 Cole 지수 α 는 완화 시간의 분포와 관계가 있다. 완화 시간의 퍼짐은 세포와 분자의 상호작용, 간격 접합, 생물 조직의 비대칭성, 프랙탈의 크기와 차원의 영향으로 인해 생긴다. 물의 경우 $\alpha \approx 0$, $\varepsilon_s \approx 80$, $\varepsilon_\infty \approx 6$, $\tau \approx 10\text{ps}$ 이다. 물의 유전 응답에 대한 Cole-Cole 플롯을 MATLAB 을 이용해서 $\varepsilon^* = \varepsilon' - i\varepsilon''$ 일 때 ε' 에 대한 ε'' 의 플로팅을 하여라.

13.24 피부 임피던스에 대한 트리기어의 전기 회로 모델을 그림 13.18 과 비슷한 12 개의 감소하는 저항과 12 개의 커패시터를 이용해서 모사하여라. 레이블 무버 기능을 이용해서 피부 임피던스 주파수에 대한 함수로 계산하여라. 이 결과를 16 개의 저항과 커패시터를 이용하는 확장된 트리기어 모델을 이용한 결과와 비교해 보아라.

13.25 세포와 핵에 걸리는 AC 유도 막전위를 그림 E-13.25 에 보인 것과 같은 등가 회로를 이용하여 계산하여라. 여기 전압의 주파수를 변화시키는 것은 퀵필드에서 레이블 무버 기능을 이용하여라.

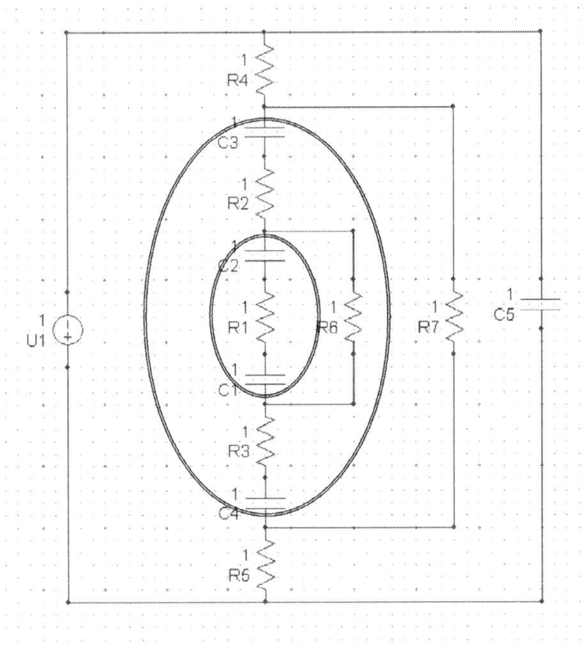

그림 E-13.6 핵 원형질을 감싸는 핵 멤브레인을 포함하는 세포질을 감싸는 세포 멤브레인의 전기적 등가 모델

13.26 그림 E-13.25 에 보인 등가회로를 수정해서 멤브레인의 전기용량과 평행한 멤브레인의 저항을 포함시켜라. 레이블 무버를 이용해서 유도 막전위를 주파수에 대한 함수로 계산하여라.

13.27 Chua 의 혼돈 회로를 MATLAB 에서 4 차 Runge-Kutta 법을 이용해서 모델링 하여라(부록 1 을 보아라). 변수 x, y, z 중 한 변수의 시계열에 대해서 플로팅하고 위상 공간 궤적(phase space trajectory) 삼차원 parametric 플롯을 만들어라.

13.28 Chua 의 ghsehs 회로에서 초기조건의 작은 변화에 대한 민감도를 MATLAB 에서 같은 변수를 조금 다른 초기조건(예, $x_0 = 0.1$ 그리고 $x_0 = 0.100001$)일 때의 시계열을 동시에 플로팅해서 조사해 보아라. 시계열은 처음에는 일치하지만 시간이 지나면서 갈라지게 된다. 이런 초기조건에 대한 민감도의 의존성은 혼돈계의 특징이다.

13.29 Chua 의 회로에서 $x(t)$ 와 시간 지연 함수 $x(t+\tau)$ 의 플롯을 MATLAB 에서 만들어서 야릇한 끌개(strange attractor)를 재구성하여라. 이 때 τ 는 적절히 선택된 시간 지연이다. 시간 지연 플롯은 다른 두 변수로부터 만들 수 있다. 그림 13.21 과 비슷한 플롯을 할 때 까지 τ 값을 바꿔가며 시도해 보아라. 너무 작은 τ 값을 이용해서 플로팅 하면 직선이 된다. 너무 큰 값은 "막대 집어들기(pick-up-sticks)[3]"와 비슷한 플롯을 만들게 된다. 단지 하나의 시계열을 기록한 실험 데이터로부터 혼돈 위상 궤적을 보기 위해서 이런 위상 공간 궤적의 재구성을 사용한다.

13.30 츄아의 회로의 푸앙카레 단면(Poincare section) 또는 스트로브 플롯을 MATLAB 에서 x-y 면에 z 가 0 을 지나갈 때 점들을 플로팅해서 그려 보아라. 스트로브 플롯은 나머지 한 변수가 0 일 때 다른 좌표면에 점들을 플로팅해서 만들 수 있다. 점들을 플로팅 할 때 선으로 연결해서는 안된다.

13.31 Chua 회로의 회귀 지도(return map)를 한 변수의 연속적인 최대 점들(예 z_M 대 z_{M+1})을 플로팅해서 만들어라. 최대점들을 플로팅할 때 선으로 연결해서는 안된다.

---

[3] 한 묶음의 막대를 적당히 쌓은 후, 전체의 형태를 흩트리지 않으면서 하나씩 뽑아내는 게임

13.32 LC 회로에 구형파의 여기가 가해질 때 흐르는 전류에 대한 다음과 같은 일차 미분 방정식을

$$\frac{dx}{dt} = f(x,t)$$

다음의 4 차 Runge-Kutta 법을 이용해서 계산하여라.

$$x_{n+1} = x_n + \frac{1}{6}\left(F_1 + 2F_2 + 2F_3 + F_4\right)$$
$$t_{n+1} = t_n + h$$
$$F_1 = hf(x_n, t_n)$$
$$F_2 = hf\left(x_n + \frac{F_1}{2}, t_n + \frac{h}{2}\right)$$
$$F_3 = hf\left(x_n + \frac{F_2}{2}, t_n + \frac{h}{2}\right)$$
$$F_4 = hf\left(x_n + F_3, t_n + h\right)$$

부록 1. MATLAB® 살펴 보기

M-파일

M-파일은 간단하면서 사용하기 편하다. 대부분의 경우 몇 줄 이상의 코드를 입력할 때에는 M-파일을 작성하는 것이 낫다. 코드들을 명령어 윈도우에서 실행한 후에는 위 또는 아래 화살표 키를 이용해서 다시 그 명령을 찾아서 수정 또는 변경을 하게 된다. M-파일을 편집하는 것은 명령어 입력 윈도우(command window)에서 코드들을 입력하고 편집하는 것 보다 쉬우며, 'chua_circuit.m'과 같이 파일로 저장하게 된다.

M-파일을 만들기 위해서는 File→New→M-file 의 순서대로 메뉴를 선택하며, 코드를 입력한 후에는 File→Save as... 를 선택한 후 filename.m 의 형식으로 저장한다.

예를 들어 다음과 같은 코드가 있으며

1+1

'sally.m'으로 M-파일을 저장했다고 하자. 이 M-파일은 명령어 입력 윈도우의 명령 프롬프트에서 다음과 같이 'sally'를 입력하면

```
>>sally
```

다음의 결과를 출력하게 된다.

```
ans =
     2
```

기본 수학과 문법

%	주석
;	출력이 나타나지 않게 함
3+2-4*2-2/3	% 덧셈, 뺄셈, 곱셈, 나눗셈
3^2	% 누승

```
sqrt(9)        % 제곱근
```

논리연산자

```
~        % 부정

|        % 논리 OR

&        % 논리 AND
```

조건식

```
if condition
   operation ;
end;

if condition
   operations1;
else
   operation2;
end;

if condition 1
   operation1;
elseif condition2
   operation2;
else
   operation3;
end
```

루프(반복)

```
for i=1:n            % i=1, 2, 3, …, n
   operations;
end;

for i=1:2:n          % i=1, 3, 5, 7, 9, …, n
   operations;
end;

for i=1:-3:-10             % i=1, -2, -5, -8
   operations;
end;
```

```
while condition
   operations;
end;
```

벡터와 행렬

```
v = 1:5        % 벡터 v = (1, 2, 3, 4, 5)

u=-1:2:7       % 벡터 u =(-1, 1, 3, 5, 7)

w=1./u % 벡터 w=(-1, 1, 1/3, 1/5, 1/7)

A=[1, 2, 3; 4, 5, 6; 7, 8, 9];     % 3 x 3 배열

A'                    % A의 전치(transpose) 행렬

det(A)                % 배열 A의 행렬식(determinant)

eig(A)                % 배열 A의 고유값(eigenvalue)
```

복소수

```
z= 3 + i       % 복소수는 a + bi 의 형태를 가진다
real(z)        % z의 실수 부분 (3을 돌려 준다)
imag(z)        % z의 허수 부분 (1을 돌려 준다)
abs(z)         % 복소수의 크기 (sqrt(10)을 돌려 준다)
```

그래프 플로팅

간단한 그래프

```
t=0:.01:5;                % 시간 변수와 증분을 정의

plot(t,sin(5*t).*exp(-t))   % 곡선 하나를 그린다.
```

로그-로그, 세미로그 그래프

```
semilogy(x,y)         % x축은 선형이고, y축은 로그 눈금인 플로팅

semilogx(x,y)         % y축은 선형이고, x축은 로그 눈금인 플로팅

loglog(x,y)           % 양 축이 로그 눈금인 플로팅
```

하나의 그래프에 여러 개의 곡선 표시

```
% 하나의 그래프에 두 개의 곡선 그리기
plot(t,1./(t-3),t,exp(t)),legend('1/(t-3)', 'exp(t)')  % 두
개의 커브
% 하나의 그래프에 Bessel 함수 처음 6 개 그리기
x=0:.1:15;
plot(x,besselj(0,x))
hold on
for n = 1:5
y=besselj(n,x);
plot(x,y)
end
hold off
```

복소함수(Complex Functions)의 등고선도 그리기

```
[X, Y]=meshgrid(-3:0.01:3,-3:0.01:3);
H=besselh(0,2,X+i*Y);
contour(X,Y,real(H),-1:.1:1),hold on
contour(X,Y,imag(H),-1:.1:1),hold off
% besselj, bessely, bessli, besselk 함수도 적용해 보아라.
```

하나의 그래프에 등위선과 벡터 필드의 플로팅

```
v=-2:0.2:2;
[x,y]=meshgrid(v);
z=y.*exp(-x.^2-y.^2);
[px,py]=gradient(z,.2,.2);
contour(v,v,z),hold on, quiver(v,v,px,py), hold off
```

합의 계산

```
% 자연수 중 처음의 5 개를 더하기
sum = 0;

for n=1:5
    sum=sum+n;
end
sum             % 결과 값은 15

% 벡터 방식을 이용한 합계는 루프가 필요 없고 계산이 빠르다.

n=1:5;
sum(n) % 결과 값은 15
```

데이터를 가져오고 내보내기

엑셀의 워크시트(.xls), 텍스트 파일(.csv, .txt, .dat), 그리고 배열을 저장한 MAT 파일(.mat)를 가져오기 위해서 Matlab 의 가져오기 마법사(Import Wizard)를 이용하기 위해서는:

File → Create Time Series from File

Matlab 의 워크스페이스 배열을 가져오기 위해서는 :

File → Import from Workspace → Array Data

다음의 예제는 명령 라인에서 ASCII 데이터 파일을 만든 파일을 저장하고 읽어올 것이다.

```
>> B= [1 2 3];
>> save c:\docs\jim.dat B -ASCII
>> P=dlmread('c:\docs\jim.dat');
>> P
```

결과는 다음과 같을 것이다.

```
P =
        1    2    3
```

이 외에도 read 와 write 명령을 위한 많은 옵션들이 있다. MATLAB 도움말의 'Importing and Exporting Data'를 읽어 보기 바란다.

상미분 방정식(ODE, ordinary differential equations)의 수치 해 구하기

MATLAB®은 ODE 풀이를 위한 많은 라이브러리를 제공하고 있다. 다음이 예제는 Lorenz 시스템을 초기조건 $(x_0, y_0, z_0) = (0.1, 0.1, 0.1)$ 과 시간 $0 \le t \le 100$ 에 대해서 4 차 Runge-Kutta 법을 이용해서 풀이한다.

$$\begin{pmatrix} \dot{x} \\ \dot{y} \\ \dot{z} \end{pmatrix} = \begin{pmatrix} \sigma(y-x) \\ \rho x - y - xz \\ xy - \beta z \end{pmatrix} \tag{A1.1}$$

우선 다음의 내용을 가지는 M-파일 'lorenz.m'을 만든다.

```
function yp=lorenz(t,y)
global sigma rho beta
yp=[sigma*(y(2)-y(1)) ;
rho*y(1)-y(2)-y(1)*y(3) ;
y(1)*y(2)-beta*y(3)] ;
```

다음의 명령들을 명령 윈도우에서 입력한다[1].

```
>> global sigma rho beta
>> [t,y]=ode45(@lorenz,[0, 100], [0.1;0.1;0.1]);
>> plot3(y(:,1),y(:,2),y(:,3))
```

3D 매개변수 곡선을 얻을 수 있으며, 여기서 y(:,1), y(:,2), y(:,3)은 행렬 y 의 x, y, z 열에 해당한다. 전역 변수 (global variable)을 사용하면 함수 파일을 수정하지 않고도 매개 변수에 변화를 줄 수 있다. 각 축에 레이블을 붙이고 플롯의 제목을 붙인다면 더욱 보기 좋을 것이다.

```
>> xlabel('x','Fontsize',16)
>> ylabel('y','Fontsize',16)
>> zlabel('z','Fontsize',16)
>> title('Lorenz Model','Fontsize',18)
```

다음과 같은 이차 미분 방정식은

$$\begin{pmatrix} \ddot{x} \\ \ddot{y} \end{pmatrix} = \begin{pmatrix} f(x,\dot{x},y,\dot{y},t) \\ g(x,\dot{x},y,\dot{y},t) \end{pmatrix} \tag{A1.2}$$

다음과 같은 4 개의 일차 미분 방정식들로 변환될 수 있다.

[1] 이 명령들이 바르게 실행되기 위해서는 sigma=10,rho=28,beta=8/3;을 첫 번째 입력 다음에 실행해야 한다. 이 값들을 변화 시키면 다른 값들을 얻을 수 있다.

$$\begin{pmatrix} \dot{x} \\ \dot{x}_p \\ \dot{y} \\ \dot{y}_p \end{pmatrix} = \begin{pmatrix} x_p \\ f(x, \dot{x}, y, \dot{y}, t) \\ y_p \\ g(x, \dot{x}, y, \dot{y}, t) \end{pmatrix} \tag{A1.3}$$

앞에서 한 것과 유사한 과정을 4개의 방정식에 대한 것으로 확장함으로써 문제를 풀이 할 수 있다. 이차 미분 방정식이 3개라면 같은 방식으로 6개의 일차 미분 방정식을 풀이하는 방식으로 풀이할 수 있다.

심볼릭 툴박스(Symbolic Toolbox)

다음의 예제들을 실행하기 위해서는 심볼릭 툴박스가 필요하며 예제들은 명령어 라인에서 실행된다. 위 또는 아래쪽 방향키를 눌러서 이전의 명령들을 수정할 수 있다는 것을 기억해두기 바란다.

간단한 플로팅

```
syms x
ezplot(x*sin(1/x), [-.1,.1])
ezplot(besselj(0,x),[0,10])
```

면의 플로팅

```
syms x y
ezmesh(besselj(0,sqrt(x^2+y^2)),[-10,10])
```

면과 등고선을 조합한 플로팅

```
syms x y
ezmeshc(sin(x)*exp(-x^2-y^2))
% 3D 회전 툴을 이용해서 다른 시점에서도 그래프를 관찰해 보아라.
```

3D 매개변수 곡선

```
syms t
ezplot3(sin(cos(t)),cos(sin(t)),t,[0,15])
% 3D 회전 툴을 이용해서 다른 시점에서도 그래프를 관찰해 보아라.
```

심볼릭 적분

```
syms x a
a= 3;
int(dirac(x-a)*besselj(0,x),0,inf)

syms a b positive
syms x
f=exp(-a*x^2+b*x)
int(f,x,0,inf)
pretty(ans)
```

심볼릭 미분

```
syms x
f=besselj(2,x);
diff(f)
```

미분 방정식의 심볼릭 풀이

```
dsolve('D2I + 5*DI + 6*I = 9*sin(t)','I(0)=0', 'DI(0)=0')

dsolve('DX+Y=Z','DY+3*Z=Y','DZ+X=2*Z','X(0)=1',Y(0)=0','Z(0)=1')
ans.X  % dsolve()를 먼저 실행되었다면 이 단계에서 X(t)를 구할 수 있다.
ans.Y  % dsolve()를 먼저 실행되었다면 이 단계에서 Y(t)를 구할 수 있다.
ans.Z  % dsolve()를 먼저 실행되었다면 이 단계에서 Z(t)를 구할 수 있다.
```

심볼릭 덧셈

```
syms x k
symsum(exp(-k*x),0,inf)

syms n
symsum(((-1)^n)/n^2,inf)

syms n
symsum(1/2^n,1,inf)
```

테일러 전개

```
syms x
taylor(besselj(1,x),8)              % 8 차 이전 까지의 항을 보여준다.
```

방정식들의 심볼릭 풀이

```
syms a b c x y z
S=solve('a*x+b*y=3','c*y+b*z=2','x+z=1',x,y,z)
S.x    % x 값을 돌려 줌
S.y    % y 값을 돌려 줌
S.z    % z 값을 돌려 줌
```

표현의 분수화(factoring)

```
syms x y
factor(x^6-y^6)
```

표현의 간결화

```
syms a b positive
f=(a^3+b^3)/(a+b)
simplify(f)
```

함수 계산기

심볼릭 툴박스는 funtool 이라는 함수 계산기 기능을 가지고 있다. 이 계산기를 이용하기 위해서는 명령 줄에서 다음과 같이 입력한다.

```
>> funtool
```

이 계산기는 한 개의 변수에 대한 함수를 표시하고 여러 가지 작업을 할 수 있다. 여기서 작업 들이란 플로팅, 미분, 적분, 역함수, 그리고 대수학에서 사용되는 많은 함수의 연산들을 말한다.

참고 문헌

B. Hahn and D. Valentine. (2007). Essential MATLAB for Engineers and Scientists, 3rd Edition, Butterworth-Heinermann/Elsevier.

D. J. Higham, N. J. Higham. (2005). MATLAB Guide, 2nd, edition, SIAM

부록 2. 펄스 함수와 주기 함수들의 라플라스 변환

펄스 함수

시간 $t=0$ 일 때의 디랙 델타 함수(Dirac delta function)

$$f(t)=\delta(t) \quad F(s)=1 \tag{A2.1}$$

시간 $t=a$ 일 때의 디랙 델타 함수

$$f(t)=\delta(t-a) \quad F(s)=e^{-as} \tag{A2.2}$$

시간 $a \le t$ 일 때 크기가 1인 Heaviside 계단 함수

$$f(t)=\Theta(t-a) \quad F(s)=\frac{e^{-as}}{s} \tag{A2.3}$$

크기가 1이며 시간 구간 $a \le t \le a+b$ 내에서는 일정한 펄스 함수

$$F(s)=\frac{e^{-as}\left(1-e^{-bs}\right)}{s} \tag{A2.4}$$

크기가 1 이며 시간 구간 $0 \le t \le a$ 내의 사인 펄스 함수

$$f(t)=\sin\left(\frac{\pi t}{a}\right) \quad F(s)=\frac{\pi a\left(1+e^{-as}\right)}{a^2 s^2+\pi^2} \tag{A2.5}$$

주기 함수들

주기함수 $f(t)$ 의 라플라스 변환은 다음과 같다.

$$L[f(t)] = \frac{1}{1-e^{-sz}} \int_0^z e^{-st} f(t)dt \tag{A2.6}$$

주기가 $2a$ 이며 크기가 1 인 구형파

$$f(t) = \Theta(t) - 2\Theta(t-a) + 2\Theta(t-2a) - 2\Theta(t-3a) + 2\Theta(t-4a) + \ldots \tag{A2.7}$$

$$F(s) = \frac{1}{s} \tanh \frac{as}{2} \tag{A2.8}$$

주기가 $2a$ 이며 크기가 1, 정류된 구형파

$$F(s) = \frac{1}{s(1-e^{-as})} \tag{A2.9}$$

주기가 $2a$ 이며 크기가 1, 반파(half rectifed) 정류된 사인파(sine wave)

$$F(s) = \frac{a}{(s^2+a^2)(1-e^{-\pi s/a})} \tag{A2.10}$$

주기가 a 이며 크기가 1, 전파 정류된 사인파(sine wave)

$$F(s) = \frac{a}{(s^2+a^2)} \coth \frac{\pi s}{2a} \tag{A2.11}$$

주기가 a 이며 크기가 1 인 톱니파

$$F(s) = \frac{1}{as^2} - \frac{e^{-as}}{a(1-e^{-as})} \tag{A2.12}$$

주기가 $2a$ 이며 크기가 1 인 삼각파

$$F(s) = \frac{1}{s^2} \tanh \frac{as}{2} \tag{A2.13}$$

부록 3. 등각 사상

반면에서의 등각 사상

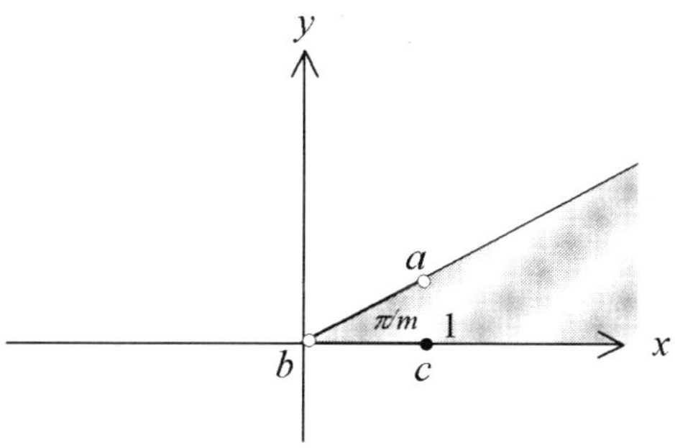

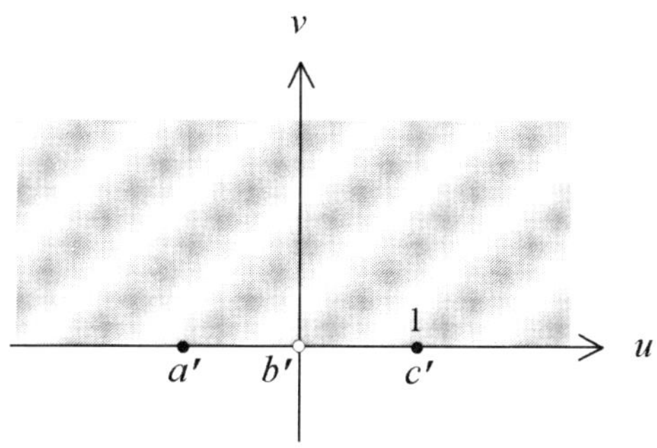

$$w = z^m$$

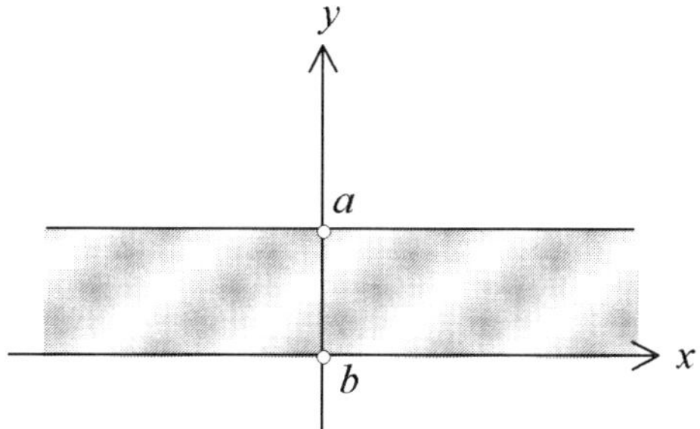

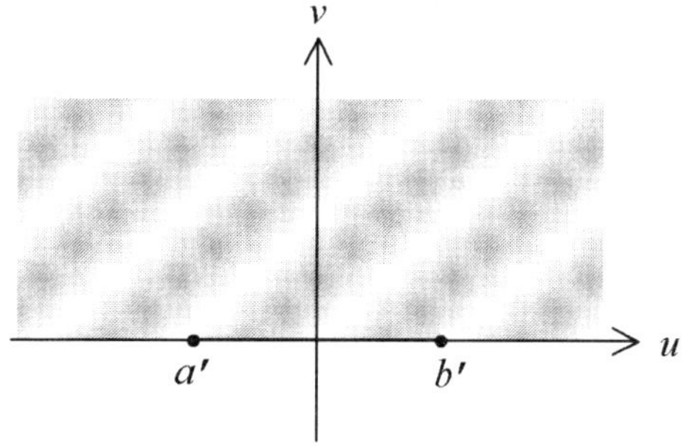

$$w = \exp\left(\frac{\pi z}{a}\right)$$

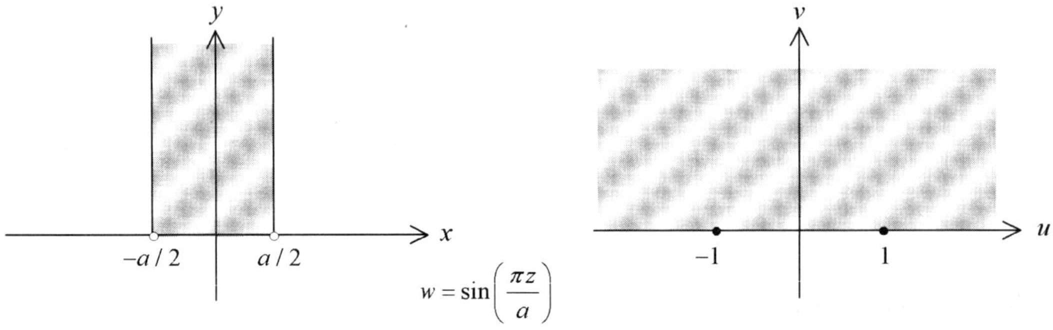
y
x
−a / 2
a / 2
$w = \sin\left(\frac{\pi z}{a}\right)$
v
u
−1
1

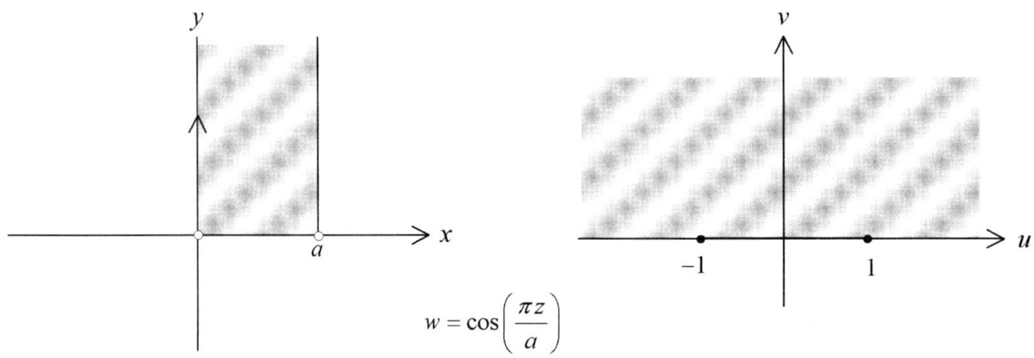
y
x
a
$w = \cos\left(\frac{\pi z}{a}\right)$
v
u
−1
1

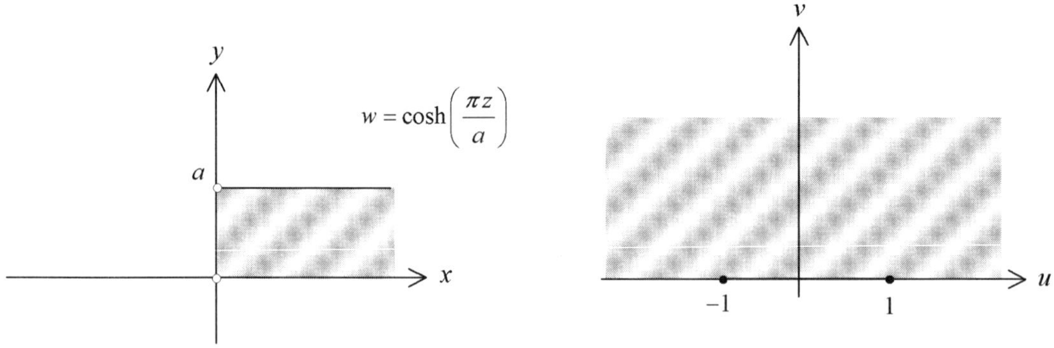
y
$w = \cosh\left(\frac{\pi z}{a}\right)$
a
x
v
u
−1
1

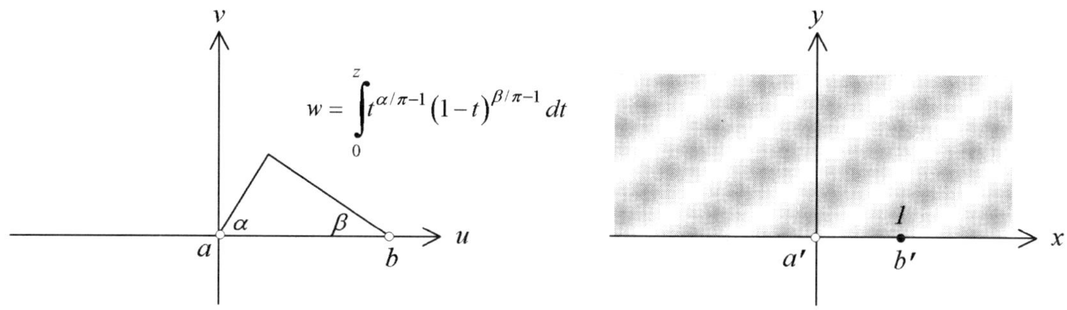

$$w = \int_0^z t^{\alpha/\pi - 1}(1-t)^{\beta/\pi - 1}\,dt$$

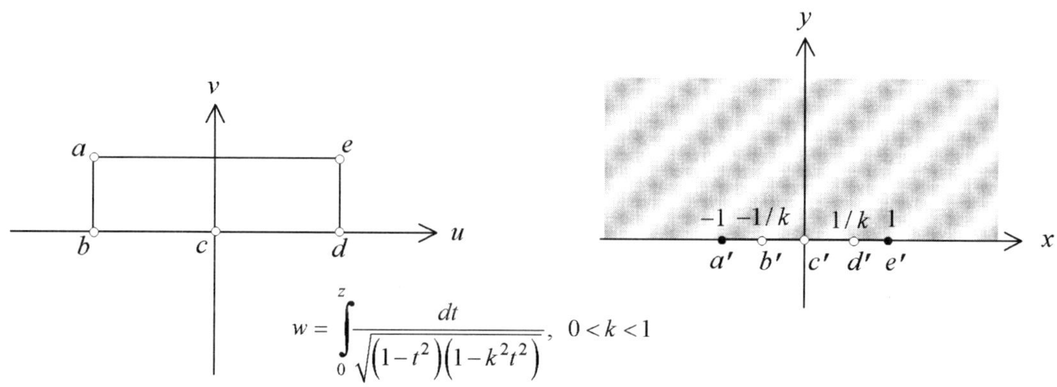

$$w = \int_0^z \frac{dt}{\sqrt{(1-t^2)(1-k^2t^2)}},\quad 0<k<1$$

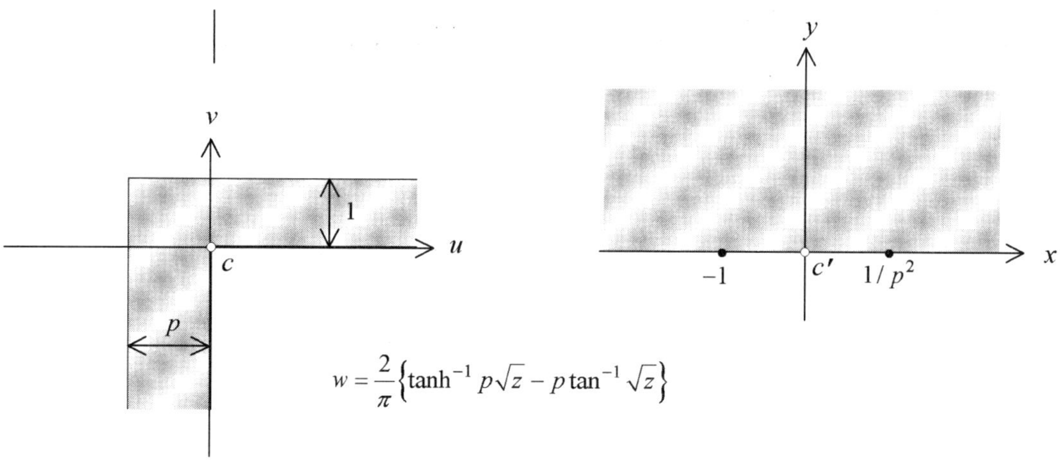

$$w = \frac{2}{\pi}\left\{\tanh^{-1} p\sqrt{z} - p\tan^{-1}\sqrt{z}\right\}$$

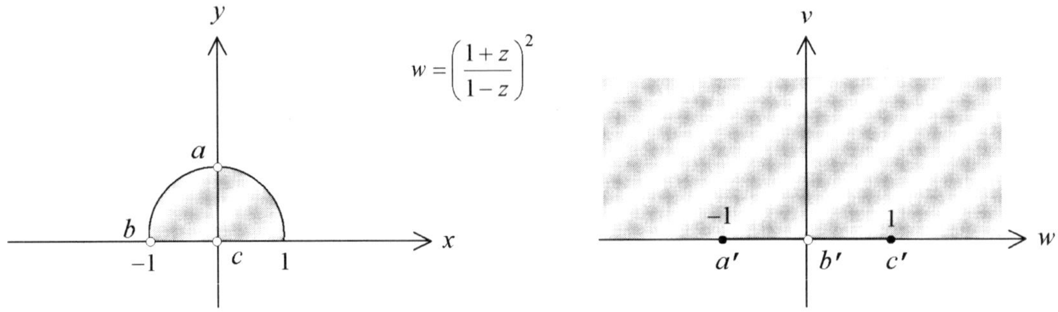
y
x
v
w
a
b
c
−1
1
a′
b′
c′
−1
1
$w=\left(\frac{1+z}{1-z}\right)^2$

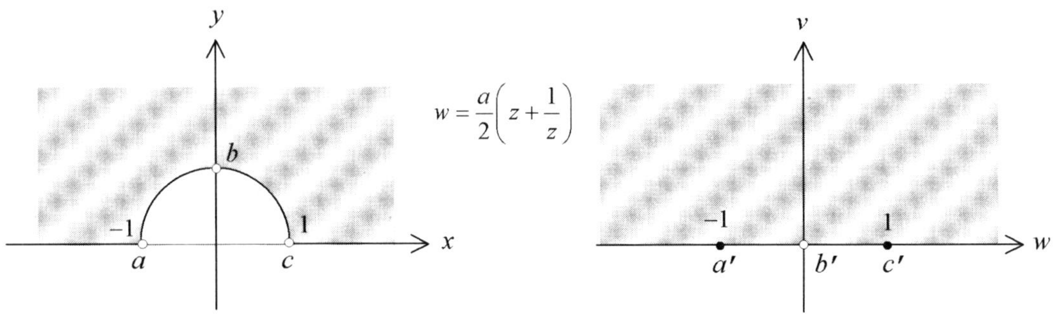
y
x
v
w
b
−1
1
a
c
a′
b′
c′
−1
1
$w=\frac{a}{2}\left(z+\frac{1}{z}\right)$

단위 구체 위의 등각 사상

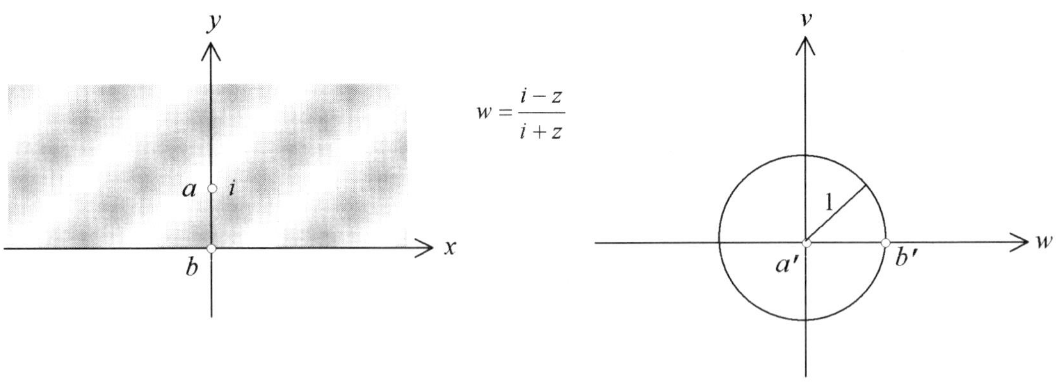
y
x
v
w
a
i
b
1
a′
b′
$w=\frac{i-z}{i+z}$

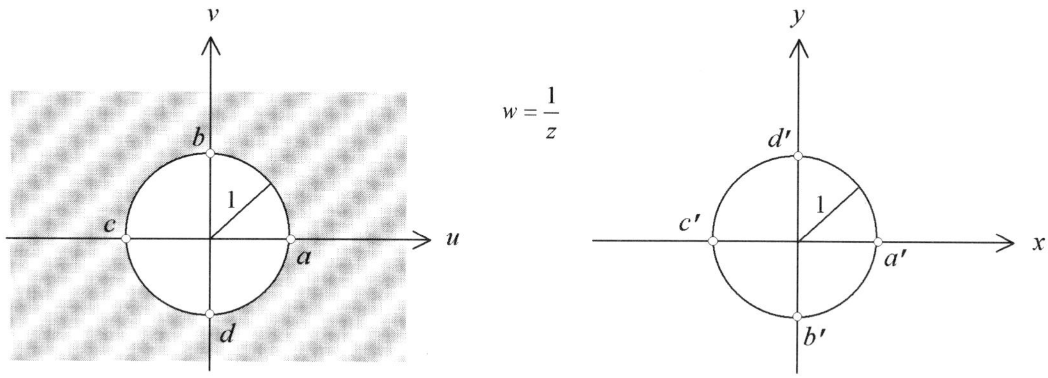
v
b
1
c
u
a
d
$w = \frac{1}{z}$
y
d′
1
c′
x
a′
b′

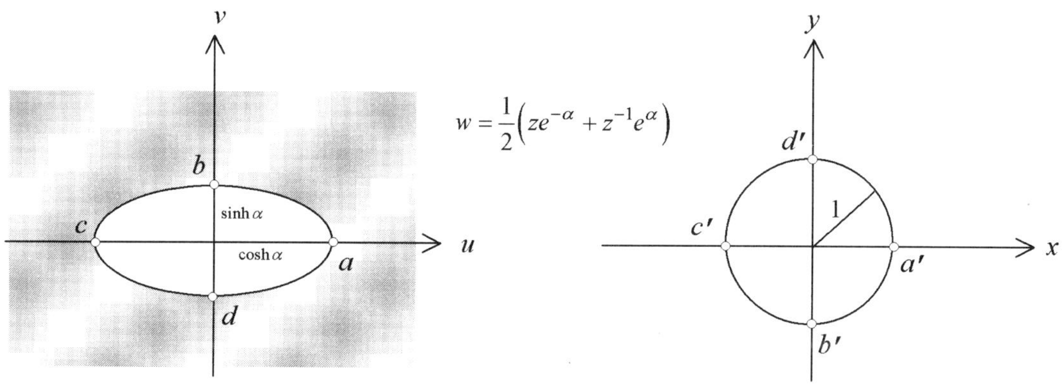
v
b
sinh α
c
u
cosh α
a
d
$w = \frac{1}{2}\left(ze^{-\alpha} + z^{-1}e^{\alpha}\right)$
y
d′
1
c′
x
a′
b′

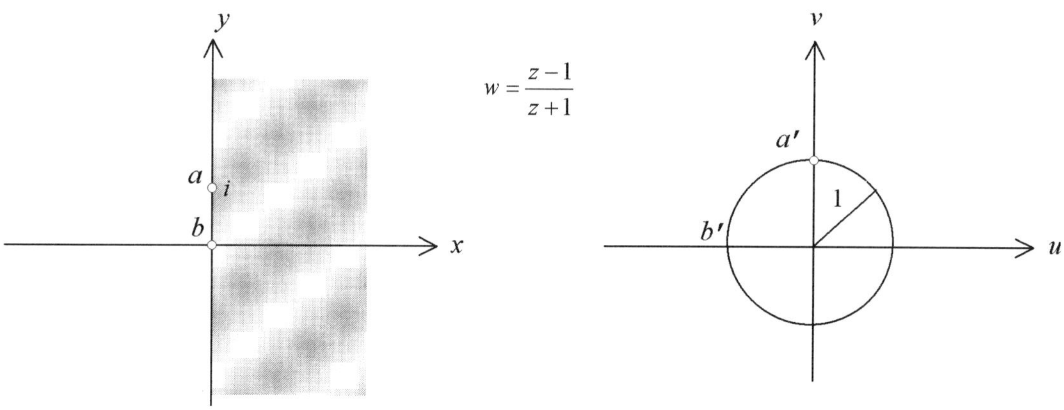
y
a
i
b
x
$w = \frac{z-1}{z+1}$
v
a′
1
b′
u

부록 4. 공학 물성

물질	영률(Gpa) **Young's Modulus**	전단계수 **Shear Modulus**
고무	0.007-0.035	0.0008-0.0016
유리	65	8-30
콘크리트	25-30	
대리석	50	
화강암	70	
알루미늄	56-77	25-30
구리	120	50-63
주철(무쇠)	70-145	50
연철(단철)	180-210	85
스테인레스 스틸	190	85
구조용 철재	200	80
티타늄	105-120	41.4
텅스텐	360	150
다이아몬드	1200	
탄소 섬유 복합물	35-1000	
카본 나노 튜브	1000	

물질	열전도도 (W/m K)	선형 확장 계수 Shear Modulus
공기	0.023	
물(20℃)	0.59	
얼음	2.2(0℃)	51(0℃)
은	420	18.8
탄소강	52	11.7
콘크리트		12
스테인레스 스틸	15	17.3
쇠	47	10.5(주철) 12(연성)
알루미늄	237	23
티타늄	180	8.5
금	318	14
황동		19
다이아몬드		1

물질	전도도 (S/m)
은	$61\ 10^6$
구리	$58\ 10^6$
알루미늄	$35\ 10^6$
쇠	$2\ 10^6$
티타늄	$2.3\ 10^6$
흑연	$1\ 10^5$

지구 비저항 (Ωm)	
평균	100
건조한 대지	10^3
점판암(slate)	10^7
사석	10^8
젖은 흙	10-100
해수	1-5

스페이스 셔틀의 타일 (산화 실리콘으로 만든)	
밀도	9 lb/ft3
비열	0.15 BTU/lb-°F
열 전도도 70F, 1 ATM	0.028 BTU/ft-hr- °F
열 전도도 2000F, 10^{-4} ATM	0.073 BTU/ft-hr- °F
1Btu = 1.054 10^3J 1BTU/ft-hr-°F = 1.731 W/m-K	

참고 문헌

CRC Handbook of Chemistry and Physics 88th Edition (2007-2008). *Section 4: Properties of the Elements and Inorganic Compounds, Section 5: Thermochemistry, Electrochemistry, and Kinetics, Section 12: Properties of Solids.*

Electrostatic, DC Conduction and Heat Transfer material data library

http://www.quickfield.com/free_dat.htm

See also Material Properties at www.EngineeringToolBox.com

부록 5. 생체 물성

물질	영률 (Gpa)
부드러운 생체 조직	0.0002
사람의 연골	0.024
콜라겐	0.6
사람의 힘줄	0.6
당겨지는 치밀뼈(compact bone)	22
눌려지는 치밀뼈	10
엘라스틴[1]	0.0006
지질 이중층(투과막)	0.012

물질	열전도도(W/m K)
피부	0.0002
근육	0.024
돼지 지방	0.6

[1] Elastin, 단백질의 일종이다.

미토콘드리아	치수	전도도(S/m)	상대 투자율
외부 멤브레인	7nm(두께)	0.95 e-6	12.1
내부 멤브레인 공간	0.92μm	0.4	54
내부 멤브레인	7 nm(두께)	0.95 e-6	3.4
세포간질	0.832 μm	0.121	54
세포 플라즈마 멤브레인	5 nm(두께)	1.0 e-5~1.0e-7	8~11.3
세포질	1~10 μm	0.5	80
세포 박 매질	1~10 μm	1.0	80

물질	직류 비저항(Ohm-m)
피	1.38-1.54 Ohm-m (심장의 수축상태의 끝과 확장 상태의 끝)
심근	4.2 Ohm-m
폐	14.2-15 Ohm-m (심장의 수축상태의 끝과 확장 상태의 끝)
흉곽	40 Ohm-m

세포/유기체	치수(마이크론)
미토 콘드리아	0.1-5 μm
E-Coli(대장균)	2 μm
간 세포	20 μm
신경 세포	5 μm(지름)(길이 1미터)
적혈구	2 μm(두께) 8 μm(지름)
박테리아	0.2-2 μm(지름) 1-400 μm(길이)
세포 멤브레인	5nm(두께)

생물 조직	전도도(S/m)	상대 투자율
피부	10^3 0.1	10^6 (kHz) 104(MHz)
뼈	0.01 (dc)	3000-10000(dc)
지방	0.03(10^2-10^6Hz)	10^6 (100Hz) 10 (MHz)
지방	0.1-0.3(0.4-5GHz)	5(0.4-5 GHz)
가슴 지방	0.2-1(0.4-5 GHz)	5-50(0.4-5 GHz)
가슴 종양	0.7-3(0.4-5 GHz)	47-67 (0.4-5 GHz)
뇌	0.1(10^2-10^6Hz)	10^7 (100 Hz) 10^3 (MHz)
근육	0.4(10^2-10^6Hz)	10^6 kHz 10^3(MHz)
피	0.7(DC)	10^6 kHz

참고 문헌

C. Gabriel, S. Gabriel. (1996). "Compilation of the Dielectric Properties of Body Tissues at RF and Microwave Frequencies," Report Prepared for AFOSR/NL Bolling AFB DC 20332-001 http://niremf.ifac.cnr.it/docs/DIELECTRIC/Report.html

S. Grimnes and O. G. Martinsen. (2000). Bioimpedance and Bioelectricity Basics, Academic Press.

K. H. Schoenbach, R. P. Joshi, J. F. Kolb, N. Chen, M. Stacey, P. F. Blackmore, E. S. Buescher, Sj. J. Beebe. (2004). "Ultra short Electrical Pulses Open a New Gateway Into Biological Cells," Proceedings of the IEEE, 92 1122-1137.

Roland Glaser. (2001). Biophysics, Springer-Verlag. Chapter 2.5.3: Mechanical Properties of Biological Membranes.

T. Kotnik and d. Mikavcic. (2000). "Theoretical evaluation of the Distribution Power Dissipation in Biological cells Exposed to Electric Fields," Biolelectromagnetics, 21 385-394.

부록 6. CD-ROM에 대해서

- CD-ROM 에 포함된 파일들은 전자기학 주제와 관련된 것들이다.
- 특별한 정보 또는 시스템 요구사항들은 각 폴더에 있는 "README" 파일에 명시 되어 있기는 하지만 대부분의 파일들은 Windows XP 또는 그 이상의 운영체제에서 잘 실행될 것이다.

포함되어 있는 내용들은 다음과 같다.

- 모든 컬러 그림들은 마이크로소프트의 파워포인트®로 저장되어 있으며 흑백의 그림들은 *.tiff 파일로 저장되어 있다.
- QuickField 모델 파일들
- MATLAB® *.m 파일들
- QuickField® Student Version 소프트웨어

색 인

가.

나.

다.

라.

마.

바.

사.

아.

자.

차.

카.

타.

하.

알파벳

역자약력 – 최진영

2003년 경북대학교 공학 박사
2003년 ~ 2004년 영남대학교 응용화학공학부 강사
2003년 ~ 2006년 포항공대 환경공학부 Post Doc.
2006년 ~ 주)iCDS 책임연구원
2006년 ~ 영남대학교 디스플레이공학부 겸임교수

공저

공학도를 위한 컴퓨터계측 이론 및 실습, 정재학 최진영
도서출판 아진 2003
디스플레이 소자 활용을 위한 기초전자 이론 및 실습, 최진영 정재학
도서출판 아진 2007
공학설계를 위한 Mathcad® 기초와 응용, 최진영
도서출판 아진 2008

MATLAB®과 퀵필드™(QuickField)를 이용한

응용 전자기학

A-JIN

지은이와 협의 인지 생략

인　　쇄 : 2010년 3월 5일
발　　행 : 2010년 3월 10일
역　　자 : 최 진 영
발 행 처 : 도서출판 아진
135-010
서울시 강남구 논현동 148-19 한미빌딩 201호
TEL:02-737-0663 FAX:02-737-0664
Homepage:ajin.to
E-mail:kgb@ajin.to
발 행 인 : 김 근 배
등록번호 : 제300-1995-56호
ISBN : 978-89-5761-291-0 93560

가격 25,000원(CD포함)